计算流体力学网格生成方法

张正科　蔡晋生　编著

科 学 出 版 社

北 京

内 容 简 介

本书以航空航天计算流体力学为应用背景,阐述网格生成的基本方法和技术,包括代数网格生成方法,求解椭圆型方程、双曲型方程、抛物型方程和协变拉普拉斯方程的网格生成方法,以及分块网格、重叠网格技术;同时,介绍了笛卡儿张量、曲线坐标系等辅助内容。本书的特色是基本方法讲述详细,读后即可编程实现;张量和曲线坐标系内容既是网格生成的基础,也会对理解流体力学基本方程有助益。

本书可作为流体力学、空气动力学专业高年级本科生、研究生的教材或参考书,也可作为航空航天飞行器设计、水中航行器设计、海洋河流流体力学等方向科研工作者的参考书。

图书在版编目(CIP)数据

计算流体力学网格生成方法 / 张正科,蔡晋生编著 . —北京:科学出版社,2020.10

ISBN 978-7-03-064087-1

Ⅰ. ①计⋯ Ⅱ. ①张⋯ ②蔡⋯ Ⅲ. ①计算流体力学—网格分析 Ⅳ. ①O35

中国版本图书馆 CIP 数据核字(2020)第 015223 号

责任编辑:祝 洁 李 萍 李香叶 / 责任校对:郭瑞芝
责任印制:吴兆东 / 封面设计:陈 敬

科学出版社出版

北京东黄城根北街 16 号
邮政编码:100717
http://www.sciencep.com

北京中石油彩色印刷有限责任公司印刷
科学出版社发行 各地新华书店经销
*

2020 年 10 月第 一 版 开本:720×1000 1/16
2024 年 6 月第四次印刷 印张:22 1/2
字数:450 000

定价:145.00 元
(如有印装质量问题,我社负责调换)

前　言

网格生成是计算流体力学（CFD）数值模拟得以进行的必备"前处理"工作，是 CFD 走向应用领域的一个重要因素。随着计算机内存飞速更新换代，运算速度持续提升，计算条件发生了翻天覆地的变化，很多 CFD 大型程序已经发展成为商用软件，并走入工程和设计领域。例如，飞行器的设计，过去主要靠风洞实验，现在则先用 CFD 软件进行第一轮设计，然后才做风洞实验，在后续修形设计中还可继续发挥 CFD 的作用，大大节省了设计成本，缩短了研制周期。相应地，经过 20 世纪 80 年代末到现在的几十年发展，网格生成也出现了成熟的商用软件，如 GRIDGEN、ICEM 等，已普遍应用于相关领域。高校学生使用网格生成软件最大的问题是，虽然经过培训，很快会应用这些软件生成网格，但并不清楚高质量的网格的标准，对软件中的一些名词术语也理解不深，这对高效率生成高质量网格并进行流场计算形成制约，因此需要对学生进行网格生成基本知识的培训。基于此，从 2006 年开始，西北工业大学航空学院开设了"计算流体力学网格生成"的研究生选修课，本书就是在该课程使用十多年讲义的基础上编写而成的。

结构网格本质上是在空间建立一个曲线坐标系。数值网格生成，尤其是求解椭圆型方程生成网格的方法中，出现的曲线坐标系的术语，会使学生觉得艰涩难懂，因此本书首先讲解曲线坐标系相关知识。因为曲线坐标系是用张量语言描述的，所以又补充了张量基础知识。本书涉及张量基础知识和曲线坐标系的两章不仅为后续网格生成起到铺垫作用，而且对流体力学、空气动力学专业的学生是非常必要的基础内容。掌握张量基础知识后，流体力学基本方程组就可以写成极其简洁的形式，有助于学生深刻理解，精准把握；而掌握了曲线坐标系的知识，就可以很容易理解曲线坐标系下的流体力学基本方程。因此，张量基础知识和曲线坐标系两章是本书的一个特色。工科院校相关专业高年级本科生阅读本书，可以跳过张量、曲线坐标系内容，直接学习网格生成方法；研究生学习张量、曲线坐标系知识，对理解流体力学基本方程会有助益。

本书基本涵盖了网格生成方法的主要内容，第 1 章对网格生成进行了概述；第 2 章介绍了笛卡儿张量；第 3 章讲解了曲线坐标系；第 4~9 章介绍网格生成最基本的方法，包括代数方法和求解偏微分方程方法；第 10 章介绍了分块网格和重叠网格技术。第 4~10 章包含了作者的研究工作成果。

　　本书第1~9章由张正科编写，第10章由蔡晋生编写，全书由张正科统稿。罗时钧教授对本书的编写给予了热情的鼓励，与郝名望博士在张量、集合论方面的讨论对作者编写本书相关内容有所帮助，在此表示衷心感谢！同时，感谢科学出版社对本书出版的大力支持！

　　本书的编写历时数年，几易其稿。由于编者水平所限，书中不足之处在所难免，恳请广大读者提出宝贵意见和建议。

目　　录

第1章 绪 论

1.1 网格生成的一般概念

在流体质点的层次上,流体被认为是连续而无空隙地充满其所在区域或空间的连续介质。在欧拉(Euler)描述法下,任一时刻在流体(场)中的任一点,流动参数(压强、密度、温度、速度等)都有一个确定的值,它们都是时间和空间点的单值且连续的函数。原则上,可以通过求解流体流动所满足的偏微分方程组(如纳维-斯托克斯方程或欧拉方程)获得这些流动参数的解。然而,对于科学和工程中遇到的实际流体力学问题,这些方程一般难有解析解。把实际问题抽象和简化到相当的程度,也许可以得到解析解,但这样的解和物理实际有很大的偏差。例如,假设流体无黏性,可将纳维-斯托克斯方程简化为欧拉方程,再假设流动无旋,可将欧拉方程简化为势流方程,进一步假设流动定常不可压,可将势流方程简化为拉普拉斯方程,而拉普拉斯方程最接近实际问题的解析解就是绕圆柱带升力的流动,而且这个流动也与实际的绕圆柱流动存在很大误差,如无法预测出分离、漩涡、尾迹、阻力等。对于这样一个与实际飞行器在外形上有很大差距的物体,尚不能给出满意的解析解,而对于飞行器的典型代表——翼型,拉普拉斯方程实际上已经没有解析解了。对于一个完整的飞行器外形绕流,纳维-斯托克斯方程和欧拉方程就更给不出解析解了,因此实际的物理世界很难有解析解,只能设法求其离散解。所谓离散解,就是在流动空间区域的有限个离散点上用数值方法求解控制方程,从而获得这些点上流场物理量的一个近似解,当离散点足够多时,离散解就可能相当程度地接近精确解。要获得这样的离散解,首先必须知道离散点的坐标,这些离散点不是随机地散布,而是必须按一定的规律进行排布,满足一定的条件,这些离散点在流场空间连接起来构成一个"网",寻找或生出这些离散点的过程就叫"网格生成",这些离散点的集合就称为一个"网格",离散点相应地也称为"网格节点"。

关于"网格节点",更严谨的描述是对于 n 维有界域内或表面上的网格,一般有两种概念,一种是把网格视为域或表面上的一组按某种算法确定的点,这些点被称为网格节点;另一种是把网格视为一个由算法描述的 n 维体积的集合,这些体积填充(或覆盖)域或表面的必要区域,这些标准体积被称为网格单元。这类单元是有界的曲面体,其边界由几片(段) $n-1$ 维单元组成[1]。

一维单元是一条线段,其边界是单元的两个端点。

一般的二维单元是一个二维单连通域,其边界被划分为有限个一维单元,称为单元的边。通常,二维域或表面的单元由三角形或者四边形构成。三角形单元的边界由三条线段组成,而四边形的边界由四条线段组成,这些线段就是一维网格单元。

三维单元是单连通的三维多面体,其边界被划分为有限个称为面的二维单元。在实际应用当中,三维单元通常具有四面体或六面体的形状。四面体单元的边界由四个三角形单元组成,六面体单元的边界由六个四边形单元组成。因此,六面体单元有六个面、十二条边和八个顶点。一些实际应用中还将棱柱作为三维单元。棱柱有两个三角形面、三个四边形面、九条边和六个顶点。

六面体单元(二维情形为四边形)的主要优点是它们的面(或边)能够与坐标曲面(或曲线)相贴合。相比之下,没有坐标能与四面体网格相贴合。然而,严格的六面体网格在带有尖锐拐角的边界附近的效果可能会大打折扣。

棱柱单元通常被安排在先前已经进行三角剖分的边界面附近。边界面的三角形单元也作为棱柱的面,棱柱即从这些三角形单元向外生长。棱柱单元可以构造出高的长宽比单元以分辨边界层,但又没有四面体单元那种小角度情形,因此对于处理附面层是很有效的。

三角形单元是最简单的二维单元,可以通过在四边形内部加一条边得到。同样,四面体单元是最简单的三维单元,可以通过在六面体和棱柱内部构造面单元得到。三角形单元和四面体单元的优势在于能适应任何类型的域,缺点是和四边形单元或六面体单元相比,求解物理方程的成本要高出几倍[1]。

网格生成是计算流体力学(computational fluid dynamics,CFD)数值计算得以进行的必备前期工作,有时也被称为"前处理"。也就是说,必须先生成空间网格,才可能在这些空间网格节点(离散点)上进行方程的离散和求解,获得离散解,完成计算流体力学的工作。由此可知,要在一个域上用有限差分或有限体积法离散偏微分方程或积分形式方程,关键得有以离散方式代表这个物理域的网格。有了网格,连续的物理量就可用离散形式的函数来描述,微分方程也可用物理量离散值的代数关系式来近似表示,然后应用计算代码进行数值求解。

质量优良的网格点分布能提高复杂问题数值解的计算效率。边值问题数值计算的效率可以从解的精度、计算成本、耗时等方面来进行评估。物理域中数值解的精度取决于网格节点处解的误差和插值误差。一般来说,网格节点处数值计算的误差来源于以下四个方面:①数学模型并未完全精确地代表物理现象;②数学模型在数值近似阶段产生了误差;③误差受到网格单元尺寸和形状的影响;④满足近似方程的离散物理量的计算产生了误差。最后,离散解的插值过程不准确也影响解的精度。当然,对这些误差的准确估计仍是一项艰巨的任务。然而,网格的定量和定性特性对控制误差源③和插值误差的影响还是有显著作用的[1]。

另一个影响数值算法计算效率的重要因素是完成求解所需的运算成本。从这个角度看,生成一个复杂精致网格的过程可能会增加数值解的计算成本。如果数值计算采用了高精度算法,则可以使用较少的网格点数。对这些相互对立的影响因素进行权衡,有助于选择一个适当的网格。在任何情况下,由于网格生成都是数值模拟的重要组成部分,因此该领域的研究旨在创造成本有限但能显著提高求解精度的技术,应用这些技术有助于提高复杂问题数值解的求解效率。

网格技术发展上进行的首批工作始于 20 世纪 60 年代。20 世纪 80 年代末,网格生成技术的发展开启了一个新阶段。这一阶段的特征是创建了全面的、多用途的三维网格生成代码,为任意多维几何域、几何外形的网格构建提供了统一的环境。而现在,相当多的先进方法相继诞生,如代数方法、椭圆方法、双曲方法、抛物方法、变分方法、Delaunay 方法、推进阵面法等方法。这些方法已经发展到一定阶段,使得带有相当复杂几何域和表面的多维问题数值计算成为可能。通常,高质量的网格生成要占一个计算任务全部人力时间的 60% 左右,网格生成仍然是 CFD 走向大部分应用领域的一个决定性因素,且复杂外形网格生成工作需要专职团队的投入[2]。随着计算机内存飞速更新换代,运算速度持续提升,计算条件发生翻天覆地的变化,从而激发人们对复杂流动的机理和复杂几何形状绕流研究的极大热情,这也为网格生成提出新的挑战,并促使网格生成技术进一步发展。

1.2　对网格的要求

网格只有在满足一定的条件下,才能起到方便计算、节省时间、满足精度、提高效率的效果。一般来说,网格生成应遵守如下原则[3]:

(1)使物体的边界落在坐标线上,这样边界条件容易处理,边界条件能较精确地被满足,从而可以减少数值误差。

(2)应避免任何方向上网格间距较大的、突然的跳跃,相邻两网格间距之比不大于 1.3,这样可使数值解稳定。

(3)尽可能使坐标线正交或近似正交,这样既可以减少数值误差,也可以使解稳定。

(4)物理量梯度大的地方网格点要密集些,这样可以提高精度,并使解稳定。

(5)物面上外凸拐角点或内凹拐角点两边的网格间距应该相等。

(6)在物面上的外凸拐角点,网格点应该向其聚集,越是尖锐的外凸拐角点,越要向其聚集。

(7)在物面的内凹拐角点上,网格点不应该向其聚集,内凹拐角点处均匀的或者非聚集的网格间距分布可以显著地减弱网格线在由内凹拐角向外推进时往一块汇聚的趋势。

以上原则不一定要全部满足，可以根据实际情况有侧重的选择。

网格应该尽可能地将物理域或表面离散成使物理量能高效率求解所期望的形式。流场数值解的精度受到诸如网格大小、网格组织结构、单元形状和大小以及网格与几何形状一致性、与解的一致性等一系列与网格相关因素的影响。

网格大小可由网格点数表示，而单元的大小则指的是单元边长的最大值。网格生成技术要具备能增加网格节点数的内在能力。同时，所生成的网格单元边长应随着节点数趋于无穷大而趋向于零。

网格的组织结构能区分相邻点和相邻单元，这一点对于有限差分类方法尤为重要，该方法要用差分代替微分来获得代数方程。有限体积法由于对不规则网格具有固有的兼容性，因此对网格组织结构的要求低一些。

网格单元的变形特性可以表述为对单元从某个标准的、变形最小的单元的偏离程度进行的某种度量。对三角形单元和四面体单元来说，等边长的单元就是这种标准单元，而变形最小的四边形单元和六面体单元分别是正方形和立方体。在将偏微分方程离散为代数方程时，从构造的代数方程的简单性和均匀性角度看，低变形度单元是最受青睐的。通常，单元的变形通过单元长宽比、单元邻边夹角、单元体积（二维为面积）来表征。

对网格单元的主要要求是决不能在任何点或线上发生折叠和退化。没有发生折叠的单元可以通过一对一的变形从标准单元得到。通常，可以通过在复杂几何域生成非折叠网格的能力来评判一个网格生成方法的优劣。

网格变形也可以通过相邻单元几何特征的变化率来表征。相邻单元之间不发生突变的网格称为光滑网格。

偏微分方程数值解的精度以及离散函数插值的精度都在一定程度上受到网格与物理域几何形状兼容度的影响。网格节点的排布必须充分逼近原几何形状，这一要求对于整个域上解的精确计算和插值是不可或缺的。网格与几何形状的一致性也可以理解为在边界上有足够数量的网格节点作为边界节点，这些节点形成的一组边（二维情形）或一组单元面（三维情形）充分模拟了边界。如果这些点位于域的边界上，那么这样的网格被称为与边界相贴合的（boundary-fitted）网格或与边界相一致的（boundary-conforming）网格，一般称为贴体网格（"体"狭义上指物体，广义上指物理域的全部边界），此时边界应为一条网格线或一个网格面。

网格点的分布和网格单元的形式应依赖于物理解的特征。特别地，在附面层（边界层）内最好生成六面体或棱柱的网格单元。通常，网格点的排布要沿着一个优先的方向，如流线方向。此外，物理量梯度大的区域网格点要密集，以获得更精细的分辨率。由于整个区域均匀加密对多维计算成本巨大，局部网格加密是很有必要的。这一点对于那些解在局部区域（或层）存在剧烈变化的问题尤其适用。在这些层里,如果没有网格加密,解的一些重要特征就可能被遗漏,解的准确度也会降低。需要高分辨率的位置事先往往是不知道的,是在计算过程中发现的。因此,随着解的演化,需要一个能追踪物理量的必要特征的合适的网格。

网格局部加密区的位置还依赖于对物理方程的数值解法。特别地,数值解误差高的区域需要更密集的网格单元分布。然而,误差是通过解的导数和网格单元尺寸来估计的。因此,归根结底,网格点的位置要根据解的导数来确定。

求解偏微分方程的数值解法的差异对数值网格的构造有直接影响。对于有限差分法,总是希望沿物理域坐标为常数的方向分布网格点,以实现对导数的自然近似;而对于用测试函数的线性组合逼近解的方法,不对网格施加这样的限制,这是因为其近似导数是在把近似解代入后求得的。

1.3　网格的分类

在多维区域边值问题数值解中,网格有两种基本类型:结构网格和非结构网格,这两种网格类型的区别在于其网格点的组织结构(连接)方式不同。一般地,如果网格点的组织结构和网格单元的形式、形状不取决于它们的位置,而是由一个一般规则进行定义的,那么这样的网格被称为结构网格。如果相邻的网格节点之间的连接关系从一点到另一点是变化的,这种网格就被称为是非结构网格。

对于结构网格:①其物理空间的网格一定可以通过一个变换转换成计算空间的均匀直角矩形网格;②其网格节点在物理空间一定能连接成一系列网格面(线),对应于某个曲线坐标 ξ、η、ζ 的等值面(线);③同族网格面(线)不会相交;④其网格点之间的连接关系被隐性地考虑进去,网格节点排序或编号按照一定内在的有序循环进行。因此,结构网格具有内在的“结构”,被称为结构网格。

对于非结构网格:①不存在一个对应的计算空间网格;②其网格节点是不规则分布的,网格节点连线很难对应于某一个曲线坐标系的等值线,不存在“同族”“异族”网格面(线)概念;③其网格单元不强行要求具有同一标准形式;④其相邻网格单元的连接性不受任何限制;⑤其网格点之间的连接关系必须通过一个适当的数据结构程序来显式地描述。因此,非结构网格不存在内在的“有序结构”,被称为非结构网格。

这两种基本网格类型还可以进一步构成另外三种子类型:分块网格、分区重叠网格和杂交混合网格。某种程度上这些子类型网格拥有非结构网格和结构网格的双重特征,因此处于纯结构网格和纯非结构网格之间的中间位置。

1.3.1　结构网格

最普遍和最高效的结构网格是依赖于映射概念生成的网格。根据这种概念，物理空间上的网格节点和单元是用一个坐标变换映射到逻辑域或计算域。

1. 笛卡儿直角坐标网格

有一种结构网格的节点和网格单元面都是由物理空间中的笛卡儿坐标系的线、面相交定义的，这种坐标网格在有限差分法中是非常普遍的。该网格的网格单元都是直角的平行六面体（在二维为矩形）。笛卡儿坐标的使用避免了物理方程的变换，但笛卡儿网格不能和曲线边界相贴合，使得在施加二阶精度边界条件时遇到困难。

2. 贴体网格

结构网格的一个重要子分类是与边界相贴合或与边界相一致的网格，一般简单统称为贴体网格。这种网格是通过一对一映射变换将计算域（逻辑域）的边界映射成物理域的边界而得到的。

贴体网格对节点的组织结构、连接关系的算法通过很平常的递增坐标标号就能识别相邻点，而网格单元是曲边六面体。该网格非常适合并行化算法，使其在多重网格方法、收敛速度和误差估计、改善边值问题数值方法精度的应用中，按需要增加或改变节点数目变得容易。

有了贴体网格，边界条件就不需要通过插值给出，而且区域的边界值可以被看作是算法的输入数据，从而可以设计出适应各种区域和问题的网格生成自动源代码。

3. 网格拓扑

结构网格生成方法的思想就是借助参数化表述把复杂的物理域变换到简单的计算域或逻辑域。用这样的参数化表述，任意形状物理域偏微分方程数值解都可以在一个标准的计算域上进行求解，代码的开发只需在输入上进行改变。对于结构网格，计算域的均匀网格单元一般是长方体（三维）或矩形（二维）[1]。

正确选择一个物理域的拓扑对网格质量有相当大的影响，这个选择取决于计算域的几何形状和把计算域变换到这个物理域的坐标变换。有两种方法来确定一个物理域的计算域：

(1)选取作为一个保持了物理域图形样式的复杂的多面体。

(2)选取只有一个实心的立方体或者带割缝的立方体（图1.1）。

如果一个物理域与一个厚壁圆柱（"厚壁"指壁很厚而包裹小洞）是拓扑等价的，

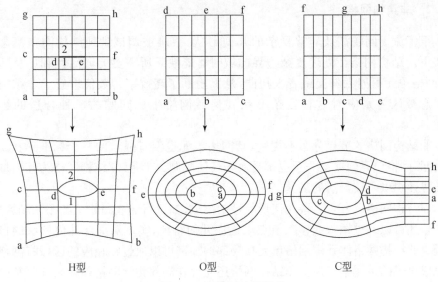

图 1.1　网格拓扑的形式

则其网格拓扑由横截面上二维网格的拓扑决定。在实际应用中,对这种带一个孔洞的环形平面或曲面截面,广泛采用三种基本网格拓扑,即 H 型、O 型和 C 型(图 1.1)。

在 H 型网格中,计算域是一个带有内部割缝的正方形,构造一个坐标变换就可以将此割缝展开并映射成物理域的一个内边界,正方形的外边界映射成物理域的外边界。内边界有两个奇点,是一条坐标线分裂的地方。H 型网格多用于计算绕薄物体(如飞行器机翼、涡轮叶片等)的流动。

在 O 型网格中,计算域是实心的正方形。通过折弯正方形,将两个对立的侧边粘在一起,然后予以变形,就得到了物理域曲线坐标系。粘在一起的侧边就构成块的割缝,称为假想边。O 型网格的一个例子就是极坐标系的网格节点和单元。如果域的边界光滑,构造的 O 型网格可以没有奇点。这种网格可以用于计算庞大的飞行器部件(如机身、吊舱等)的绕流。O 型网格和 H 型网格组合,还可用于多层的块结构网格中。

C 型网格的计算域也是实心正方形,但是映射到物理空间时涉及一条边的某些段的鉴别,然后将其变形。在 C 型网格中,一族坐标线离开下游的外边界,环绕内边界,然后又回到下游外边界。内边界上也有一个和 H 型网格一样的奇点。C型网格通常用于带有孔洞和长突起物的区域。

事实上,O 型网格和 C 型网格技术都在多连通域引入了人工内割缝以生成单块结构网格。割缝用来连接域边界的不相连部分,以减少其不相连部分的个数。理论上,这一处理使人们能够在一个多连通域得到一个单一的坐标变换。

1.3.2　非结构网格

很多流场问题涉及非常复杂的几何形状,很难被调试到纯结构网格概念的框架下。结构网格在处理复杂边界的域时可能缺乏所需要的灵活性和广泛适应性,网格单元可能太斜交或者太扭曲,从而阻断了高效率的数值求解。非结构网格概念被认为是应对这种复杂形状几何域网格生成问题的一种合适的解决方案。

非结构网格的节点分布不规则,其网格单元也没有强求的一个标准形状。此外,相邻网格单元的连接关系也不受制于任何限制。于是,非结构网格为几何域的离散描述提供了较灵活的工具。

非结构网格适合于复杂几何形状域的离散,如飞行器或涡轮机叶栅流场区域。该网格还可以通过插入或移除节点以适应几何特征,实现对局部几何形状的自然逼近。非结构网格体系中网格单元在局部的加密可以通过在相应的区域将网格单元分成更小的单元来实现。非结构网格还允许在局部删除网格单元来移除解的变化不显著的区域的过高分辨率。实践中,生成复杂几何外形非结构网格所需要的时间要比结构网格短得多。

然而,非结构网格因其在数据管理方面的问题而使数值算法变得复杂化,需要特殊的程序来给网格节点、边、面、单元编号和排序,同时还需要额外的存储空间来存储网格单元之间的连接关系。与六面体网格相比,非结构网格的另一个缺点是产生过多计算工作量,这与其单元数、面数、边数的增加密切相关。此外,如果物理域有运动边界或运动的内部表面,那么用非结构网格就很难处理。在非结构网格上的线化差分格式算子不常是带状矩阵,使隐式格式应用起来更加困难。因此,以每个时间步的运算和每个网格点占用的存储来衡量,基于非结构网格拓扑的数值算法是最昂贵的。

1.3.3　分块网格

对于复杂的几何域,生成单域单块网格通常很困难。此时可将几何域分成若干块,也就是分成没有洞也没有重叠的相邻接的子区域,然后在每一块子区域单独生成一个结构网格。这些局部网格的集合就构成了所谓块结构网格或多块网格,也称分块网格。因此,这种类型的网格从每一个单块的层次上看,都是局部结构化的网格,但整体上从块的一个集合来看,一般是非结构网格。因此,分块网格技术的思想就是在不同区域用不同的结构网格或坐标系,允许在每一个区域都使用最适合该区域的网格布局。

分块网格在处理复杂几何形状时要比全域单块结构网格灵活得多。由于分块网格在当地层次上保持了结构网格简单、规则的连接模式,其与结构网格几乎用相同的方式保持了与求解偏微分方程的有限差分法和有限体积法的兼容性。

采用分块网格而非单块网格主要原因如下：

(1)区域几何形状复杂,包含多连通边界、割缝、狭窄的突出、凹腔等。

(2)物理问题往往是不单一的,在域的不同区块需要用不同的数学模型,以充分描述物理现象。

(3)问题的解是非均匀的,可能存在不同尺度的光滑变化区和剧烈变化区。

1.3.4 重叠网格

分块网格要求把域划分成块,限制条件是相邻块之间是相接的,但重叠网格不受此限制。在重叠网格的概念中,块和块之间可以互相重叠,这极大简化了在用这些块填充物理域时对块的几何特征进行选择时的纠结。事实上,每个块可能只是和一个单一几何形状或单一物理特征相关的子区域。整体网格是所有分别生成的结构网格块的一个组装。这些结构网格互相重叠,彼此间的数据传递通过在块与块的重叠区进行插值来实现。

1.3.5 杂交混合网格

杂交混合网格是把结构网格和非结构网格相结合构成的网格。这种网格广泛应用于具有复杂几何形状、复杂解结构的物理域的边值问题数值解中。杂交混合网格是将物理域或表面上不同区域的结构和非结构网格结合在一起而形成的。通常,沿着每一个选定的边界段生成一个较薄的结构网格,这些结构网格要求不能重叠,余下的区域用非结构网格单元来填充。这种构建方式广泛应用于带有附面层(边界层)问题的数值求解中。

1.4 网格生成方法

一般域上的网格生成具有很高的自由度,也就是说,网格技术并没有被强迫必须具备指定的数学表述,因此如果生成的网格是可接受的,任何表述形式对网格生成都是合适的。

网格生成技术面临的主要实际困难是把能够实现用户要求的技术用数学公式表达出来。网格生成技术应该发展能驾驭多变量问题的方法,其中每个变量的变化范围跨越很多个数量级,这些方法应该能够生成与均匀网格相比被局部拉伸或压缩很大倍数的网格。

网格生成方法应该能够简单而明确地控制诸如网格间距、斜交度、光滑度、长宽比等网格特性,从而提供一个影响计算效率的可靠途径。同时,这些方法在计算上还应该是高效率和容易编程的。

每一种网格生成方法都有其优缺点。因此,针对任何一个具体问题,考虑到几何形状的复杂性、网格生成的计算成本、网格结构及其他因素,如何选择效率最高的网格生成方法也是一个问题。

1.4.1 结构网格生成方法

最有效率的结构网格是与边界贴合的贴体网格,很多方法和技术可以生成这种网格。在物理域中生成与边界贴合的坐标(网格),通常首先在其边界上生成边界网格,然后从边界循序渐进向域的内场推展。这个过程可类比于从边界向内部对一个函数进行插值,或类比于求解一个微分方程边值问题。从这个概念出发,可以发展出几类网格生成方法:①代数方法,即采用各种形式的插值方法或者特殊函数生成网格的方法;②保角变换方法,即利用复变函数中保角变换的性质,将物理域进行一系列变换,以生成二维网格的方法,该方法不易推广到三维;③微分方法,即在选定的变换域求解椭圆型、抛物型、双曲型偏微分方程生成网格的方法;④变分方法,即基于网格质量特性优化的方法。

1. 代数方法

在代数方法中,网格的内点通常是通过代数插值(如多项式插值和无限插值)公式计算得到的。代数方法比较简单,能使网格快速生成,并且使网格间距和坐标线的斜率可由插值多项式的系数或无限插值公式中的混合系数进行控制。然而,在几何形状比较复杂的区域,代数方法得到的坐标面会发生退化,同族网格线(面)可能会在内场相交,或者其网格单元会与边界发生重叠甚至跨入边界。此外,代数方法会基本保持边界面的几何特征,特别是会把边界的不连续性传递到内场。代数方法一般用来生成没有严重变形的光滑边界所围成的区域,或者为椭圆型方程网格生成方法启动迭代前提供一个初始网格。

2. 微分方法

微分方法就是求解偏微分方程网格生成的方法,它可根据方程类型的不同进一步划分为求解椭圆型偏微分方程、抛物型偏微分方程和双曲型偏微分方程网格生成的方法。椭圆型偏微分方程具有一种自然的光顺效应,能抑制边界上的不连续使之不致传入内场,这使其成为理想的网格生成工具。椭圆型方程属于边值问题,需要采用迭代方法求解,因此比较耗时,如何对网格正交及合理的疏密分布进行控制是该方法的关键问题[4]。

双曲型或抛物型方程因其方程的特性,一般采用非迭代的空间推进方式求解,求解速度比椭圆型方程的迭代法快得多,只需沿着某个曲线坐标方向从内边界(如机翼表面或机身表面)向外边界(远场边界)一层一层推进,即可完成网格生成,求解时间大约为椭圆型方程生成网格的迭代格式中一个迭代步的时间。

双曲型方程网格生成方法由 Starius[5] 及 Steger 和 Chaussee[6,7] 提出,采用的双曲型方程网格生成方法所用的方程通常是由正交关系和指定网格单元体积的值得到的。因此,该方法通常能获得一个正交网格。然而,双曲型网格生成方法也有其自身的问题:①边界条件中的奇点(如边界上的不连续性)经常会随着向外推进求解传播到内场;②如果不在方程中充分地加入"人工黏性"项,求解过程可能会变得不稳定;③外边界上的边界条件不能指定[8]。

抛物型方程网格生成方法所用的方程通常由椭圆型方程进行适当的抛物化处理而得到,其目的是保留椭圆型方程的光顺特性,同时获得空间推进技术的计算效率。通过对椭圆型方程进行改造,使某一个坐标方向不出现二阶导数,可以构造出抛物型网格生成方法。抛物型方程网格生成方法的优点有:①因为抛物型方程描述的是初值问题,所以网格可以像双曲型方程网格生成方法一样推进生成,网格生成速度快;②抛物型偏微分方程具有椭圆型方程的大部分特性,特别是其扩散效应可以光顺内边界上的任何奇点或不连续点,使其不能传入内场;③可以在推进方向上指定外边界上的边界条件[8]。这样,抛物型方程网格生成方法中的求解就可以采取像双曲型方程那样的方式从某个内边界向外推进进行。然而,不同于双曲型方程网格生成方法的是,这里推进所趋向的另一个边界(即外边界)上的一些影响保留在了方程中。

由于分块网格法要求相邻的网格块相接,代数方法和椭圆型方程网格生成方法最适合为分块网格法生成网格;而重叠网格法允许相邻网格块彼此重叠,用双曲型方程网格生成方法生成的网格特别适合作重叠网格法中的子网格。

1.4.2 非结构网格生成方法

非结构网格可以由任意形状的网格单元来构成,一般是由四面体(二维情形为三角形)构成。非结构网格生成一般有三种方法:八叉树方法、Delaunay 方法和推进阵面法。

在八叉树方法中,首先用规则的笛卡儿立方体(二维情形为正方形)网格单元覆盖(填充)求解域;然后,把包含域边界面片(或段)的立方体(二维为正方形)递归式地再细分成八个立方体(二维为四个正方形),直到达到所期望的分辨率,与物面相交的网格单元的形状就变为不规则的多面体(多边形)单元。由八叉树方法生成的网格并不被看作是最终网格,而是起简化最终网格几何形状的作用。由多面体(多边形)单元和余下的立方体构造出四面体(三角形)单元,这些单元组成了最终的网格。

八叉树方法的主要缺点是不能与指定的边界面网格对接上,因此边界面上的网格不能按期望事先生成,而是由与物面相交的不规则的体积单元派生出来的。

八叉树网格的另一个缺点是在边界附近其单元尺寸变化很快。此外,由于每个边界面单元是由六面体与边界相交生成的,那么在控制边界面单元尺寸和形状的变化时可能会出现问题。

Delaunay 方法将(域内先前指定的一组节点的)相邻点连接起来,以形成四面体单元,其连接方式使得过这个四面体的四个顶点的外接球不包含任何其他点。这些点可以以两种途径生成,它们可以在一开始用某种技术进行定义,也可以随着四面体的生成而插入四面体内,以连接边界点的非常稀疏的网格单元为开始,不断插入直到单元尺寸判据满足为止。后一种情形采用 Watson 和 Rebay 的增量算法,在每一步都构建一个新的 Delaunay 三角剖分。

Delaunay 方法的主要缺点是它需要插入追加的边界节点,原因是边界单元可能不会变为 Delaunay 体积单元的边界段(片、块)。这样,要么必须在边界附近弱化 Delaunay 准则,要么必须在边界上增加附加点以避免穿透边界。

在推进阵面法中,网格是通过一次一个渐进地构建网格单元,连续地把新点连接到波阵面上,从边界向内场体积内推进的方式生成的,直到先前未布网格的空间被网格单元填满为止,还必须采取一定措施预防推进阵面相交。

在推进阵面法中,为新单元找到合适的顶点是一项非常艰难的工作,原因是必须进行有意义的搜索以调整新单元与已有单元相适应。通常,推进阵面的推进方向必须考虑表面的法线方向和相邻的表面点。这个方法中的一个难点出现在推进过程的收尾阶段,即当阵面向自身折叠、未填充空间中最后的顶点被四面体取代的时候,要特别注意推进步长的大小,这依赖于阵面上单元面的大小以及剩下的未填充域的形状。

1.5　大型软件

大型网格生成软件是一个能够在一般域内生成结构网格、非结构网格以及重叠网格、杂交混合网格的高效系统,要提高这个系统的效率和产出率,需要在以下两个方面进行努力[1]。

一方面是"顶层布局",关注的是网格生成例行过程的自动化,而这些需要交互式工具及大量人力、时间。其中的一些关注点为:

(1)将区域分解为一组相接的或重叠的块,这种分解与域的突出几何特征、物理介质的奇点、所寻求的解以及计算机体系结构保持一致。

(2)按连接层次性对这一组块及其面、边进行编号,并确定在块中及其边界上构造网格的顺序。

(3)选择网格拓扑及对内部和边界网格定性、定量特征的要求,以及对块与块之间通信的要求。

(4)选择合适的方法以满足对求解特殊几何形状所需网格的要求。

(5)网格质量的评估和改善。

另一方面是更传统的"方法"层面，主要致力于在一体化模式下发展新的、更可靠的、更精巧的网格生成、网格自适应以及网格光顺的方法，从而使这些方法在并入大型软件后，能缓解"顶层布局"层面的瓶颈问题。特别地，可通过大幅缩减所需网格块数来达成此目的。

这样的软件必须是高效率、可扩展、便携式、可配置的，它必须配备最新的网格生成技术，还必须包含前后处理工具，以使其能从指定的几何数据开始，以指定的适当格式生成最终网格而结束。软件应该具有添加新功能、去除过时功能的自我更新能力。

发展这种大型网格生成软件的总体目的是创建一个用户可以通过"暗箱"模式，而不需要或只需轻微人工干预就能生成网格的系统。消除软件中的"人工因素"依赖于发展新技术，尤其是新的网格生成方法和自动分块技术。

大型网格生成软件的一个重要特征就是它是一个交互式系统，该系统包含了广泛的图形工具，用来显示网格生成过程中的所有要素，以及监控网格进程，查证网格、反馈对网格错误进行的修正。现有的大型网格生成软件都拥有完善的交互系统，特别地，这个系统被用来定义网格的边界、块表面的法线、生成多块拓扑、区域分解、指定连接性（关系）数据、网格密度、边界上的法线方向空间分布以及将网格点（线）向选定的点或线牵引。图形系统提供用不同颜色和标记展示数据、域和表面单元的功能；提供用特别颜色表示表面网格及其边界的功能；提供以网格斜交度、长宽比、雅可比行列式检测以及网格线跨块连续性度量等为指标的网格定性、定量特性的可视化图形显示；提供不同层次稀疏度下表面网格和块网格的视图。这些能力使得一个多块网格的任何部分都能以用户可快速识别的方式显示出来。在交互式环境下，用户可以随网格生成的进展连续检查和修正正在生成的面和网格。

国际上已有若干典型的大型网格生成软件。最早和最有代表性的是 EAGLE 和 GRIDGEN，两者均出现在 20 世纪 80 年代末期，并独立发展起来[2]。EAGLE 是以密西西比州立大学 Thompson 为核心的研究团队研制和开发的[9,10]；GRIDGEN 的最早版本 GRIDGEN2D 于 1984 年始创于通用动力公司 Fort Worth 分部新成立的 CFD 组，核心人物是 Steinbrenner，1987 年 Chawner 加盟成为重要成员。1994 年，GRIDGEN 的编程人员成立了 Pointwise 公司，对软件进行进一步完善，推出了商用化的后继产品[11-14]。早期的 EAGLE 强调完备的技术，它以椭圆型方程网格生成理论为主干，兼有无限插值等代数方法和表面网格生成技术，形成较强的技术处理能力，其缺点是没有图形用户接口（graphic user interface，GUI），采用批处理的输入方式，不便于用户在短期内熟悉、掌握和使用。最初的

GRIDGEN 以代数网格生成方法为基础,比较注重软件的图形用户接口,具有交互式特点,直观且易于学习,查错比 EAGLE 快得多。GRIDGEN 最强大的一个功能是能在屏幕上画块的边棱,然后以图形方式把 12 条棱连起来构成一个块。正是这种内在的可视化特性使它成为一个很有效的网格生成系统。GRIDGEN 的缺点是网格生成的技术储备不如 EAGLE 完善。两者因其各自的优势(EAGLE 技术基础强大,GRIDGEN 使用方便)都赢得了广大的追随者。20 世纪 90 年代以后,两者都向对方趋同,互相学习,取长补短,EAGLE 获得了一个 GUI,变成了新版本 EA-GLEView,还增加了双曲网格生成系统、质量评估系统及一些非结构网格生成能力。GRIDGEN 也增加了诸如基于弧长的无限插值混合函数、为获得正交性的 Hermite 三次混合函数、椭圆型方程网格生成系统中的杂交型控制函数、一阶导数一侧差分等大量 EAGLE 的技术,还增加了双曲网格生成系统[14]。后来,GRIDGEN 采用了表示一般曲线的有理贝齐尔(Bezier)曲线,EAGLE 则增加了非均匀有理 B 样条(non-uniform rational B-spline,NURBS)。20 世纪 90 年代后期,这两个软件都发展成为功能强大的网格生成系统。GRIDGEN 软件在我国还有一定的流行,而 EAGLE 却没有流行起来。

美国还有一个具有图形功能的交互式分块结构网格生成程序 3DGRAPE[15],它是以 Sorenson 的椭圆型方程迭代修正源项方法[16-18]为基础的,后来 3DGRAPE 也增加了一个 GUI。另一个较有名气的交互式网格生成系统是比利时的 IGG[19]。IGG 具有较强的图形功能,配有 GUI 及计算机辅助设计(computer aided design,CAD)接口。其空间网格采用代数方法和椭圆型方程方法生成,椭圆型方程源项用 Thomas 方法求得[19,20]。德国则有一个交互式代数网格生成系统 INGRID[21]。

20 世纪 90 年代欧洲还出现了"新一代"的分块结构网格生成软件 ICEM(the integrated computer engineering and manufacturing),被 CDC(Control Data Corporation)推向市场[2,22,23]。ICEM 有 CAD 接口,能在 CAD 拼片上构造块结构,甚至允许存在重叠的拼片和间隙。该软件的一个基本理念是,网格是与 CAD 拼片分离的,即网格可以处于(投影到)拼片上,但不是拼片系统的一部分。ICEM 有完好的高度交互式 GUI,在其输出端能与好几个商用软件对接。早期的 ICEM 的网格生成技术落后于 EAGLE,然而它的优势在于其强大的 GUI 和 CAD 接口。20 世纪 90 年代,ICEM 也增加了非结构网格生成能力(八叉树方法)。美国用 ICEM 生成了多体(轨道器、外燃料箱、两台固发助推器共四体)拼合构形的航天飞机发射运载系统(space shuttle launch vehicle,SSLV)的分块网格[24]和 Chimera 分区重叠网格[25]。前者将流场空间分成 237 块共 500 万网格点;后者共用 111 个单体网格、1600 万网格点,而且各分体网格分别由不同单位和机构完成。这两个网格生成实例成为 20 世纪 90 年代的登顶之作。

现在的 ICEM 已进化为 ICEMCFD(the integrated computer engineering and manu facturing code for computational fluid dynamics),成为一种专业前处理软件,与很多几何造型软件(如 CATIA、CADDS5、SolidWorks、Pro/ENGINEER 等)有直接几何接口。该软件拥有强大的 CAD 模型修复能力、自动中面抽取、独特的网格"雕塑"技术、网格编辑技术以及广泛的求解器支持能力。ICEMCFD 对 CAD 模型的完整性要求很低,可以忽略并自动跨越几何缺陷及多余的细小特征,提供完备的模型修复工具,修复处理质量较差的几何模型;能对几何尺寸改变后的几何模型自动重新划分网格;方便的网格雕塑技术能实现任意复杂几何体纯六面体网格生成;具备自动检查网格质量、自动进行整体光滑处理、坏单元自动重划、可视化修改网格质量的能力;能对结构复杂的几何模型进行四面体网格快速高效网格生成;能在四面体总体网格中对边界层网格进行局部 Prism 棱柱细化。ICEMCFD 与多种流场求解器(如 FLUENT、ANSYS、CFX、NASTRAN)有接口,是 FLUENT 和 CFX 标配的网格生成软件。现在,ICEMCFD 已在我国大面积应用,成为我国最流行的网格生成软件。

参 考 文 献

[1] Liseikin V D. Grid Generation Methods[M]. 2nd ed. New York:Springer,2010.

[2] Thompson J F,Weatherill N P. Aspects of numerical grid generation:Current science and art[C]. 11th AIAA Applied Aerodynamics Conference,Monterey,CA,USA,1993,AIAA Paper 1993-3539-cp.

[3] 陈景仁. 湍流模型及有限分析法[M]. 上海:上海交通大学出版社,1989.

[4] Thompson J F, Thames F C, Mastin C W. Automatic numerical generation of body-fitted curvilinear coordinate system for field containing any number of arbitrary two-dimensional bodies[J]. Journal of Computational Physics,1974,15(3):299-319.

[5] Starius G. Constructing orthogonal curvilinear meshes by solving initial value problems[J]. Numerische Mathematik,1977,28(1):25-48.

[6] Steger J L, Chaussee D S. Generation of body fitted coordinates using hyperbolic partial differential equations[R]. Flow Simulation Incorporated,Sunnyvale,California,USA FSI Report 80-1,1980.

[7] Steger J L,Chaussee D S. Generation of body-fitted coordinates using hyperbolic partial differential equations[J]. SIAM Journal on Scientific and Statistical Computing,1980,1(4):431-437.

[8] Nakamura S. Marching grid generation using parabolic partial differential equations [J]. Applied Mathematics and Computation,1982,10/11:775-786.

[9] Gatlin B,Thompson J F,Yoon Y H,et al. Extensions to the EAGLE grid code for quality control and efficiency[C]. 29th AIAA Aerospace Sciences Meeting,Reno,USA,1990,AIAA Paper 1990-0148.

[10] Soni B K,Thompson J F,Stokes M,et al. GENIE++,EAGLEView and TIGER:General and special purpose graphically interactive grid system[C]. 30th AIAA Aerospace Sciences Meeting and Exhibit, Reno,USA,1992,AIAA Paper 1992-0071.

[11] Steinbrenner J P,Chawner J R,Fouts C L. Multiple block grid generation in the interactive environment[C]. 21st AIAA Fluid Dynamics,Plasma Dynamics and Lasers Conference,Seattle,USA,1990, AIAA Paper 1990-1602.

[12] Chawner J R, Steinbrenner J P. Demonstration of the use of GRIDGEN to generate a 3D, multiple block, structured grid[C]. 30th AIAA Aerospace Sciences Meeting and Exhibit, Reno, USA, 1992, AIAA Paper 1992-0069.

[13] Steinbrenner J P, Chawner J R. Incorporation of a hierarchical grid component structure into GRIDGEN[C]. 31th AIAA Aerospace Sciences Meeting, Reno, USA, 1993, AIAA Paper 1993-0429.

[14] Steinbrenner J P, Wyman N, Chawner J R. Development and Implementation of Gridgen's Hyperbolic PDE and Extrusion Methods[C]. 38th AIAA Aerospace Sciences Meeting and Exhibi, Reno, USA, 2000, AIAA Paper 2000-0679.

[15] Sorenson R L, McCann K M. A method for interactive specification of multiple-block toplogies[C]. 29th AIAA Aerospace Sciences Meeting, Reno, USA, 1991, AIAA Paper 1991-0147.

[16] Sorenson R L. Grid Generation by elliptic partial differential equations for a tri-element augmentor-wing airfoil[J]. Applied Mathematics and Computation, 1982, 10/11:653-665.

[17] Sorenson R L. A computer program to generate two-dimensional grids about airfoils and other shapes by the use of Poisson's equations[R]. NASA Ames Research Center, Moffett Field, Mountain View, California, USA, NASA TM(Technical Memorandum)81198, 1980.

[18] Sorenson R L, Steger J L. Grid generation in three dimensions by Poisson equations with control of cell size and skewness at boundary surfaces[C]. Applied Mechanics, Bioengineering, and Fluids Engineering Conference, Houston, USA, 1983.

[19] Dener C, Hirsch C H. IGG-An interactive 3D surface modeling and grid generation system[C]. 30th AIAA Aerospace Sciences Meeting and Exhibit, Reno, USA, 1992, AIAA Paper 1992-0073.

[20] Thomas P D. Composite three-dimensional grids generated by elliptic system[J]. AIAA Journal, 1982, 20(9):1195-1202.

[21] Rill S, Becket K. Simulation of transonic flow over twin-jet transport aircraft[J]. Journal of Aircraft, 1992, 29(4):640-646.

[22] Akdag V, Wulf A. Integrated geometry and grid generation system for complex configurations[C]. Proceedings of Software Systems for Surface Modeling and Grid Generation Workshop, Hampton, USA, 1992.

[23] De la Viuda J M, Diet J, Ranoux G. Patch-independent structured multiblock grids for CFD computations[C]. Proceedings of the Third International Conference on Numerical Grid Generation in Computational Fluid Dynamics and Related Fields, Barcelona, Spain, 1991.

[24] Dominik D, Wisneski J, Rajagopal K, et al. Grid generation of a high fidelity complex multibody space shuttle mated vehicle[C]. 31st AIAA Aerospace Sciences Meeting, Reno, USA, 1993, AIAA Paper 1993-0432.

[25] Pearce D G, Stanley S A, Martin Jr F W, et al. Development of a large-scale Chimera grid system for the space shuttle launch vehicle[C]. 31st AIAA Aerospace Sciences Meeting and Exhibit, Reno, USA, 1993, AIAA Paper 1993-0533.

第 2 章　直角坐标系中的矢量和张量

可以由一个实数值完全确定的物理量(如长度、温度、密度等)称为标量,可以用一个实数值(模值)和空间一定方向来表征的物理量(如力、速度、加速度等)称为矢量。有许多物理量既不属于标量,也不属于矢量,它们具有更复杂的性质,需要用更复杂的数学实体——张量来描述。例如,连续体内一点的应力状态和应变状态需要分别用应力张量和应变张量来描述等[1]。

张量是一个数学概念。在处理物理学和力学问题时,张量理论是一种有效的数学工具,它有许多突出的优点:

(1)张量方程的一个重要特性是与坐标系的选择无关。这一特性使它能够很好地反映物理定律和各物理量之间的关系。张量方程对于任何坐标系都具有统一的形式,因此当坐标系不确定时,也可将物理现象用数学方程表达出来。张量方程的这种特性使人们能够从某种特殊坐标系中建立起适用于一切坐标系的方程。

(2)属于某阶张量的某种物理量所具有的张量特性,对于所有这类张量(不论它们表达何种物理现象)来说,必定都具有这些特性。例如,应力张量是二阶对称张量,如果掌握了应力的张量特性,便可以推断所有二阶对称张量也都具有这些特性。

(3)张量表述和张量算法具有十分清晰、简捷的特点。

2.1　符号及求和约定

2.1.1　指标记法

本章所讨论的内容都限于直角坐标系。通常用 x,y,z 表示直角坐标系的坐标,空间某一点 $P(x,y,z)$ 的位置矢量可写成

$$\vec{r} = x\vec{i} + y\vec{j} + z\vec{k} \tag{2.1.1}$$

式中, $\vec{i},\vec{j},\vec{k}$ 分别表示沿坐标轴方向的单位矢量,称为单位基矢量。现在把 x,y,z 分别改写成 x_1,x_2,x_3,然后统一用 $x_i(i=1,2,3)$ 来表示;类似地,把 $\vec{i},\vec{j},\vec{k}$ 改写成 $\vec{i}_1,\vec{i}_2,\vec{i}_3$,然后统一用 $\vec{i}_i(i=1,2,3)$ 来表示。于是式(2.1.1)可写成

$$\vec{r} = x_1\vec{i}_1 + x_2\vec{i}_2 + x_3\vec{i}_3 = \sum_{i=1}^{3} x_i\vec{i}_i \tag{2.1.2}$$

在一般情况下，$a_i(i=1,2,\cdots,N)$ 代表 N 个量 $a_1,a_2,\cdots,a_N$；a_{ij} $(i=1,2,\cdots,N;$ $j=1,2,\cdots,M)$代表 $N\times M$ 个量

$$a_{11},a_{12},\cdots,a_{1M}$$
$$a_{21},a_{22},\cdots,a_{2M}$$
$$\vdots$$
$$a_{N1},a_{N2},\cdots,a_{NM}$$

a_{ijk} $(i=1,2,\cdots,L;j=1,2,\cdots,M;k=1,2,\cdots,N)$代表 $L\times M\times N$ 个量；依此类推。这种采用赋值字母为指标的表示方法称为指标记法。指标分上标和下标，如 a_{ij} 中的指标 i,j 为下标，a^{pq} 中的指标 p,q 为上标。对于直角坐标系，可以将所有的指标均写成下标[1]。

有了指标表示方法，矢量可以写得更简洁一些。例如，在三维空间笛卡儿坐标系中，一个矢量 $\vec{a}$ 可表示成

$$\vec{a}=(a_1,a_2,a_3)=a_1\vec{i}+a_2\vec{j}+a_3\vec{k}=a_1\vec{i}_1+a_2\vec{i}_2+a_3\vec{i}_3$$

其中，a_1,a_2,a_3 分别表示矢量 $\vec{a}$ 在直角坐标系的三个投影分量。现考察 $a_i(i=1,2,3)$，当 $i=1,2,3$ 时，a_i 代表矢量 $\vec{a}$ 的某一分量。由于 i 可任意取值，故 a_i 可代表 $\vec{a}$ 的任一分量，因此它实际上代表了三个分量，即 a_i $(i=1,2,3)$代表了矢量 $\vec{a}$ 本身。

又例如 $\frac{\partial\varphi}{\partial x_i}$，当 $i=1,2,3$ 时，$\frac{\partial\varphi}{\partial x_i}$ 代表了三个量 $\frac{\partial\varphi}{\partial x_1},\frac{\partial\varphi}{\partial x_2},\frac{\partial\varphi}{\partial x_3}$，而这三个量是梯度矢量 $\nabla\varphi$ 的三个分量，由于 $\frac{\partial\varphi}{\partial x_i}$ 可以代表任一分量，故它代表了矢量本身，因此可以认为 $\frac{\partial\varphi}{\partial x_i}$ 代表了梯度矢量 $\nabla\varphi=\mathrm{grad}\varphi$。

2.1.2 求和约定及哑标

设有求和表达式

$$S=a_1x_1+a_2x_2+\cdots+a_Nx_N \tag{2.1.3}$$

利用求和记号 $\sum$，可将式(2.1.3)写成

$$S=\sum_{i=1}^{N}a_ix_i \tag{2.1.4}$$

现在将式(2.1.4)写成更紧凑的形式

$$S=a_ix_i$$

其中，整数 i 的取值范围为 $1\sim N$。这里略去了求和记号 $\sum$，并规定若某个指标在某一项中重复出现，而且仅重复一次，则该项代表一个和式，按重复指标的取值范围求和。这就是爱因斯坦提出的求和约定[1,2]。例如，当 $i=1,2,\cdots,N$ 时，a_{ii} 表

示 $\displaystyle\sum_{i=1}^{N}a_{ii}=a_{11}+a_{22}+\cdots+a_{NN}$；当 $i,j=1,2,\cdots,N$ 时，$a_{ij}x_ix_j$ 表示 $\displaystyle\sum_{i=1}^{N}\sum_{j=1}^{N}a_{ij}x_ix_j$。

　　在三维空间中，通常取 $N=3$。因此，当未标出求和指标的取值范围时，就意味着求和指标的取值范围为 $1\sim3$。例如，

$$\vec{r}=x_i\vec{i}_i=\sum_{i=1}^{3}x_i\vec{i}_i$$

$$|\vec{r}|^2=x_ix_i=\sum_{i=1}^{3}x_ix_i$$

$$a_{ijk}x_ix_jx_k=\sum_{i=1}^{3}\sum_{j=1}^{3}\sum_{k=1}^{3}a_{ijk}x_ix_jx_k$$

表示求和的重复指标称为哑标。显然，哑标采用什么字母来表示对结果没有影响。例如，

$$a_ix_i=a_kx_k\quad\left(\text{由于}\sum_{i=1}^{3}a_ix_i=\sum_{k=1}^{3}a_kx_k\right)$$

$$a_{ii}=a_{kk}\quad\left(\text{由于}\sum_{i=1}^{3}a_{ii}=\sum_{k=1}^{3}a_{kk}\right)$$

　　如果在某一项中，重复指标出现两次以上，该指标便失去了求和的含义，不再是哑标了。例如，

$$a_{ij}x_ix_jx_j=\sum_{i=1}^{3}a_{ij}x_ix_jx_j\neq\sum_{i=1}^{3}\sum_{j=1}^{3}a_{ij}x_ix_jx_j \tag{2.1.5}$$

式(2.1.5)等号左边 i 是哑标，j 不是哑标。又例如，

$$(a_ix_i)^2=a_ix_ia_jx_j\neq a_ix_ia_ix_i$$

2.1.3　自由指标

　　设有方程组

$$\begin{cases}a_{11}x_1+a_{12}x_2+a_{13}x_3=b_1\\a_{21}x_1+a_{22}x_2+a_{23}x_3=b_2\\a_{31}x_1+a_{32}x_2+a_{33}x_3=b_3\end{cases} \tag{2.1.6}$$

按照求和约定，式(2.1.6)可写成

$$\begin{cases}a_{1j}x_j=b_1\\a_{2j}x_j=b_2\\a_{3j}x_j=b_3\end{cases} \tag{2.1.7}$$

或

$$a_{ij}x_j=b_i\quad(i=1,2,3) \tag{2.1.8}$$

式(2.1.8)中，指标 i 不是哑标。凡不属于哑标的指标均为自由指标。式(2.1.8)也可以写成

$$a_{mj}x_j=b_m \quad (m=1,2,3)$$

在同一方程中,每一项的自由指标必须相同。例如,

$$a_i+b_i=c_i \quad (i=1,2,3)$$

$$a_i+b_ic_jd_j=0 \quad (i=1,2,3)$$

$$T_{ij}=A_{im}A_{jm} \quad (i,j=1,2,3)$$

而方程 $a_i=b_{jm}x_m$ 是没有意义的。

2.1.4　克罗内克符号

克罗内克(Kronecker)符号 δ_{ij} 定义为

$$\delta_{ij}=\begin{cases}1(i=j)\\0(i\neq j)\end{cases} \tag{2.1.9}$$

按此定义可以得出 δ_{ij} 的一些性质。

(1)对称性:

$$\delta_{ij}=\delta_{ji} \tag{2.1.10}$$

(2)迹:

$$\delta_{ii}=\delta_{11}+\delta_{22}+\delta_{33}=3 \tag{2.1.11}$$

(3)改换自由指标作用(与求和约定联合使用):

①与矢量下标重复

$$\delta_{ij}u_j=u_i \quad (i=1,2,3) \tag{2.1.12a}$$

验证　由于

$$\delta_{ij}u_j=\delta_{i1}u_1+\delta_{i2}u_2+\delta_{i3}u_3$$

从而

$$\delta_{1j}u_j=\delta_{11}u_1+\delta_{12}u_2+\delta_{13}u_3=u_1$$

$$\delta_{2j}u_j=\delta_{21}u_1+\delta_{22}u_2+\delta_{23}u_3=u_2$$

$$\delta_{3j}u_j=\delta_{31}u_1+\delta_{32}u_2+\delta_{33}u_3=u_3$$

故知 $\delta_{ij}u_j=u_i$ 。

类似地,有

$$\delta_{ji}u_j=u_i \quad (i=1,2,3) \tag{2.1.12b}$$

②与张量下标重复

$$\delta_{im}T_{mj}=T_{ij} \tag{2.1.12c}$$

验证

$$\delta_{1m}T_{mj}=\delta_{11}T_{1j}+\delta_{12}T_{2j}+\delta_{13}T_{3j}=T_{1j}$$

$$\delta_{2m}T_{mj}=\delta_{21}T_{1j}+\delta_{22}T_{2j}+\delta_{23}T_{3j}=T_{2j}$$

$$\delta_{3m}T_{mj}=\delta_{31}T_{1j}+\delta_{32}T_{2j}+\delta_{33}T_{3j}=T_{3j}$$

故 $\delta_{im}T_{mj}=T_{ij}$ 。

类似地,有

$$\delta_{mi} T_{jm} = T_{ji} \tag{2.1.12d}$$

$$\delta_{im}\delta_{mj} = \delta_{ij} \tag{2.1.12e}$$

$$\delta_{im}\delta_{mj}\delta_{jk} = \delta_{ik} \tag{2.1.12f}$$

由式(2.1.12a)～式(2.1.12f)可以看出,克罗内克符号能起到改换自由指标的作用。

(4)直角坐标系单位矢量 $\vec{i}_i$ 与 $\vec{i}_j$ 的点积:

$$\vec{i}_i \cdot \vec{i}_j = \delta_{ij} \tag{2.1.13}$$

其中, δ_{ij} 为单位矢量 $\vec{i}_i$ 与 $\vec{i}_j$ 的点积。

2.1.5 置换符号

置换符号 ε_{ijk} 定义为

$$\varepsilon_{ijk} = \begin{cases} 0, & i,j,k \text{ 中有两个或两个以上相同时}(21 \text{ 个}) \\ 1, & i,j,k \text{ 为正常循环顺序}(\text{共 3 个}):123,231,312 \\ -1, & i,j,k \text{ 为逆循环顺序}(\text{共 3 个}):132,213,321 \end{cases} \tag{2.1.14}$$

由于 ε_{ijk} 有 3 个自由下标,故共有 $3^3 = 27$ 个分量。全部写出则可表示为图 2.1 的形式。

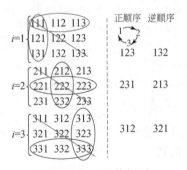

图 2.1　ε_{ijk} 取值规则

显然,ε_{ijk} 的 27 个分量中,6 个不为零(3 个为 1,3 个为 -1),21 个为零。另外

$$\varepsilon_{ijk} = \varepsilon_{kij} = \varepsilon_{jki} = -\varepsilon_{ikj} = -\varepsilon_{kji} = -\varepsilon_{jik} \tag{2.1.15}$$

置换符号有如下应用。

例 2.1.1　行列式的值

$$\Delta = \begin{vmatrix} a_{11} & a_{12} & a_{13} \\ a_{21} & a_{22} & a_{23} \\ a_{31} & a_{32} & a_{33} \end{vmatrix} = \varepsilon_{ijk} a_{i1} a_{j2} a_{k3}$$

验证　因为 $\varepsilon_{ijk}a_{i1}a_{j2}a_{k3}$ 中三个指标重复,所以代表 $3^3=27$ 项和,但只有 6 项不为零,这 6 项中,3 项为正,3 项为负。

$$\varepsilon_{ijk}a_{i1}a_{j2}a_{k3}=\varepsilon_{1jk}a_{11}a_{j2}a_{k3}+\varepsilon_{2jk}a_{21}a_{j2}a_{k3}+\varepsilon_{3jk}a_{31}a_{j2}a_{k3}$$
$$\qquad\qquad (i=1)\qquad\quad (i=2)\qquad (i=3)\quad (先对 i 求和)$$
$$=\varepsilon_{123}a_{11}a_{22}a_{33}+\varepsilon_{132}a_{11}a_{32}a_{23}\quad (i=1)\quad (9 项中仅 2 项不为零)$$
$$+\varepsilon_{231}a_{21}a_{32}a_{13}+\varepsilon_{213}a_{21}a_{12}a_{33}\quad (i=2)\quad (9 项中仅 2 项不为零)$$
$$+\varepsilon_{312}a_{31}a_{12}a_{23}+\varepsilon_{321}a_{31}a_{22}a_{13}\quad (i=3)\quad (9 项中仅 2 项不为零)$$
$$=a_{11}a_{22}a_{33}-a_{11}a_{32}a_{23}+a_{21}a_{32}a_{13}-a_{21}a_{12}a_{33}+a_{31}a_{12}a_{23}-a_{31}a_{22}a_{13}$$

例 2.1.2　二矢量叉乘

$$\vec{a}\times\vec{b}=\varepsilon_{ijk}a_jb_k\quad(=c_i,\text{分量表示})\qquad\qquad (2.1.16a)$$

或

$$\vec{a}\times\vec{b}=\varepsilon_{ijk}\vec{i}_ia_jb_k\quad(=c_i\vec{i}_i)\qquad\qquad (2.1.16b)$$

验证

$$\varepsilon_{ijk}\vec{i}_ia_jb_k=\varepsilon_{1jk}\vec{i}_1a_jb_k+\varepsilon_{2jk}\vec{i}_2a_jb_k+\varepsilon_{3jk}\vec{i}_3a_jb_k$$
$$\qquad\qquad (i=1)\qquad\quad (i=2)\qquad (i=3)\quad (先对 i 求和)$$
$$=\varepsilon_{123}\vec{i}_1a_2b_3+\varepsilon_{132}\vec{i}_1a_3b_2\quad (i=1)\quad (9 项中仅 2 项不为零)$$
$$+\varepsilon_{231}\vec{i}_2a_3b_1+\varepsilon_{213}\vec{i}_2a_1b_3\quad (i=2)\quad (9 项中仅 2 项不为零)$$
$$+\varepsilon_{312}\vec{i}_3a_1b_2+\varepsilon_{321}\vec{i}_3a_2b_1\quad (i=3)\quad (9 项中仅 2 项不为零)$$
$$=(a_2b_3-a_3b_2)\vec{i}_1+(a_3b_1-a_1b_3)\vec{i}_2+(a_1b_2-a_2b_1)\vec{i}_3$$
$$=\begin{vmatrix} \vec{i}_1 & \vec{i}_2 & \vec{i}_3 \\ a_1 & a_2 & a_3 \\ b_1 & b_2 & b_3 \end{vmatrix}=\vec{a}\times\vec{b}$$

特别地,若令式(2.1.16b)中的 $\vec{a},\vec{b}$ 分别为直角坐标单位矢量 $\vec{i}_j,\vec{i}_k$,并注意到,$(\vec{i}_j)_j=1,(\vec{i}_k)_k=1$,则有

$$\vec{i}_j\times\vec{i}_k=\varepsilon_{ijk}(\vec{i}_j)_j(\vec{i}_k)_k\vec{i}_i=\varepsilon_{ijk}\vec{i}_i\qquad\qquad (2.1.17)$$

例 2.1.3　旋度

$$\nabla\times\vec{u}=\begin{vmatrix} \vec{i}_1 & \vec{i}_2 & \vec{i}_3 \\ \dfrac{\partial}{\partial x_1} & \dfrac{\partial}{\partial x_2} & \dfrac{\partial}{\partial x_3} \\ u_1 & u_2 & u_3 \end{vmatrix}=\varepsilon_{ijk}\vec{i}_i\frac{\partial u_k}{\partial x_j}\qquad (2.1.18a)$$

或

$$\nabla\times\vec{u}=\varepsilon_{ijk}\frac{\partial u_k}{\partial x_j}\quad(\text{分量形式表示})\qquad (2.1.18b)$$

验证

$$\varepsilon_{ijk}\vec{i}_i\frac{\partial u_k}{\partial x_j}=\varepsilon_{1jk}\vec{i}_1\frac{\partial u_k}{\partial x_j}+\varepsilon_{2jk}\vec{i}_2\frac{\partial u_k}{\partial x_j}+\varepsilon_{3jk}\vec{i}_3\frac{\partial u_k}{\partial x_j}$$

$$(i=1)\qquad(i=2)\qquad(i=3)\qquad(9\times3=27\text{ 项和})$$

$$=\varepsilon_{123}\vec{i}_1\frac{\partial u_3}{\partial x_2}+\varepsilon_{132}\vec{i}_1\frac{\partial u_2}{\partial x_3}\quad(i=1)$$

$$+\varepsilon_{231}\vec{i}_2\frac{\partial u_1}{\partial x_3}+\varepsilon_{213}\vec{i}_2\frac{\partial u_3}{\partial x_1}\quad(i=2)$$

$$+\varepsilon_{312}\vec{i}_3\frac{\partial u_2}{\partial x_1}+\varepsilon_{321}\vec{i}_3\frac{\partial u_1}{\partial x_2}\quad(i=3)\quad(\text{变成 6 项和})$$

$$=\left(\frac{\partial u_3}{\partial x_2}-\frac{\partial u_2}{\partial x_3}\right)\vec{i}_1+\left(\frac{\partial u_1}{\partial x_3}-\frac{\partial u_3}{\partial x_1}\right)\vec{i}_2+\left(\frac{\partial u_2}{\partial x_1}-\frac{\partial u_1}{\partial x_2}\right)\vec{i}_3$$

$$=\begin{vmatrix}\vec{i}_1&\vec{i}_2&\vec{i}_3\\\dfrac{\partial}{\partial x_1}&\dfrac{\partial}{\partial x_2}&\dfrac{\partial}{\partial x_3}\\u_1&u_2&u_3\end{vmatrix}=\nabla\times\vec{u}$$

例 2.1.4　混合积

$$\vec{a}\cdot(\vec{b}\times\vec{c})=\begin{vmatrix}a_1&a_2&a_3\\b_1&b_2&b_3\\c_1&c_2&c_3\end{vmatrix}=\varepsilon_{ijk}a_ib_jc_k$$

证　令 $\vec{b}\times\vec{c}=\vec{d}$，由例 2.1.2 知，$\vec{d}=\vec{b}\times\vec{c}=\varepsilon_{ijk}\vec{i}_ib_jc_k$，于是 $d_i=\varepsilon_{ijk}b_jc_k$，那么

$$\vec{a}\cdot(\vec{b}\times\vec{c})=\vec{a}\cdot\vec{d}=a_id_i=a_i(\varepsilon_{ijk}b_jc_k)=\varepsilon_{ijk}a_ib_jc_k$$

特别地，三个单位矢量的混合积为

$$\vec{i}_i\cdot(\vec{i}_j\times\vec{i}_k)=\varepsilon_{ijk}\ (\vec{i}_i)_i\ (\vec{i}_j)_j\ (\vec{i}_k)_k=\varepsilon_{ijk}\qquad(2.1.19)$$

2.1.6　ε_{ijk} 与 δ_{ij} 的关系

$$\varepsilon_{ijk}\varepsilon_{lmn}=\begin{vmatrix}\delta_{il}&\delta_{im}&\delta_{in}\\\delta_{jl}&\delta_{jm}&\delta_{jn}\\\delta_{kl}&\delta_{kn}&\delta_{kn}\end{vmatrix}\qquad(2.1.20)$$

验证　注意到 ε_{ijk} 是三个单位矢量的混合积，即

$$\varepsilon_{ijk}=\vec{i}_i\cdot(\vec{i}_j\times\vec{i}_k)=\begin{vmatrix}(\vec{i}_i)_1&(\vec{i}_i)_2&(\vec{i}_i)_3\\(\vec{i}_j)_1&(\vec{i}_j)_2&(\vec{i}_j)_3\\(\vec{i}_k)_1&(\vec{i}_k)_2&(\vec{i}_k)_3\end{vmatrix}=\begin{vmatrix}(\vec{i}_i\cdot\vec{i}_1)&(\vec{i}_i\cdot\vec{i}_2)&(\vec{i}_i\cdot\vec{i}_3)\\(\vec{i}_j\cdot\vec{i}_1)&(\vec{i}_j\cdot\vec{i}_2)&(\vec{i}_j\cdot\vec{i}_3)\\(\vec{i}_k\cdot\vec{i}_1)&(\vec{i}_k\cdot\vec{i}_2)&(\vec{i}_k\cdot\vec{i}_3)\end{vmatrix}$$

$$= \begin{vmatrix} \delta_{i1} & \delta_{i2} & \delta_{i3} \\ \delta_{j1} & \delta_{j2} & \delta_{j3} \\ \delta_{k1} & \delta_{k2} & \delta_{k3} \end{vmatrix}$$

同理,

$$\varepsilon_{lmn} = \begin{vmatrix} \delta_{l1} & \delta_{l2} & \delta_{l3} \\ \delta_{m1} & \delta_{m2} & \delta_{m3} \\ \delta_{n1} & \delta_{n2} & \delta_{n3} \end{vmatrix} = \begin{vmatrix} \delta_{l1} & \delta_{m1} & \delta_{n1} \\ \delta_{l2} & \delta_{m2} & \delta_{n2} \\ \delta_{l3} & \delta_{m2} & \delta_{n3} \end{vmatrix}$$

于是,两置换符号相乘可表示为

$$\varepsilon_{ijk}\varepsilon_{lmn} = \begin{vmatrix} \delta_{i1} & \delta_{i2} & \delta_{i3} \\ \delta_{j1} & \delta_{j2} & \delta_{j3} \\ \delta_{k1} & \delta_{k2} & \delta_{k3} \end{vmatrix} \begin{vmatrix} \delta_{l1} & \delta_{m1} & \delta_{n1} \\ \delta_{l2} & \delta_{m2} & \delta_{n2} \\ \delta_{l3} & \delta_{m2} & \delta_{n3} \end{vmatrix}$$

两个行列式相乘的结果,以第一行乘第一列为例,得

$$\delta_{i1}\delta_{l1} + \delta_{i2}\delta_{l2} + \delta_{i3}\delta_{l3} = \delta_{ip}\delta_{lp} = \delta_{il}$$

其他元素可依此类推,于是得[2]

$$\varepsilon_{ijk}\varepsilon_{lmn} = \begin{vmatrix} \delta_{il} & \delta_{im} & \delta_{in} \\ \delta_{jl} & \delta_{jm} & \delta_{jn} \\ \delta_{kl} & \delta_{km} & \delta_{kn} \end{vmatrix}$$

下面给出几种特例。

1) $i=l$

式(2.1.20)改写成

$$\varepsilon_{ijk}\varepsilon_{imn} = \begin{vmatrix} \delta_{ii} & \delta_{im} & \delta_{in} \\ \delta_{ji} & \delta_{jm} & \delta_{jn} \\ \delta_{ki} & \delta_{km} & \delta_{kn} \end{vmatrix} = \begin{vmatrix} 3 & \delta_{im} & \delta_{in} \\ \delta_{ji} & \delta_{jm} & \delta_{jn} \\ \delta_{ki} & \delta_{km} & \delta_{kn} \end{vmatrix}$$

将上式以第一行展开,得

$$\begin{aligned} \varepsilon_{ijk}\varepsilon_{imn} &= 3(\delta_{jm}\delta_{kn} - \delta_{jn}\delta_{kn}) - \delta_{im}(\delta_{ji}\delta_{kn} - \delta_{jn}\delta_{ki}) + \delta_{in}(\delta_{ji}\delta_{kn} - \delta_{jm}\delta_{ki}) \\ &= 3(\delta_{jm}\delta_{kn} - \delta_{jn}\delta_{kn}) - (\delta_{jm}\delta_{kn} - \delta_{jn}\delta_{kn}) + (\delta_{jn}\delta_{kn} - \delta_{jm}\delta_{kn}) \\ &= \delta_{jm}\delta_{kn} - \delta_{jn}\delta_{km} \end{aligned}$$

即

$$\varepsilon_{ijk}\varepsilon_{imn} = \delta_{jm}\delta_{kn} - \delta_{jn}\delta_{km} \qquad (2.1.21)$$

2) $i=l, j=m$

当 $i=l, j=m$ 时,则

$$\varepsilon_{ijk}\varepsilon_{ijn} = \delta_{jj}\delta_{kn} - \delta_{jn}\delta_{kj} = 3\delta_{kn} - \delta_{kn} = 2\delta_{kn} \qquad (2.1.22)$$

3) $i=l, j=m, k=n$

当 $i=l, j=m, k=n$ 时,显然

$$\varepsilon_{ijk}\varepsilon_{ijk} = 2\delta_{kk} = 6 \tag{2.1.23}$$

2.1.7　指标记法的运算特点

（1）求和。凡自由指标完全相同的项才能相加（或减）。例如，

$$a_{ij} + b_{ij} = C_{ij}$$

$$a_i + \delta_{im}b_m = C_{ik}d_k$$

而 $a_{ij} + b_{ik}$，$a_i + b_{ij}$ 都是无意义的。

（2）代入。设

$$a_i = U_{im}b_m \tag{2.1.24a}$$

$$b_i = V_{im}C_m \tag{2.1.24b}$$

若将式(2.1.24b)中的 b_i 代入式(2.1.24a)，必须先把式(2.1.24b)中的自由指标 i 改为 m，把哑标 m 改用其他字母，如 n，即写成 $b_m = V_{mn}C_n$，然后才可将它代入式(2.1.24a)，得

$$a_i = U_{im}V_{mn}C_n$$

（3）乘积。设

$$p = a_m b_m \tag{2.1.25a}$$

$$q = c_m d_m \tag{2.1.25b}$$

则乘积 pq 的表达式不能直接写成

$$pq = a_m b_m c_m d_m$$

必须先将式(2.1.25a)或式(2.1.25b)中的哑标改用其他字母，如 $q = c_n d_n$，然后才可与式(2.1.25a)相乘，得

$$pq = a_m b_m c_n d_n$$

（4）因子分解。设

$$T_{ij}n_j - \lambda n_i = 0$$

若要将 n_j 作为公因子提出来，必须先把 n_i 写成 $\delta_{ij}n_j$，即

$$T_{ij}n_j - \lambda \delta_{ij}n_j = (T_{ij} - \lambda \delta_{ij})n_j = 0 \tag{2.1.26a}$$

注意：式(2.1.26a)中不能因 $n_j \neq 0$ 而断定 $(T_{ij} - \lambda \delta_{ij}) = 0$。式(2.1.26a)相当于

$$(T_{i1} - \lambda \delta_{i1})n_1 + (T_{i2} - \lambda \delta_{i2})n_2 + (T_{i3} - \lambda \delta_{i3})n_3 = 0 \tag{2.1.26b}$$

若 n_j 具有任意性，则由式(2.1.26a)可得 $T_{ij} - \lambda \delta_{ij} = 0$。例如，取 $n_1 = 1, n_2 = n_3 = 0$，则由式(2.1.26b)可得 $T_{i1} - \lambda \delta_{i1} = 0$。类似地，取 $n_2 = 1, n_1 = n_3 = 0$ 和 $n_3 = 1, n_1 = n_2 = 0$，可得 $T_{i2} - \lambda \delta_{i2} = 0$，$T_{i3} - \lambda \delta_{i3} = 0$，这三个等式可统一写成 $T_{ij} - \lambda \delta_{ij} = 0$。

应用举例：证明下面一些关系式。

（1）$\mathrm{div}(\varphi \vec{a}) = \varphi \mathrm{div}\vec{a} + \mathrm{grad}\varphi \cdot \vec{a}$。

证明

$$\operatorname{div}(\varphi\vec{a})=\frac{\partial}{\partial x_i}(\varphi a_i)=\varphi\frac{\partial a_i}{\partial x_i}+a_i\frac{\partial\varphi}{\partial x_i}=\varphi\nabla\cdot\vec{a}+\vec{a}\cdot\nabla\varphi$$

(2) $\nabla\times(\varphi\vec{a})=\nabla\varphi\times\vec{a}+\varphi\nabla\times\vec{a}$。

证明

$$\nabla\times(\varphi\vec{a})=\varepsilon_{ijk}\frac{\partial}{\partial x_j}(\varphi a_k)=\varepsilon_{ijk}\frac{\partial\varphi}{\partial x_j}a_k+\varphi\varepsilon_{ijk}\frac{\partial a_k}{\partial x_j}=\nabla\varphi\times\vec{a}+\varphi\nabla\times\vec{a}$$

(3) $\operatorname{div}(\vec{a}\times\vec{b})=\vec{b}\cdot\operatorname{rot}\vec{a}-\vec{a}\cdot\operatorname{rot}\vec{b}$。

证明

$$\nabla\cdot(\vec{a}\times\vec{b})=\frac{\partial}{\partial x_i}[\vec{a}\times\vec{b}]_i=\frac{\partial}{\partial x_i}[\varepsilon_{ijk}a_jb_k]$$

$$=\varepsilon_{ijk}\frac{\partial a_j}{\partial x_i}b_k+\varepsilon_{ijk}a_j\frac{\partial b_k}{\partial x_i}=b_k\varepsilon_{kij}\frac{\partial a_j}{\partial x_i}+a_j\left(-\varepsilon_{jik}\frac{\partial b_k}{\partial x_i}\right)$$

$$=b_k[\nabla\times\vec{a}]_k-a_j[\nabla\times\vec{b}]_j=\vec{b}\cdot\operatorname{rot}\vec{a}-\vec{a}\cdot\operatorname{rot}\vec{b}$$

(4) $\vec{a}\times(\vec{b}\times\vec{c})=(\vec{a}\cdot\vec{c})\vec{b}-(\vec{a}\cdot\vec{b})\vec{c}$。

证明

$$\vec{a}\times(\vec{b}\times\vec{c})=\varepsilon_{ijk}a_j(\vec{b}\times\vec{c})_k$$

$$=\varepsilon_{ijk}a_j[\varepsilon_{klm}b_lc_m]=\varepsilon_{ijk}\varepsilon_{klm}a_jb_lc_m$$

$$=\varepsilon_{kij}\varepsilon_{klm}a_jb_lc_m=(\delta_{il}\delta_{jm}-\delta_{im}\delta_{jl})a_jb_lc_m$$

$$=(\delta_{il}b_l)(\delta_{jm}c_m)a_j-(\delta_{im}c_m)(\delta_{jl}b_l)a_j$$

$$=b_ic_ja_j-c_ib_ja_j=(\vec{a}\cdot\vec{c})\vec{b}-(\vec{a}\cdot\vec{b})\vec{c}$$

(5) $\operatorname{rot}(\vec{a}\times\vec{b})=(\vec{b}\cdot\nabla)\vec{a}-(\vec{a}\cdot\nabla)\vec{b}+\vec{a}(\nabla\cdot\vec{b})-\vec{b}(\nabla\cdot\vec{a})$。

证明

$$\operatorname{rot}(\vec{a}\times\vec{b})=\nabla\times(\vec{a}\times\vec{b})=\varepsilon_{ijk}\frac{\partial}{\partial x_j}[\vec{a}\times\vec{b}]_k=\varepsilon_{ijk}\frac{\partial}{\partial x_j}[\varepsilon_{klm}a_lb_m]$$

$$=\varepsilon_{kij}\varepsilon_{klm}\left[b_m\frac{\partial a_l}{\partial x_j}+a_l\frac{\partial b_m}{\partial x_j}\right]$$

$$=(\delta_{il}\delta_{jm}-\delta_{im}\delta_{jl})\left[b_m\frac{\partial a_l}{\partial x_j}+a_l\frac{\partial b_m}{\partial x_j}\right]$$

$$=\delta_{il}\delta_{jm}b_m\frac{\partial a_l}{\partial x_j}+\delta_{il}\delta_{jm}a_l\frac{\partial b_m}{\partial x_j}-\delta_{im}\delta_{jl}b_m\frac{\partial a_l}{\partial x_j}-\delta_{im}\delta_{jl}a_l\frac{\partial b_m}{\partial x_j}$$

$$=b_j\frac{\partial a_i}{\partial x_j}+a_i\frac{\partial b_j}{\partial x_j}-b_i\frac{\partial a_j}{\partial x_j}-a_j\frac{\partial b_i}{\partial x_j}$$

$$=(\vec{b}\cdot\nabla)\vec{a}+\vec{a}(\nabla\cdot\vec{b})-\vec{b}(\nabla\cdot\vec{a})-(\vec{a}\cdot\nabla)\vec{b}$$

$$=(\vec{b}\cdot\nabla)\vec{a}-(\vec{a}\cdot\nabla)\vec{b}+\vec{a}(\nabla\cdot\vec{b})-\vec{b}(\nabla\cdot\vec{a})$$

2.2　矢量的坐标变换

2.2.1　坐标变换

设有直角坐标系 $Ox_1x_2x_3$ 和 $Ox_{1'}x_{2'}x_{3'}$，它们具有共同的原点 O，$x_{i'}$ 坐标系相对于 x_i 坐标系旋转了一个角度。空间一点 P 在这两个坐标系中的位置矢量 $\vec{r}$ 可分别写成

$$\vec{r} = x_1\vec{i}_1 + x_2\vec{i}_2 + x_3\vec{i}_3 = x_i\vec{i}_i \tag{2.2.1}$$

$$\vec{r} = x_{1'}\vec{i}_{1'} + x_{2'}\vec{i}_{2'} + x_{3'}\vec{i}_{3'} = x_{i'}\vec{i}_{i'} \tag{2.2.2}$$

式中，$\vec{i}_1, \vec{i}_2, \vec{i}_3$ 分别为原坐标系的单位矢量；$\vec{i}_{1'}, \vec{i}_{2'}, \vec{i}_{3'}$ 分别为新坐标系的单位矢量。现在来推导原坐标 x_i 与新坐标 $x_{i'}$ 的变换关系。

设新坐标系中的单位矢量 $\vec{i}_{i'}$ 在旧坐标系中的三个方向余弦为 $\beta_{i'1}, \beta_{i'2}, \beta_{i'3}$，即

$$\beta_{i'1} = \vec{i}_{i'} \cdot \vec{i}_1, \quad \beta_{i'2} = \vec{i}_{i'} \cdot \vec{i}_2, \quad \beta_{i'3} = \vec{i}_{i'} \cdot \vec{i}_3 \tag{2.2.3}$$

显然

$$\beta_{i'j} = \vec{i}_{i'} \cdot \vec{i}_j = \vec{i}_j \cdot \vec{i}_{i'} = \beta_{ji'} \tag{2.2.4}$$

于是 $\vec{i}_{i'}$ 在旧坐标系中可表示为

$$\vec{i}_{i'} = \beta_{i'1}\vec{i}_1 + \beta_{i'2}\vec{i}_2 + \beta_{i'3}\vec{i}_3 \tag{2.2.5a}$$

即

$$\vec{i}_{i'} = \beta_{i'j}\vec{i}_j \tag{2.2.5b}$$

展开为

$$\begin{cases} \vec{i}_{1'} = \beta_{1'1}\vec{i}_1 + \beta_{1'2}\vec{i}_2 + \beta_{1'3}\vec{i}_3 \\ \vec{i}_{2'} = \beta_{2'1}\vec{i}_1 + \beta_{2'2}\vec{i}_2 + \beta_{2'3}\vec{i}_3 \\ \vec{i}_{3'} = \beta_{3'1}\vec{i}_1 + \beta_{3'2}\vec{i}_2 + \beta_{3'3}\vec{i}_3 \end{cases} \tag{2.2.5c}$$

或以更直观的列表形式表示为

	$\vec{i}_1$	$\vec{i}_2$	$\vec{i}_3$
$\vec{i}_{1'}$	$\beta_{1'1}$	$\beta_{1'2}$	$\beta_{1'3}$
$\vec{i}_{2'}$	$\beta_{2'1}$	$\beta_{2'2}$	$\beta_{2'3}$
$\vec{i}_{3'}$	$\beta_{3'1}$	$\beta_{3'2}$	$\beta_{3'3}$

由于 $\vec{i}_{i'}$ 为单位矢量，故有 $\vec{i}_{i'} \cdot \vec{i}_{j'} = \delta_{i'j'}$，也就是列表中每一行的模 $=1$，每不同的两行正交，即

$$(\beta_{i'1})^2 + (\beta_{i'2})^2 + (\beta_{i'3})^2 = 1 \quad (i' = 1,2,3) \tag{2.2.6a}$$

$$\beta_{i'1}\beta_{j'1} + \beta_{i'2}\beta_{j'2} + \beta_{i'3}\beta_{j'3} = 0 \quad (i' \neq j'; i', j' = 1,2,3) \tag{2.2.6b}$$

式(2.2.6a)和式(2.2.6b)合起来为

$$\beta_{i'k}\beta_{j'k} = \begin{cases} 1, & i' = j' \\ 0, & i' \neq j' \end{cases} = \delta_{i'j'} \tag{2.2.7}$$

单位矢量关系表还隐含说明其中的每一列代表了旧坐标系 x_i 中某单位矢量 $\vec{i}_j$ 在新系 $x_{i'}$ 的三个方向余弦,故有 $\vec{i}_j \cdot \vec{i}_k = \delta_{jk}$,即列表中每一列自身的模$=1$,每不同的两列正交,即

$$(\beta_{1'j})^2 + (\beta_{2'j})^2 + (\beta_{3'j})^2 = 1 \quad (j = 1,2,3) \tag{2.2.8a}$$

$$\beta_{1'j}\beta_{1'k} + \beta_{2'j}\beta_{2'k} + \beta_{3'j}\beta_{3'k} = 0 \quad (j \neq k; j,k = 1,2,3) \tag{2.2.8b}$$

式(2.2.8a)和式(2.2.8b)合起来为

$$\beta_{i'j}\beta_{i'k} = \begin{cases} 1, & j = k \\ 0, & j \neq k \end{cases} = \delta_{jk} \tag{2.2.9}$$

由式(2.2.1)和式(2.2.2)可知

$$x_{i'}\vec{i}_{i'} = x_j\vec{i}_j$$

等号两边点乘 $\vec{i}_{k'}$,得

$$x_{i'}\vec{i}_{i'} \cdot \vec{i}_{k'} = x_j\vec{i}_j \cdot \vec{i}_{k'} \tag{2.2.10}$$

注意式(2.1.13)和式(2.2.3),由式(2.2.10)可得

$$x_{i'}\delta_{i'k'} = x_j\beta_{jk'}$$

即

$$x_{k'} = \beta_{jk'}x_j$$

改换指标($k' \to i'$),上式可写成

$$x_{i'} = \beta_{ji'}x_j = \beta_{i'j}x_j \tag{2.2.11a}$$

类似地,可得式(2.2.11a)的逆变换为

$$x_i = \beta_{j'i}x_{j'} = \beta_{ij'}x_{j'} \tag{2.2.11b}$$

此处 $\beta_{ij'} = \beta_{j'i} = \vec{i}_i \cdot \vec{i}_{j'}$ 称为变换系数[1,3]。

下面用另一方式推出式(2.2.7)和式(2.2.9)。由于矢量 $\vec{r}$ 的长度不会因坐标变换而改变,在原坐标系中,$|\vec{r}|^2 = x_ix_i$;在新坐标系中,$|\vec{r}|^2 = x_{j'}x_{j'}$。因此,得

$$x_ix_i = x_{j'}x_{j'} \tag{2.2.12}$$

根据式(2.2.11a),有

$$x_{j'}x_{j'} = \beta_{j'i}x_i\beta_{j'k}x_k \tag{2.2.13}$$

将式(2.2.13)代入式(2.2.12),得

$$x_ix_i = \beta_{j'i}\beta_{j'k}x_ix_k$$

即

$$x_ix_k\delta_{ik} = \beta_{j'i}\beta_{j'k}x_ix_k$$

或

$$x_i x_k (\delta_{ik} - \beta_{j'i}\beta_{j'k}) = 0 \tag{2.2.14}$$

由于点的坐标 x_i 具有任意性,由式(2.2.14)可得

$$\beta_{j'i}\beta_{j'k} = \delta_{ik}$$

类似地,可得

$$\beta_{ij'}\beta_{ik'} = \delta_{j'k'}$$

具有这种性质的变换称为线性正交变换。

2.2.2　矢量的变换规律

设有矢量 $\vec{A}$,它在 x_j 坐标系中沿 x_j 轴的分量为 A_j ,则

$$\vec{A} = A_j \vec{i}_j \tag{2.2.15a}$$

类似地,在 $x_{j'}$ 坐标系中有

$$\vec{A} = A_{j'} \vec{i}_{j'} \tag{2.2.15b}$$

下面讨论 A_j 与 $A_{j'}$ 之间的变换关系。

将式(2.2.15a)两边点乘 $\vec{i}_{i'}$,得

$$\vec{A} \cdot \vec{i}_{i'} = (A_j \vec{i}_j) \cdot \vec{i}_{i'}$$

等号左边为矢量 $\vec{A}$ 沿 $x_{i'}$ 轴的分量 $A_{i'}$,右边 $\vec{i}_j \cdot \vec{i}_{i'} = \beta_{i'j}$,由此得

$$A_{i'} = A_j \beta_{ji'} = \beta_{i'j} A_j \tag{2.2.16}$$

类似地,将式(2.2.15b)两边点乘 $\vec{i}_i$,可得

$$A_i = \beta_{ij'} A_{j'} \tag{2.2.17}$$

可见,当坐标系通过旋转由 x_i 坐标系转到 $x_{i'}$ 坐标系时,矢量 $\vec{A}$ 沿坐标轴的分量将随着改变由 A_i 变为 $A_{j'}$;它们之间的变换关系服从式(2.2.16)和式(2.2.17)。现在根据这一变换规律来定义矢量[1]。

定义 2.2.1　矢量 $\vec{A}$ 是由三个分量 A_i 组成的量, A_i 在坐标变换时服从变换规律式(2.2.16)和式(2.2.17)。

这一定义与张量的定义具有统一的形式。在张量语言中,矢量是一阶张量,标量是零阶张量。

定义 2.2.2　只有一个分量,而且当坐标变换时其分量始终保持不变的量称为标量。

例 2.2.1　设 $x_{i'} = \beta_{i'j} x_j$,

$$(\beta_{i'j}) = \begin{bmatrix} \dfrac{\sqrt{2}}{2} & \dfrac{\sqrt{2}}{2} & 0 \\[2mm] \dfrac{\sqrt{3}}{3} & -\dfrac{\sqrt{3}}{3} & \dfrac{\sqrt{3}}{3} \\[2mm] -\dfrac{\sqrt{6}}{6} & \dfrac{\sqrt{6}}{6} & \dfrac{\sqrt{6}}{3} \end{bmatrix}$$

在 x_j 坐标中,矢量 $\vec{A}$ 的分量为 $(1,2,-1)$,求 $\vec{A}$ 在 x_i 坐标系中的分量。

解 由式 $(2.2.16)$ 得

$$A_{1'} = \beta_{1'1}A_1 + \beta_{1'2}A_2 + \beta_{1'3}A_3 = \frac{\sqrt{2}}{2} \cdot 1 + \frac{\sqrt{2}}{2} \cdot 2 + 0 \cdot (-1) = \frac{3\sqrt{2}}{2}$$

$$A_{2'} = \beta_{2'1}A_1 + \beta_{2'2}A_2 + \beta_{2'3}A_3 = \frac{\sqrt{3}}{3} \cdot 1 + \left(-\frac{\sqrt{3}}{3}\right) \cdot 2 + \frac{\sqrt{3}}{3} \cdot (-1) = -\frac{2\sqrt{3}}{3}$$

$$A_{3'} = \beta_{3'1}A_1 + \beta_{3'2}A_2 + \beta_{3'3}A_3 = \left(-\frac{\sqrt{6}}{6}\right) \cdot 1 + \frac{\sqrt{6}}{6} \cdot 2 + \frac{2\sqrt{6}}{6} \cdot (-1) = -\frac{\sqrt{6}}{6}$$

故

$$\vec{A} = A_{i'}\vec{i}_{i'} = A_{1'}\vec{i}_{1'} + A_{2'}\vec{i}_{2'} + A_{3'}\vec{i}_{3'} = \frac{3\sqrt{2}}{2}\vec{i}_{1'} - \frac{2\sqrt{3}}{3}\vec{i}_{2'} - \frac{\sqrt{6}}{6}\vec{i}_{3'}$$

例 2.2.2 设 A_i 和 B_i 是空间任意给定的两个矢量 $\vec{A}$ 和 $\vec{B}$ 在 x_i 坐标系中的分量,试证明 $(A_i + B_i)$ 也是空间某个矢量的分量(即两矢量之和为矢量),而 A_iB_i 为一个标量(即两矢量的标积为标量)。

证明 根据定义 2.2.1,矢量的分量服从式 $(2.2.16)$,故有

$$A_{i'} = \beta_{i'j}A_j, \quad B_{i'} = \beta_{i'j}B_j$$

由此得

$$(A_{i'} + B_{i'}) = \beta_{i'j}(A_j + B_j)$$

可见 $(A_{i'} + B_{i'})$ 也服从变换规律式 $(2.2.16)$,由定义 2.2.1 可知,$(A_i + B_i)$ 是某个矢量的分量。

根据式 $(2.2.16)$ 和式 $(2.2.7)$,可得

$$
\begin{aligned}
A_{i'}B_{i'} &= (\beta_{i'j}A_j)(\beta_{i'k}B_k) \\
&= \beta_{i'j}\beta_{i'k}A_jB_k \\
&= \delta_{jk}A_jB_k = A_jB_j
\end{aligned}
$$

由此可见,A_iB_i 在任何其他坐标系中数值保持不变,即 $A_iB_i = A_{i'}B_{i'}$,由定义 2.2.2 可知 A_iB_i 为一标量。

例 2.2.3 在 x_i 坐标系中,两矢量 $\vec{A} = A_j\vec{i}_j$ 和 $\vec{B} = B_k\vec{i}_k$ 的矢积为

$$\vec{A} \times \vec{B} = \vec{C} = C_i\vec{i}_i, \quad C_i = \varepsilon_{ijk}A_jB_k$$

在 $x_{i'}$ 坐标系中 $(x_{i'} = \beta_{i'j}x_j)$,$\vec{A} = A_{j'}\vec{i}_{j'}$,$\vec{B} = B_{k'}\vec{i}_{k'}$,且

$$\vec{A} \times \vec{B} = \vec{C} = C_{i'}\vec{i}_{i'}, \quad C_{i'} = \varepsilon_{i'j'k'}A_{j'}B_{k'}$$

若变换系数为

$$(\beta_{i'j}) = \begin{pmatrix} 0 & 0 & 1 \\ -1 & 0 & 0 \\ 0 & 1 & 0 \end{pmatrix} \tag{2.2.18a}$$

试证明

$$C_{i'} = -\beta_{i'j}C_j \qquad (2.2.18\text{b})$$

证明　因为 $\vec{A}, \vec{B}$ 为矢量,所以由式(2.2.16)得

$$\begin{cases} A_{1'} = \beta_{1'1}A_1 + \beta_{1'2}A_2 + \beta_{1'3}A_3 = A_3 \\ A_{2'} = \beta_{2'1}A_1 + \beta_{2'2}A_2 + \beta_{2'3}A_3 = -A_1 \\ A_{3'} = \beta_{3'1}A_1 + \beta_{3'2}A_2 + \beta_{3'3}A_3 = A_2 \end{cases}$$

$$\begin{cases} B_{1'} = \beta_{1'k}B_k = B_3 \\ B_{2'} = \beta_{2'k}B_k = -B_1 \\ B_{3'} = \beta_{3'k}B_k = B_2 \end{cases}$$

在 $x_{i'}$ 坐标系直接叉乘的结果为

$$\begin{cases} C_{1'} = \varepsilon_{1'j'k'}A_{j'}B_{k'} = A_{2'}B_{3'} - A_{3'}B_{2'} = -(A_1 B_2 - A_2 B_1) \\ C_{2'} = \varepsilon_{2'j'k'}A_{j'}B_{k'} = A_{3'}B_{1'} - A_{1'}B_{3'} = A_2 B_3 - A_3 B_2 \qquad (2.2.18\text{c}) \\ C_{3'} = \varepsilon_{3'j'k'}A_{j'}B_{k'} = A_{1'}B_{2'} - A_{2'}B_{1'} = -(A_3 B_1 - A_1 B_3) \end{cases}$$

而 $\beta_{i'j}C_j$ 的展开式为

$$\begin{cases} \beta_{1'j}C_j = C_3 = \varepsilon_{3jk}A_j B_k = A_1 B_2 - A_2 B_1 \\ \beta_{2'j}C_j = -C_1 = -\varepsilon_{1jk}A_j B_k = -(A_2 B_3 - A_3 B_2) \qquad (2.2.18\text{d}) \\ \beta_{3'j}C_j = C_2 = \varepsilon_{2jk}A_j B_k = A_3 B_1 - A_1 B_3 \end{cases}$$

对比式(2.2.18c)和式(2.2.18d),得

$$C_{i'} = -\beta_{i'j}C_j$$

这一结果表明,当进行上述的坐标变换时,矢积 $\vec{C} = \vec{A} \times \vec{B}$ 的分量不完全服从变换规律式(2.2.16),而是相差一个负号。因此,严格说来,矢积 $\vec{A} \times \vec{B}$ 不符合上面所给出的矢量的定义。这种矢量称作伪矢量(pseudo vector),完全符合矢量定义 2.2.1 的矢量称作真矢量(true vector)或绝对矢量(absolute vector)。

倘若取变换系数为

$$(\beta_{i'j}) = \begin{bmatrix} 1 & 0 & 0 \\ 0 & 0 & -1 \\ 0 & 1 & 0 \end{bmatrix} \qquad (2.2.18\text{e})$$

便可以得到 $C_{i'} = \beta_{i'j}C_j$,这是由于式(2.2.18e)的变换仅是旋转变换(即坐标系作为一个整体绕原点转过一个角度,绕 x_1 轴旋转了 $90°$,见图 2.2(a))。这种变换不会使坐标系由右手系变为左手系(或相反)。但是式(2.2.18a)的变换不仅是旋转变换,还包含反射变换(即两轴不动,另一轴转过 $180°$,见图 2.2(b))。反射变换使坐标系由右手系变为左手系(或相反)。当坐标系进行反射变换时要改变正负号的矢量,称为伪矢量。例如,两矢量 $\vec{A}, \vec{B}$ 构成的平行四边形的面积

$(\vec{S} = \vec{A} \times \vec{B})$ ，以及力矩、动量矩等都是两矢量的矢积。这些由矢积形成的矢量均属于伪矢量。当坐标系进行反射变换时，这些矢量的大小不变，但指向转为相反方向。

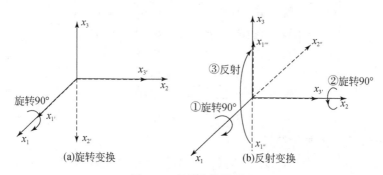

图 2.2　反射变换的影响

判别某种变换是否包含反射变换，可以考察变换系数的行列式

$$\det(\beta_{i'j}) = \begin{vmatrix} \beta_{1'1} & \beta_{1'2} & \beta_{1'3} \\ \beta_{2'1} & \beta_{2'2} & \beta_{2'3} \\ \beta_{3'1} & \beta_{3'2} & \beta_{3'3} \end{vmatrix}$$

的值，若 $\det(\beta_{i'j})$ 取负值，表明这种变换包含反射变换。

2.3　笛卡儿张量的概念

对于张量的讨论，可以采用直角坐标系，也可以采用一般曲线坐标系。如果用直角坐标系中的分量来表示张量，这种形式的张量称为笛卡儿张量（Cartesian tensors）；如果用一般曲线坐标系中的分量来表示张量，则称为一般张量（general tensors）。因为直角坐标系是一般曲线坐标系的特殊情况，所以笛卡儿张量是一般张量的特殊情况。本章只讨论笛卡儿张量。

下面通过一个简单例子来说明二阶张量的定义。

设有质量为 m 的一个质点 P，在 x_i 坐标系中的位置为 $P(x_1, x_2, x_3)$，定义一个量 I_{ij} 为

$$I_{ij} = m(\delta_{ij} x_k x_k - x_i x_j) \quad (i, j = 1, 2, 3) \tag{2.3.1}$$

即

$$\begin{cases} I_{11} = m[(x_2)^2 + (x_3)^2] \\ I_{22} = m[(x_3)^2 + (x_1)^2] \\ I_{33} = m[(x_1)^2 + (x_2)^2] \end{cases} \tag{2.3.2a}$$

$$\begin{cases} I_{12} = I_{21} = -mx_1x_2 \\ I_{23} = I_{32} = -mx_2x_3 \\ I_{31} = I_{13} = -mx_3x_1 \end{cases} \tag{2.3.2b}$$

显然,式(2.3.2a)就是质点 P 对 x_1,x_2,x_3 轴的惯性矩;式(2.3.2b)是质点 P 对 x_1 和 x_2 轴, x_2 和 x_3 轴, x_3 和 x_1 轴的惯性积。

根据式(2.3.1),对于 $x_{i'}$ 坐标系($x_{i'} = \beta_{i'p}x_p$)应有

$$I_{i'j'} = m(\delta_{i'j'}x_{k'}x_{k'} - x_{i'}x_{j'}) \tag{2.3.3}$$

下面考察 $I_{i'j'}$ 与 I_{ij} 的关系。因为

$$x_{i'}x_{j'} = \beta_{i'p}x_p\beta_{j'q}x_q \tag{2.3.4}$$

并注意到式(2.2.1)、式(2.2.2)和式(2.2.7),则有

$$x_{k'}x_{k'} = x_kx_k \tag{2.3.5}$$

$$\delta_{i'j'} = \beta_{i'p}\beta_{j'p} = \beta_{i'p}(\beta_{j'q}\delta_{pq}) \tag{2.3.6}$$

将式(2.3.4)~式(2.3.6)代入式(2.3.3),得

$$\begin{aligned} I_{i'j'} &= m(\beta_{i'p}\beta_{j'q}\delta_{pq}x_kx_k - \beta_{i'p}\beta_{j'q}x_px_q) \\ &= \beta_{i'p}\beta_{j'q}m(\delta_{pq}x_kx_k - x_px_q) \\ &= \beta_{i'p}\beta_{j'q}I_{pq} \end{aligned} \tag{2.3.7}$$

这就是二阶笛卡儿张量的变换规律。接下来定义二阶笛卡儿张量。

定义 2.3.1　在三维空间中,二阶笛卡儿张量 A 是由 3^2 个分量 A_{ij} 组成的量,当坐标变换时,它们服从下面的变换规律:

$$A_{i'j'} = \beta_{i'p}\beta_{j'q}A_{pq} \quad (i',j'=1,2,3) \tag{2.3.8}$$

若将式(2.3.8)两边乘以 $\beta_{i'r}\beta_{j's}$,并对 i',j' 求和,则得

$$\begin{aligned} \beta_{i'r}\beta_{j's}A_{i'j'} &= \beta_{i'r}\beta_{j's}\beta_{i'p}\beta_{j'q}A_{pq} \\ &= \delta_{rp}\delta_{sq}A_{pq} = A_{rs} \end{aligned}$$

即

$$A_{rs} = \beta_{ri'}\beta_{sj'}A_{i'j'} \tag{2.3.9}$$

式(2.3.9)是式(2.3.8)的逆变换[1,3]。

类似地,可以定义 n 维空间中 r 阶张量($r=0,1,2,\cdots$)。

定义 2.3.2　在 n 维空间中, r 阶笛卡儿张量 A 是由 n^r 个分量 $A_{i_1i_2\cdots i_r}$ ($i_1,i_2,\cdots,i_r = 1,2,\cdots,n$)组成的量,当坐标变换时,它们服从下面的变换规律:

$$A_{i_1'i_2'\cdots i_r'} = \beta_{i_1'j_1}\beta_{i_2'j_2}\cdots\beta_{i_r'j_r}A_{j_1j_2\cdots j_r} \tag{2.3.10}$$

$$A_{i_1i_2\cdots i_r} = \beta_{i_1j_1'}\beta_{i_2j_2'}\cdots\beta_{i_rj_r'}A_{j_1'j_2'\cdots j_r'} \tag{2.3.11}$$

在式(2.3.10)和式(2.3.11)中,

$$i_1',i_2',\cdots,i_r';j_1,j_2,\cdots,j_r = 1,2,\cdots,n$$

$$i_1,i_2,\cdots,i_r;j_1',j_2',\cdots,j_r' = 1,2,\cdots,n$$

根据定义 2.3.2,在三维空间中, r 阶笛卡儿张量 A 由 3^r 个分量 $A_{i_1i_2\cdots i_r}$ (i_1,

$i_2, \cdots, i_r = 1, 2, 3$) 组成,它们同样服从变换规律式(2.3.10)和式(2.3.11),只是下标变化范围为 3。例如,三维空间中的三阶笛卡儿张量 A 由 $3^3 = 27$ 个分量 A_{ijk} 组成,它们在坐标变换时服从下面的变换规律:

$$A_{i'j'k'} = \beta_{i'p}\beta_{j'q}\beta_{k'r}A_{pqr} \tag{2.3.12}$$

式中,$i', j', k' = 1, 2, 3$;$p, q, r = 1, 2, 3$。

可以看出,在三维空间中,零阶张量(即标量)有 $3^0 = 1$ 个分量,一阶张量(即矢量)有 $3^1 = 3$ 个分量,二阶张量有 $3^2 = 9$ 个分量,三阶张量有 $3^3 = 27$ 个分量,r 阶张量有 3^r 个分量。

例 2.3.1　试证明 δ_{ij} 为二阶笛卡儿张量的分量。

证明　根据式(2.2.7)有

$$\beta_{i'p}\beta_{j'p} = \delta_{i'j'}$$

而

$$\beta_{j'p} = \beta_{j'q}\delta_{pq}$$

故

$$\delta_{i'j'} = \beta_{i'p}\beta_{j'q}\delta_{pq}$$

符合定义 2.3.1。

注　在非直角坐标系中,δ_{ij} 只是一种符号,不具有张量的特征。

例 2.3.2　设 A_i,B_i 分别为两矢量的分量,试证明 $C_{ij} = A_iB_j$ 为二阶张量的分量。

证　因为 A_i,B_i 为矢量的分量,所以它们服从变换规律式(2.2.16),即

$$A_{i'} = \beta_{i'p}A_p, \quad B_{j'} = \beta_{j'q}B_q$$

故

$$C_{i'j'} = A_{i'}B_{j'} = \beta_{i'p}\beta_{j'q}A_pB_q$$
$$= \beta_{i'p}\beta_{j'q}C_{pq}$$

符合定义 2.3.1。

例 2.3.3　二阶张量 A 在 x_i 坐标系中的分量为

$$(A_{ij}) = \begin{pmatrix} 0 & -1 & 3 \\ 1 & 0 & 2 \\ -3 & -2 & 0 \end{pmatrix}$$

求该张量在 $x_{i'}$ 坐标系中的分量,其中 $x_{i'} = \beta_{i'j}x_j$,$\beta_{i'j}$ 为

$$(\beta_{i'j}) = \begin{pmatrix} 0 & 0 & 1 \\ -1 & 0 & 0 \\ 0 & 1 & 0 \end{pmatrix}$$

解　$A_{i'j'} = \beta_{i'p}\beta_{j'q}A_{pq}$ ($i', j' = 1, 2, 3$),以 $A_{1'1'}$ 为例,有

$$A_{1'1'} = \beta_{1'p}\beta_{1'q}A_{pq} = (\beta_{1'p}A_{pq})\beta_{1'q}$$
$$= (\beta_{1'1}A_{1q} + \beta_{1'2}A_{2q} + \beta_{1'3}A_{3q})\beta_{1'q}（先对下标~p~求和）$$
$$= (0 \times A_{1q} + 0 \times A_{2q} + 1 \times A_{3q})\beta_{1'q}$$
$$= \beta_{1'q}A_{3q}$$
$$= \beta_{1'1}A_{31} + \beta_{1'2}A_{32} + \beta_{1'3}A_{33}（再对下标~q~求和）$$
$$= 0 \times A_{31} + 0 \times A_{32} + 1 \times A_{33}$$
$$= A_{33} = 0$$

$A_{i'j'}$ 的其他分量可类似地得到,有

$$A_{1'2'} = \beta_{1'p}\beta_{2'q}A_{pq} = \beta_{1'3}\beta_{2'1}A_{31} = 1 \times (-1) \times (-3) = 3$$
$$A_{1'3'} = \beta_{1'p}\beta_{3'q}A_{pq} = \beta_{1'3}\beta_{3'2}A_{32} = 1 \times 1 \times (-2) = -2$$
$$A_{2'1'} = \beta_{2'p}\beta_{1'q}A_{pq} = \beta_{2'1}\beta_{1'3}A_{13} = (-1) \times 1 \times 3 = -3$$
$$A_{2'2'} = \beta_{2'p}\beta_{2'q}A_{pq} = \beta_{2'1}\beta_{2'1}A_{11} = (-1) \times (-1) \times 0 = 0$$
$$A_{2'3'} = \beta_{2'p}\beta_{3'q}A_{pq} = \beta_{2'1}\beta_{3'2}A_{12} = (-1) \times 1 \times (-1) = 1$$
$$A_{3'1'} = \beta_{3'p}\beta_{1'q}A_{pq} = \beta_{3'2}\beta_{1'3}A_{23} = 1 \times 1 \times 2 = 2$$
$$A_{3'2'} = \beta_{3'p}\beta_{2'q}A_{pq} = \beta_{3'2}\beta_{2'1}A_{21} = 1 \times (-1) \times 1 = -1$$
$$A_{3'3'} = \beta_{3'p}\beta_{3'q}A_{pq} = \beta_{3'2}\beta_{3'2}A_{22} = 1 \times 1 \times 0 = 0$$

故

$$(A_{i'j'}) = \begin{pmatrix} 0 & 3 & -2 \\ -3 & 0 & 1 \\ 2 & -1 & 0 \end{pmatrix}$$

例 2.3.4　单位质量的质点在 x_i 坐标系中位于 P $(1, 1, 0)$ 点,按定义, $I_{ij} = m(\delta_{ij}x_kx_k - x_ix_j)$,有

$$(I_{ij}) = \begin{pmatrix} 1 & -1 & 0 \\ -1 & 1 & 0 \\ 0 & 0 & 2 \end{pmatrix}$$

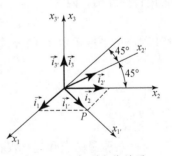

图 2.3　坐标系方位关系

若将坐标轴绕 x_3 轴旋转,使 $x_{1'}$ 轴经过 P 点(图 2.3),求惯性张量在 $x_{i'}$ 坐标系中的分量 $I_{i'j'}$ 。

解　由图 2.3可以看出

$$\begin{cases} \vec{i}_{1'} = (\vec{i}_1 + \vec{i}_2)/\sqrt{2} \\ \vec{i}_{2'} = (-\vec{i}_1 + \vec{i}_2)/\sqrt{2} \\ \vec{i}_{3'} = \vec{i}_3 \end{cases}$$

因为 $\beta_{i'j} = \vec{i}_{i'} \cdot \vec{i}_j$ 或 $\vec{i}_{i'} = \beta_{i'j}\vec{i}_j$,所以

$$(\beta_{i'j}) = \begin{pmatrix} \dfrac{\sqrt{2}}{2} & \dfrac{\sqrt{2}}{2} & 0 \\ -\dfrac{\sqrt{2}}{2} & \dfrac{\sqrt{2}}{2} & 0 \\ 0 & 0 & 1 \end{pmatrix}$$

由 $I_{i'j'} = \beta_{i'p}\beta_{j'q}I_{pq}$ 得

$$(I_{i'j'}) = \begin{pmatrix} 0 & 0 & 0 \\ 0 & 2 & 0 \\ 0 & 0 & 2 \end{pmatrix}$$

结果表明,在新坐标系中,所有的惯性积均为零,凡是使 $I_{i'j'}=0(i'\neq j')$ 的坐标轴称为惯性张量的主轴,对于主轴的惯性矩称为惯性张量的主值。在上面的问题里,惯性张量的主值为

$$I_{1'1'}=0, \quad I_{2'2'}=2, \quad I_{3'3'}=2$$

2.4　笛卡儿张量的代数运算

2.4.1　张量的和

定义 2.4.1　两个 r 阶张量的和仍是 r 阶张量,其分量是原来两张量分量之和。

例如,两个二阶张量 A 和 B,它们在 x_i 坐标系中的分量分别为 A_{ij} 和 B_{ij},则 $C=A+B$ 也是一个二阶张量,其分量为 $C_{ij}=A_{ij}+B_{ij}$,C 的张量特性可由 A,B 的张量特性导出。因为

$$A_{i'j'}=\beta_{i'p}\beta_{j'q}A_{pq}, \quad B_{i'j'}=\beta_{i'p}\beta_{j'q}B_{pq}$$

所以在 $x_{i'}$ 坐标系中,C 的分量为

$$\begin{aligned} C_{i'j'} &= A_{i'j'}+B_{i'j'} \\ &= \beta_{i'p}\beta_{j'q}(A_{pq}+B_{pq}) \\ &= \beta_{i'p}\beta_{j'q}C_{pq} \end{aligned}$$

符合定义 2.3.1。

注意:张量的求和运算仅在各张量的分量为同型(自由指标完全相同)的情况下才能进行。

2.4.2　张量的外积

定义 2.4.2　一个 r 阶张量和一个 s 阶张量的外积是一个 $r+s$ 阶张量,其分量由原来两个张量的各个分量的乘积组成。两个张量 A 与 B 的外积记为 AB。

例如,二阶张量 A_{ij} 与三阶张量 B_{klm} 的外积为五阶张量 $C_{ijklm}=A_{ij}B_{klm}$,C_{ijklm} 的张量特征可由 A_{ij} 和 B_{klm} 的张量特性导出。因为

$$A_{i'j'} = \beta_{i'p}\beta_{j'q}A_{pq}, \quad B_{k'l'm'} = \beta_{k'r}\beta_{l's}\beta_{m't}B_{rst}$$

所以在 $x_{i'}$ 坐标系中，C 的分量为

$$C_{i'j'k'l'm'} = A_{i'j'}B_{k'l'm'}$$
$$= \beta_{i'p}\beta_{j'q}\beta_{k'r}\beta_{l's}\beta_{m't}A_{pq}B_{rst}$$
$$= \beta_{i'p}\beta_{j'q}\beta_{k'r}\beta_{l's}\beta_{m't}C_{pqrst}$$

符合定义 2.3.2。

两个矢量 $\vec{A}$ 与 $\vec{B}$ 的外积 $\vec{A}\vec{B}$ 称为并矢，$C = \vec{A}\vec{B}$，其分量为 $C_{ij} = A_iB_j$。

特别地，直角坐标系两个单位矢量 $\vec{i}_i$ 和 $\vec{i}_j$ 可构成一个特殊的并矢 $\vec{i}_i\vec{i}_j$。

由于 $\vec{i}_1 = (1,0,0)$，$\vec{i}_2 = (0,1,0)$，$\vec{i}_3 = (0,0,1)$，而并矢 $\vec{a}\vec{b}$ 的第 ij 分量 $(\vec{a}\vec{b})_{ij} = a_ib_j$，即 $\vec{a}$ 的 i 分量与 $\vec{b}$ 的 j 分量的积，那么以 $\vec{i}_1$，$\vec{i}_2$ 为例，并矢 $\vec{i}_1\vec{i}_2$ 共 9 个分量（二阶张量），只有第 $(1,2)$ 分量 $(\vec{i}_1\vec{i}_2)_{12} = (\vec{i}_1)_1(\vec{i}_2)_2 = 1 \neq 0$，其余 8 个分量全等于 0。也就是说，

$$\vec{i}_1\vec{i}_2 = \begin{pmatrix} 0 & 1 & 0 \\ 0 & 0 & 0 \\ 0 & 0 & 0 \end{pmatrix}$$

因此，类推可知，并矢 $\vec{i}_i\vec{i}_j$ 只有 (i,j) 位置的分量 $=1\neq0$，其余分量全等于 0，即

$$\vec{i}_i\vec{i}_j = \begin{pmatrix} 0 & 0 & 0 \\ 0 & 1_{(i,j)} & 0 \\ 0 & 0 & 0 \end{pmatrix}$$

注意到

$$T_{12}\vec{i}_1\vec{i}_2 = \begin{pmatrix} 0 & T_{12} & 0 \\ 0 & 0 & 0 \\ 0 & 0 & 0 \end{pmatrix}$$

从而

$$T_{ij}\vec{i}_i\vec{i}_j = \begin{pmatrix} T_{11} & T_{12} & T_{13} \\ T_{21} & T_{22} & T_{23} \\ T_{31} & T_{32} & T_{33} \end{pmatrix}$$

即张量 T 可写成如下的并矢

$$T = T_{ij}\vec{i}_i\vec{i}_j$$

也就是说，一个张量 T 可以用符号 T 表示，也可以用并矢 $T = T_{ij}\vec{i}_i\vec{i}_j$ 表示，还可用分量形式 T_{ij} 表示。

而对于矢量 $\vec{A}$，可写成

$$\vec{A} = A_i\vec{i}_i$$

即 $\vec{A}$，$A_i \vec{\imath}_i$，A_i 都表示一个矢量。

2.4.3　张量的缩并

定义 2.4.3　使 $r(\geqslant 2)$ 阶张量分量的两个指标相同，并对该重复指标求和，这种运算称为缩并。

例如，对二阶张量的分量 A_{ij} 进行缩并，就是使两个指标相同，得 $A_{ii} = A_{jj} = A_{11} + A_{22} + A_{33}$。又例如，将三阶张量的分量 A_{ijk}，对其前两个指标进行缩并得

$$A_{iik} = A_{jjk} = A_{11k} + A_{22k} + A_{33k} = C_k$$

对于 A_{ijk} 还有另外两种缩并方式，即 A_{iji} 和 A_{ikk}。

显然，若将 $r(r \geqslant 2)$ 阶张量进行一次缩并，结果仍是张量，但降为 $r-2$ 阶。下面通过三阶张量来证明这一结论。

设 A_{ijk} 为三阶张量的分量，则 $A_{i'j'k'} = \beta_{i'p}\beta_{j'q}\beta_{k'r}A_{pqr}$。将 $A_{i'j'k'}$ 对其前两个指标进行缩并，得

$$
\begin{aligned}
A_{j'j'k'} &= \beta_{j'p}\beta_{j'q}\beta_{k'r}A_{pqr} \\
&= \delta_{pq}\beta_{k'r}A_{pqr} \\
&= \beta_{k'r}A_{qqr}
\end{aligned}
$$

若令 $C_{k'} = A_{j'j'k'}$，$C_r = A_{qqr}$，则上式可写成

$$C_{k'} = \beta_{k'r}C_r$$

符合定义 2.2.1。

上面的证明可推广到任意阶张量。

显然，张量的缩并可反复进行，直到运算的结果降为一阶张量（矢量）或零阶张量（标量）。

两个二阶张量 A，B 的外积 $A_{ij}B_{kn}$ 缩并运算有下列六种可能：

$$A_{ij}B_{im} = C_{jm}, \quad A_{ij}B_{kk} = D_{ij}, \quad A_{ij}B_{ki} = E_{jk}$$

$$A_{ij}B_{jm} = F_{im}, \quad A_{ii}B_{kn} = G_{kn}, \quad A_{ij}B_{kj} = H_{ik}$$

2.4.4　张量的内积

定义 2.4.4　两个张量的内积就是将这两个张量的外积进行缩并。

两个张量 A 与 B 的内积一般记作 $A \cdot B$，进行一次内积运算，外积降两阶。若 A 为 m 阶，B 为 n 阶，则外积 AB 为 $(m+n)$ 阶，而内积 $A \cdot B$ 则为 $(m+n-2)$ 阶。

例如，两矢量 A_i 与 B_j 的外积为 $A_i B_j$，通过缩并便得 A_i 与 B_j 的内积为 $A_i B_i$。又例如，二阶张量 C_{ij} 和 D_{lm} 可构成四种内积，即

$$E_{jm} = C_{ij}D_{im} \quad F_{im} = C_{ij}D_{jm} \quad G_{jl} = C_{ij}D_{li} \quad H_{il} = C_{ij}D_{lj}$$

二阶张量可以进行两次缩并,称为双点积。例如,$C_{ij}D_{lm}$ 缩并成 $C_{ij}D_{ij}$,即呈"前前后后"式重复,称为并联式双点积,记作 $C:D$;如果 $C_{ij}D_{lm}$ 缩并成 $C_{ij}D_{ji}$,则呈"内内外外"式重复,称为串联式双点积,记作 $C\cdots D$ 。

因为张量的外积运算和缩并运算均不破坏张量的特性,所以张量的内积仍是张量。

2.4.5　对称张量和反对称张量

设 T_{ij} 为二阶张量的分量,若 $T_{ij}=T_{ji}$,则称该张量为对称张量;若 $T_{ij}=-T_{ji}$,则称该张量为反对称张量。

上述对称(或反对称)张量的定义可推广到 r ($r\geqslant2$)阶张量。例如,设 T_{ijk} 为三阶张量的分量,则当 $T_{ijk}=T_{jik}$ 时,称 T_{ijk} 对于前两个指标对称;当 $T_{ijk}=-T_{jik}$ 时,称 T_{ijk} 对于前两个指标反对称。

容易看出,如果 T_{ijk} 对于前两个指标为反对称,则 $T_{iik}=0$(非对 i 求和),即 $T_{11k}=0,T_{22k}=0,T_{33k}=0(k=1,2,3)$ 。

任何 $r\geqslant2$ 阶的张量均可进行分解,成为同阶的两个张量之和,其中一个是对称的,另一个是反对称的。例如,设 T_{ijk} 为三阶张量的分量,令

$$A_{ijk}=\frac{1}{2}(T_{ijk}+T_{jik}),\quad B_{ijk}=\frac{1}{2}(T_{ijk}-T_{jik})$$

则

$$T_{ijk}=A_{ijk}+B_{ijk} \tag{2.4.1}$$

式中,$A_{ijk}(=A_{jik})$ 为对称张量;$B_{ijk}(=-B_{jik})$ 为反对称张量。

如果一个张量在某一坐标系中是对称的(或反对称的),那么这种性质在一切坐标系中都成立。可以通过二阶张量来证明这一结论。对于 $r(>2)$ 阶张量,可用类似的方法来证明。

设二阶张量 T 在 x_i 坐标系中是对称的,即 $T_{ij}=T_{ji}$,则在 $x_{i'}$ 坐标系中有

$$\begin{aligned}T_{i'j'}&=\beta_{i'p}\beta_{j'q}T_{pq}=\beta_{i'p}\beta_{j'q}T_{qp}\\&=\beta_{j'q}\beta_{i'p}T_{qp}=T_{j'i'}\end{aligned} \tag{2.4.2}$$

2.4.6　关于张量和矩阵

矩阵与张量有许多相似的性质,张量的一些运算法则可通过矩阵来表示。例如,

$$A_{ij}+B_{ij}=C_{ij}\ \rightarrow\ (A_{ij})+(B_{ij})=(C_{ij})$$

$$A_iB_j=D_{ij}\ \rightarrow\ \{A_i\}[B_j]=(D_{ij})$$

$$A_{ij}B_j=E_i\ \rightarrow\ (A_{ij})\{B_j\}=\{E_i\}$$

$$A_{i'j'}=\beta_{i'p}\beta_{j'q}A_{pq}\ \rightarrow\ (A_{i'j'})=(\beta_{i'p})(A_{pq})(\beta_{j'q})^{\mathrm{T}}$$

$$A_{ij}=\frac{1}{2}(A_{ij}+A_{ji})+\frac{1}{2}(A_{ij}-A_{ji})\ \rightarrow\ (A_{ij})=\frac{1}{2}(A_{ij}+A_{ji})+\frac{1}{2}(A_{ij}-A_{ji})$$

　　每个二阶（或低于二阶）的张量都可以用矩阵来表示。例如，二阶张量 T_{ij} 在形式上可用方阵（T_{ij}）来表示，一阶张量 A_i 可用行阵 $[A_i]$ 或列阵 $\{A_i\}$ 来表示。但是，张量与矩阵有着不同的含义。张量必须满足一定的条件，即当坐标变换时，其分量服从变换规律式（2.2.16）或式（2.3.8），而矩阵只是一组依一定顺序（按行和列）排列起来的元素的集合。

2.4.7　张量判别法则

　　若给出 3^r 个量 $X_{i_1 i_2 \cdots i_r}$，则它们是否具有张量特性（或者是否是张量的分量），一个直接的判别法就是检验它们是否服从张量分量的变换规律式（2.3.10）。然而，有时这种检验十分累赘，现在介绍另一种判别法则，称为商律（quotient rule）。

　　商律：如果一组量 $X_{i_1 i_2 \cdots i_r}$ 与任意一个 s 阶张量的外积（或内积）构成一个相应阶数（对于外积为 $r+s$ 阶，对于缩并 m 对指标的内积为 $r+s-2m$ 阶）的张量，则 $X_{i_1 i_2 \cdots i_r}$ 是 r 阶张量的分量[1,3]。

　　可以通过 $r=2$，$s=1$ 的情况来证明这一法则，证明方法可推广到 $r \neq 2$ 和 $s \neq 1$ 的情况。设有 9 个量 X_{ij}，它们与任意一个矢量 A_k 的外积构成三阶张量，即 $X_{ij}A_k = B_{ijk}$，这一关系式在 $x_{i'}$ 坐标系中应是

$$X_{i'j'}A_{k'} = B_{i'j'k'} \tag{2.4.3}$$

因为 $B_{i'j'k'}$ 与 $A_{k'}$ 均为张量分量，所以

$$
\begin{aligned}
B_{i'j'k'} &= \beta_{i'p}\beta_{j'q}\beta_{k'r}B_{pqr} = \beta_{i'p}\beta_{j'q}\beta_{k'r}(X_{pq}A_r) \\
&= \beta_{i'p}\beta_{j'q}\beta_{k'r}(X_{pq}\beta_{m'}A_{m'}) \\
&= \beta_{i'p}\beta_{j'q}X_{pq}\beta_{rk'}\beta_{m'}A_{m'} \\
&= \beta_{i'p}\beta_{j'q}X_{pq}\delta_{k'm'}A_{m'} = \beta_{i'p}\beta_{j'q}X_{pq}A_{k'}
\end{aligned}
$$

或可更简捷地推证如下

$$
\begin{aligned}
B_{i'j'k'} &= \beta_{i'p}\beta_{j'q}\beta_{k'r}B_{pqr} = \beta_{i'p}\beta_{j'q}\beta_{k'r}(X_{pq}A_r) \\
&= \beta_{i'p}\beta_{j'q}X_{pq}(\beta_{k'r}A_r) = \beta_{i'p}\beta_{j'q}X_{pq}A_{k'}
\end{aligned} \tag{2.4.4}
$$

将式（2.4.4）$B_{i'j'k'}$ 代入式（2.4.3）得

$$(X_{i'j'} - \beta_{i'p}\beta_{j'q}X_{pq})A_{k'} = 0$$

因为 $A_{k'}$ 具有任意性，所以上式括号中的量应当为零，即

$$X_{i'j'} = \beta_{i'p}\beta_{j'q}X_{pq}$$

符合定义 2.3.1，故 X_{ij} 为张量。

　　对于内积，也可用类似的方法来证明。设 A_{jk} 为任意二阶张量的分量，内积 $X_{ij}A_{jk}$ 构成二阶张量的分量 B_{ik}，即 $X_{ij}A_{jk} = B_{ik}$。这一关系式在 $x_{i'}$ 坐标系中应是

$$X_{i'j'}A_{j'k'} = B_{i'k'} \tag{2.4.5}$$

因为 B_{ik} 和 A_{jk} 均为张量的分量，所以

$$B_{i'k'} = \beta_{i'p}\beta_{k'r}B_{pr} = \beta_{i'p}\beta_{k'r}X_{pq}A_{qr}$$

$$=\beta_{i'p}\beta_{k'r}X_{pq}(\beta_{qj'}\beta_{rm'}A_{j'm'})$$
$$=\beta_{i'p}X_{pq}(\beta_{qj'}\beta_{rk'}\beta_{rm'}A_{j'm'})$$
$$=\beta_{i'p}X_{pq}(\beta_{qj'}\delta_{k'm'}A_{j'm'})$$
$$=\beta_{i'p}\beta_{j'q}X_{pq}A_{j'k'} \qquad (2.4.6)$$

将式(2.4.6)代入式(2.4.5),得

$$(X_{i'j'}-\beta_{i'p}\beta_{j'q}X_{pq})A_{j'k'}=0$$

因为 $A_{j'k'}$ 具有任意性,所以上式括号中的量应当为零,即

$$X_{i'j'}=\beta_{i'p}\beta_{j'q}X_{pq}$$

符合定义 2.3.1,故 X_{ij} 为张量。

例 2.4.1　试证明克罗内克符号 δ_{ij} 为二阶笛卡儿张量的分量。

证明　设 A_i 为任意一个矢量的分量,由于

$$\delta_{ij}A_j \equiv A_i$$

根据商律可以判定 δ_{ij} 为二阶张量的分量。

例 2.4.2　设 σ_{ij} 表示连续体内一点的应力分量,试证明 σ_{ij} 是二阶张量的分量。

证明　在弹性力学(或流体力学)中有关系式

$$\sigma_{ij}n_j = p_i \qquad (i=1,2,3) \qquad (2.4.7)$$

式中, p_i 为连续体某一点处作用于某个斜面上的面力 $\vec{p}$ 的分量; n_j 为该斜面外法线的方向余弦。式(2.4.7)表达了 σ_{ij} 与 p_i 的关系。

因为对于任何方向的斜面,式(2.4.7)均成立,即 n_j 是任一单位矢量的分量,所以根据商律便可以由式(2.4.7)判定 σ_{ij} 为二阶张量的分量,或者说,应力是二阶张量。

对于变换系数 $\beta_{i'j}$,虽然存在关系式

$$\beta_{i'j}A_j = A_{i'}$$

似乎可以根据商律来断定 $\beta_{i'j}$ 为二阶张量的分量,其实不然,因为张量是通过给定的变换规律来定义的,并且附在给定的空间点上,其分量都与一个给定的坐标系相联系,不能同时跨两个或两个以上的坐标系。因此, $\beta_{i'j}$ 不是二阶张量的分量。

2.5　笛卡儿张量的微分

2.5.1　张量场

标量场或矢量场由给定区域的点组成,并且在每一点上有该标量或矢量的对应值。例如,一个连续体内的温度分布 $T(x_1,x_2,x_3)$ 是标量场(通常称为温度场),一个流场中的速度分布 $\vec{V}(x_1,x_2,x_3)$ 是矢量场(通常称为速度场)。如果给定区域

的每一点上定义一个张量,那就是张量场。例如,一个连续体内的应力分布 $\sigma(x_1,$ $x_2,x_3)$ 便是二阶张量场(通常称为应力场)。标量场和矢量场分别是零阶和一阶的张量场。限于直角坐标系中的张量场称为笛卡儿张量场。

一般情况下,张量是空间点坐标 $x_i(i=1,2,3)$ 的函数,也可能还是时间 t 的函数。不依赖于时间 t 的张量场称为定常张量场;否则,称为非定常张量场。例如,用分量来表示,标量场 φ 可写成 $\varphi(x_k)$ 或 $\varphi(x_k,t)$,矢量场 $\vec{A}$ 可写成 $A_i(x_k)$ 或 $A_i(x_k,t)$,二阶张量场 T 可写成 $T_{ij}(x_k)$ 或 $T_{ij}(x_k,t)$ 。

本书在 2.2 节和 2.3 节中讨论的张量分量的变换规律对张量场同样适用。当由 x_i 坐标系转到 $x_{i'}$ 坐标系($x_{i'}=\beta_{i'j}x_j$)时,对于标量场 $\varphi(x_k)$,有

$$\varphi'(x_{k'})=\varphi(x_k) \tag{2.5.1}$$

对于矢量场 $A_i(x_k)$,有

$$A_{i'}(x_{k'})=\beta_{i'p}A_p(x_k) \tag{2.5.2}$$

对于二阶张量场 $T_{ij}(x_k)$,有

$$A_{i'j'}(x_{k'})=\beta_{i'p}\beta_{j'q}T_{pq}(x_k) \tag{2.5.3}$$

在以下讨论中,假定所有张量场(除非加以说明)都是可以求导的,而且其导数在定义域内连续。

2.5.2　张量场的梯度

先讨论标量场的偏导数。在 x_i 坐标系中,标量场 $\varphi(x_k)$ 对坐标 x_j 的偏导数为 $\dfrac{\partial \varphi(x_k)}{\partial x_j}$;在 $x_{i'}$ 坐标系中,该标量场对坐标 $x_{j'}$ 的偏导数为 $\dfrac{\partial \varphi'(x_{k'})}{\partial x_{j'}}$,由式(2.5.1)得

$$\frac{\partial \varphi'(x_{k'})}{\partial x_{j'}}=\frac{\partial \varphi(x_k)}{\partial x_{j'}} \tag{2.5.4}$$

根据链式法则有

$$\frac{\partial \varphi(x_k)}{\partial x_{j'}}=\frac{\partial \varphi(x_k)}{\partial x_i}\frac{\partial x_i}{\partial x_{j'}}$$

因为 $x_i=\beta_{ij'}x_{j'}$,所以

$$\frac{\partial x_i}{\partial x_{j'}}=\beta_{ij'}=\beta_{j'i} \tag{2.5.5}$$

于是式(2.5.4)可写成

$$\frac{\partial \varphi'(x_{k'})}{\partial x_{j'}}=\beta_{j'i}\frac{\partial \varphi(x_k)}{\partial x_i} \tag{2.5.6}$$

或

$$A_{j'}=\beta_{j'i}A_i$$

符合定义 2.2.1。此处, $A_{j'}=\partial \varphi'(x_{k'})/\partial x_{j'}$, $A_i=\partial \varphi(x_k)/\partial x_i$,这表明

$\partial\varphi(x_k)/\partial x_i$ 为矢量场的分量。事实上，$\dfrac{\partial\varphi(x_k)}{\partial x_i}$ 就是矢量场 $\mathrm{grad}\varphi(x_k)=$ $\left(\dfrac{\partial\varphi}{\partial x_i}\right)\vec{i}_i$ 的分量。

讨论矢量场的偏导数。在 x_i 坐标系中，矢量场 $A_i(x_k)$ 对坐标 x_j 的偏导数为 $\dfrac{\partial A_i(x_k)}{\partial x_j}$；在 $x_{i'}$ 坐标系中，该矢量场对坐标 $x_{j'}$ 的偏导数为 $\dfrac{\partial A_{i'}(x_{k'})}{\partial x_{j'}}$，由式(2.5.2)得

$$\frac{\partial A_{i'}(x_{k'})}{\partial x_{j'}}=\beta_{i'p}\frac{\partial A_P(x_k)}{\partial x_{j'}} \tag{2.5.7}$$

根据链式法则

$$\frac{\partial A_P(x_k)}{\partial x_{j'}}=\frac{\partial A_p(x_k)}{\partial x_q}\frac{\partial x_q}{\partial x_{j'}} \tag{2.5.8}$$

将式(2.5.5)代入式(2.5.8)，得

$$\frac{\partial A_p(x_k)}{\partial x_{j'}}=\beta_{j'q}\frac{\partial A_p(x_k)}{\partial x_q}$$

于是式(2.5.7)可写成

$$\frac{\partial A_{i'}(x_{k'})}{\partial x_{j'}}=\beta_{i'p}\beta_{j'q}\frac{\partial A_p(x_k)}{\partial x_q} \tag{2.5.9}$$

或

$$T_{i'j'}=\beta_{i'p}\beta_{j'q}T_{pq}$$

符合定义 2.3.1。此处，$T_{i'j'}=\dfrac{\partial A_{i'}(x_{k'})}{\partial x_{j'}}$，$T_{pq}=\dfrac{\partial A_p(x_k)}{\partial x_q}$，这表明 $T_{pq}=\dfrac{\partial A_p(x_k)}{\partial x_q}$ 为二阶张量场的分量。

类似地，若 $A_{pq}(x_k)$ 为二阶张量场的分量，则 $\dfrac{\partial A_{pq}}{\partial x_r}=B_{pqr}$ 为三阶张量场的分量；若 $A_{pqr}(x_k)$ 为三阶张量场的分量，则 $\dfrac{\partial A_{pqr}}{\partial x_s}=B_{pqrs}$ 为四阶张量场的分量。依此类推，可得以下结论：一个 r 阶笛卡儿张量场对坐标 x_i 的偏导数构成一个 $r+1$ 阶的张量场。应当注意，这一结论仅适用于笛卡儿张量场。

张量场的导数称为张量梯度。例如，零阶张量场 φ 的梯度分量为 $\dfrac{\partial\varphi}{\partial x_i}$；一阶张量场 $\vec{A}$ 的梯度分量为 $\dfrac{\partial A_i}{\partial x_j}$；二阶张量场 T 的梯度分量为 $\dfrac{\partial T_{ij}}{\partial x_k}$；……。显然，张量场可以多次求导，每求导一次，便得出高一阶的张量场。

2.5.3　张量场的散度

对张量场的梯度分量进行缩并，便得到该张量场的散度。

例如,将矢量场的梯度分量 $\dfrac{\partial A_i}{\partial x_j}$ 进行缩并,得

$$\frac{\partial A_i}{\partial x_i}=\frac{\partial A_1}{\partial x_1}+\frac{\partial A_2}{\partial x_2}+\frac{\partial A_3}{\partial x_3} \qquad (2.5.10)$$

这就是矢量场 $\vec{A}(x_k)$ 的散度 $\mathrm{div}\vec{A}$,它是一个标量场。又如,将二阶张量场 A_{ij} 的梯度分量 $\partial A_{ij}/\partial x_k$ 对 i,k 进行缩并,得

$$B_j=\frac{\partial A_{ij}}{\partial x_i} \qquad (2.5.11)$$

因为

$$B_{j'}=\frac{\partial A_{i'j'}}{\partial x_{i'}}=\frac{\partial}{\partial x_{i'}}(\beta_{i'p}\beta_{j'q}A_{pq})=\beta_{i'p}\beta_{j'q}\frac{\partial A_{pq}}{\partial x_{i'}}$$

$$=\beta_{i'p}\beta_{j'q}\left(\frac{\partial A_{pq}}{\partial x_r}\frac{\partial x_r}{\partial x_{i'}}\right)=\beta_{i'p}\beta_{j'q}\beta_{i'r}\left(\frac{\partial A_{pq}}{\partial x_r}\right)$$

$$=\beta_{j'q}\delta_{pr}\frac{\partial A_{pq}}{\partial x_r}=\beta_{j'q}\frac{\partial A_{pq}}{\partial x_p}=\beta_{j'q}B_q$$

符合定义 2.2.1,所以 B_q 为一阶张量场的分量。类似地,若将 $\dfrac{\partial A_{ij}}{\partial x_k}$ 对 j,k 进行缩并,也得出一阶张量场的分量 $\dfrac{\partial A_{ij}}{\partial x_j}$。$\dfrac{\partial A_{ij}}{\partial x_i}$ 和 $\dfrac{\partial A_{ij}}{\partial x_j}$ 分别称为 A_{ij} 对 i 和对 j 的散度分量。应注意,在一般情况下,$\dfrac{\partial A_{ij}}{\partial x_i}\neq\dfrac{\partial A_{ij}}{\partial x_j}$。

根据以上讨论,可以得出结论:r 阶张量场的散度为 $r-1$ 阶张量场。

在张量分析中,有时用",i"表示对坐标 x_i 的偏导数。例如,

$$f_{,i}=\frac{\partial f}{\partial x_i},\quad f_{,ij}=\frac{\partial^2 f}{\partial x_i\partial x_j},\quad A_{i,j}=\frac{\partial A_i}{\partial x_j},\quad\cdots$$

故式(2.5.6)和式(2.5.9)~式(2.5.11)可分别写成

$$\varphi'_{,j'}=\beta_{j'i}\varphi_{,i}$$
$$A_{i',j'}=\beta_{i'p}\beta_{j'q}A_{p,q}$$
$$A_{i,i}=A_{1,1}+A_{2,2}+A_{3,3}$$
$$B_j=A_{ij,i}$$

例 2.5.1　设矢量场 $\vec{A}(x_k)$ 的分量为 $A_1=x_2x_3$,$A_2=x_1^2x_3$,$A_3=x_2x_3^2$,求该矢量场的梯度和散度。

解　$\vec{A}(x_k)$ 的梯度分量为

$$A_{i,j}=\begin{bmatrix} A_{1,1} & A_{1,2} & A_{1,3} \\ A_{2,1} & A_{2,2} & A_{2,3} \\ A_{3,1} & A_{3,2} & A_{3,3} \end{bmatrix}=\begin{bmatrix} 0 & x_3 & x_2 \\ 2x_1x_3 & 0 & x_1^2 \\ 0 & x_3^2 & 2x_2x_3 \end{bmatrix}$$

其散度为

$$A_{i,i} = A_{1,1} + A_{2,2} + A_{3,3} = 2x_2 x_3$$

例 2.5.2 设二阶张量场的分量为

$$A_{ij} = \begin{bmatrix} 0 & x_1 x_2 & x_3^2 \\ x_1^2 & x_2 x_3 & 0 \\ x_3 x_1 & 0 & x_2 x_3 \end{bmatrix}$$

求该张量场对 i 和 j 的散度分量。

解　对 i 的散度分量为

$$B_j = \frac{\partial A_{ij}}{\partial x_i} = \frac{\partial A_{1j}}{\partial x_1} + \frac{\partial A_{2j}}{\partial x_2} + \frac{\partial A_{3j}}{\partial x_3} = A_{ij,i}$$

于是

$$B_1 = A_{i1,i} = A_{11,1} + A_{21,2} + A_{31,3} = x_1$$
$$B_2 = A_{i2,i} = A_{12,1} + A_{22,2} + A_{32,3} = x_2 + x_3$$
$$B_3 = A_{i3,i} = A_{13,1} + A_{23,2} + A_{33,3} = x_2$$

对 j 的散度分量为

$$C_i = \frac{\partial A_{ij}}{\partial x_j} = \frac{\partial A_{i1}}{\partial x_1} + \frac{\partial A_{i2}}{\partial x_2} + \frac{\partial A_{i3}}{\partial x_3} = A_{ij,j}$$

于是

$$C_1 = A_{1j,j} = x_1 + 2x_3$$
$$C_2 = A_{2j,j} = 2x_1 + x_3$$
$$C_3 = A_{3j,j} = x_3 + x_2$$

可见这两种散度分量是不同的。

2.6　张量场的积分

在流体力学中,经常采用积分形式来表示基本方程,而其积分形式是以散度定理、梯度定理以及旋度定理等为基础。现在考虑这些定理是如何用张量形式表示的。

2.6.1　散度定理

散度定理即高斯(Gauss)公式,对于矢量,高斯公式为

$$\oiint_S \vec{A} \cdot \vec{n} \mathrm{d}S = \iiint_V (\nabla \cdot \vec{A}) \mathrm{d}V \quad \text{(一般形式)} \tag{2.6.1a}$$

$$\oiint_S A_i n_i \mathrm{d}S = \iiint_V \frac{\partial A_i}{\partial x_i} \mathrm{d}V \quad \text{(分量形式)} \tag{2.6.1b}$$

对于二阶张量,高斯公式为

$$\oiint_S \vec{n} \cdot A \mathrm{d}S = \iiint_V (\nabla \cdot A) \mathrm{d}V \quad (\text{一般形式}) \tag{2.6.2a}$$

$$\oiint_S A_{ij} n_i \mathrm{d}S = \iiint_V \frac{\partial A_{ij}}{\partial x_i} \mathrm{d}V \quad (\text{分量形式}) \tag{2.6.2b}$$

$$\oiint_S B \cdot \vec{n} \mathrm{d}S = \iiint_V (\nabla \cdot B) \mathrm{d}V \quad (\text{一般形式}) \tag{2.6.2c}$$

$$\oiint_S B_{ij} n_j \mathrm{d}S = \iiint_V \frac{\partial B_{ij}}{\partial x_j} \mathrm{d}V \quad (\text{分量形式}) \tag{2.6.2d}$$

2.6.2 梯度定理

梯度定理即格林(Green)公式。例如,在式(2.6.1a)中令 $\vec{A} = \varphi \vec{i}_i$,则得

$$\oiint_S \varphi \vec{i}_i \cdot \vec{n} \mathrm{d}S = \iiint_V \frac{\partial \varphi}{\partial x_i} \mathrm{d}V$$

即

$$\oiint_S \varphi n_i \mathrm{d}S = \iiint_V \frac{\partial \varphi}{\partial x_i} \mathrm{d}V \quad (\text{分量形式}) \tag{2.6.3a}$$

由此得一般形式

$$\oiint_S \varphi \vec{n} \mathrm{d}S = \iiint_V \nabla \varphi \mathrm{d}V \quad (\text{一般形式}) \tag{2.6.3b}$$

2.6.3 旋度定理

$$\oiint_S \vec{n} \times \vec{A} \mathrm{d}S = \iiint_V \nabla \times \vec{A} \mathrm{d}V \quad (\text{一般形式}) \tag{2.6.4a}$$

$$\oiint_S \varepsilon_{ijk} n_j A_k \mathrm{d}S = \iiint_V \varepsilon_{ijk} \frac{\partial A_k}{\partial x_j} \mathrm{d}V \quad (\text{分量形式}) \tag{2.6.4b}$$

将旋度定理、散度定理、梯度定理三个公式罗列在一起进行考察

$$\oiint_S \vec{n} \times \vec{A} \mathrm{d}S = \iiint_V \nabla \times \vec{A} \mathrm{d}V \quad (\text{旋度定理,叉乘}) \tag{2.6.5a}$$

$$\oiint_S \vec{n} \cdot \vec{A} \mathrm{d}S = \iiint_V (\nabla \cdot \vec{A}) \mathrm{d}V \quad (\text{散度定理,点乘}) \tag{2.6.5b}$$

$$\oiint_S \vec{n} \varphi \mathrm{d}S = \iiint_V (\nabla \varphi) \mathrm{d}V \quad (\text{梯度定理,无叉无点}) \tag{2.6.5c}$$

发现它们可以写成如下统一的形式

$$\oiint_S \vec{n} * \vec{A} \mathrm{d}S = \iiint_V \nabla * \vec{A} \mathrm{d}V \tag{2.6.6}$$

式(2.6.6)称为广义高斯公式。其中, $*$ 可代表点乘、叉乘、无叉无点。

2.6.4 斯托克斯定理

斯托克斯定理即斯托克斯公式,一般写为

$$\oint_c \vec{A} \cdot \mathrm{d}\vec{s} = \iint_S (\nabla \times \vec{A}) \cdot \vec{n}\mathrm{d}S \qquad (2.6.7)$$

式中，$\mathrm{d}\vec{s} = \mathrm{d}x_i \vec{i}_i$ 为封闭曲线 c 上的切向矢量；$\mathrm{d}S$ 为张在封闭曲线 c 上的曲面 S 的微元面积。

式(2.6.7)可用分量形式写成

$$\oint_c A_i \mathrm{d}x_i = \iint_S (\nabla \times \vec{A})_i n_i \mathrm{d}S = \iint_S \varepsilon_{ijk} \frac{\partial A_k}{\partial x_j} n_i \mathrm{d}S = \iint_S \varepsilon_{ijk} n_i \frac{\partial A_k}{\partial x_j} \mathrm{d}S$$

$$= \iint_S \varepsilon_{kij} n_i \frac{\partial}{\partial x_j} A_k \mathrm{d}S = \iint_S (\vec{n} \times \nabla)_k A_k \mathrm{d}S = \iint_S (\vec{n} \times \nabla)_i A_i \mathrm{d}S$$

故斯托克斯公式也可写成

$$\oint_c \vec{A} \cdot \mathrm{d}\vec{s} = \iint_S ((\vec{n} \times \nabla) \cdot \vec{A})\mathrm{d}S \quad （一般形式） \qquad (2.6.8a)$$

$$\oint_c A_i \mathrm{d}x_i = \iint_S (\vec{n} \times \nabla)_i A_i \mathrm{d}S \quad （分量形式） \qquad (2.6.8b)$$

在式(2.6.8a)中，令 $\vec{A}$ 仅在某一个 $\vec{i}_i$ 方向上有分量，在其他方向分量都为零，即 $\vec{A} = \varphi \vec{i}_i$，也即 $A_i = \varphi$，将 $A_i = \varphi$ 代入式(2.6.8b)，则有

$$\oint_c A_i \mathrm{d}x_i = \oint_c (A_1 \mathrm{d}x_1 + A_2 \mathrm{d}x_2 + A_3 \mathrm{d}x_3) = \oint_c \varphi \mathrm{d}x_i$$

$$= \iint_S (\vec{n} \times \nabla)_i A_i \mathrm{d}S$$

$$= \iint_S [(\vec{n} \times \nabla)_1 A_1 + (\vec{n} \times \nabla)_2 A_2 + (\vec{n} \times \nabla)_3 A_3] \mathrm{d}S$$

$$= \iint_S [(\vec{n} \times \nabla)_i \varphi] \mathrm{d}S \qquad (2.6.8c)$$

即

$$\oint_c \varphi \mathrm{d}x_i = \iint_S (\vec{n} \times \nabla)_i \varphi \mathrm{d}S \qquad (2.6.9a)$$

从而得矢量形式

$$\oint_c \varphi \mathrm{d}\vec{s} = \iint_S (\vec{n} \times \nabla) \varphi \mathrm{d}S \qquad (2.6.9b)$$

现考察线积分 $\oint_c \mathrm{d}\vec{s} \times \vec{A}$，它的 i 分量为

$$\left(\oint_c \mathrm{d}\vec{s} \times \vec{A} \right)_i = \oint_c \varepsilon_{ijk} \mathrm{d}x_j A_k = \varepsilon_{ijk} \oint_c \mathrm{d}x_j A_k$$

将线积分中的被积函数 A_k 看作一个数性函数 φ，然后应用式(2.6.9a)，则有

$$\left(\oint_c \mathrm{d}\vec{s} \times \vec{A} \right)_i = \varepsilon_{ijk} \oint_c \mathrm{d}x_j A_k = \varepsilon_{ijk} \iint_S [(\vec{n} \times \nabla)_j A_k] \mathrm{d}S$$

$$= \iint_S \varepsilon_{ijk} [(\vec{n} \times \nabla)_j A_k] \mathrm{d}S = \left\{ \iint_S [(\vec{n} \times \nabla) \times \vec{A}] \mathrm{d}S \right\}_i$$

由此得

$$\oint_c \mathrm{d}\vec{s} \times \vec{A} = \iint_S (\vec{n} \times \nabla) \times \vec{A}\mathrm{d}S \qquad (2.6.10\mathrm{a})$$

$$\oint_c \varepsilon_{ijk}\, \mathrm{d}x_j A_k = \iint_S \varepsilon_{ijk}\, (\vec{n} \times \nabla)_j A_k \mathrm{d}S \qquad (2.6.10\mathrm{b})$$

将式(2.6.9b)、式(2.6.8a)和式(2.6.10a)罗列在一起进行考察

$$\oint_c \varphi \mathrm{d}\vec{s} = \iint_S (\vec{n} \times \nabla)\varphi \mathrm{d}S \quad （无叉无点）$$

$$\oint_c \vec{A} \cdot \mathrm{d}\vec{s} = \iint_S ((\vec{n} \times \nabla) \cdot \vec{A})\, \mathrm{d}S \quad （点乘）$$

$$\oint_c \mathrm{d}\vec{s} \times \vec{A} = \iint_S (\vec{n} \times \nabla) \times \vec{A}\mathrm{d}S \quad （叉乘）$$

可以写成统一的形式

$$\oint_c \mathrm{d}\vec{s} * \vec{A} = \iint_S (\vec{n} \times \nabla) * \vec{A}\mathrm{d}S \qquad (2.6.11)$$

式(2.6.11)称为广义斯托克斯公式。其中，*可代表点乘、叉乘、无叉无点。

2.7　笛卡儿张量表示的流体力学基本方程

2.7.1　基本方程的积分形式

本小节介绍基本方程的积分形式[3-7]。

1. 连续方程

$$\frac{\partial}{\partial t}\iiint_V \rho \mathrm{d}V + \oiint_S \rho \vec{v} \cdot \vec{n}\mathrm{d}S = 0 \qquad (2.7.1\mathrm{a})$$

或

$$\frac{\partial}{\partial t}\iiint_V \rho \mathrm{d}V + \oiint_S \rho u_i n_i \mathrm{d}S = 0 \qquad (2.7.1\mathrm{b})$$

式中，$\vec{v}$ 为速度矢量；$\vec{n}$ 为 S 上的单位外法向矢量。

$$\vec{v} = u_1 \vec{i} + u_2 \vec{j} + u_3 \vec{k}$$

$$\vec{n} = n_1 \vec{i} + n_2 \vec{j} + n_3 \vec{k}$$

2. 运动方程

$$\frac{\partial}{\partial t}\iiint_V \rho \vec{v}\mathrm{d}V + \oiint_S \rho \vec{v}\vec{v} \cdot \vec{n}\mathrm{d}S = \iiint_V \rho \vec{f}\mathrm{d}V + \oiint_S \sigma \cdot \vec{n}\mathrm{d}S \qquad (2.7.2\mathrm{a})$$

或

$$\frac{\partial}{\partial t}\iiint_V \rho u_i \mathrm{d}V + \oiint_S \rho u_i u_j n_j \mathrm{d}S = \iiint_V \rho f_i \mathrm{d}V + \oiint_S \sigma_{ij} n_j \mathrm{d}S \qquad (2.7.2\mathrm{b})$$

式中，σ 为流体内部任一点应力张量；$\vec{f}$ 为流体单位质量的体积力。

$$\sigma_{ij} = -p\delta_{ij} + \tau_{ij}$$

$$\tau_{ij} = 2\mu S_{ij} - \frac{2}{3}\mu S_{kk}\delta_{ij}$$

$$S_{ij} = \frac{1}{2}\left(\frac{\partial u_i}{\partial x_j} + \frac{\partial u_j}{\partial x_i}\right)$$

$$S_{kk} = \frac{\partial u_k}{\partial x_k} = \nabla \cdot \vec{v} = \mathrm{div}\,\vec{v}$$

$$\vec{f} = f_1\vec{i} + f_2\vec{j} + f_3\vec{k}$$

式中，τ 为黏性应力张量。

3. 能量方程

$$\frac{\partial}{\partial t}\iiint_V \rho E \mathrm{d}V + \oiint_S \rho H \vec{v} \cdot \vec{n} \mathrm{d}S = \iiint_V \rho \vec{f} \cdot \vec{v} \mathrm{d}V + \oiint_S (\vec{v} \cdot \tau) \cdot \vec{n} \mathrm{d}S$$
$$+ \oiint_S (k\,\nabla T) \cdot \vec{n} \mathrm{d}S + \iiint_V \rho \dot{q}_h \mathrm{d}V \qquad (2.7.3\mathrm{a})$$

或

$$\frac{\partial}{\partial t}\iiint_V \rho E \mathrm{d}V + \oiint_S \rho H u_j n_j \mathrm{d}S = \iiint_V \rho f_j u_j \mathrm{d}V + \oiint_S (u_i \tau_{ij}) n_j \mathrm{d}S$$
$$+ \oiint_S \left(k\frac{\partial T}{\partial x_j}\right)n_j \mathrm{d}S + \iiint_V \rho \dot{q}_h \mathrm{d}V \qquad (2.7.3\mathrm{b})$$

其中，

$$E = e + |\vec{v}|^2/2 = e + u_j u_j/2$$
$$H = h + |\vec{v}|^2/2 = h + u_j u_j/2$$
$$h = e + p/\rho$$
$$H = E + p/\rho$$

式中，p,ρ,T 分别为流体的压强、密度和温度；e,E,h,H 分别为流体单位质量的内能、总内能、焓、总焓；k 为热传导系数；$\dot{q}_h$ 为辐射等因素造成的对单位质量流体的加热率。

4. 紧凑形式

连续方程、运动方程和能量方程的积分形式可以合起来写成更紧凑的形式

$$\frac{\partial}{\partial t}\iiint_V U \mathrm{d}V + \oiint_S F \cdot \mathrm{d}\vec{S} = \oiint_S F_v \cdot \mathrm{d}\vec{S} + \iiint_V J \mathrm{d}V \qquad (2.7.4)$$

其中

$$
U = \begin{bmatrix} \rho \\ \rho u_1 \\ \rho u_2 \\ \rho u_3 \\ \rho E \end{bmatrix} ; \quad
F = \begin{bmatrix} \rho u_1 & \rho u_2 & \rho u_3 \\ \rho u_1 u_1 + p & \rho u_1 u_2 & \rho u_1 u_3 \\ \rho u_2 u_1 & \rho u_2 u_2 + p & \rho u_2 u_3 \\ \rho u_3 u_1 & \rho u_3 u_2 & \rho u_3 u_3 + p \\ \rho H u_1 & \rho H u_2 & \rho H u_3 \end{bmatrix}
$$

$$
F_v = \begin{bmatrix} 0 & 0 & 0 \\ \tau_{11} & \tau_{12} & \tau_{13} \\ \tau_{21} & \tau_{22} & \tau_{23} \\ \tau_{31} & \tau_{32} & \tau_{33} \\ u_i \tau_{i1} + k \dfrac{\partial T}{\partial x_1} & u_i \tau_{i2} + k \dfrac{\partial T}{\partial x_2} & u_i \tau_{i3} + k \dfrac{\partial T}{\partial x_3} \end{bmatrix} ; \quad
J = \begin{bmatrix} 0 \\ \rho f_1 \\ \rho f_2 \\ \rho f_3 \\ \rho f_j u_j + \rho \dot{q}_h \end{bmatrix}
$$

2.7.2　基本方程的微分形式

本小节介绍基本方程的微分形式[3-7]。

1. 连续方程

$$
\frac{\partial \rho}{\partial t} + \nabla \cdot (\rho \vec{v}) = 0 \tag{2.7.5a}
$$

或

$$
\frac{\partial \rho}{\partial t} + \frac{\partial}{\partial x_j} (\rho u_j) = 0 \tag{2.7.5b}
$$

2. 运动方程

$$
\frac{\partial (\rho \vec{v})}{\partial t} + \nabla \cdot (\rho \vec{v} \vec{v}) = \rho \vec{f} + \nabla \cdot \sigma \tag{2.7.6a}
$$

或

$$
\frac{\partial (\rho u_i)}{\partial t} + \frac{\partial}{\partial x_j} (\rho u_i u_j) = \rho f_i + \frac{\partial \sigma_{ij}}{\partial x_j} \tag{2.7.6b}
$$

或

$$
\frac{\partial (\rho u_i)}{\partial t} + \frac{\partial}{\partial x_j} (\rho u_i u_j) = \rho f_i - \frac{\partial p}{\partial x_i} + \frac{\partial \tau_{ij}}{\partial x_j} \tag{2.7.6c}
$$

或

$$
\frac{\partial (\rho u_i)}{\partial t} + \frac{\partial}{\partial x_j} (\rho u_i u_j + p \delta_{ij}) = \rho f_i + \frac{\partial \tau_{ij}}{\partial x_j} \tag{2.7.6d}
$$

3. 能量方程

$$\frac{\partial(\rho E)}{\partial t} + \nabla \cdot (\rho H \vec{v}) = \rho \vec{f} \cdot \vec{v} + \nabla \cdot (\vec{v} \cdot \tau) + \nabla \cdot (k \nabla T) + \rho \dot{q}_h \quad (2.7.7a)$$

或

$$\frac{\partial(\rho E)}{\partial t} + \frac{\partial}{\partial x_j}(\rho H u_j) = \rho f_j u_j + \frac{\partial}{\partial x_j}(u_i \tau_{ij}) + \frac{\partial}{\partial x_j}\left(k \frac{\partial T}{\partial x_j}\right) + \rho \dot{q}_h \quad (2.7.7b)$$

4. 紧凑形式

连续方程、运动方程和能量方程的微分形式可以合起来写成紧凑形式

$$\frac{\partial U}{\partial t} + \frac{\partial F}{\partial x_1} + \frac{\partial G}{\partial x_2} + \frac{\partial H}{\partial x_3} = \frac{\partial F_v}{\partial x_1} + \frac{\partial G_v}{\partial x_2} + \frac{\partial H_v}{\partial x_3} + J \quad (2.7.8)$$

其中,

$$U = \begin{bmatrix} \rho \\ \rho u_1 \\ \rho u_2 \\ \rho u_3 \\ \rho E \end{bmatrix}; \quad F = \begin{bmatrix} \rho u_1 \\ \rho u_1 u_1 + p \\ \rho u_2 u_1 \\ \rho u_3 u_1 \\ \rho H u_1 \end{bmatrix}; \quad G = \begin{bmatrix} \rho u_2 \\ \rho u_1 u_2 \\ \rho u_2 u_2 + p \\ \rho u_3 u_2 \\ \rho H u_2 \end{bmatrix}; \quad H = \begin{bmatrix} \rho u_3 \\ \rho u_1 u_3 \\ \rho u_2 u_3 \\ \rho u_3 u_3 + p \\ \rho H u_3 \end{bmatrix}$$

$$F_v = \begin{bmatrix} 0 \\ \tau_{11} \\ \tau_{21} \\ \tau_{31} \\ u_i \tau_{i1} + k \dfrac{\partial T}{\partial x_1} \end{bmatrix}; \quad G_v = \begin{bmatrix} 0 \\ \tau_{12} \\ \tau_{22} \\ \tau_{32} \\ u_i \tau_{i2} + k \dfrac{\partial T}{\partial x_2} \end{bmatrix};$$

$$H_v = \begin{bmatrix} 0 \\ \tau_{13} \\ \tau_{23} \\ \tau_{33} \\ u_i \tau_{i3} + k \dfrac{\partial T}{\partial x_3} \end{bmatrix}; \quad J = \begin{bmatrix} 0 \\ \rho f_1 \\ \rho f_2 \\ \rho f_3 \\ \rho f_j u_j + \rho \dot{q}_h \end{bmatrix}$$

其中,x_1, x_2, x_3 即为 x, y, z。

参 考 文 献

[1] 孔超群,李康先. 张量分析及其在连续介质力学中的应用[M]. 哈尔滨:哈尔滨船舶工程学院出版社,1986.

[2] 王甲升. 张量分析及其应用[M]. 北京:高等教育出版社,1987.

［3］吴望一. 流体力学［M］. 北京:北京大学出版社,1982.

［4］庄礼贤,尹协远,马晖扬. 流体力学［M］. 2 版. 合肥:中国科学技术大学出版社,2009.

［5］Batchelor G K. 流体动力学引论［M］. 沈青,贾复,译. 北京:科学出版社,1997.

［6］Batchelor G K. An Introduction to Fluid Dynamics［M］. Cambridge:Cambridge University Press,2000.

［7］Jr Anderson J D. Computational Fluid Dynamics:The Basics with Applications［M］. New York:McGraw-Hill Inc. ,1995.

第3章 曲线坐标系

3.1 曲线坐标系的概念

直角坐标系中的坐标点 (x,y,z) 可看作是三族平面等值面 $x=$ const，$y=$ const，$z=$ const 的交点，这启发我们可以用三族曲面等值面来表示空间点，建立一个曲线坐标系，即三个有序数 (ξ,η,ζ) 与空间点的一一对应关系(图 3.1)。

设存在函数

$$\begin{cases} \xi=\xi(x,y,z) \\ \eta=\eta(x,y,z) \\ \zeta=\zeta(x,y,z) \end{cases} \qquad (3.1.1)$$

①它们单值且有一阶连续偏导数；②具有单值反函数，即可唯一地解出

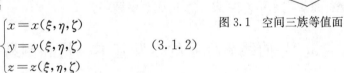

图 3.1 空间三族等值面

$$\begin{cases} x=x(\xi,\eta,\zeta) \\ y=y(\xi,\eta,\zeta) \\ z=z(\xi,\eta,\zeta) \end{cases} \qquad (3.1.2)$$

那么，空间点 M 和有序数 (ξ,η,ζ) 之间可建立起一一对应关系。

任一空间点 M→可唯一确定出三个有序数 (x,y,z)→由 $\xi=\xi(x,y,z)$，$\eta=\eta(x,y,z)$，$\zeta=\zeta(x,y,z)$ 可唯一确定出三个有序数 (ξ,η,ζ)；

任意三个有序数 (ξ,η,ζ)→由 $x=x(\xi,\eta,\zeta)$，$y=y(\xi,\eta,\zeta)$，$z=z(\xi,\eta,\zeta)$ 可唯一确定出三个数 (x,y,z)→对应一个空间点 M。

因此，三个有序数 (ξ,η,ζ) 与空间点 M 建立起一一对应关系，(ξ,η,ζ) 称为空间点 M 的曲线坐标。

对于三族等值面

$$\begin{cases} \xi(x,y,z)=c_1 \\ \eta(x,y,z)=c_2 \\ \zeta(x,y,z)=c_3 \end{cases} \qquad (3.1.3)$$

当 c_1,c_2,c_3 取不同的值时，ξ,η,ζ 就会取不同的值，就确定出不同的空间点。这三族等值面称为曲线坐标系的坐标曲面。

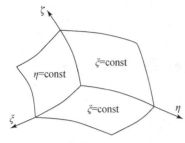

图3.2　曲线坐标系坐标曲线

注意到在 $\eta(x,y,z)=c_2$ 和 $\zeta(x,y,z)=c_3$ 交线上，$\eta,\zeta=$const，只有 ξ 在变(等值面 $\xi=c_1$ 沿此线推进)，故此交线称为曲线坐标系的 ξ 坐标曲线。类似地，可确定 η 坐标曲线和 ζ 坐标曲线(图 3.2)[1]。

设空间任一点的位置矢量(矢径)为 $\vec{r}$，一般来讲，$\vec{r}=\vec{r}(\xi,\eta,\zeta)$。当 $\vec{r}$ 的矢端沿 ξ 坐标曲线运动时，矢端描绘出的曲线，即矢端曲线，恰好就是 ξ 坐标曲线。而当 $\vec{r}$ 的矢端沿 ξ 坐标曲线运动时，η,ζ 保持不变，故此时 $\vec{r}=\vec{r}(\xi)$。由矢性函数导数的几何意义知道，$\vec{r}_\xi=\vec{r}'(\xi)=\dfrac{\partial\vec{r}}{\partial\xi}$ 就是 $\vec{r}$ 的矢端曲线(也就是 ξ 坐标曲线)的切向矢量，且方向指向 ξ 增大的一方[1]。类似地，$\vec{r}_\eta,\vec{r}_\zeta$ 分别是 η,ζ 坐标曲线的切向矢量，且方向指向曲线坐标增大的一方[1]。

为了叙述方便，用 ξ^1,ξ^2,ξ^3 代替 ξ,η,ζ 表示曲线坐标，用 x_1,x_2,x_3 代替 x,y,z 表示笛卡儿直角坐标。类似于直角坐标系，规定 $x,y,z(x_1,x_2,x_3)$ 构成右手系，曲线坐标系规定 $\xi,\eta,\zeta\,(\xi^1,\xi^2,\xi^3)$ 构成顺序循环。

3.2　曲线坐标系的坐标基本矢量和倒易基本矢量

在曲线坐标系中，$\vec{r}_{\xi^i}=\partial\vec{r}/\partial\xi^i$ 沿 ξ^i 坐标曲线的切线方向并指向 ξ^i 增大的一方，是该坐标曲线的切向矢量，称为曲线坐标系的坐标基本矢量(base vectors)(或基矢量(basis vectors)、协变基矢量(base covariant vectors))，记作 $\vec{e}_i$，即 $\vec{e}_i=\vec{r}_{\xi^i}\,(i=1,2,3)$[2]。

在曲线坐标系中，$\nabla\xi^i$ 代表 $\xi^i=$const 坐标曲面的法向矢量，称为曲线坐标系的倒易基本矢量或逆变基矢量(reciprocal basis vectors, contravariant base vectors)，记作 $\vec{e}^i$，即 $\vec{e}^i=\nabla\xi^i\,(i=1,2,3)$。由于 $\nabla\xi^i$ 的方向是函数 $\xi^i(x,y,z)$ 变化率最大的方向，$\vec{e}^i=\nabla\xi^i$ 指向 ξ^i 增大的一侧[2]。

根据定义，可以得出曲线坐标系两组基矢量的一些基本特性[2]。

1) $\vec{e}_i$ 和 $\vec{e}^i$ 的方向差别

对于一般的斜交曲线坐标系，$\vec{e}_i$ 和 $\vec{e}^i$ 并不重合(只有正交曲线坐标系二者才重合)。

2) $\vec{e}^i$ 与 $\vec{e}_j,\vec{e}_k$ 的关系

倒易基本矢量(法向矢量)和基本矢量(切向矢量)存在下列关系

$$\nabla \xi^i = \frac{1}{J}(\vec{r}_{\xi^j} \times \vec{r}_{\xi^k}) \tag{3.2.1}$$

即

$$\vec{e}^i = \frac{1}{J}(\vec{e}_j \times \vec{e}_k) \tag{3.2.2}$$

式中，i,j,k 成顺序循环，即成 123，231，312 排序：$\begin{smallmatrix}i\\k\circlearrowright j\end{smallmatrix}$；$J$ 为坐标变换的雅可比行列式(Jacobi determinant)。

证明　定义坐标变换的雅可比行列式为

$$J = \frac{\partial(x,y,z)}{\partial(\xi,\eta,\zeta)} = \begin{vmatrix} x_\xi & x_\eta & x_\zeta \\ y_\xi & y_\eta & y_\zeta \\ z_\xi & z_\eta & z_\zeta \end{vmatrix} \tag{3.2.3}$$

注意到

$$x = x(\xi,\eta,\zeta), \quad y = y(\xi,\eta,\zeta), \quad z = z(\xi,\eta,\zeta)$$

则有全微分

$$\begin{cases} \mathrm{d}x = x_\xi \mathrm{d}\xi + x_\eta \mathrm{d}\eta + x_\zeta \mathrm{d}\zeta \\ \mathrm{d}y = y_\xi \mathrm{d}\xi + y_\eta \mathrm{d}\eta + y_\zeta \mathrm{d}\zeta \\ \mathrm{d}z = z_\xi \mathrm{d}\xi + z_\eta \mathrm{d}\eta + z_\zeta \mathrm{d}\zeta \end{cases} \tag{3.2.4}$$

将式(3.2.4)看成是关于 $\mathrm{d}\xi, \mathrm{d}\eta, \mathrm{d}\zeta$ 的方程组，可用克拉默法则(Cramer rule)解出 $\mathrm{d}\xi, \mathrm{d}\eta, \mathrm{d}\zeta$，得

$$\mathrm{d}\xi = \frac{\begin{vmatrix} \mathrm{d}x & x_\eta & x_\zeta \\ \mathrm{d}y & y_\eta & y_\zeta \\ \mathrm{d}z & z_\eta & z_\zeta \end{vmatrix}}{\begin{vmatrix} x_\xi & x_\eta & x_\zeta \\ y_\xi & y_\eta & y_\zeta \\ z_\xi & z_\eta & z_\zeta \end{vmatrix}} = \frac{\begin{vmatrix} \mathrm{d}x & \mathrm{d}y & \mathrm{d}z \\ x_\eta & y_\eta & z_\eta \\ x_\zeta & y_\zeta & z_\zeta \end{vmatrix}}{J} = (\mathrm{d}x\vec{i} + \mathrm{d}y\vec{j} + \mathrm{d}z\vec{k}) \cdot \frac{\begin{vmatrix} \vec{i} & \vec{j} & \vec{k} \\ x_\eta & y_\eta & z_\eta \\ x_\zeta & y_\zeta & z_\zeta \end{vmatrix}}{J}$$

$$= (\mathrm{d}x\vec{i} + \mathrm{d}y\vec{j} + \mathrm{d}z\vec{k}) \cdot \frac{\vec{r}_\eta \times \vec{r}_\zeta}{J} = \frac{1}{J}(\vec{r}_\eta \times \vec{r}_\zeta) \cdot \mathrm{d}\vec{r} \tag{3.2.5a}$$

$$\mathrm{d}\eta = \frac{\begin{vmatrix} x_\xi & \mathrm{d}x & x_\zeta \\ y_\xi & \mathrm{d}y & y_\zeta \\ z_\xi & \mathrm{d}z & z_\zeta \end{vmatrix}}{\begin{vmatrix} x_\xi & x_\eta & x_\zeta \\ y_\xi & y_\eta & y_\zeta \\ z_\xi & z_\eta & z_\zeta \end{vmatrix}} = \frac{\begin{vmatrix} \mathrm{d}x & \mathrm{d}y & \mathrm{d}z \\ x_\zeta & y_\zeta & z_\zeta \\ x_\xi & y_\xi & z_\xi \end{vmatrix}}{J} = (\mathrm{d}x\vec{i} + \mathrm{d}y\vec{j} + \mathrm{d}z\vec{k}) \cdot \frac{\begin{vmatrix} \vec{i} & \vec{j} & \vec{k} \\ x_\zeta & y_\zeta & z_\zeta \\ x_\xi & y_\xi & z_\xi \end{vmatrix}}{J}$$

$$= (\mathrm{d}x\vec{i} + \mathrm{d}y\vec{j} + \mathrm{d}z\vec{k}) \cdot \frac{\vec{r}_\zeta \times \vec{r}_\xi}{J} = \frac{1}{J}(\vec{r}_\zeta \times \vec{r}_\xi) \cdot \mathrm{d}\vec{r} \tag{3.2.5b}$$

$$
\mathrm{d}\zeta = \dfrac{\begin{vmatrix} x_\xi & x_\eta & \mathrm{d}x \\ y_\xi & y_\eta & \mathrm{d}y \\ z_\xi & z_\eta & \mathrm{d}z \end{vmatrix}}{\begin{vmatrix} x_\xi & x_\eta & x_\zeta \\ y_\xi & y_\eta & y_\zeta \\ z_\xi & z_\eta & z_\zeta \end{vmatrix}} = \dfrac{\begin{vmatrix} \mathrm{d}x & \mathrm{d}y & \mathrm{d}z \\ x_\xi & y_\xi & z_\xi \\ x_\eta & y_\eta & z_\eta \end{vmatrix}}{J} = (\mathrm{d}x\vec{i} + \mathrm{d}y\vec{j} + \mathrm{d}z\vec{k}) \cdot \dfrac{\begin{vmatrix} \vec{i} & \vec{j} & \vec{k} \\ x_\xi & y_\xi & z_\xi \\ x_\eta & y_\eta & z_\eta \end{vmatrix}}{J}
$$

$$
= (\mathrm{d}x\vec{i} + \mathrm{d}y\vec{j} + \mathrm{d}z\vec{k}) \cdot \frac{\vec{r_\xi} \times \vec{r_\eta}}{J} = \frac{1}{J}(\vec{r_\xi} \times \vec{r_\eta}) \cdot \mathrm{d}\vec{r} \tag{3.2.5c}
$$

其中，

$$
\begin{cases}
\vec{r} = x\vec{i} + y\vec{j} + z\vec{k} \\[2mm]
\vec{r_\xi} = \dfrac{\partial \vec{r}}{\partial \xi} = \dfrac{\partial x}{\partial \xi}\vec{i} + \dfrac{\partial y}{\partial \xi}\vec{j} + \dfrac{\partial z}{\partial \xi}\vec{k} \\[3mm]
\vec{r_\eta} = \dfrac{\partial \vec{r}}{\partial \eta} = \dfrac{\partial x}{\partial \eta}\vec{i} + \dfrac{\partial y}{\partial \eta}\vec{j} + \dfrac{\partial z}{\partial \eta}\vec{k} \\[3mm]
\vec{r_\zeta} = \dfrac{\partial \vec{r}}{\partial \zeta} = \dfrac{\partial x}{\partial \zeta}\vec{i} + \dfrac{\partial y}{\partial \zeta}\vec{j} + \dfrac{\partial z}{\partial \zeta}\vec{k} \\[3mm]
\mathrm{d}\vec{r} = \mathrm{d}x\vec{i} + \mathrm{d}y\vec{j} + \mathrm{d}z\vec{k}
\end{cases} \tag{3.2.6}
$$

注意到任一函数 $\varphi(x,y,z)$ 的全微分可表示成

$$
\mathrm{d}\varphi = \frac{\partial \varphi}{\partial x}\mathrm{d}x + \frac{\partial \varphi}{\partial y}\mathrm{d}y + \frac{\partial \varphi}{\partial z}\mathrm{d}z = \nabla\varphi \cdot (\mathrm{d}x\vec{i} + \mathrm{d}y\vec{j} + \mathrm{d}z\vec{k}) = \nabla\varphi \cdot \mathrm{d}\vec{r}
$$

因此函数 $\xi(x,y,z), \eta(x,y,z), \zeta(x,y,z)$ 也可写成全微分为

$$
\mathrm{d}\xi = \nabla\xi \cdot (\mathrm{d}x\vec{i} + \mathrm{d}y\vec{j} + \mathrm{d}z\vec{k}) = \nabla\xi \cdot \mathrm{d}\vec{r} \tag{3.2.7a}
$$

$$
\mathrm{d}\eta = \nabla\eta \cdot (\mathrm{d}x\vec{i} + \mathrm{d}y\vec{j} + \mathrm{d}z\vec{k}) = \nabla\eta \cdot \mathrm{d}\vec{r} \tag{3.2.7b}
$$

$$
\mathrm{d}\zeta = \nabla\zeta \cdot (\mathrm{d}x\vec{i} + \mathrm{d}y\vec{j} + \mathrm{d}z\vec{k}) = \nabla\zeta \cdot \mathrm{d}\vec{r} \tag{3.2.7c}
$$

比较式(3.2.7a)与式(3.2.5a)可得

$$
\nabla\xi \cdot \mathrm{d}\vec{r} = \frac{1}{J}(\vec{r_\eta} \times \vec{r_\zeta}) \cdot \mathrm{d}\vec{r}
$$

即

$$
\left(\nabla\xi - \frac{1}{J}(\vec{r_\eta} \times \vec{r_\zeta})\right) \cdot \mathrm{d}\vec{r} = 0
$$

由于 $\mathrm{d}\vec{r}$ 的方向是任意的,故矢量 $\nabla\xi - (1/J)(\vec{r_\eta} \times \vec{r_\zeta})$ 必为零矢量,即

$$
\nabla\xi - \frac{1}{J}(\vec{r_\eta} \times \vec{r_\zeta}) = 0
$$

从而有

$$\nabla\xi=\frac{1}{J}(\vec{r}_\eta\times\vec{r}_\zeta) \tag{3.2.8a}$$

类似地,比较式(3.2.7b)与式(3.2.5b),式(3.2.7c)与式(3.2.5c),可得

$$\nabla\eta=\frac{1}{J}(\vec{r}_\zeta\times\vec{r}_\xi) \tag{3.2.8b}$$

$$\nabla\zeta=\frac{1}{J}(\vec{r}_\xi\times\vec{r}_\eta) \tag{3.2.8c}$$

另外,雅可比行列式可以写成

$$J=\begin{vmatrix} x_\xi & x_\eta & x_\zeta \\ y_\xi & y_\eta & y_\zeta \\ z_\xi & z_\eta & z_\zeta \end{vmatrix}=\begin{vmatrix} x_\xi & y_\xi & z_\xi \\ x_\eta & y_\eta & z_\eta \\ x_\zeta & y_\zeta & z_\zeta \end{vmatrix}=\vec{r}_\xi\cdot(\vec{r}_\eta\times\vec{r}_\zeta)=\vec{r}_\eta\cdot(\vec{r}_\zeta\times\vec{r}_\xi)=\vec{r}_\zeta\cdot(\vec{r}_\xi\times\vec{r}_\eta)$$

$$\tag{3.2.9}$$

3) $\vec{e}^i\cdot\vec{e}_i=1(i=1,2,3;指标重复非求和)$

证明

$$\vec{e}^i\cdot\vec{e}_i=\frac{1}{J}(\vec{r}_{\xi^j}\times\vec{r}_{\xi^k})\cdot\vec{r}_{\xi^i}=\frac{1}{J}J=1$$

4) $\vec{e}^i\cdot\vec{e}_j=0(i\neq j)$

证明　由于 $\vec{e}^i\perp\vec{e}_j,\vec{e}_k(i,j,k$ 成顺序循环),故 $\vec{e}^i\cdot\vec{e}_j=0(i\neq j$ 时)。

5) $\vec{e}^i\cdot\vec{e}_j=\delta^i_j$

综合 3)和 4)可得

$$\vec{e}^i\cdot\vec{e}_j=\delta^i_j=\begin{cases} 0, & i\neq j \\ 1, & i=j \end{cases} \tag{3.2.10}$$

6) $\vec{e}_k$ 与 $\vec{e}^i$,$\vec{e}^j$ 的关系(i,j,k 成顺序循环)

与式(3.2.1),式(3.2.2)形成有趣对比的是,存在下列关系

$$\vec{e}_k=J(\vec{e}^i\times\vec{e}^j)\quad(k,i,j\text{ 成顺序循环}) \tag{3.2.11}$$

证明　由于 $\vec{e}_k\perp\vec{e}^i$,$\vec{e}_k\perp\vec{e}^j$(k,i,j 成顺序循环),故 $\vec{e}^i\times\vec{e}^j$ 沿 $\vec{e}_k$ 的方向,也即

$$\vec{e}^i\times\vec{e}^j=\alpha\vec{e}_k$$

两边点乘 $\vec{e}^k$ 得

$$\vec{e}^k\cdot(\vec{e}^i\times\vec{e}^j)=\alpha\cdot1$$

即

$$\alpha=\nabla\xi^k\cdot(\nabla\xi^i\times\nabla\xi^j)=\begin{vmatrix} \dfrac{\partial\xi^k}{\partial x} & \dfrac{\partial\xi^k}{\partial y} & \dfrac{\partial\xi^k}{\partial z} \\ \dfrac{\partial\xi^i}{\partial x} & \dfrac{\partial\xi^i}{\partial y} & \dfrac{\partial\xi^i}{\partial z} \\ \dfrac{\partial\xi^j}{\partial x} & \dfrac{\partial\xi^j}{\partial y} & \dfrac{\partial\xi^j}{\partial z} \end{vmatrix}=\frac{\partial(\xi,\eta,\zeta)}{\partial(x,y,z)}=\frac{1}{J}$$

从而

$$\vec{e}^i \times \vec{e}^j = \frac{1}{J}\vec{e}_k$$

或者

$$\vec{e}_k = J(\vec{e}^i \times \vec{e}^j) \qquad (3.2.12)$$

3.3　矢量在斜交曲线坐标系中的分解

3.3.1　矢量的分解及其分解式

一个矢量 $\vec{A}$ 可以向任意给定的三个不共面的矢量方向分解,分解按平行四边形法则进行。

首先以平面情形为例,设矢量 $\vec{A}$ 处于二矢量 $\vec{e}_1$,$\vec{e}_2$ 构成的平面内,现欲向 $\vec{e}_1$,$\vec{e}_2$ 二矢量方向分解,可进行如下分解(图3.3):

(1)过 $\vec{A}$ 矢端作 $\vec{e}_1$,$\vec{e}_2$ 的平行线。

(2)作 $\vec{e}_1$,$\vec{e}_2$ 的延长线。

(3)四线相交成平行四边形。

(4)矢量 $\vec{A}$ 可表示成 $\vec{A} = \alpha\vec{e}_1 + \beta\vec{e}_2$。

那么对于任意三个不共面的矢量 $\vec{e}_1$,$\vec{e}_2$,$\vec{e}_3$,也可将矢量 $\vec{A}$ 向其上分解,方法是:找出 $\vec{A}$,$\vec{e}_3$ 构成的平面与 $\vec{e}_1$,$\vec{e}_2$ 构成的平面的交线,先将 $\vec{A}$ 按平行四边形法则向 $\vec{e}_3$ 和该交线分解,再将交线上的分量按平行四边形法则向 $\vec{e}_1$,$\vec{e}_2$ 方向分解(图3.4),便可得到

$$\vec{A} = \alpha\vec{e}_1 + \beta\vec{e}_2 + \gamma\vec{e}_3$$

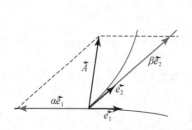 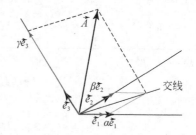

图3.3　平面矢量向两个矢量方向的分解　　图3.4　矢量向三个不共面的矢量方向的分解

由此分解过程可以看出:

(1)$\vec{A}$ 在 $\vec{e}_1$,$\vec{e}_2$,$\vec{e}_3$ 方向的分解分量分别为 $\alpha\vec{e}_1$,$\beta\vec{e}_2$,$\gamma\vec{e}_3$。

（2）$\vec{A}$ 可以由 $\alpha\vec{e}_1$，$\beta\vec{e}_2$，$\gamma\vec{e}_3$ 按平行四边形法则重新合成。

（3）式 $\vec{A}=\alpha\vec{e}_1+\beta\vec{e}_2+\gamma\vec{e}_3$ 称为矢量 $\vec{A}$ 的分解式。

3.3.2　矢量的投影分量

一个矢量 $\vec{A}$ 可以向任意三个矢量方向投影，得出三个投影分量，但投影分量不满足平行四边形法则，即投影分量不能重新合成矢量 $\vec{A}$，也即不能用投影分量写出矢量 $\vec{A}$ 的分解式（投影分量就是作垂线所得投影，即和这三个方向的单位矢量点乘的结果）。

3.3.3　协变分量和逆变分量及协变物理分量和逆变物理分量

矢量 $\vec{A}$ 与基本矢量 $\vec{e}_i$ 的点乘称作 $\vec{A}$ 的协变分量（covariant component），记作 A_i，即

$$A_i=\vec{A}\cdot\vec{e}_i$$

矢量 $\vec{A}$ 与倒易基本矢量 $\vec{e}^i$ 的点乘称作 $\vec{A}$ 的逆变分量（contravariant component），记作 A^i，即

$$A^i=\vec{A}\cdot\vec{e}^i$$

矢量 $\vec{A}$ 与基本矢量 $\vec{e}_i$ 的单位矢量 $\vec{l}_i$ 的点乘，即矢量 $\vec{A}$ 在 $\vec{e}_i$ 方向的投影分量，称作 $\vec{A}$ 的协变物理分量，记作 a_i，即

$$a_i=\vec{A}\cdot\vec{l}_i$$

矢量 $\vec{A}$ 与倒易基本矢量 $\vec{e}^i$ 方向的单位矢量 $\vec{l}^i$ 的点乘，即矢量 $\vec{A}$ 在 $\vec{e}^i$ 方向的投影分量，称作 $\vec{A}$ 的逆变物理分量，记作 a^i，即

$$a^i=\vec{A}\cdot\vec{l}^i$$

显然

$$A_i=\vec{A}\cdot\vec{e}_i=\vec{A}\cdot(|\vec{e}_i|\vec{l}_i)=(\sqrt{\vec{e}_i\cdot\vec{e}_i})\vec{A}\cdot\vec{l}_i$$

即

$$A_i=|\vec{e}_i|a_i=\sqrt{\vec{e}_i\cdot\vec{e}_i}a_i \tag{3.3.1}$$

类似地，有

$$A^i=|\vec{e}^i|a^i=\sqrt{\vec{e}^i\cdot\vec{e}^i}a^i \tag{3.3.2}$$

3.3.4　矢量向基本矢量方向的分解

任一矢量 $\vec{A}$ 向基本矢量 $\vec{e}_i(i=1,2,3)$ 方向分解，要写成如下的分解式

$$\vec{A} = \alpha \vec{e}_1 + \beta \vec{e}_2 + \gamma \vec{e}_3$$

现需要确定出系数 α, β, γ。注意到 $\vec{e}^1 \perp \vec{e}_2$，$\vec{e}^1 \perp \vec{e}_3$，从而有 $\vec{e}^1 \cdot \vec{e}_2 = 0$，$\vec{e}^1 \cdot \vec{e}_3 = 0$，另外，注意到 $\vec{e}^1 \cdot \vec{e}_1 = 1$，给分解式两边点乘 $\vec{e}^1$，则可得

$$A^1 = \vec{A} \cdot \vec{e}^1 = \alpha \vec{e}_1 \cdot \vec{e}^1 = \alpha$$

即

$$\alpha = \vec{A} \cdot \vec{e}^1 = A^1$$

类似地，得

$$\beta = \vec{A} \cdot \vec{e}^2 = A^2$$

$$\gamma = \vec{A} \cdot \vec{e}^3 = A^3$$

于是，分解式可写成

$$\vec{A} = A^1 \vec{e}_1 + A^2 \vec{e}_2 + A^3 \vec{e}_3$$

$$= (\vec{A} \cdot \vec{e}^1) \vec{e}_1 + (\vec{A} \cdot \vec{e}^2) \vec{e}_2 + (\vec{A} \cdot \vec{e}^3) \vec{e}_3 \qquad (3.3.3)$$

由此可知，在斜交曲线坐标系中，如果将矢量 $\vec{A}$ 向基本矢量方向分解，则分解式中 $\vec{e}_1, \vec{e}_2, \vec{e}_3$ 前的系数分别是矢量 $\vec{A}$ 与三个倒易基本矢量 $\vec{e}^1, \vec{e}^2, \vec{e}^3$ 的点乘，也即 $\vec{A}$ 的三个逆变分量[2]。

3.3.5 矢量向倒易基本矢量方向的分解

矢量向倒易基本矢量方向的分解，要写成如下的分解式

$$\vec{A} = \alpha' \vec{e}^1 + \beta' \vec{e}^2 + \gamma' \vec{e}^3$$

注意到 $\vec{e}^i \cdot \vec{e}_j = \delta_j^i$，等号两边分别点乘 $\vec{e}_1, \vec{e}_2, \vec{e}_3$，可得到

$$\alpha' = \vec{A} \cdot \vec{e}_1 = A_1$$

$$\beta' = \vec{A} \cdot \vec{e}_2 = A_2$$

$$\gamma' = \vec{A} \cdot \vec{e}_3 = A_3$$

于是得

$$\vec{A} = A_1 \vec{e}^1 + A_2 \vec{e}^2 + A_3 \vec{e}^3$$

$$= (\vec{A} \cdot \vec{e}_1) \vec{e}^1 + (\vec{A} \cdot \vec{e}_2) \vec{e}^2 + (\vec{A} \cdot \vec{e}_3) \vec{e}^3 \qquad (3.3.4)$$

由此可知，在斜交曲线坐标系中，将矢量 $\vec{A}$ 向三个倒易基本矢量方向分解，则分解式中 $\vec{e}^1, \vec{e}^2, \vec{e}^3$ 三个系数分别是矢量 $\vec{A}$ 与三个基本矢量 $\vec{e}_1, \vec{e}_2, \vec{e}_3$ 的点乘，也即 $\vec{A}$ 的三个协变分量[2]。

3.3.6　用协变、逆变分量表示矢量的笛卡儿直角坐标分量

设 $A(i)$ $(i=1,2,3)$ 表示矢量 $\vec{A}$ 在笛卡儿直角坐标系的三分量。由

$$\vec{A}=A^i\vec{e}_i=A^1\vec{e}_1+A^2\vec{e}_2+A^3\vec{e}_3$$

$$=A^1\frac{\partial\vec{r}}{\partial\xi^1}+A^2\frac{\partial\vec{r}}{\partial\xi^2}+A^3\frac{\partial\vec{r}}{\partial\xi^3}$$

$$=\frac{\partial\vec{r}}{\partial\xi^1}A^1+\frac{\partial\vec{r}}{\partial\xi^2}A^2+\frac{\partial\vec{r}}{\partial\xi^3}A^3$$

可得

$$\begin{cases}A(1)=\dfrac{\partial x}{\partial\xi^1}A^1+\dfrac{\partial x}{\partial\xi^2}A^2+\dfrac{\partial x}{\partial\xi^3}A^3\\[2mm]A(2)=\dfrac{\partial y}{\partial\xi^1}A^1+\dfrac{\partial y}{\partial\xi^2}A^2+\dfrac{\partial y}{\partial\xi^3}A^3\\[2mm]A(3)=\dfrac{\partial z}{\partial\xi^1}A^1+\dfrac{\partial z}{\partial\xi^2}A^2+\dfrac{\partial z}{\partial\xi^3}A^3\end{cases}\tag{3.3.5}$$

即

$$A(i)=\frac{\partial x_i}{\partial\xi^1}A^1+\frac{\partial x_i}{\partial\xi^2}A^2+\frac{\partial x_i}{\partial\xi^3}A^3=\frac{\partial x_i}{\partial\xi^j}A^j\tag{3.3.6}$$

矩阵形式则为

$$\begin{bmatrix}A(1)\\A(2)\\A(3)\end{bmatrix}=\begin{bmatrix}\dfrac{\partial x_1}{\partial\xi^1}&\dfrac{\partial x_1}{\partial\xi^2}&\dfrac{\partial x_1}{\partial\xi^3}\\[2mm]\dfrac{\partial x_2}{\partial\xi^1}&\dfrac{\partial x_2}{\partial\xi^2}&\dfrac{\partial x_2}{\partial\xi^3}\\[2mm]\dfrac{\partial x_3}{\partial\xi^1}&\dfrac{\partial x_3}{\partial\xi^2}&\dfrac{\partial x_3}{\partial\xi^3}\end{bmatrix}\begin{bmatrix}A^1\\A^2\\A^3\end{bmatrix}$$

由

$$\vec{A}=A_i\vec{e}^i=A_1\vec{e}^1+A_2\vec{e}^2+A_3\vec{e}^3$$

$$=A_1\nabla\xi^1+A_2\nabla\xi^2+A_3\nabla\xi^3$$

$$=\nabla\xi^1A_1+\nabla\xi^2A_2+\nabla\xi^3A_3$$

可得

$$\begin{cases}A(1)=\dfrac{\partial\xi^1}{\partial x}A_1+\dfrac{\partial\xi^2}{\partial x}A_2+\dfrac{\partial\xi^3}{\partial x}A_3\\[2mm]A(2)=\dfrac{\partial\xi^1}{\partial y}A_1+\dfrac{\partial\xi^2}{\partial y}A_2+\dfrac{\partial\xi^3}{\partial y}A_3\\[2mm]A(3)=\dfrac{\partial\xi^1}{\partial z}A_1+\dfrac{\partial\xi^2}{\partial z}A_2+\dfrac{\partial\xi^3}{\partial z}A_3\end{cases}\tag{3.3.7}$$

即

$$A(i) = \frac{\partial \xi^1}{\partial x_i} A_1 + \frac{\partial \xi^2}{\partial x_i} A_2 + \frac{\partial \xi^3}{\partial x_i} A_3 = \frac{\partial \xi^j}{\partial x_i} A_j \qquad (3.3.8)$$

矩阵形式为

$$\begin{bmatrix} A(1) \\ A(2) \\ A(3) \end{bmatrix} = \begin{bmatrix} \dfrac{\partial \xi^1}{\partial x_1} & \dfrac{\partial \xi^2}{\partial x_1} & \dfrac{\partial \xi^3}{\partial x_1} \\ \dfrac{\partial \xi^1}{\partial x_2} & \dfrac{\partial \xi^2}{\partial x_2} & \dfrac{\partial \xi^3}{\partial x_2} \\ \dfrac{\partial \xi^1}{\partial x_3} & \dfrac{\partial \xi^2}{\partial x_3} & \dfrac{\partial \xi^3}{\partial x_3} \end{bmatrix} \begin{bmatrix} A_1 \\ A_2 \\ A_3 \end{bmatrix}$$

3.4 度量张量和倒易度量张量

两个切向矢量 $\vec{e}_i, \vec{e}_j$ 点乘,构成一个二阶张量 $g_{ij} = \vec{e}_i \cdot \vec{e}_j$,称为度量张量或协变度量张量(metric tensor,covariant metric tensor)。

两个法向矢量 $\vec{e}^i, \vec{e}^j$ 点乘,构成一个二阶张量 $g^{ij} = \vec{e}^i \cdot \vec{e}^j$,称为倒易度量张量或逆变度量张量(contravariant metric tensor)。

下面分析度量张量和倒易度量张量的特性。

1. 对称性

因为 $\vec{e}_i \cdot \vec{e}_j = \vec{e}_j \cdot \vec{e}_i$, $\vec{e}^i \cdot \vec{e}^j = \vec{e}^j \cdot \vec{e}^i$,所以 g_{ij} 和 g^{ij} 均为对称张量。

2. 展开表达式

g_{ij} 和 g^{ij} 展开可以写成

$$g_{ij} = \vec{e}_i \cdot \vec{e}_j = \frac{\partial \vec{r}}{\partial \xi^i} \cdot \frac{\partial \vec{r}}{\partial \xi^j} = \sum_{k=1}^{3} \frac{\partial x_k}{\partial \xi^i} \frac{\partial x_k}{\partial \xi^j} = \frac{\partial x_k}{\partial \xi^i} \frac{\partial x_k}{\partial \xi^j} \quad (\text{对 } k \text{ 求和})$$

$$g^{ij} = \vec{e}^i \cdot \vec{e}^j = \nabla \xi^i \cdot \nabla \xi^j = \sum_{k=1}^{3} \frac{\partial \xi^i}{\partial x_k} \frac{\partial \xi^j}{\partial x_k} = \frac{\partial \xi^i}{\partial x_k} \frac{\partial \xi^j}{\partial x_k} \quad (\text{对 } k \text{ 求和})$$

3. 用于表示基本矢量和倒易基本矢量的关系

$$\vec{e}_i = g_{ij} \vec{e}^j \qquad (3.4.1)$$
$$\vec{e}^i = g^{ij} \vec{e}_j \qquad (3.4.2)$$

证明 将 $\vec{e}_i$ 视作普通矢量向倒易基本矢量方向分解

$$\vec{e}_i = (\quad) \vec{e}^1 + (\quad) \vec{e}^2 + (\quad) \vec{e}^3$$
$$= (\vec{e}_i \cdot \vec{e}_1) \vec{e}^1 + (\vec{e}_i \cdot \vec{e}_2) \vec{e}^2 + (\vec{e}_i \cdot \vec{e}_3) \vec{e}^3 = g_{ij} \vec{e}^j$$

类似地,将 $\vec{e}^i$ 视作普通矢量向基本矢量方向分解

$$\vec{e}^i = (\quad)\vec{e}_1 + (\quad)\vec{e}_2 + (\quad)\vec{e}_3$$
$$= (\vec{e}^i \cdot \vec{e}^1)\vec{e}_1 + (\vec{e}^i \cdot \vec{e}^2)\vec{e}_2 + (\vec{e}^i \cdot \vec{e}^3)\vec{e}_3 = g^{ij}\vec{e}_j$$

4. 度量张量和倒易度量张量的关系

式(3.4.1)两边点乘 $\vec{e}^k$ 得

$$\vec{e}_i \cdot \vec{e}^k = g_{ij}\vec{e}^j \cdot \vec{e}^k$$

由此得

$$g_{ij}g^{jk} = \delta_i^k = \begin{cases} 0, & k \neq i \\ 1, & k = i \end{cases} \tag{3.4.3}$$

如果设 G 和 G' 分别为 g_{ij} 和 g^{ij} 构成的 3×3 矩阵,即

$$G = [g_{ij}]_{3\times3}, \quad G' = [g^{ij}]_{3\times3} \tag{3.4.4}$$

式(3.4.3)说明 G 和 G' 互为逆阵,即

$$GG' = E \tag{3.4.5}$$

其中,E 为单位阵。

设 g 为 G 的行列式,即 $g = \det(G)$,则可证得

$$g = J^2 = [\partial(x,y,z)/\partial(\xi,\eta,\zeta)]^2 \tag{3.4.6}$$

证明

$$G = \begin{bmatrix} \vec{e}_1 \cdot \vec{e}_1 & \vec{e}_1 \cdot \vec{e}_2 & \vec{e}_1 \cdot \vec{e}_3 \\ \vec{e}_2 \cdot \vec{e}_1 & \vec{e}_2 \cdot \vec{e}_2 & \vec{e}_2 \cdot \vec{e}_3 \\ \vec{e}_3 \cdot \vec{e}_1 & \vec{e}_3 \cdot \vec{e}_2 & \vec{e}_3 \cdot \vec{e}_3 \end{bmatrix} = \begin{bmatrix} e_{11} & e_{12} & e_{13} \\ e_{21} & e_{22} & e_{23} \\ e_{31} & e_{32} & e_{33} \end{bmatrix} \begin{bmatrix} e_{11} & e_{21} & e_{31} \\ e_{12} & e_{22} & e_{32} \\ e_{13} & e_{23} & e_{33} \end{bmatrix}$$

式中,e_{ij} 表示 $\vec{e}_i$ 的第 j 分量。于是,G 的行列式为

$$g = |G| = \begin{vmatrix} e_{11} & e_{12} & e_{13} \\ e_{21} & e_{22} & e_{23} \\ e_{31} & e_{32} & e_{33} \end{vmatrix}^2 = \begin{vmatrix} \dfrac{\partial x}{\partial \xi^1} & \dfrac{\partial y}{\partial \xi^1} & \dfrac{\partial z}{\partial \xi^1} \\ \dfrac{\partial x}{\partial \xi^2} & \dfrac{\partial y}{\partial \xi^2} & \dfrac{\partial z}{\partial \xi^2} \\ \dfrac{\partial x}{\partial \xi^3} & \dfrac{\partial y}{\partial \xi^3} & \dfrac{\partial z}{\partial \xi^3} \end{vmatrix}^2 = J^2$$

下面求 G 的逆阵 G'。首先求矩阵 G 的各元素的代数余子式

$$G_{11} = (-1)^{1+1} \begin{vmatrix} g_{22} & g_{23} \\ g_{32} & g_{33} \end{vmatrix} = (g_{22}g_{33} - g_{23}g_{32})$$

$$G_{12} = (-1)^{1+2} \begin{vmatrix} g_{21} & g_{23} \\ g_{31} & g_{33} \end{vmatrix} = -(g_{21}g_{33} - g_{23}g_{31})$$

$$G_{13} = (-1)^{1+3} \begin{vmatrix} g_{21} & g_{22} \\ g_{31} & g_{32} \end{vmatrix} = (g_{21}g_{32} - g_{22}g_{31})$$

$$G_{21}=(-1)^{2+1}\begin{vmatrix}g_{12}&g_{13}\\g_{32}&g_{33}\end{vmatrix}=-(g_{12}g_{33}-g_{13}g_{32})=G_{12}$$

$$G_{22}=(-1)^{2+2}\begin{vmatrix}g_{11}&g_{13}\\g_{31}&g_{33}\end{vmatrix}=(g_{11}g_{33}-g_{13}g_{31})$$

$$G_{23}=(-1)^{2+3}\begin{vmatrix}g_{11}&g_{12}\\g_{31}&g_{32}\end{vmatrix}=-(g_{11}g_{32}-g_{12}g_{31})$$

$$G_{31}=(-1)^{3+1}\begin{vmatrix}g_{12}&g_{13}\\g_{22}&g_{23}\end{vmatrix}=(g_{12}g_{23}-g_{13}g_{22})=G_{13}$$

$$G_{32}=(-1)^{3+2}\begin{vmatrix}g_{11}&g_{13}\\g_{21}&g_{23}\end{vmatrix}=-(g_{11}g_{23}-g_{13}g_{21})=G_{23}$$

$$G_{33}=(-1)^{3+3}\begin{vmatrix}g_{11}&g_{12}\\g_{21}&g_{22}\end{vmatrix}=(g_{11}g_{22}-g_{12}g_{21})$$

而 G 的伴随矩阵为

$$G^*=\begin{bmatrix}G_{11}&G_{21}&G_{31}\\G_{12}&G_{22}&G_{32}\\G_{13}&G_{23}&G_{33}\end{bmatrix}$$

从而 G 的逆阵 G' 为

$$G'=G^{-1}=\frac{G^*}{\det(G)}=\frac{1}{g}\begin{bmatrix}G_{11}&G_{21}&G_{31}\\G_{12}&G_{22}&G_{32}\\G_{13}&G_{23}&G_{33}\end{bmatrix} \tag{3.4.7}$$

由此得到 G' 的元素为

$$\begin{cases}g^{11}=G_{11}/g=(g_{22}g_{33}-g_{23}g_{32})/g\\g^{12}=G_{21}/g=(g_{13}g_{32}-g_{12}g_{33})/g\\g^{13}=G_{31}/g=(g_{12}g_{23}-g_{13}g_{22})/g\\g^{21}=G_{12}/g=(g_{23}g_{31}-g_{21}g_{33})/g=g^{12}\\g^{22}=G_{22}/g=(g_{11}g_{33}-g_{13}g_{31})/g\\g^{23}=G_{32}/g=(g_{13}g_{21}-g_{11}g_{23})/g\\g^{31}=G_{13}/g=(g_{21}g_{32}-g_{22}g_{31})/g=g^{13}\\g^{32}=G_{23}/g=(g_{12}g_{31}-g_{11}g_{32})/g=g^{23}\\g^{33}=G_{33}/g=(g_{11}g_{22}-g_{12}g_{21})/g\end{cases} \tag{3.4.8}$$

还有另一种方法可以得到由度量张量表示的倒易度量张量。设 (m,i,j) 和 (n,k,l) 均成顺序循环,则有

$$\vec{e}^m = \frac{1}{J}(\vec{r}_{\xi^i} \times \vec{r}_{\xi^j}) = \frac{1}{\sqrt{g}}(\vec{e}_i \times \vec{e}_j)$$

$$\vec{e}^n = \frac{1}{J}(\vec{r}_{\xi^k} \times \vec{r}_{\xi^l}) = \frac{1}{\sqrt{g}}(\vec{e}_k \times \vec{e}_l)$$

于是

$$g^{mn} = \vec{e}^m \cdot \vec{e}^n = \frac{1}{g}(\vec{e}_i \times \vec{e}_j) \cdot (\vec{e}_k \times \vec{e}_l)$$

根据标准拉格朗日(Lagrange)矢量恒等式

$$(\vec{A} \times \vec{B}) \cdot (\vec{C} \times \vec{D}) = (\vec{A} \cdot \vec{C})(\vec{B} \cdot \vec{D}) - (\vec{A} \cdot \vec{D})(\vec{B} \cdot \vec{C}) \qquad (3.4.9)$$

可得

$$g^{mn} = \vec{e}^m \cdot \vec{e}^n = \frac{1}{g}[(\vec{e}_i \cdot \vec{e}_k)(\vec{e}_j \cdot \vec{e}_l) - (\vec{e}_i \cdot \vec{e}_l)(\vec{e}_j \cdot \vec{e}_k)]$$

$$= (g_{ik} g_{jl} - g_{il} g_{jk})/g$$

即

$$g^{mn} = (g_{ik} g_{jl} - g_{il} g_{jk})/g \qquad (3.4.10)$$

式(3.4.10)展开为

$$\begin{cases} g^{11} = (g_{22} g_{33} - g_{23} g_{32})/g \\ g^{22} = (g_{33} g_{11} - g_{31} g_{13})/g \\ g^{33} = (g_{11} g_{22} - g_{12} g_{21})/g \\ g^{12} = (g_{23} g_{31} - g_{21} g_{33})/g \\ g^{23} = (g_{31} g_{12} - g_{32} g_{11})/g \\ g^{31} = (g_{12} g_{23} - g_{13} g_{22})/g \end{cases} \qquad (3.4.11)$$

式(3.4.11)就是式(3.4.8)。

度量张量和倒易度量张量有以下用途。

1)基本矢量和倒易基本矢量方向的单位矢量

$$\vec{e}_i = |\vec{e}_i| \vec{l}_i = \sqrt{g_{ii}}\, \vec{l}_i$$

$$\uparrow \quad\quad ii\ 非求和 \qquad (3.4.12)$$

$$\vec{e}^i = |\vec{e}^i| \vec{l}^i = \sqrt{g^{ii}}\, \vec{l}^i$$

$$\uparrow \quad\quad ii\ 非求和 \qquad (3.4.13)$$

2)协变(逆变)物理分量与协变(逆变)分量的关系

由式(3.3.1)和式(3.3.2),容易得出

$$A_i = |\vec{e}_i| a_i = \sqrt{\vec{e}_i \cdot \vec{e}_i}\, a_i = \sqrt{g_{ii}}\, a_i \tag{3.4.14}$$

$$A^i = |\vec{e}^i| a^i = \sqrt{\vec{e}^i \cdot \vec{e}^i}\, a^i = \sqrt{g^{ii}}\, a^i \tag{3.4.15}$$

3)协变分量与逆变分量的关系

由于 $\vec{A} = A^j \vec{e}_j$,点乘 $\vec{e}_i$ 得

$$A_i = g_{ij} A^j \tag{3.4.16}$$

由于 $\vec{A} = A_j \vec{e}^j$,点乘 $\vec{e}^i$ 得

$$A^i = g^{ij} A_j \tag{3.4.17}$$

3.5　斜交曲线坐标系诸要素

3.5.1　微元位置矢量

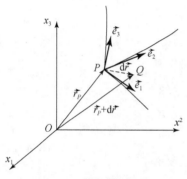

图 3.5　微元位置矢量

如图 3.5 所示,过点 P 作 $\vec{e}_1, \vec{e}_2, \vec{e}_3$,并在点 P 邻近取一点 Q ,若点 P 位置矢量为 $\vec{r}_P$,点 Q 的位置矢量为 $\vec{r}_P + \mathrm{d}\vec{r}$,于是微元位置矢量为

$$\overrightarrow{PQ} = \mathrm{d}\vec{r}$$

显然, $\mathrm{d}\vec{r}$ 可向 $\vec{e}_i$ 方向分解,也可向 $\vec{e}^i$ 方向分解,即 $\mathrm{d}\vec{r}$ 可分别写成

$$\mathrm{d}\vec{r} = \vec{e}_i \mathrm{d}\xi^i = \vec{e}_j \mathrm{d}\xi^j$$

式中, $\mathrm{d}\xi^i$ 为 $\mathrm{d}\vec{r}$ 的逆变分量,即 $\mathrm{d}\vec{r} \cdot \vec{e}^i$ ($^i{}_i, ^j{}_j$ 均表求和)

$$\mathrm{d}\vec{r} = \vec{e}^i \mathrm{d}\xi_i = \vec{e}^j \mathrm{d}\xi_j$$

式中, $\mathrm{d}\xi_i$ 为 $\mathrm{d}\vec{r}$ 的协变分量,即 $\mathrm{d}\vec{r} \cdot \vec{e}_i$ ($^i{}_i, ^j{}_j$ 均表求和)。 $\mathrm{d}\vec{r}$ 向斜交方向分解,因此与笛卡儿直角坐标系不同, $|\mathrm{d}\vec{r}|^2$ 不等于各分量的平方和。由矢量之数性积的性质,则有

$$|\mathrm{d}\vec{r}|^2 = \mathrm{d}\vec{r} \cdot \mathrm{d}\vec{r}$$

设 $\mathrm{d}\vec{r}$ 沿着某空间曲线的切线方向,则该曲线上微元弧长 $\mathrm{d}s = |\mathrm{d}\vec{r}|$,从而

$$\mathrm{d}s^2 = |\mathrm{d}\vec{r}|^2 = \mathrm{d}\vec{r} \cdot \mathrm{d}\vec{r} = \vec{e}_i \cdot \vec{e}_j \mathrm{d}\xi^i \mathrm{d}\xi^j$$

$$= g_{ij} \mathrm{d}\xi^i \mathrm{d}\xi^j$$

$$= \begin{bmatrix} \mathrm{d}\xi^1 & \mathrm{d}\xi^2 & \mathrm{d}\xi^3 \end{bmatrix} \begin{bmatrix} g_{11} & g_{12} & g_{13} \\ g_{21} & g_{22} & g_{23} \\ g_{31} & g_{32} & g_{33} \end{bmatrix} \begin{bmatrix} \mathrm{d}\xi^1 \\ \mathrm{d}\xi^2 \\ \mathrm{d}\xi^3 \end{bmatrix} \tag{3.5.1}$$

相当于线性代数中的"二次型"。

类似地,可以将 ds^2 写成

$$ds^2 = d\vec{r} \cdot d\vec{r} = \vec{e}^i \cdot \vec{e}^j d\xi_i d\xi_j = g^{ij} d\xi_i d\xi_j \qquad (3.5.2)$$

$$\uparrow$$

—— $d\vec{r}$ 的协变分量,即 $d\vec{r} \cdot \vec{e}_i$

3.5.2　微元面积表达式

由于 $\dfrac{\partial \vec{r}}{\partial \xi^i}$ 沿着 ξ^i 坐标曲线的切线方向,沿 ξ^i 坐标曲线方向的有向微元弧长可表示为

$$d\vec{s}_i = \frac{\partial \vec{r}}{\partial \xi^i} d\xi^i = \vec{e}_i d\xi^i \qquad (ii \text{ 非求和})$$

其方向沿 $\vec{e}_i$ 方向,其模即为微元弧长,此处 $d\xi^i$ 是 ξ^i 坐标的增量,非逆变分量。

类似地,沿 ξ^j 坐标曲线方向的有向微元弧长为

$$d\vec{s}_j = \frac{\partial \vec{r}}{\partial \xi^j} d\xi^j = \vec{e}_j d\xi^j \qquad (jj \text{ 非求和})$$

于是由 $d\vec{s}_i$ 和 $d\vec{s}_j$ 构成的 $\xi^k = \mathrm{const}$ 坐标曲面(i, j, k 成顺序循环)的微元切平面的面积矢量为

$$d\vec{\sigma}_{ij} = d\vec{s}_i \times d\vec{s}_j = \vec{e}_i \times \vec{e}_j d\xi^i d\xi^j \qquad (3.5.3)$$

已知

$$\vec{e}^k = \frac{1}{J}(\vec{e}_i \times \vec{e}_j) \qquad (i, j, k \text{ 成顺序循环})$$

即

$$\vec{e}_i \times \vec{e}_j = J\vec{e}^k$$

从而

$$d\vec{\sigma}_{ij} = J \vec{e}^k d\xi^i d\xi^j \qquad (i, j, k \text{ 成顺序循环}) \qquad (3.5.4)$$

当 i, j 的顺序不能与 k 构成顺序循环时,一般可写成

$$\vec{e}_i \times \vec{e}_j = J\varepsilon_{ijk}\vec{e}^k$$

其中,ε_{ijk} 为置换符号。从而有

$$d\vec{\sigma}_{ij} = J\varepsilon_{ijk}\vec{e}^k d\xi^i d\xi^j \qquad (i, j, k \text{ 成顺序循环}) \qquad (3.5.5)$$

注意到 $\vec{e}^k = \sqrt{g^{kk}}\, \vec{l}^k$,则有

$$d\vec{\sigma}_{ij} = J\sqrt{g^{kk}}\,\varepsilon_{ijk}\vec{l}^k d\xi^i d\xi^j = \sqrt{g}\,\sqrt{g^{kk}}\,\varepsilon_{ijk}\vec{l}^k d\xi^i d\xi^j \qquad (3.5.6)$$

将 $d\vec{\sigma}_{ij}$ 分别写出为

$$\begin{cases} d\vec{\sigma}_{12} = \sqrt{g}\,\sqrt{g^{33}}\,\vec{l}^3 d\xi^1 d\xi^2 \\ d\vec{\sigma}_{23} = \sqrt{g}\,\sqrt{g^{11}}\,\vec{l}^1 d\xi^2 d\xi^3 \\ d\vec{\sigma}_{31} = \sqrt{g}\,\sqrt{g^{22}}\,\vec{l}^2 d\xi^3 d\xi^1 \end{cases} \qquad (3.5.7)$$

3.5.3　微元体积

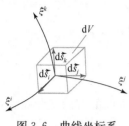

图 3.6　曲线坐标系
中的微元体积

沿三个坐标曲线(即 $\vec{e}_1,\vec{e}_2,\vec{e}_3$ 方向)的微元弧长 $\mathrm{d}\vec{s}_i$，$\mathrm{d}\vec{s}_j,\mathrm{d}\vec{s}_k$ 分别为

$$\mathrm{d}\vec{s}_i = \vec{e}_i \mathrm{d}\xi^i$$
$$\mathrm{d}\vec{s}_j = \vec{e}_j \mathrm{d}\xi^j \quad (ii,jj,kk \text{ 非求和})$$
$$\mathrm{d}\vec{s}_k = \vec{e}_k \mathrm{d}\xi^k$$

其中，$\mathrm{d}\xi^i,\mathrm{d}\xi^j,\mathrm{d}\xi^k$ 分别是 ξ^i,ξ^j,ξ^k 坐标的增量，非逆变分量，i,j,k 成顺序循环(图 3.6)。以此三个有向微元弧长为棱构成的微元体积 $\mathrm{d}V$ 是该三个矢量的混合积

$$\mathrm{d}V = \mathrm{d}\vec{s}_i \cdot (\mathrm{d}\vec{s}_j \times \mathrm{d}\vec{s}_k) = \vec{e}_i \cdot (\vec{e}_j \times \vec{e}_k) \mathrm{d}\xi^i \mathrm{d}\xi^j \mathrm{d}\xi^k$$
$$= J \mathrm{d}\xi^i \mathrm{d}\xi^j \mathrm{d}\xi^k = \sqrt{g}\, \mathrm{d}\xi^i \mathrm{d}\xi^j \mathrm{d}\xi^k \tag{3.5.8}$$

也可以写成

$$\mathrm{d}V = \mathrm{d}\vec{s}_3 \cdot (\mathrm{d}\vec{s}_1 \times \mathrm{d}\vec{s}_2)$$
$$= \sqrt{g}\, \mathrm{d}\xi^1 \mathrm{d}\xi^2 \mathrm{d}\xi^3 \tag{3.5.9}$$

3.6　基本矢量的导数与 Christoffel 符号

3.6.1　基本矢量的导数及第二类 Christoffel 符号

基本矢量 $\vec{e}_j$ 的导数 $\dfrac{\partial \vec{e}_j}{\partial \xi^i}$ 仍然为矢量，故可将矢量 $\dfrac{\partial \vec{e}_j}{\partial \xi^i}$ 向基本矢量方向分解，即可令

$$\frac{\partial \vec{e}_j}{\partial \xi^i} = (\quad)^1 \vec{e}_1 + (\quad)^2 \vec{e}_2 + (\quad)^3 \vec{e}_3$$
$$= \Gamma_{ij}^1 \vec{e}_1 + \Gamma_{ij}^2 \vec{e}_2 + \Gamma_{ij}^3 \vec{e}_3 = \Gamma_{ij}^k \vec{e}_k \tag{3.6.1}$$

其中，Γ_{ij}^k 为其分解式中的系数，也就是矢量 $\dfrac{\partial \vec{e}_j}{\partial \xi^i}$ 的逆变分量，也即 $\dfrac{\partial \vec{e}_j}{\partial \xi^i}$ 与 $\vec{e}^k$ 的点乘

$$\Gamma_{ij}^k = \frac{\partial \vec{e}_j}{\partial \xi^i} \cdot \vec{e}^k \tag{3.6.2}$$

Γ_{ij}^k 称为第二类 Christoffel 符号(the Christoffel symbol of the second kind)。

由于基本矢量 $\vec{e}_j$ 本身是矢径对曲线坐标的导数，即 $\vec{e}_j = \dfrac{\partial \vec{r}}{\partial \xi^j}$，故有

$$\frac{\partial \vec{e}_j}{\partial \xi^i} = \frac{\partial}{\partial \xi^i}\left(\frac{\partial \vec{r}}{\partial \xi^j}\right) = \frac{\partial}{\partial \xi^j}\left(\frac{\partial \vec{r}}{\partial \xi^i}\right) = \frac{\partial \vec{e}_i}{\partial \xi^j} \tag{3.6.3}$$

由此知 Γ_{ij}^k 的两个下标是对称的，即

$$\Gamma_{ij}^k = \Gamma_{ji}^k \tag{3.6.4}$$

3.6.2　第一类 Christoffel 符号

同样,也可以将基本矢量 $\vec{e}_j$ 的导数 $\dfrac{\partial \vec{e}_j}{\partial \xi^i}$ 向倒易基矢量(逆变基矢量)方向分解,也就是有下列的分解式

$$\frac{\partial \vec{e}_j}{\partial \xi^i} = (\quad)_1 \vec{e}^1 + (\quad)_2 \vec{e}^2 + (\quad)_3 \vec{e}^3$$
$$= \Gamma_{ij,1}\vec{e}^1 + \Gamma_{ij,2}\vec{e}^2 + \Gamma_{ij,3}\vec{e}^3 = \Gamma_{ij,l}\vec{e}^l \tag{3.6.5}$$

其中,$\Gamma_{ij,l}$ 是矢量 $\dfrac{\partial \vec{e}_j}{\partial \xi^i}$ 与基本矢量 $\vec{e}_l$ 的点乘,称为第一类 Christoffel 符号(the Christoffel symbol of the first kind),即

$$\Gamma_{ij,l} = \frac{\partial \vec{e}_j}{\partial \xi^i} \cdot \vec{e}_l \tag{3.6.6}$$

注意到矢量 $\dfrac{\partial \vec{e}_j}{\partial \xi^i}$ 向基本矢量方向分解的结果式(3.6.1)及关系式(3.4.1),$\vec{e}_k = g_{kl}\vec{e}^l$,因此有

$$\frac{\partial \vec{e}_j}{\partial \xi^i} = \Gamma_{ij}^k g_{kl}\vec{e}^l \tag{3.6.7}$$

比较式(3.6.5)和式(3.6.7),可以得到

$$\Gamma_{ij,l} = \Gamma_{ij}^k g_{kl} \tag{3.6.8}$$

也就是说,可以用第二类 Christoffel 符号表示第一类 Christoffel 符号。

显然,$\Gamma_{ij,k}$ 对指标 i,j 也对称,即

$$\Gamma_{ij,k} = \Gamma_{ji,k} \tag{3.6.9}$$

3.6.3　用度量张量表示两类 Christoffel 符号

事实上,还可用度量张量对坐标的导数表示第一类 Christoffel 符号 $\Gamma_{ij,k}$。注意到

$$\frac{\partial g_{jl}}{\partial \xi^i} = \frac{\partial}{\partial \xi^i}(\vec{e}_j \cdot \vec{e}_l) = \frac{\partial \vec{e}_j}{\partial \xi^i} \cdot \vec{e}_l + \vec{e}_j \cdot \frac{\partial \vec{e}_l}{\partial \xi^i} \tag{3.6.10}$$

将式(3.6.6),即 $\dfrac{\partial \vec{e}_j}{\partial \xi^i} \cdot \vec{e}_l = \Gamma_{ij,l}$ 代入式(3.6.10)得

$$\frac{\partial g_{jl}}{\partial \xi^i} = \frac{\partial}{\partial \xi^i}(\vec{e}_j \cdot \vec{e}_l) = \Gamma_{ij,l} + \vec{e}_j \cdot \frac{\partial \vec{e}_l}{\partial \xi^i}$$

即

$$\frac{\partial g_{jl}}{\partial \xi^i} - \vec{e}_j \cdot \frac{\partial \vec{e}_l}{\partial \xi^i} = \Gamma_{ij,l} \tag{3.6.11a}$$

将式(3.6.11a)中 i,j 互换,并应用式(3.6.9)的对称性,得

$$\frac{\partial g_{il}}{\partial \xi^j} - \vec{e}_i \cdot \frac{\partial \vec{e}_l}{\partial \xi^i} = \Gamma_{ij,l} \qquad (3.6.11b)$$

将式(3.6.11a)和式(3.6.11b)相加,得

$$\Gamma_{ij,l} = \frac{1}{2}\left[\frac{\partial g_{il}}{\partial \xi^j} + \frac{\partial g_{jl}}{\partial \xi^i} - \left(\vec{e}_i \cdot \frac{\partial \vec{e}_l}{\partial \xi^j} + \vec{e}_j \cdot \frac{\partial \vec{e}_l}{\partial \xi^i} \right) \right] \qquad (3.6.12)$$

由式(3.6.3)的对称关系可知,在式(3.6.12)中

$$\vec{e}_i \cdot \frac{\partial \vec{e}_l}{\partial \xi^j} + \vec{e}_j \cdot \frac{\partial \vec{e}_l}{\partial \xi^i} = \vec{e}_i \cdot \frac{\partial \vec{e}_j}{\partial \xi^l} + \vec{e}_j \cdot \frac{\partial \vec{e}_i}{\partial \xi^l} = \frac{\partial g_{ij}}{\partial \xi^l} \qquad (3.6.13)$$

将式(3.6.13)代入式(3.6.12),得

$$\Gamma_{ij,l} = \frac{1}{2}\left[\frac{\partial g_{il}}{\partial \xi^j} + \frac{\partial g_{jl}}{\partial \xi^i} - \frac{\partial g_{ij}}{\partial \xi^l} \right] \qquad (3.6.14)$$

也可将第二类 Christoffel 符号用度量张量表示。将式(3.6.8)两边乘以 g^{lp} ,得

$$g^{lp}\Gamma_{ij,l} = \Gamma_{ij}^k g_{kl} g^{lp} = \Gamma_{ij}^k \delta_k^p$$

由此得

$$\Gamma_{ij}^p = g^{lp}\Gamma_{ij,l} \qquad (3.6.15)$$

式(3.6.15)是用第一类 Christoffel 符号表示第二类 Christoffel 符号,可以和式(3.6.8)形成对照。将式(3.6.14)代入式(3.6.15)可得到

$$\Gamma_{ij}^p = \frac{1}{2}g^{lp}\left[\frac{\partial g_{il}}{\partial \xi^j} + \frac{\partial g_{jl}}{\partial \xi^i} - \frac{\partial g_{ij}}{\partial \xi^l} \right] \qquad (3.6.16)$$

3.6.4　倒易基本矢量的导数

由于

$$\vec{e}^i \cdot \vec{e}_p = \delta_p^i$$

对 ξ^j 求导,并应用第二类 Christoffel 符号的定义式(3.6.2),得

$$\frac{\partial \vec{e}^i}{\partial \xi^j} \cdot \vec{e}_p = -\vec{e}^i \cdot \frac{\partial \vec{e}_p}{\partial \xi^j} = -\Gamma_{jp}^i \qquad (3.6.17)$$

式(3.6.17)左边即为倒易基本矢量(逆变基矢量)对坐标导数的协变分量,故有

$$\frac{\partial \vec{e}^i}{\partial \xi^j} = -\Gamma_{jp}^i \vec{e}^p \qquad (3.6.18)$$

3.6.5　$\sqrt{g}$ 对坐标的导数及 Γ_{ji}^i 的计算公式

已经知道以三个基本矢量为棱构成的平行六面体的体积是混合积

$$\sqrt{g} = J = [\vec{e}_1 \vec{e}_2 \vec{e}_3] = (\vec{e}_1 \times \vec{e}_2) \cdot \vec{e}_3$$

它对坐标的导数是

$$\frac{\partial \sqrt{g}}{\partial \xi^i} = \left(\frac{\partial \vec{e}_1}{\partial \xi^i} \times \vec{e}_2\right) \cdot \vec{e}_3 + \left(\vec{e}_1 \times \frac{\partial \vec{e}_2}{\partial \xi^i}\right) \cdot \vec{e}_3 + (\vec{e}_1 \times \vec{e}_2) \cdot \frac{\partial \vec{e}_3}{\partial \xi^i}$$

$$= (\Gamma_{i1}^k \vec{e}_k \times \vec{e}_2) \cdot \vec{e}_3 + (\vec{e}_1 \times \Gamma_{i2}^k \vec{e}_k) \cdot \vec{e}_3 + (\vec{e}_1 \times \vec{e}_2) \cdot \Gamma_{i3}^k \vec{e}_k$$

$$= (\Gamma_{i1}^1 \vec{e}_1 \times \vec{e}_2) \cdot \vec{e}_3 + (\vec{e}_1 \times \Gamma_{i2}^2 \vec{e}_2) \cdot \vec{e}_3 + (\vec{e}_1 \times \vec{e}_2) \cdot \Gamma_{i3}^3 \vec{e}_3$$

$$= \Gamma_{ij}^j [(\vec{e}_1 \times \vec{e}_2) \cdot \vec{e}_3] = \Gamma_{ij}^j \sqrt{g}$$

jj 求和

从而得

$$\Gamma_{ji}^j = \Gamma_{ij}^j = \frac{1}{\sqrt{g}} \frac{\partial \sqrt{g}}{\partial \xi^i} \tag{3.6.19}$$

3.7　斜交曲线坐标系中的梯度、散度和旋度

3.7.1　标量 φ 的梯度

已知笛卡儿直角坐标系中的梯度 $\nabla \varphi$ 为

$$\nabla \varphi = \frac{\partial \varphi}{\partial x_1} \vec{i} + \frac{\partial \varphi}{\partial x_2} \vec{j} + \frac{\partial \varphi}{\partial x_3} \vec{k}$$

那么 $\nabla \varphi$ 在斜交曲线坐标系中的协变分量

$$(\nabla \varphi \cdot \vec{e}_i) = \left(\frac{\partial \varphi}{\partial x^1} \vec{i} + \frac{\partial \varphi}{\partial x^2} \vec{j} + \frac{\partial \varphi}{\partial x^3} \vec{k}\right) \cdot \frac{\partial \vec{r}}{\partial \xi^i}$$

$$= \frac{\partial \varphi}{\partial x_1} \frac{\partial x_1}{\partial \xi^i} + \frac{\partial \varphi}{\partial x_2} \frac{\partial x_2}{\partial \xi^i} + \frac{\partial \varphi}{\partial x_3} \frac{\partial x_3}{\partial \xi^i} = \frac{\partial \varphi}{\partial \xi^i}$$

于是，$\nabla \varphi$ 在曲线坐标系中可表示为

$$\nabla \varphi = (\nabla \varphi \cdot \vec{e}_i) \vec{e}^i = \frac{\partial \varphi}{\partial \xi^i} \vec{e}^i \tag{3.7.1}$$

由于 $\vec{e}^i = g^{ij} \vec{e}_j$，$\nabla \varphi$ 又可表示成

$$\nabla \varphi = \left(g^{ij} \vec{e}_j \frac{\partial}{\partial \xi^i}\right) \varphi \tag{3.7.2}$$

于是曲线坐标系中的哈密顿算子 ∇ 可写成两种形式

$$\begin{cases} \nabla = \vec{e}^i \frac{\partial}{\partial \xi^i} = \vec{e}^i \left(\frac{\partial}{\partial \xi^i}\right) = \vec{e}^i \left(\quad\right)_i = \vec{e}^i \nabla_i \\ \nabla = g^{ij} \vec{e}_j \frac{\partial}{\partial \xi^i} = \vec{e}_j \left(g^{ij} \frac{\partial}{\partial \xi^i}\right) = \vec{e}_j \left(\quad\right)^j = \vec{e}_j \nabla^j \end{cases} \tag{3.7.3}$$

也就是说，仅就 ∇ 的矢量性来讨论，它可以有协变分量和逆变分量，即

$$\nabla_i = \frac{\partial}{\partial \xi^i} \quad （依其作为 \vec{e}^i 的系数而言） \tag{3.7.4a}$$

$$\nabla^j = g^{ij} \frac{\partial}{\partial \xi^i} \quad (\text{依其作为} \vec{e}_j \text{的系数而言}) \tag{3.7.4b}$$

流体力学中常用算符 $\vec{V} \cdot \nabla$。取速度矢量 $\vec{V}$ 和哈密顿算子 ∇ 分别为

$$\vec{V} = \vec{e}_i V^i$$

$$\nabla = \vec{e}^j \frac{\partial}{\partial \xi^j}$$

其中，V^i 为 $\vec{V}$ 的逆变分量，于是

$$\vec{V} \cdot \nabla = \vec{e}_i \cdot \vec{e}^j V^i \frac{\partial}{\partial \xi^j} = V^j \frac{\partial}{\partial \xi^j} = V^i \frac{\partial}{\partial \xi^i} \tag{3.7.5}$$

3.7.2 矢量 $\vec{A}$ 的散度 $\nabla \cdot \vec{A}$

取

$$\nabla = \vec{e}^i \frac{\partial}{\partial \xi^i}$$

$$\vec{A} = \vec{e}_j A^j$$

那么

$$\nabla \cdot \vec{A} = \left(\vec{e}^i \frac{\partial}{\partial \xi^i} \right) \cdot (\vec{e}_j A^j) = \vec{e}^i \cdot \frac{\partial \vec{e}_j}{\partial \xi^i} A^j + \vec{e}^i \cdot \vec{e}_j \frac{\partial A^j}{\partial \xi^i}$$

由式(3.6.2)和式(3.6.19)知

$$\vec{e}^i \cdot \frac{\partial \vec{e}_j}{\partial \xi^i} = \Gamma_{ij}^i = \frac{1}{\sqrt{g}} \frac{\partial}{\partial \xi^j} (\sqrt{g})$$

于是

$$\nabla \cdot \vec{A} = \frac{1}{\sqrt{g}} \frac{\partial (\sqrt{g})}{\partial \xi^j} A^j + \delta_j^i \frac{\partial A^j}{\partial \xi^i}$$

$$= \frac{1}{\sqrt{g}} \frac{\partial (\sqrt{g})}{\partial \xi^i} A^i + \frac{\partial A^i}{\partial \xi^i} = \frac{1}{\sqrt{g}} \left[\frac{\partial}{\partial \xi^i} (\sqrt{g}) A^i + \sqrt{g} \frac{\partial A^i}{\partial \xi^i} \right]$$

由此得

$$\nabla \cdot \vec{A} = \frac{1}{\sqrt{g}} \frac{\partial}{\partial \xi^i} (\sqrt{g} A^i) \tag{3.7.6}$$

也可写成

$$\nabla \cdot \vec{A} = \frac{1}{\sqrt{g}} \frac{\partial}{\partial \xi^i} (\sqrt{g} g^{ij} A_j) \tag{3.7.7}$$

如 A^i 以相应的物理分量 a^i 表示，则 $\nabla \cdot \vec{A}$ 可写成

$$\nabla \cdot \vec{A} = \frac{1}{\sqrt{g}} \frac{\partial}{\partial \xi^i} (\sqrt{g} \sqrt{g^{ii}} a^i) \tag{3.7.8}$$

其中, g^{ii} 中的 ii 非求和。

3.7.3　拉普拉斯算子的表达式

由散度定义式(3.7.6)及 ∇ 的矢量性, 有

$$\Delta = \nabla \cdot \nabla = \frac{1}{\sqrt{g}} \frac{\partial}{\partial \xi^i}(\sqrt{g}\ \nabla^i)$$

———— 看作矢量 ———— ∇ 的逆变分量

其中, 由式(3.7.4b)得 ∇^i 为

$$\nabla^i = g^{ij} \frac{\partial}{\partial \xi^j}$$

故得

$$\Delta = \nabla \cdot \nabla = \frac{1}{\sqrt{g}} \frac{\partial}{\partial \xi^i}\left(\sqrt{g}\, g^{ij} \frac{\partial}{\partial \xi^j}\right) \tag{3.7.9}$$

3.7.4　矢量 $\vec{A}$ 的旋度 $\nabla \times \vec{A}$

取

$$\nabla = \vec{e}^i \frac{\partial}{\partial \xi^i}$$

$$\vec{A} = \vec{e}^j A_j$$

于是

$$\nabla \times \vec{A} = \left(\vec{e}^i \frac{\partial}{\partial \xi^i}\right) \times (\vec{e}^j A_j) = \vec{e}^i \times \frac{\partial \vec{e}^j}{\partial \xi^i} A_j + \vec{e}^i \times \vec{e}^j \frac{\partial A_j}{\partial \xi^i} \tag{3.7.10}$$

先考察式(3.7.10)右边第一项。

注意到倒易基本矢量之间的基本关系

$$\vec{e}^i \times \vec{e}^i = 0, \quad \vec{e}^i \times \vec{e}^j = -\vec{e}^j \times \vec{e}^i$$

由倒易基本矢量对坐标导数的结果式(3.6.18), 即 $\dfrac{\partial \vec{e}^i}{\partial \xi^j} = -\Gamma^i_{jp} \vec{e}^p$, 式(3.7.10)的第一项中叉乘可写成

$$\vec{e}^i \times \frac{\partial \vec{e}^j}{\partial \xi^i} = \vec{e}^i \times (-\Gamma^j_{ip} \vec{e}^p) = -\Gamma^j_{ip} \vec{e}^i \times \vec{e}^p$$

$$= -\Gamma^j_{i1} \vec{e}^i \times \vec{e}^1 - \Gamma^j_{i2} \vec{e}^i \times \vec{e}^2 - \Gamma^j_{i3} \vec{e}^i \times \vec{e}^3 \quad (\text{对 } p \text{ 求和})$$

$$= -\Gamma^j_{11} \vec{e}^1 \times \vec{e}^1 - \Gamma^j_{12} \vec{e}^1 \times \vec{e}^2 - \Gamma^j_{13} \vec{e}^1 \times \vec{e}^3 \quad (i=1) \;\Big\}$$

$$\quad -\Gamma^j_{21} \vec{e}^2 \times \vec{e}^1 - \Gamma^j_{22} \vec{e}^2 \times \vec{e}^2 - \Gamma^j_{23} \vec{e}^2 \times \vec{e}^3 \quad (i=2) \;\Big\}\text{对 } i \text{ 求和}$$

$$\quad -\Gamma^j_{31} \vec{e}^3 \times \vec{e}^1 - \Gamma^j_{32} \vec{e}^3 \times \vec{e}^2 - \Gamma^j_{33} \vec{e}^3 \times \vec{e}^3 \quad (i=3) \;\Big\}$$

$$= -0 - \Gamma_{12}^j \vec{e}^1 \times \vec{e}^2 - \Gamma_{31}^j \vec{e}^1 \times \vec{e}^3$$
$$\quad - \Gamma_{12}^j \vec{e}^2 \times \vec{e}^1 - 0 - \Gamma_{23}^j \vec{e}^2 \times \vec{e}^3$$
$$\quad - \Gamma_{31}^j \vec{e}^3 \times \vec{e}^1 - \Gamma_{23}^j \vec{e}^3 \times \vec{e}^2 - 0$$
$$= 0$$

因此式(3.7.10)右边第一项为零。

现在考察式(3.7.10)右边第二项。

由 3.2 节倒易基本矢量与基本矢量的关系

$$\vec{e}^i \times \vec{e}^j = \frac{1}{\sqrt{g}} \vec{e}_k \quad (i,j,k \text{ 成顺序循环})$$

则式(3.7.10)右边第二项为

$$\vec{e}^i \times \vec{e}^j \frac{\partial A_j}{\partial \xi^i} = \vec{e}^i \times \vec{e}^1 \frac{\partial A_1}{\partial \xi^i} + \vec{e}^i \times \vec{e}^2 \frac{\partial A_2}{\partial \xi^i} + \vec{e}^i \times \vec{e}^3 \frac{\partial A_3}{\partial \xi^i} (\text{对 } j \text{ 求和})$$

$$= \vec{e}^1 \times \vec{e}^1 \frac{\partial A_1}{\partial \xi^1} + \vec{e}^1 \times \vec{e}^2 \frac{\partial A_2}{\partial \xi^1} + \vec{e}^1 \times \vec{e}^3 \frac{\partial A_3}{\partial \xi^1}$$

$$\quad + \vec{e}^2 \times \vec{e}^1 \frac{\partial A_1}{\partial \xi^2} + \vec{e}^2 \times \vec{e}^2 \frac{\partial A_2}{\partial \xi^2} + \vec{e}^2 \times \vec{e}^3 \frac{\partial A_3}{\partial \xi^2}$$

$$\quad + \vec{e}^3 \times \vec{e}^1 \frac{\partial A_1}{\partial \xi^3} + \vec{e}^3 \times \vec{e}^2 \frac{\partial A_2}{\partial \xi^3} + \vec{e}^3 \times \vec{e}^3 \frac{\partial A_3}{\partial \xi^3}$$

$$= \vec{e}^1 \times \vec{e}^2 \left(\frac{\partial A_2}{\partial \xi^1} - \frac{\partial A_1}{\partial \xi^2} \right) + \vec{e}^2 \times \vec{e}^3 \left(\frac{\partial A_3}{\partial \xi^2} - \frac{\partial A_2}{\partial \xi^3} \right) + \vec{e}^3 \times \vec{e}^1 \left(\frac{\partial A_1}{\partial \xi^3} - \frac{\partial A_3}{\partial \xi^1} \right)$$

$$= \frac{1}{\sqrt{g}} \left\{ \vec{e}_1 \left(\frac{\partial A_3}{\partial \xi^2} - \frac{\partial A_2}{\partial \xi^3} \right) + \vec{e}_2 \left(\frac{\partial A_1}{\partial \xi^3} - \frac{\partial A_3}{\partial \xi^1} \right) + \vec{e}_3 \left(\frac{\partial A_2}{\partial \xi^1} - \frac{\partial A_1}{\partial \xi^2} \right) \right\}$$

于是式(3.7.10)矢量 $\vec{A}$ 的旋度 $\nabla \times \vec{A}$ 为

$$\nabla \times \vec{A} = \frac{1}{\sqrt{g}} \begin{vmatrix} \vec{e}_1 & \vec{e}_2 & \vec{e}_3 \\ \dfrac{\partial}{\partial \xi^1} & \dfrac{\partial}{\partial \xi^2} & \dfrac{\partial}{\partial \xi^3} \\ A_1 & A_2 & A_3 \end{vmatrix} = \frac{1}{\sqrt{g}} \begin{vmatrix} \sqrt{g_{11}} \, \vec{l}_1 & \sqrt{g_{22}} \, \vec{l}_2 & \sqrt{g_{33}} \, \vec{l}_3 \\ \dfrac{\partial}{\partial \xi^1} & \dfrac{\partial}{\partial \xi^2} & \dfrac{\partial}{\partial \xi^3} \\ \sqrt{g_{11}} \, a_1 & \sqrt{g_{22}} \, a_2 & \sqrt{g_{33}} \, a_3 \end{vmatrix} \quad (3.7.11)$$

3.8　正交曲线坐标系

3.8.1　基本矢量和倒易基本矢量

(1) $\vec{e}^i, \vec{e}_i$ 方向相同($i = 1, 2, 3$)。对于正交曲线坐标系,由于 $\vec{e}^i, \vec{e}_i$ 方向相同,从而 $\vec{l}^i = \vec{l}_i$。由于 $\vec{e}^i \cdot \vec{e}_i = 1$(一般曲线坐标系均成立),对正交坐标系来说,则变为 $\vec{e}^i \cdot \vec{e}_i = |\vec{e}^i||\vec{e}_i|\cos 0° = |\vec{e}^i||\vec{e}_i|$,故有 $|\vec{e}^i||\vec{e}_i| = 1$,从而有

$$|\vec{e}^{\,i}| = \frac{1}{|\vec{e}_i|} \qquad (3.8.1)$$

也即 $\sqrt{g^{ii}} = 1/\sqrt{g_{ii}}$，于是有

$$g^{ii} = \frac{1}{g_{ii}} \quad (i = 1, 2, 3) \qquad (3.8.2)$$

另外，还有

$$\begin{cases} \vec{e}_i = \sqrt{g_{ii}}\,\vec{l}_i \\ \vec{e}^{\,i} = \dfrac{1}{\sqrt{g_{ii}}}\vec{l}_i \end{cases} \quad (g_{ii} \text{ 中 } ii \text{ 非求和}) \qquad (3.8.3)$$

(2)因为 $\vec{e}_1, \vec{e}_2, \vec{e}_3$ 彼此正交，$\vec{e}^1, \vec{e}^2, \vec{e}^3$ 彼此正交，所以有

$$\vec{e}_i \cdot \vec{e}_j = \begin{cases} 0, & i \neq j \\ g_{ii}, & i = j \end{cases} \qquad (3.8.4)$$

$$\vec{e}^{\,i} \cdot \vec{e}^{\,j} = \begin{cases} 0, & i \neq j \\ g^{ii}, & i = j \end{cases} \qquad (3.8.5)$$

(3)在正交曲线坐标系中，有时令 $|\vec{e}_i| = H_i$，称为正交曲线坐标系的拉梅(Lamé)系数，显然

$$H_i = \sqrt{g_{ii}} \quad (i = 1, 2, 3)$$

3.8.2　矢量的协变与逆变分量

(1)因为 $\vec{l}_i = \vec{l}^{\,i}$，所以

$$a_i = a^i \qquad (3.8.6)$$

即协变物理分量等于逆变物理分量。

(2)因为 $A_i = \sqrt{g_{ii}}\,a_i$，　$A^i = \sqrt{g^{ii}}\,a^i$，　$a_i = a^i$，所以

$$\frac{A_i}{\sqrt{g_{ii}}} = \frac{A^i}{\sqrt{g^{ii}}} \quad (ii \text{ 非求和})$$

从而

$$\begin{cases} A_i = g_{ii} A^i \\ A^i = g^{ii} A_i \end{cases} \quad (ii \text{ 非求和}) \qquad (3.8.7)$$

3.8.3　度量张量和倒易度量张量

(1) g_{ij}：$G = \begin{bmatrix} g_{11} & & O \\ & g_{22} & \\ O & & g_{33} \end{bmatrix}$，$g^{ij}$：$G' = \begin{bmatrix} g^{11} & & O \\ & g^{22} & \\ O & & g^{33} \end{bmatrix}$，因为 $GG' = E$，

所以

$$g_{11}g^{11}=1, \quad g_{22}g^{22}=1, \quad g_{33}g^{33}=1 \tag{3.8.8}$$

(2) $J^2=g=\det(G)=g_{11}g_{22}g_{33}$。

3.8.4　协变、逆变分量的关系

(1)由 $A_i=g_{ij}A^j$,即

$$\begin{bmatrix} A_1 \\ A_2 \\ A_3 \end{bmatrix}=\begin{bmatrix} g_{11} & & O \\ & g_{22} & \\ O & & g_{33} \end{bmatrix}\begin{bmatrix} A^1 \\ A^2 \\ A^3 \end{bmatrix}$$

从而得

$$A_1=g_{11}A^1, \quad A_2=g_{22}A^2, \quad A_3=g_{33}A^3 \tag{3.8.9}$$

(2)由 $A^i=g^{ij}A_j$,即

$$\begin{bmatrix} A^1 \\ A^2 \\ A^3 \end{bmatrix}=\begin{bmatrix} g^{11} & & O \\ & g^{22} & \\ O & & g^{33} \end{bmatrix}\begin{bmatrix} A_1 \\ A_2 \\ A_3 \end{bmatrix}$$

从而得

$$A^1=g^{11}A_1, \quad A^2=g^{22}A_2, \quad A^3=g^{33}A_3 \tag{3.8.10}$$

3.8.5　梯度、散度、调和量、旋度的表示式

1. 梯度

$$\nabla\varphi=\vec{e}^i\frac{\partial}{\partial\xi^i}\varphi=\sqrt{g^{ii}}\,\vec{l}^i\frac{\partial}{\partial\xi^i}\varphi=\frac{1}{\sqrt{g_{ii}}}\vec{l}_i\frac{\partial}{\partial\xi^i}\varphi$$

$$\uparrow ii \text{ 非求和}$$

于是,梯度算子为

$$\nabla=\frac{1}{\sqrt{g_{ii}}}\vec{l}_i\frac{\partial}{\partial\xi^i} \tag{3.8.11}$$

2. 算符 $\vec{V}\cdot\nabla$

由式(3.7.5)知

$$\vec{V}\cdot\nabla=V^i\frac{\partial}{\partial\xi^i}=\sqrt{g^{ii}}\,v^i\frac{\partial}{\partial\xi^i}=\frac{1}{\sqrt{g_{ii}}}v_i\frac{\partial}{\partial\xi^i} \tag{3.8.12}$$

其中, v^i 和 v_i 为 $\vec{V}$ 的物理分量。

3. 散度

由式(3.7.6)有

$$\nabla \cdot \vec{A} = \frac{1}{\sqrt{g}} \frac{\partial}{\partial \xi^i} \left[\sqrt{g} A^i \right] = \frac{1}{\sqrt{g_{11}g_{22}g_{33}}} \frac{\partial}{\partial \xi^i} \left[\sqrt{g_{11}g_{22}g_{33}} \underbrace{\sqrt{g^{ii}} a^i}_{\text{求和约定}} \right]$$

$$= \frac{1}{\sqrt{g_{11}g_{22}g_{33}}} \frac{\partial}{\partial \xi^i} \left[\sqrt{g_{11}g_{22}g_{33}} \frac{a_i}{\sqrt{g_{ii}}} \right]$$

展开则为

$$\nabla \cdot \vec{A} = \frac{1}{\sqrt{g_{11}g_{22}g_{33}}} \left[\frac{\partial}{\partial \xi^1} \left(\sqrt{g_{22}g_{33}}\, a_1 \right) + \frac{\partial}{\partial \xi^2} \left(\sqrt{g_{11}g_{33}}\, a_2 \right) + \frac{\partial}{\partial \xi^3} \left(\sqrt{g_{11}g_{22}}\, a_3 \right) \right]$$

$$(3.8.13)$$

其中, $a_i = \vec{A} \cdot \vec{l}_i$ 为物理分量。

4. 调和量

由斜交曲线坐标系的结果有

$$\Delta = \nabla^2 = \nabla \cdot \nabla = \frac{1}{\sqrt{g}} \frac{\partial}{\partial \xi^i} \left(\sqrt{g}\, g^{ij} \frac{\partial}{\partial \xi^j} \right)$$

注意到对于正交曲线坐标系, $i \neq j$ 时, $g^{ij} = 0$,则 Δ 简化为

$$\Delta = \nabla^2 = \frac{1}{\sqrt{g}} \frac{\partial}{\partial \xi^i} \left(\sqrt{g}\, g^{ii} \frac{\partial}{\partial \xi^i} \right) = \frac{1}{\sqrt{g}} \frac{\partial}{\partial \xi^i} \left(\sqrt{g}\, \frac{1}{g_{ii}} \frac{\partial}{\partial \xi^i} \right)$$

$$= \frac{1}{\sqrt{g_{11}g_{22}g_{33}}} \frac{\partial}{\partial \xi^i} \left(\sqrt{g_{11}g_{22}g_{33}}\, \frac{1}{g_{ii}} \frac{\partial}{\partial \xi^i} \right)$$

$$= \frac{1}{\sqrt{g_{11}g_{22}g_{33}}} \left[\frac{\partial}{\partial \xi^1} \left(\sqrt{\frac{g_{22}g_{33}}{g_{11}}} \frac{\partial}{\partial \xi^1} \right) + \frac{\partial}{\partial \xi^2} \left(\sqrt{\frac{g_{11}g_{33}}{g_{22}}} \frac{\partial}{\partial \xi^2} \right) + \frac{\partial}{\partial \xi^3} \left(\sqrt{\frac{g_{11}g_{22}}{g_{33}}} \frac{\partial}{\partial \xi^3} \right) \right]$$

$$(3.8.14)$$

5. 旋度

$$\nabla \times \vec{A} = \frac{1}{\sqrt{g}} \begin{vmatrix} \vec{e}_1 & \vec{e}_2 & \vec{e}_3 \\ \dfrac{\partial}{\partial \xi^1} & \dfrac{\partial}{\partial \xi^2} & \dfrac{\partial}{\partial \xi^3} \\ A_1 & A_2 & A_3 \end{vmatrix}$$

$$= \frac{1}{\sqrt{g_{11}g_{22}g_{33}}} \begin{vmatrix} \sqrt{g_{11}}\,\vec{l}_1 & \sqrt{g_{22}}\,\vec{l}_2 & \sqrt{g_{33}}\,\vec{l}_3 \\ \dfrac{\partial}{\partial \xi^1} & \dfrac{\partial}{\partial \xi^2} & \dfrac{\partial}{\partial \xi^3} \\ \sqrt{g_{11}}\,a_1 & \sqrt{g_{22}}\,a_2 & \sqrt{g_{33}}\,a_3 \end{vmatrix} \qquad (3.8.15)$$

式中，$\vec{l}_i$ 为单位矢量；a_i 为物理分量。

3.8.6　正交曲线坐标系举例

1. 柱面坐标系

柱面坐标系(图 3.7)与直角坐标的关系可表示为

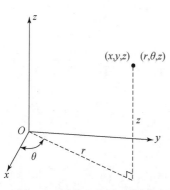

图 3.7　圆柱坐标系示意图

$$\begin{cases} x=r\cos\theta, \\ y=r\sin\theta, \\ z=z, \end{cases} \begin{cases} r=\sqrt{x^2+y^2} \\ \theta=\tan^{-1}(y/x) \\ z=z \end{cases} \qquad (3.8.16)$$

其坐标按 r,θ,z 顺序成右手系，$r=$const，$\theta=$const 分别代表以 z 轴为轴的圆柱面，以 z 轴为界的平面，$z=$const 为垂直于 z 轴的平面。坐标 r,θ,z 变化范围为 $0\leqslant r<+\infty$，$0\leqslant\theta\leqslant2\pi$，$-\infty<z<+\infty$。

柱坐标下从原点到某空间点(r,θ,z)的矢径 $\vec{r}$(指从原点到某空间点的矢径，而此处柱坐标 r 指空间点距 z 轴的距离)可表示为

$$\vec{r}=x\vec{i}+y\vec{j}+z\vec{k}=r\cos\theta\vec{i}+r\sin\theta\vec{j}+z\vec{k} \qquad (3.8.17)$$

于是

$$\vec{e}_r=\frac{\partial\vec{r}}{\partial r}=\cos\theta\vec{i}+\sin\theta\,\vec{j}$$

$$\vec{e}_\theta=\frac{\partial\vec{r}}{\partial\theta}=-r\sin\theta\vec{i}+r\cos\theta\,\vec{j}$$

$$\vec{e}_z=\frac{\partial\vec{r}}{\partial z}=\vec{k}$$

从而

$$\begin{cases} g_{rr}=\vec{e}_r\cdot\vec{e}_r=\cos^2\theta+\sin^2\theta=1 \\ g_{\theta\theta}=\vec{e}_\theta\cdot\vec{e}_\theta=r^2(\sin^2\theta+\cos^2\theta)=r^2 \\ g_{zz}=\vec{e}_z\cdot\vec{e}_z=\vec{k}\cdot\vec{k}=1 \\ g=g_{rr}g_{\theta\theta}g_{zz}=r^2 \end{cases} \qquad (3.8.18)$$

1)梯度

$$\nabla=\frac{1}{\sqrt{g_{ii}}}\vec{l}_i\frac{\partial}{\partial\xi^i}=\frac{1}{\sqrt{g_{rr}}}\vec{l}_r\frac{\partial}{\partial r}+\frac{1}{\sqrt{g_{\theta\theta}}}\vec{l}_\theta\frac{\partial}{\partial\theta}+\frac{1}{\sqrt{g_{zz}}}\vec{l}_z\frac{\partial}{\partial z}$$

$$=\vec{l}_r\frac{\partial}{\partial r}+\vec{l}_\theta\frac{1}{r}\frac{\partial}{\partial\theta}+\vec{l}_z\frac{\partial}{\partial z} \qquad (3.8.19)$$

2)算符 $\vec{V}\cdot\nabla$

$$\vec{V} \cdot \nabla = \frac{1}{\sqrt{g_{ii}}} v_i \frac{\partial}{\partial \xi^i} = \frac{1}{\sqrt{g_{rr}}} v_r \frac{\partial}{\partial r} + \frac{1}{\sqrt{g_{\theta\theta}}} v_\theta \frac{\partial}{\partial \theta} + \frac{1}{\sqrt{g_{zz}}} v_z \frac{\partial}{\partial z}$$

$$= v_r \frac{\partial}{\partial r} + v_\theta \frac{1}{r} \frac{\partial}{\partial \theta} + v_z \frac{\partial}{\partial z} \qquad (3.8.20)$$

其中，$v_i = v_r, v_\theta, v_z$ 为 $\vec{V}$ 的物理分量。

3）散度

$$\nabla \cdot \vec{A} = \frac{1}{\sqrt{g_{rr}g_{\theta\theta}g_{zz}}} \left[\frac{\partial}{\partial r} \left(\sqrt{g_{\theta\theta}g_{zz}} \, a_r \right) + \frac{\partial}{\partial \theta} \left(\sqrt{g_{rr}g_{zz}} \, a_\theta \right) + \frac{\partial}{\partial z} \left(\sqrt{g_{rr}g_{\theta\theta}} \, a_z \right) \right]$$

$$= \frac{1}{r} \left[\frac{\partial}{\partial r} (ra_r) + \frac{\partial}{\partial \theta} (a_\theta) + \frac{\partial}{\partial z} (ra_z) \right] \qquad (3.8.21)$$

其中，a_r, a_θ, a_z 为 $\vec{A}$ 的物理分量。

4）调和量

$$\Delta = \nabla^2 = \nabla \cdot \nabla = \frac{1}{\sqrt{g_{rr}g_{\theta\theta}g_{zz}}} \left[\frac{\partial}{\partial r} \left(\sqrt{\frac{g_{\theta\theta}g_{zz}}{g_{rr}}} \frac{\partial}{\partial r} \right) + \frac{\partial}{\partial \theta} \left(\sqrt{\frac{g_{rr}g_{zz}}{g_{\theta\theta}}} \frac{\partial}{\partial \theta} \right) + \frac{\partial}{\partial z} \left(\sqrt{\frac{g_{rr}g_{\theta\theta}}{g_{zz}}} \frac{\partial}{\partial z} \right) \right]$$

$$= \frac{1}{r} \left[\frac{\partial}{\partial r} \left(r \frac{\partial}{\partial r} \right) + \frac{\partial}{\partial \theta} \left(\frac{1}{r} \frac{\partial}{\partial \theta} \right) + \frac{\partial}{\partial z} \left(r \frac{\partial}{\partial z} \right) \right] \qquad (3.8.22)$$

5）旋度

$$\nabla \times \vec{A} = \frac{1}{\sqrt{g_{rr}g_{\theta\theta}g_{zz}}} \begin{vmatrix} \sqrt{g_{rr}} \vec{l}_r & \sqrt{g_{\theta\theta}} \vec{l}_\theta & \sqrt{g_{zz}} \vec{l}_z \\ \dfrac{\partial}{\partial r} & \dfrac{\partial}{\partial \theta} & \dfrac{\partial}{\partial z} \\ \sqrt{g_{rr}} a_r & \sqrt{g_{\theta\theta}} a_\theta & \sqrt{g_{zz}} a_z \end{vmatrix} = \frac{1}{r} \begin{vmatrix} \vec{l}_r & r\vec{l}_\theta & \vec{l}_z \\ \dfrac{\partial}{\partial r} & \dfrac{\partial}{\partial \theta} & \dfrac{\partial}{\partial z} \\ a_r & ra_\theta & a_z \end{vmatrix}$$

$$(3.8.23)$$

2. 球面坐标系

球面坐标系（图 3.8）与直角坐标的关系
可表示为

$$\begin{cases} x = r\sin\varphi\cos\theta, \\ y = r\sin\varphi\sin\theta, \\ z = r\cos\varphi, \end{cases} \begin{cases} r = \sqrt{x^2 + y^2 + z^2} \\ \varphi = \cos^{-1}(z/r) \\ \theta = \tan^{-1}(y/x) \end{cases}$$

$$(3.8.24)$$

其坐标按 r, φ, θ 顺序成右手系。$0 \leqslant r < \infty$ 为
由坐标原点发出的射线坐标，$r = \text{const}$ 为以
坐标原点为球心的球面；$0 \leqslant \varphi \leqslant \pi$ 为由坐标
原点发出的射线与 z 轴正方向的夹角，$\varphi =$

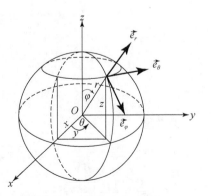

图 3.8　球面坐标系示意图

const 代表一个以 Oz 轴为轴的圆锥面(相当于地球纬度角);$0 \leqslant \theta \leqslant 2\pi$ 为子午面与 $x^+ Oz^+$ 平面的夹角(相当于地球经度角),$\theta =$ const 代表以 Oz 轴为界的半平面。

　　球坐标系中空间点(r,φ,θ)处的矢径为

$$\vec{r} = x\vec{i} + y\vec{j} + z\vec{k} = r\sin\varphi\cos\theta\vec{i} + r\sin\varphi\sin\theta\vec{j} + r\cos\varphi\vec{k} \tag{3.8.25}$$

那么基本矢量为

$$\begin{cases} \vec{e}_r = \dfrac{\partial \vec{r}}{\partial r} = \sin\varphi\cos\theta\vec{i} + \sin\varphi\sin\theta\vec{j} + \cos\varphi\vec{k} \\[2mm] \vec{e}_\varphi = \dfrac{\partial \vec{r}}{\partial \varphi} = r\cos\varphi\cos\theta\vec{i} + r\cos\varphi\sin\theta\vec{j} - r\sin\varphi\vec{k} \\[2mm] \vec{e}_\theta = \dfrac{\partial \vec{r}}{\partial \theta} = -r\sin\varphi\sin\theta\vec{i} + r\sin\varphi\cos\theta\vec{j} + 0\vec{k} \end{cases}$$

度量张量

$$\begin{cases} g_{rr} = \vec{e}_r \cdot \vec{e}_r = 1 \\[1mm] g_{\varphi\varphi} = \vec{e}_\varphi \cdot \vec{e}_\varphi = r^2 \\[1mm] g_{\theta\theta} = r^2 \sin^2\varphi \\[1mm] g = g_{rr}g_{\varphi\varphi}g_{\theta\theta} = r^4 \sin^2\varphi \end{cases} \tag{3.8.26}$$

　　1)梯度

$$\begin{aligned} \nabla &= \frac{1}{\sqrt{g_{ii}}}\vec{l}_i\frac{\partial}{\partial \xi^i} \\[2mm] &= \frac{1}{\sqrt{g_{rr}}}\vec{l}_r\frac{\partial}{\partial r} + \frac{1}{\sqrt{g_{\varphi\varphi}}}\vec{l}_\varphi\frac{\partial}{\partial \varphi} + \frac{1}{\sqrt{g_{\theta\theta}}}\vec{l}_\theta\frac{\partial}{\partial \theta} \\[2mm] &= \vec{l}_r\frac{\partial}{\partial r} + \vec{l}_\varphi\frac{1}{r}\frac{\partial}{\partial \varphi} + \vec{l}_\theta\frac{1}{r\sin\varphi}\frac{\partial}{\partial \theta} \end{aligned} \tag{3.8.27}$$

　　2)算符 $\vec{V} \cdot \nabla$

$$\begin{aligned} \vec{V} \cdot \nabla &= \frac{1}{\sqrt{g_{ii}}}v_i\frac{\partial}{\partial \xi^i} \\[2mm] &= \frac{1}{\sqrt{g_{rr}}}v_r\frac{\partial}{\partial r} + \frac{1}{\sqrt{g_{\varphi\varphi}}}v_\varphi\frac{\partial}{\partial \varphi} + \frac{1}{\sqrt{g_{\theta\theta}}}v_\theta\frac{\partial}{\partial \theta} \\[2mm] &= v_r\frac{\partial}{\partial r} + \frac{1}{r}v_\varphi\frac{\partial}{\partial \varphi} + \frac{1}{r\sin\varphi}v_\theta\frac{\partial}{\partial \theta} \end{aligned} \tag{3.8.28}$$

　　3)散度

$$\begin{aligned} \nabla \cdot \vec{A} &= \frac{1}{\sqrt{g_{rr}g_{\varphi\varphi}g_{\theta\theta}}}\left[\frac{\partial}{\partial r}\left(\sqrt{g_{\varphi\varphi}g_{\theta\theta}}\,a_r\right) + \frac{\partial}{\partial \varphi}\left(\sqrt{g_{rr}g_{\theta\theta}}\,a_\varphi\right) + \frac{\partial}{\partial \theta}\left(\sqrt{g_{rr}g_{\varphi\varphi}}\,a_\theta\right) \right] \\[2mm] &= \frac{1}{r^2\sin\varphi}\left[\frac{\partial}{\partial r}\left(r^2\sin\varphi\, a_r\right) + \frac{\partial}{\partial \varphi}\left(r\sin\varphi\, a_\varphi\right) + \frac{\partial}{\partial \theta}\left(r a_\theta\right) \right] \end{aligned} \tag{3.8.29}$$

4)调和量

$$\Delta = \nabla \cdot \nabla = \frac{1}{\sqrt{g_{rr}g_{\varphi\varphi}g_{\theta\theta}}}\left[\frac{\partial}{\partial r}\left(\sqrt{\frac{g_{\varphi\varphi}g_{\theta\theta}}{g_{rr}}}\frac{\partial}{\partial r}\right) + \frac{\partial}{\partial \varphi}\left(\sqrt{\frac{g_{rr}g_{\theta\theta}}{g_{\varphi\varphi}}}\frac{\partial}{\partial \varphi}\right) + \frac{\partial}{\partial \theta}\left(\sqrt{\frac{g_{rr}g_{\varphi\varphi}}{g_{\theta\theta}}}\frac{\partial}{\partial \theta}\right)\right]$$

$$= \frac{1}{r^2\sin\varphi}\left[\frac{\partial}{\partial r}\left(r^2\sin\varphi\frac{\partial}{\partial r}\right) + \frac{\partial}{\partial \varphi}\left(\sin\varphi\frac{\partial}{\partial \varphi}\right) + \frac{\partial}{\partial \theta}\left(\frac{1}{\sin\varphi}\frac{\partial}{\partial \theta}\right)\right] \quad (3.8.30)$$

5)旋度

$$\nabla \times \vec{A} = \frac{1}{\sqrt{g_{rr}g_{\varphi\varphi}g_{\theta\theta}}}\begin{vmatrix} \sqrt{g_{rr}}\vec{l}_r & \sqrt{g_{\varphi\varphi}}\vec{l}_\varphi & \sqrt{g_{\theta\theta}}\vec{l}_\theta \\ \dfrac{\partial}{\partial r} & \dfrac{\partial}{\partial \varphi} & \dfrac{\partial}{\partial \theta} \\ \sqrt{g_{rr}}a_r & \sqrt{g_{\varphi\varphi}}a_\varphi & \sqrt{g_{\theta\theta}}a_\theta \end{vmatrix}$$

$$= \frac{1}{r^2\sin\varphi}\begin{vmatrix} \vec{l}_r & r\vec{l}_\varphi & r\sin\varphi\vec{l}_\theta \\ \dfrac{\partial}{\partial r} & \dfrac{\partial}{\partial \varphi} & \dfrac{\partial}{\partial \theta} \\ a_r & ra_\varphi & r\sin\varphi a_\theta \end{vmatrix} \quad (3.8.31)$$

3.9　曲线坐标系中的流体力学基本方程

对于物理空间笛卡儿直角坐标系下的纳维-斯托克斯方程组

$$\frac{\partial U}{\partial t} + \frac{\partial F}{\partial x_1} + \frac{\partial G}{\partial x_2} + \frac{\partial H}{\partial x_3} = \frac{\partial F_v}{\partial x_1} + \frac{\partial G_v}{\partial x_2} + \frac{\partial H_v}{\partial x_3} \quad (3.9.1)$$

其中,

$$U = \begin{bmatrix} \rho \\ \rho u_1 \\ \rho u_2 \\ \rho u_3 \\ \rho E \end{bmatrix}, \quad F = \begin{bmatrix} \rho u_1 \\ \rho u_1 u_1 + p \\ \rho u_2 u_1 \\ \rho u_3 u_1 \\ \rho H u_1 \end{bmatrix}, \quad G = \begin{bmatrix} \rho u_2 \\ \rho u_1 u_2 \\ \rho u_2 u_2 + p \\ \rho u_3 u_2 \\ \rho H u_2 \end{bmatrix}, \quad H = \begin{bmatrix} \rho u_3 \\ \rho u_1 u_3 \\ \rho u_2 u_3 \\ \rho u_3 u_3 + p \\ \rho H u_3 \end{bmatrix}$$

$$F_v = \begin{bmatrix} 0 \\ \tau_{11} \\ \tau_{21} \\ \tau_{31} \\ u_i\tau_{i1} + k\dfrac{\partial T}{\partial x_1} \end{bmatrix}, \quad G_v = \begin{bmatrix} 0 \\ \tau_{12} \\ \tau_{22} \\ \tau_{32} \\ u_i\tau_{i2} + k\dfrac{\partial T}{\partial x_2} \end{bmatrix}, \quad H_v = \begin{bmatrix} 0 \\ \tau_{13} \\ \tau_{23} \\ \tau_{33} \\ u_i\tau_{i3} + k\dfrac{\partial T}{\partial x_3} \end{bmatrix}$$

这里忽略了体积力和对流体的加热率,x_1,x_2,x_3 分别表示 x,y,z。

为准确利用边界条件,常常设计贴体曲线网格,从而将 x,y,z,t 物理域的流体力学方程(3.9.1)作变换到 ξ, η, ζ, τ 计算域去求解。一般情况下,新坐标系的空间坐标 ξ, η, ζ 可能随时间 t 而变化,新时间坐标 τ 常简单地等于原时间坐标 t,即[3-5]

$$\begin{cases} \xi = \xi(x,y,z,t) \\ \eta = \eta(x,y,z,t) \\ \zeta = \zeta(x,y,z,t) \\ \tau = \tau(x,y,z,t) = \tau(t) = t \end{cases} \tag{3.9.2}$$

按复合函数求导法则有

$$\begin{cases} \dfrac{\partial}{\partial t} = \dfrac{\partial}{\partial \tau} + \xi_t \dfrac{\partial}{\partial \xi} + \eta_t \dfrac{\partial}{\partial \eta} + \zeta_t \dfrac{\partial}{\partial \zeta} \\[2mm] \dfrac{\partial}{\partial x} = \xi_x \dfrac{\partial}{\partial \xi} + \eta_x \dfrac{\partial}{\partial \eta} + \zeta_x \dfrac{\partial}{\partial \zeta} \\[2mm] \dfrac{\partial}{\partial y} = \xi_y \dfrac{\partial}{\partial \xi} + \eta_y \dfrac{\partial}{\partial \eta} + \zeta_y \dfrac{\partial}{\partial \zeta} \\[2mm] \dfrac{\partial}{\partial z} = \xi_z \dfrac{\partial}{\partial \xi} + \eta_z \dfrac{\partial}{\partial \eta} + \zeta_z \dfrac{\partial}{\partial \zeta} \end{cases} \tag{3.9.3}$$

注意到两个坐标系之间的几何关系式,即

$$\begin{cases} \nabla \xi = (\vec{r}_\eta \times \vec{r}_\zeta)/J \\ \nabla \eta = (\vec{r}_\zeta \times \vec{r}_\xi)/J \\ \nabla \zeta = (\vec{r}_\xi \times \vec{r}_\eta)/J \end{cases}$$

则有

$$\begin{cases} \xi_x = (y_\eta z_\zeta - y_\zeta z_\eta)/J \\ \xi_y = (z_\eta x_\zeta - z_\zeta x_\eta)/J \\ \xi_z = (x_\eta y_\zeta - x_\zeta y_\eta)/J \end{cases} \tag{3.9.4a}$$

$$\begin{cases} \eta_x = (y_\zeta z_\xi - y_\xi z_\zeta)/J \\ \eta_y = (z_\zeta x_\xi - z_\xi x_\zeta)/J \\ \eta_z = (x_\zeta y_\xi - x_\xi y_\zeta)/J \end{cases} \tag{3.9.4b}$$

$$\begin{cases} \zeta_x = (y_\xi z_\eta - y_\eta z_\xi)/J \\ \zeta_y = (z_\xi x_\eta - z_\eta x_\xi)/J \\ \zeta_z = (x_\xi y_\eta - x_\eta y_\xi)/J \end{cases} \tag{3.9.4c}$$

事实上,对式(3.9.2)中的函数求全微分得

$$d\xi = \xi_x dx + \xi_y dy + \xi_z dz + \xi_t dt$$
$$d\eta = \eta_x dx + \eta_y dy + \eta_z dz + \eta_t dt$$
$$d\zeta = \zeta_x dx + \zeta_y dy + \zeta_z dz + \zeta_t dt$$
$$d\tau = 0 \cdot dx + 0 \cdot dy + 0 \cdot dz + 1 \cdot dt$$

或写成

$$
\begin{bmatrix} d\xi \\ d\eta \\ d\zeta \\ d\tau \end{bmatrix} = \begin{bmatrix} \xi_x & \xi_y & \xi_z & \xi_t \\ \eta_x & \eta_y & \eta_z & \eta_t \\ \zeta_x & \zeta_y & \zeta_z & \zeta_t \\ 0 & 0 & 0 & 1 \end{bmatrix} \begin{bmatrix} dx \\ dy \\ dz \\ dt \end{bmatrix} \tag{3.9.5}
$$

另外,对式(3.9.2)的反函数,即

$$
\begin{cases} x = x(\xi, \eta, \zeta, \tau) \\ y = y(\xi, \eta, \zeta, \tau) \\ z = z(\xi, \eta, \zeta, \tau) \\ t = t(\xi, \eta, \zeta, \tau) = t(\tau) = \tau \end{cases} \tag{3.9.6}
$$

也可求出全微分为

$$
\begin{bmatrix} dx \\ dy \\ dz \\ dt \end{bmatrix} = \begin{bmatrix} x_\xi & x_\eta & x_\zeta & x_\tau \\ y_\xi & y_\eta & y_\zeta & y_\tau \\ z_\xi & z_\eta & z_\zeta & z_\tau \\ 0 & 0 & 0 & 1 \end{bmatrix} \begin{bmatrix} d\xi \\ d\eta \\ d\zeta \\ d\tau \end{bmatrix} \tag{3.9.7}
$$

将式(3.9.7)看作是关于未知量 $d\xi, d\eta, d\zeta, d\tau$ 的线性方程组,注意其系数行列式

$$
J' = \begin{vmatrix} x_\xi & x_\eta & x_\zeta & x_\tau \\ y_\xi & y_\eta & y_\zeta & y_\tau \\ z_\xi & z_\eta & z_\zeta & z_\tau \\ 0 & 0 & 0 & 1 \end{vmatrix} = \begin{vmatrix} x_\xi & x_\eta & x_\zeta \\ y_\xi & y_\eta & y_\zeta \\ z_\xi & z_\eta & z_\zeta \end{vmatrix} = J \tag{3.9.8}
$$

由式(3.9.7)可解出 $d\xi, d\eta, d\zeta, d\tau$

$$
\begin{bmatrix} d\xi \\ d\eta \\ d\zeta \\ d\tau \end{bmatrix} = \begin{bmatrix} x_\xi & x_\eta & x_\zeta & x_\tau \\ y_\xi & y_\eta & y_\zeta & y_\tau \\ z_\xi & z_\eta & z_\zeta & z_\tau \\ 0 & 0 & 0 & 1 \end{bmatrix}^{-1} \begin{bmatrix} dx \\ dy \\ dz \\ dt \end{bmatrix} \tag{3.9.9}
$$

对比式(3.9.5)和式(3.9.9),就可以得出和式(3.9.4a)～式(3.9.4c)一样的 ξ_x, $\xi_y, \xi_z, \eta_x, \eta_y, \eta_z, \zeta_x, \zeta_y, \zeta_z$,同时可以得出 ξ_t, η_t, ζ_t 分别为

$$
\begin{cases} \xi_t = -(x_\tau \xi_x + y_\tau \xi_y + z_\tau \xi_z) \\ \eta_t = -(x_\tau \eta_x + y_\tau \eta_y + z_\tau \eta_z) \\ \zeta_t = -(x_\tau \zeta_x + y_\tau \zeta_y + z_\tau \zeta_z) \end{cases} \tag{3.9.10}
$$

将式(3.9.4)中的 $\xi_x, \xi_y, \xi_z, \eta_x, \eta_y, \eta_z, \zeta_x, \zeta_y, \zeta_z$ 代入式(3.9.10),可得

$$
\begin{cases} \xi_t = -[x_\tau(y_\eta z_\zeta - y_\zeta z_\eta) + y_\tau(z_\eta x_\zeta - z_\zeta x_\eta) + z_\tau(x_\eta y_\zeta - x_\zeta y_\eta)]/J \\ \eta_t = -[x_\tau(y_\zeta z_\xi - y_\xi z_\zeta) + y_\tau(z_\zeta x_\xi - z_\xi x_\zeta) + z_\tau(x_\zeta y_\xi - x_\xi y_\zeta)]/J \\ \zeta_t = -[x_\tau(y_\xi z_\eta - y_\eta z_\xi) + y_\tau(z_\xi x_\eta - z_\eta x_\xi) + z_\tau(x_\xi y_\eta - x_\eta y_\xi)]/J \end{cases}
$$

$$
\tag{3.9.11}
$$

由于方程(3.9.1)等号左边(left-hand side,LHS)和等号右边(right-hand side,RHS)在结构上类似,当把左边(LHS)变换成计算空间曲线坐标系的形式后,右边(RHS)则可类似得到。现将方程(3.9.1)左边(LHS)各项对 x,y,z,t 的偏导数转换成对 ξ,η,ζ,τ 的偏导数,即

$$\text{LHS} = \frac{\partial U}{\partial t} + \frac{\partial F}{\partial x_1} + \frac{\partial G}{\partial x_2} + \frac{\partial H}{\partial x_3} = \frac{\partial U}{\partial \tau} + \frac{\partial U}{\partial \xi}\xi_t + \frac{\partial U}{\partial \eta}\eta_t + \frac{\partial U}{\partial \zeta}\zeta_t + \frac{\partial F}{\partial \xi}\xi_x + \frac{\partial F}{\partial \eta}\eta_x$$

$$+ \frac{\partial F}{\partial \zeta}\zeta_x + \frac{\partial G}{\partial \xi}\xi_y + \frac{\partial G}{\partial \eta}\eta_y + \frac{\partial G}{\partial \zeta}\zeta_y + \frac{\partial H}{\partial \xi}\xi_z + \frac{\partial H}{\partial \eta}\eta_z + \frac{\partial H}{\partial \zeta}\zeta_z \qquad (3.9.12)$$

这样的左边项不是守恒型的,为了使其变成守恒型的,还需进行一些处理。给式(3.9.12)两边乘以 J,给与 U 相关的项加一些等于零的项,即

$$J\frac{\partial U}{\partial \tau} + J\frac{\partial U}{\partial \xi}\xi_t + J\frac{\partial U}{\partial \eta}\eta_t + J\frac{\partial U}{\partial \zeta}\zeta_t$$

$$= J\frac{\partial U}{\partial \tau} + J\frac{\partial U}{\partial \xi}\xi_t + J\frac{\partial U}{\partial \eta}\eta_t + J\frac{\partial U}{\partial \zeta}\zeta_t + \left[U\frac{\partial J}{\partial \tau} - U\frac{\partial J}{\partial \tau} \right]$$

$$+ \left[U\frac{\partial(J\xi_t)}{\partial \xi} - U\frac{\partial(J\xi_t)}{\partial \xi} \right] + \left[U\frac{\partial(J\eta_t)}{\partial \eta} - U\frac{\partial(J\eta_t)}{\partial \eta} \right]$$

$$+ \left[U\frac{\partial(J\zeta_t)}{\partial \zeta} - U\frac{\partial(J\zeta_t)}{\partial \zeta} \right] \qquad (3.9.13)$$

式(3.9.13)可进一步整理成

$$J\frac{\partial U}{\partial \tau} + J\frac{\partial U}{\partial \xi}\xi_t + J\frac{\partial U}{\partial \eta}\eta_t + J\frac{\partial U}{\partial \zeta}\zeta_t$$

$$= \frac{\partial(JU)}{\partial \tau} + \frac{\partial(J\xi_t U)}{\partial \xi} + \frac{\partial(J\eta_t U)}{\partial \eta} + \frac{\partial(J\zeta_t U)}{\partial \zeta}$$

$$- U\left[\frac{\partial J}{\partial \tau} + \frac{\partial(J\xi_t)}{\partial \xi} + \frac{\partial(J\eta_t)}{\partial \eta} + \frac{\partial(J\zeta_t)}{\partial \zeta} \right] \qquad (3.9.14)$$

现在考察式(3.9.13)中括弧里边的四项和。注意到坐标变换行列式

$$J = \begin{vmatrix} x_\xi & x_\eta & x_\zeta \\ y_\xi & y_\eta & y_\zeta \\ z_\xi & z_\eta & z_\zeta \end{vmatrix} = x_\xi \begin{vmatrix} y_\eta & y_\zeta \\ z_\eta & z_\zeta \end{vmatrix} - y_\xi \begin{vmatrix} x_\eta & x_\zeta \\ z_\eta & z_\zeta \end{vmatrix} + z_\xi \begin{vmatrix} x_\eta & x_\zeta \\ y_\eta & y_\zeta \end{vmatrix}$$

$$= x_\xi(y_\eta z_\zeta - y_\zeta z_\eta) + y_\xi(z_\eta x_\zeta - z_\zeta x_\eta) + z_\xi(x_\eta y_\zeta - x_\zeta y_\eta) \qquad (3.9.15)$$

于是

$$\frac{\partial J}{\partial \tau} = x_{\xi\tau}(y_\eta z_\zeta - y_\zeta z_\eta) + x_\xi(y_\eta z_\zeta - y_\zeta z_\eta)_\tau$$

$$+ y_{\xi\tau}(z_\eta x_\zeta - z_\zeta x_\eta) + y_\xi(z_\eta x_\zeta - z_\zeta x_\eta)_\tau$$

$$+ z_{\xi\tau}(x_\eta y_\zeta - x_\zeta y_\eta) + z_\xi(x_\eta y_\zeta - x_\zeta y_\eta)_\tau \qquad (3.9.16a)$$

由式(3.9.11)得

$$\frac{\partial(J\xi_t)}{\partial\xi}=-\left[x_\tau(y_\eta z_\zeta-y_\zeta z_\eta)+y_\tau(z_\eta x_\zeta-z_\zeta x_\eta)+z_\tau(x_\eta y_\zeta-x_\zeta y_\eta)\right]_\xi$$

$$=-x_{\tau\xi}(y_\eta z_\zeta-y_\zeta z_\eta)-x_\tau(y_\eta z_\zeta-y_\zeta z_\eta)_\xi$$
$$-y_{\tau\xi}(z_\eta x_\zeta-z_\zeta x_\eta)-y_\tau(z_\eta x_\zeta-z_\zeta x_\eta)_\xi$$
$$-z_{\tau\xi}(x_\eta y_\zeta-x_\zeta y_\eta)-z_\tau(x_\eta y_\zeta-x_\zeta y_\eta)_\xi \tag{3.9.16b}$$

$$\frac{\partial(J\eta_t)}{\partial\eta}=-\left[x_\tau(y_\zeta z_\xi-y_\xi z_\zeta)+y_\tau(z_\zeta x_\xi-z_\xi x_\zeta)+z_\tau(x_\zeta y_\xi-x_\xi y_\zeta)\right]_\eta$$

$$=-x_{\tau\eta}(y_\zeta z_\xi-y_\xi z_\zeta)-x_\tau(y_{\zeta\eta}z_\xi+y_\zeta z_{\xi\eta}-y_{\xi\eta}z_\zeta-y_\xi z_{\zeta\eta})$$
$$-y_{\tau\eta}(z_\zeta x_\xi-z_\xi x_\zeta)-y_\tau(z_{\zeta\eta}x_\xi+z_\zeta x_{\xi\eta}-z_{\xi\eta}x_\zeta-z_\xi x_{\zeta\eta})$$
$$-z_{\tau\eta}(x_\zeta y_\xi-x_\xi y_\zeta)-z_\tau(x_{\zeta\eta}y_\xi+x_\zeta y_{\xi\eta}-x_{\xi\eta}y_\zeta-x_\xi y_{\zeta\eta}) \tag{3.9.16c}$$

$$\frac{\partial(J\zeta_t)}{\partial\zeta}=-\left[x_\tau(y_\xi z_\eta-y_\eta z_\xi)+y_\tau(z_\xi x_\eta-z_\eta x_\xi)+z_\tau(x_\xi y_\eta-x_\eta y_\xi)\right]_\zeta$$

$$=-x_{\tau\zeta}(y_\xi z_\eta-y_\eta z_\xi)-x_\tau(y_{\xi\zeta}z_\eta+y_\xi z_{\eta\zeta}-y_{\eta\zeta}z_\xi-y_\eta z_{\xi\zeta})$$
$$-y_{\tau\zeta}(z_\xi x_\eta-z_\eta x_\xi)-y_\tau(z_{\xi\zeta}x_\eta+z_\xi x_{\eta\zeta}-z_{\eta\zeta}x_\xi-z_\eta x_{\xi\zeta})$$
$$-z_{\tau\zeta}(x_\xi y_\eta-x_\eta y_\xi)-z_\tau(x_{\xi\zeta}y_\eta+x_\xi y_{\eta\zeta}-x_{\eta\zeta}y_\xi-x_\eta y_{\xi\zeta})$$
$$\tag{3.9.16d}$$

合并式(3.9.16a)和式(3.9.16b)得

$$\frac{\partial J}{\partial\tau}+\frac{\partial(J\xi_t)}{\partial\xi}=+x_\xi(y_{\eta\tau}z_\zeta+y_\eta z_{\zeta\tau}-y_{\zeta\tau}z_\eta-y_\zeta z_{\eta\tau})$$
$$+y_\xi(z_{\eta\tau}x_\zeta+z_\eta x_{\zeta\tau}-z_{\zeta\tau}x_\eta-z_\zeta x_{\eta\tau})$$
$$+z_\xi(x_{\eta\tau}y_\zeta+x_\eta y_{\zeta\tau}-x_{\zeta\tau}y_\eta-x_\zeta y_{\eta\tau})$$
$$-x_\tau(y_{\eta\xi}z_\zeta+y_\eta z_{\zeta\xi}-y_{\zeta\xi}z_\eta-y_\zeta z_{\eta\xi})$$
$$-y_\tau(z_{\eta\xi}x_\zeta+z_\eta x_{\zeta\xi}-z_{\zeta\xi}x_\eta-z_\zeta x_{\eta\xi})$$
$$-z_\tau(x_{\eta\xi}y_\zeta+x_\eta y_{\zeta\xi}-x_{\zeta\xi}y_\eta-x_\zeta y_{\eta\xi}) \tag{3.9.17a}$$

合并式(3.9.16c)和式(3.9.16d)得

$$\frac{\partial(J\eta_t)}{\partial\eta}+\frac{\partial(J\zeta_t)}{\partial\zeta}=-x_{\tau\eta}(y_\zeta z_\xi-y_\xi z_\zeta)-x_\tau(y_\zeta z_{\xi\eta}-y_{\xi\eta}z_\zeta)$$
$$-y_{\tau\eta}(z_\zeta x_\xi-z_\xi x_\zeta)-y_\tau(z_\zeta x_{\xi\eta}-z_{\xi\eta}x_\zeta)$$
$$-z_{\tau\eta}(x_\zeta y_\xi-x_\xi y_\zeta)-z_\tau(x_\zeta y_{\xi\eta}-x_{\xi\eta}y_\zeta)$$
$$-x_{\tau\zeta}(y_\xi z_\eta-y_\eta z_\xi)-x_\tau(y_{\xi\zeta}z_\eta-y_\eta z_{\xi\zeta})$$
$$-y_{\tau\zeta}(z_\xi x_\eta-z_\eta x_\xi)-y_\tau(z_{\xi\zeta}x_\eta-z_\eta x_{\xi\zeta})$$
$$-z_{\tau\zeta}(x_\xi y_\eta-x_\eta y_\xi)-z_\tau(x_{\xi\zeta}y_\eta-x_\eta y_{\xi\zeta}) \tag{3.9.17b}$$

再合并式(3.9.17a)和式(3.9.17b)得

$$\frac{\partial J}{\partial \tau} + \frac{\partial (J\xi_t)}{\partial \xi} + \frac{\partial (J\eta_t)}{\partial \eta} + \frac{\partial (J\zeta_t)}{\partial \zeta} = + x_\xi (y_{\eta\tau} z_\zeta + y_\eta z_{\zeta\tau} - y_{\zeta\tau} z_\eta - y_\zeta z_{\eta\tau})$$

$$+ y_\xi (z_{\eta\tau} x_\zeta + z_\eta x_{\zeta\tau} - z_{\zeta\tau} x_\eta - z_\zeta x_{\eta\tau})$$

$$+ z_\xi (x_{\eta\tau} y_\zeta + x_\eta y_{\zeta\tau} - x_{\zeta\tau} y_\eta - x_\zeta y_{\eta\tau})$$

$$- x_{\tau\eta} (y_\zeta z_\xi - y_\xi z_\zeta) - y_{\tau\eta} (z_\zeta x_\xi - z_\xi x_\zeta)$$

$$- z_{\tau\eta} (x_\zeta y_\xi - x_\xi y_\zeta) - x_{\tau\zeta} (y_\xi z_\eta - y_\eta z_\xi)$$

$$- y_{\tau\zeta} (z_\xi x_\eta - z_\eta x_\xi) - z_{\tau\zeta} (x_\xi y_\eta - x_\eta y_\xi)$$

$$= 0 \tag{3.9.18}$$

从而由式(3.9.14)知

$$J \frac{\partial U}{\partial \tau} + J \frac{\partial U}{\partial \xi}\xi_t + J \frac{\partial U}{\partial \eta}\eta_t + J \frac{\partial U}{\partial \zeta}\zeta_t$$

$$= \frac{\partial (JU)}{\partial \tau} + \frac{\partial (J\xi_t U)}{\partial \xi} + \frac{\partial (J\eta_t U)}{\partial \eta} + \frac{\partial (J\zeta_t U)}{\partial \zeta} \tag{3.9.19}$$

现考察式(3.9.12)两边乘以 J 后与 F 相关的项

$$J \frac{\partial F}{\partial \xi}\xi_x + J \frac{\partial F}{\partial \eta}\eta_x + J \frac{\partial F}{\partial \zeta}\zeta_x$$

$$= J\xi_x \frac{\partial F}{\partial \xi} + J\eta_x \frac{\partial F}{\partial \eta} + J\zeta_x \frac{\partial F}{\partial \zeta} + \left[F \frac{\partial (J\xi_x)}{\partial \xi} - F \frac{\partial (J\xi_x)}{\partial \xi} \right]$$

$$+ \left[F \frac{\partial (J\eta_x)}{\partial \eta} - F \frac{\partial (J\eta_x)}{\partial \eta} \right] + \left[F \frac{\partial (J\zeta_x)}{\partial \zeta} - F \frac{\partial (J\zeta_x)}{\partial \zeta} \right]$$

$$= \frac{\partial (J\xi_x F)}{\partial \xi} + \frac{\partial (J\eta_x F)}{\partial \eta} + \frac{\partial (J\zeta_x F)}{\partial \zeta} - F \left[\frac{\partial (J\xi_x)}{\partial \xi} + \frac{\partial (J\eta_x)}{\partial \eta} + \frac{\partial (J\zeta_x)}{\partial \zeta} \right] \tag{3.9.20}$$

借助于式(3.9.4)的关系,有

$$\frac{\partial (J\xi_x)}{\partial \xi} + \frac{\partial (J\eta_x)}{\partial \eta} + \frac{\partial (J\zeta_x)}{\partial \zeta}$$

$$= (y_\eta z_\zeta - y_\zeta z_\eta)_\xi + (y_\zeta z_\xi - y_\xi z_\zeta)_\eta + (y_\xi z_\eta - y_\eta z_\xi)_\zeta$$

$$= (y_{\eta\xi} z_\zeta + y_\eta z_{\zeta\xi} - y_{\zeta\xi} z_\eta - y_\zeta z_{\eta\xi}) + (y_{\zeta\eta} z_\xi + y_\zeta z_{\xi\eta} - y_{\xi\eta} z_\zeta - y_\xi z_{\zeta\eta})$$

$$+ (y_{\xi\zeta} z_\eta + y_\xi z_{\eta\zeta} - y_{\eta\zeta} z_\xi - y_\eta z_{\xi\zeta}) = 0 \tag{3.9.21}$$

从而式(3.9.20)变为

$$J \frac{\partial F}{\partial \xi}\xi_x + J \frac{\partial F}{\partial \eta}\eta_x + J \frac{\partial F}{\partial \zeta}\zeta_x = \frac{\partial (J\xi_x F)}{\partial \xi} + \frac{\partial (J\eta_x F)}{\partial \eta} + \frac{\partial (J\zeta_x F)}{\partial \zeta} \tag{3.9.22}$$

类似地,有

$$\begin{cases} \dfrac{\partial (J\xi_y)}{\partial \xi} + \dfrac{\partial (J\eta_y)}{\partial \eta} + \dfrac{\partial (J\zeta_y)}{\partial \zeta} = 0 \\[2mm] \dfrac{\partial (J\xi_z)}{\partial \xi} + \dfrac{\partial (J\eta_z)}{\partial \eta} + \dfrac{\partial (J\zeta_z)}{\partial \zeta} = 0 \end{cases} \tag{3.9.23}$$

从而式(3.9.12)两边两端乘以 J 后,与 G 和 H 相关的项变为

$$\begin{cases} J\dfrac{\partial G}{\partial \xi}\xi_y + J\dfrac{\partial G}{\partial \eta}\eta_y + J\dfrac{\partial G}{\partial \zeta}\zeta_y = \dfrac{\partial(J\xi_y G)}{\partial \xi} + \dfrac{\partial(J\eta_y G)}{\partial \eta} + \dfrac{\partial(J\zeta_y G)}{\partial \zeta} \\ J\dfrac{\partial H}{\partial \xi}\xi_z + J\dfrac{\partial H}{\partial \eta}\eta_z + J\dfrac{\partial H}{\partial \zeta}\zeta_z = \dfrac{\partial(J\xi_z H)}{\partial \xi} + \dfrac{\partial(J\eta_z H)}{\partial \eta} + \dfrac{\partial(J\zeta_z H)}{\partial \zeta} \end{cases}$$

$$(3.9.24)$$

实际上,式(3.9.21)和式(3.9.23)是下列矢性几何恒等式的三个分量

$$\frac{\partial}{\partial \xi}(J\nabla\xi) + \frac{\partial}{\partial \eta}(J\nabla\eta) + \frac{\partial}{\partial \zeta}(J\nabla\zeta)$$

$$= \frac{\partial}{\partial \xi}(\vec{r}_\eta \times \vec{r}_\zeta) + \frac{\partial}{\partial \eta}(\vec{r}_\zeta \times \vec{r}_\xi) + \frac{\partial}{\partial \zeta}(\vec{r}_\xi \times \vec{r}_\eta)$$

$$= \vec{r}_{\eta\xi} \times \vec{r}_\zeta + \vec{r}_\eta \times \vec{r}_{\zeta\xi} + \vec{r}_{\zeta\eta} \times \vec{r}_\xi + \vec{r}_\zeta \times \vec{r}_{\xi\eta} + \vec{r}_{\xi\zeta} \times \vec{r}_\eta + \vec{r}_\xi \times \vec{r}_{\eta\zeta} = 0$$

将式(3.9.19)、式(3.9.22)和式(3.9.24)结合起来,式(3.9.1)两边乘以 J 后变为

$$\begin{aligned} J \cdot \text{LHS} =& \frac{\partial(JU)}{\partial \tau} + \frac{\partial(J\xi_t U)}{\partial \xi} + \frac{\partial(J\eta_t U)}{\partial \eta} + \frac{\partial(J\zeta_t U)}{\partial \zeta} \\ &+ \frac{\partial(J\xi_x F)}{\partial \xi} + \frac{\partial(J\eta_x F)}{\partial \eta} + \frac{\partial(J\zeta_x F)}{\partial \zeta} \\ &+ \frac{\partial(J\xi_y G)}{\partial \xi} + \frac{\partial(J\eta_y G)}{\partial \eta} + \frac{\partial(J\zeta_y G)}{\partial \zeta} \\ &+ \frac{\partial(J\xi_z H)}{\partial \xi} + \frac{\partial(J\eta_z H)}{\partial \eta} + \frac{\partial(J\zeta_z H)}{\partial \zeta} \\ =& \frac{\partial(JU)}{\partial \tau} + \frac{\partial}{\partial \xi}\left[J(\xi_t U + \xi_x F + \xi_y G + \xi_z H)\right] \\ &+ \frac{\partial}{\partial \eta}\left[J(\eta_t U + \eta_x F + \eta_y G + \eta_z H)\right] \\ &+ \frac{\partial}{\partial \zeta}\left[J(\zeta_t U + \zeta_x F + \zeta_y G + \zeta_z H)\right] \end{aligned} \quad (3.9.25)$$

式(3.9.1)等号右边各项对 x,y,z 的偏导数转换成对 ξ,η,ζ 的偏导数,则为

$$\begin{aligned} \text{RHS} =& \frac{\partial F_v}{\partial x_1} + \frac{\partial G_v}{\partial x_2} + \frac{\partial H_v}{\partial x_3} \\ =& \frac{\partial F_v}{\partial \xi}\xi_x + \frac{\partial F_v}{\partial \eta}\eta_x + \frac{\partial F_v}{\partial \zeta}\zeta_x + \frac{\partial G_v}{\partial \xi}\xi_y + \frac{\partial G_v}{\partial \eta}\eta_y + \frac{\partial G_v}{\partial \zeta}\zeta_y \\ &+ \frac{\partial H_v}{\partial \xi}\xi_z + \frac{\partial H_v}{\partial \eta}\eta_z + \frac{\partial H_v}{\partial \zeta}\zeta_z \end{aligned} \quad (3.9.26)$$

给式(3.9.26)乘以 J,与左边无黏项完全类似地,利用恒等式(3.9.21)和式(3.9.23),可得

$$J \cdot \text{RHS} = J\frac{\partial F_v}{\partial \xi}\xi_x + J\frac{\partial F_v}{\partial \eta}\eta_x + J\frac{\partial F_v}{\partial \zeta}\zeta_x$$

$$+ J\frac{\partial G_v}{\partial \xi}\xi_y + J\frac{\partial G_v}{\partial \eta}\eta_y + J\frac{\partial G_v}{\partial \zeta}\zeta_y$$

$$+ J\frac{\partial H_v}{\partial \xi}\xi_z + J\frac{\partial H_v}{\partial \eta}\eta_z + J\frac{\partial H_v}{\partial \zeta}\zeta_z$$

$$= \frac{\partial(J\xi_x F_v)}{\partial\xi} + \frac{\partial(J\eta_x F_v)}{\partial\eta} + \frac{\partial(J\zeta_x F_v)}{\partial\zeta}$$

$$+ \frac{\partial(J\xi_y G_v)}{\partial\xi} + \frac{\partial(J\eta_y G_v)}{\partial\eta} + \frac{\partial(J\zeta_y G_v)}{\partial\zeta}$$

$$+ \frac{\partial(J\xi_z H_v)}{\partial\xi} + \frac{\partial(J\eta_z H_v)}{\partial\eta} + \frac{\partial(J\zeta_z H_v)}{\partial\zeta}$$

$$= \frac{\partial}{\partial\xi}\big[J(\xi_x F_v + \xi_y G_v + \xi_z H_v)\big] + \frac{\partial}{\partial\eta}\big[J(\eta_x F_v + \eta_y G_v + \eta_z H_v)\big]$$

$$+ \frac{\partial}{\partial\zeta}\big[J(\zeta_x F_v + \zeta_y G_v + \zeta_z H_v)\big] \tag{3.9.27}$$

比较式(3.9.25)和式(3.9.27)，即由 J·LHS＝J·RHS，可将式(3.9.1)化为

$$\frac{\partial(JU)}{\partial\tau} + \frac{\partial}{\partial\xi}\big[J(\xi_t U + \xi_x F + \xi_y G + \xi_z H)\big]$$

$$+ \frac{\partial}{\partial\eta}\big[J(\eta_t U + \eta_x F + \eta_y G + \eta_z H)\big] + \frac{\partial}{\partial\zeta}\big[J(\zeta_t U + \zeta_x F + \zeta_y G + \zeta_z H)\big]$$

$$= \frac{\partial}{\partial\xi}\big[J(\xi_x F_v + \xi_y G_v + \xi_z H_v)\big] + \frac{\partial}{\partial\eta}\big[J(\eta_x F_v + \eta_y G_v + \eta_z H_v)\big]$$

$$+ \frac{\partial}{\partial\zeta}\big[J(\zeta_x F_v + \zeta_y G_v + \zeta_z H_v)\big] \tag{3.9.28}$$

如果对式(3.9.28)中的各项重新定义，则式(3.9.28)可写成

$$\frac{\partial \bar{U}}{\partial\tau} + \frac{\partial \bar{F}}{\partial\xi} + \frac{\partial \bar{G}}{\partial\eta} + \frac{\partial \bar{H}}{\partial\zeta} = \frac{\partial \bar{F}_v}{\partial\xi} + \frac{\partial \bar{G}_v}{\partial\eta} + \frac{\partial \bar{H}_v}{\partial\zeta} \tag{3.9.29}$$

或

$$\frac{\partial \bar{U}}{\partial\tau} + \frac{\partial \bar{F}_j}{\partial\xi^j} = \frac{\partial \bar{F}_{vk}}{\partial\xi^k}$$

其中，

$$\bar{U} = JU$$

$$\begin{cases} \bar{F} = J(\xi_t U + \xi_x F + \xi_y G + \xi_z H) \\[4pt] \bar{G} = J(\eta_t U + \eta_x F + \eta_y G + \eta_z H) \\[4pt] \bar{H} = J(\zeta_t U + \zeta_x F + \zeta_y G + \zeta_z H) \\[4pt] \bar{F}_v = J(\xi_x F_v + \xi_y G_v + \xi_z H_v) \\[4pt] \bar{G}_v = J(\eta_x F_v + \eta_y G_v + \eta_z H_v) \\[4pt] \bar{H}_v = J(\zeta_x F_v + \zeta_y G_v + \zeta_z H_v) \end{cases} \tag{3.9.30}$$

如果将几何度量参数乘入通量矢量中去,则可得到

$$\bar{F} = J \begin{bmatrix} \rho\tilde{u} \\ \rho u\tilde{u} + \xi_x p \\ \rho v\tilde{u} + \xi_y p \\ \rho w\tilde{u} + \xi_z p \\ \rho H\tilde{u} - \xi_t p \end{bmatrix}, \quad \bar{G} = J \begin{bmatrix} \rho\tilde{v} \\ \rho u\tilde{v} + \eta_x p \\ \rho v\tilde{v} + \eta_y p \\ \rho w\tilde{v} + \eta_z p \\ \rho H\tilde{v} - \eta_t p \end{bmatrix}, \quad \bar{H} = J \begin{bmatrix} \rho\tilde{w} \\ \rho u\tilde{w} + \zeta_x p \\ \rho v\tilde{w} + \zeta_y p \\ \rho w\tilde{w} + \zeta_z p \\ \rho H\tilde{w} - \zeta_t p \end{bmatrix}$$

$$(3.9.31a)$$

或

$$\bar{F}_j = J \begin{bmatrix} \rho\tilde{u}_j \\ \rho u\tilde{u}_j + \xi_x^j p \\ \rho v\tilde{u}_j + \xi_y^j p \\ \rho w\tilde{u}_j + \xi_z^j p \\ \rho H\tilde{u}_j - \xi_t^j p \end{bmatrix}$$

$$\bar{F}_v = J(\xi_x F_v + \xi_y G_v + \xi_z H_v)$$

$$= J \begin{bmatrix} 0 \\ \xi_x \tau_{11} + \xi_y \tau_{12} + \xi_z \tau_{13} \\ \xi_x \tau_{21} + \xi_y \tau_{22} + \xi_z \tau_{23} \\ \xi_x \tau_{31} + \xi_y \tau_{32} + \xi_z \tau_{33} \\ \xi_x (u_i \tau_{i1} - q_1) + \xi_y (u_i \tau_{i2} - q_2) + \xi_z (u_i \tau_{i3} - q_3) \end{bmatrix}$$

$$= J \begin{bmatrix} 0 \\ \xi_{x_j} \tau_{1j} \\ \xi_{x_j} \tau_{2j} \\ \xi_{x_j} \tau_{3j} \\ \xi_{x_j} (u_i \tau_{ij} - q_j) \end{bmatrix} \tag{3.9.31b}$$

$$\bar{G}_v = J(\eta_x F_v + \eta_y G_v + \eta_z H_v)$$

$$= J \begin{bmatrix} 0 \\ \eta_x \tau_{11} + \eta_y \tau_{12} + \eta_z \tau_{13} \\ \eta_x \tau_{21} + \eta_y \tau_{22} + \eta_z \tau_{23} \\ \eta_x \tau_{31} + \eta_y \tau_{32} + \eta_z \tau_{33} \\ \eta_x (u_i \tau_{i1} - q_1) + \eta_y (u_i \tau_{i2} - q_2) + \eta_z (u_i \tau_{i3} - q_3) \end{bmatrix} = J \begin{bmatrix} 0 \\ \eta_{x_j} \tau_{1j} \\ \eta_{x_j} \tau_{2j} \\ \eta_{x_j} \tau_{3j} \\ \eta_{x_j} (u_i \tau_{ij} - q_j) \end{bmatrix}$$

$$(3.9.31c)$$

$$\bar{H}_v = J(\zeta_x F_v + \zeta_y G_v + \zeta_z H_v)$$

$$= J \begin{bmatrix} 0 \\ \zeta_x \tau_{11} + \zeta_y \tau_{12} + \zeta_z \tau_{13} \\ \zeta_x \tau_{21} + \zeta_y \tau_{22} + \zeta_z \tau_{23} \\ \zeta_x \tau_{31} + \zeta_y \tau_{32} + \zeta_z \tau_{33} \\ \zeta_x (u_i \tau_{i1} - q_1) + \zeta_y (u_i \tau_{i2} - q_2) + \zeta_z (u_i \tau_{i3} - q_3) \end{bmatrix} = J \begin{bmatrix} 0 \\ \zeta_{x_j} \tau_{1j} \\ \zeta_{x_j} \tau_{2j} \\ \zeta_{x_j} \tau_{3j} \\ \zeta_{x_j} (u_i \tau_{ij} - q_j) \end{bmatrix}$$

$$(3.9.31d)$$

或

$$\bar{F}_{vk} = J(\xi_x^k F_v + \xi_y^k G_v + \xi_z^k H_v) = J \begin{bmatrix} 0 \\ \xi_{x_j}^k \tau_{1j} \\ \xi_{x_j}^k \tau_{2j} \\ \xi_{x_j}^k \tau_{3j} \\ \xi_{x_j}^k (u_i \tau_{ij} - q_j) \end{bmatrix}$$

其中,

$$\begin{cases} \tilde{u} = \xi_t + u\xi_x + v\xi_y + w\xi_z \\ \tilde{v} = \eta_t + u\eta_x + v\eta_y + w\eta_z \\ \tilde{w} = \zeta_t + u\zeta_x + v\zeta_y + w\zeta_z \end{cases} \tag{3.9.32}$$

注意到

$$\begin{cases} u\xi_x + v\xi_y + w\xi_z = \vec{v} \cdot \nabla \xi = \vec{v} \cdot \vec{e}^1 \\ u\eta_x + v\eta_y + w\eta_z = \vec{v} \cdot \nabla \eta = \vec{v} \cdot \vec{e}^2 \\ u\zeta_x + v\zeta_y + w\zeta_z = \vec{v} \cdot \nabla \zeta = \vec{v} \cdot \vec{e}^3 \end{cases} \tag{3.9.33}$$

是速度矢量和三个倒易基本矢量的点乘,故为三个逆变分量,而 $\tilde{u}, \tilde{v}, \tilde{w}$ 是逆变速度分量加上一个相应曲线坐标对时间的偏导数,构成了流体微元运动时三个坐标的随体导数,如 $\tilde{u} = \xi_t + u\xi_x + v\xi_y + w\xi_z = D\xi/Dt$ 。一般把 $\tilde{u}, \tilde{v}, \tilde{w}$ 也称为逆变速度分量。实际上, $\tilde{u}, \tilde{v}, \tilde{w}$ 仅代表曲线坐标的时间变化率,不一定是长度的时间变化率,仅仅是一种象征性的速度。另外

$$\begin{cases} \tau_{ij} = 2\mu S_{ij} - \dfrac{2}{3}\mu S_{kk}\delta_{ij} \\ S_{ij} = \dfrac{1}{2}\left(\dfrac{\partial u_i}{\partial x_j} + \dfrac{\partial u_j}{\partial x_i}\right) \\ S_{ii} = \dfrac{\partial u_i}{\partial x_i} = \nabla \cdot \vec{v} = \mathrm{div}\vec{v} \\ q_j = -k\dfrac{\partial T}{\partial x_j} \end{cases} \tag{3.9.34}$$

参 考 文 献

[1] 谢树艺. 矢量分析与场论[M]. 北京：人民教育出版社，1978.

[2] 王甲升. 张量分析及其应用[M]. 北京：高等教育出版社，1987.

[3] 刘导治. 计算流体力学基础[M]. 北京：北京航空航天大学出版社，1989.

[4] Hoffmann K A. Computational Fluid Dynamics for Engineers[M]. Austin：A Publication of Engineering Education System TM，1989.

[5] Hoffmann K A，Chiang S T. Computational Fluid Dynamics[M]. 4th ed. Wichita：A Publication of Engineering Education System TM，2000.

第4章 代数网格生成方法

4.1 代数坐标变换

如果在物理空间的笛卡儿坐标 (x,y,z) 与计算空间的 (ξ,η,ζ) 坐标之间能够建立起一个代数关系式,使得由任一组 (x,y,z) 数都能由该代数关系式算出一组 (ξ,η,ζ) 数,反之,也可以由任一组 (ξ,η,ζ) 数由该代数关系式算出一组 (x,y,z) 数,那么,(x,y,z) 与 (ξ,η,ζ) 之间的变换关系就叫作代数坐标变换。柱坐标(极坐标)、球坐标与笛卡儿坐标之间的变换都属于代数坐标变换[1]。

确立了这种代数坐标变换关系,以二维情形为例,如果令 $\xi=$ const 和 $\eta=$ const,则此两族等值线的交点就是网格节点,将该组 $\xi=$ const 和 $\eta=$ const 代入坐标变换关系,就得到该网格节点的 (x,y) 坐标。将划定区域内选定的有限条 $\xi=$ const 和 $\eta=$ const 等值线的交点的 (x,y) 坐标都由代数关系式求出来,就得到该区域内的网格,这就是代数网格生成;这种生成网格的方法就叫代数方法[1]。

例如,柱坐标 (r,θ,z) 和笛卡儿坐标 (x,y,z) 具有如下的代数关系(图 4.1)

$$\begin{cases} x=r\cos\theta \\ y=r\sin\theta, \\ z=z \end{cases} \quad 或 \quad \begin{cases} r=\sqrt{x^2+y^2} \\ \theta=\arctan(y/x) \\ z=z \end{cases} \qquad (4.1.1)$$

其中,z 轴和笛卡儿坐标的 z 轴一致;r 垂直于 z 轴,并在 xOy 平面上;θ 为 r 与 x 轴正方向的夹角。当 r 为常数时,得到的曲面为柱面,因此称之为柱坐标系。

如果按需求令 $r=$ const,$\theta=$ const,$z=$ const,就会得到三族等值面的交点,即网格节点,规定域内全部网格节点的集合构成一个网格[1]。

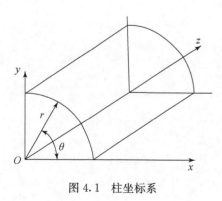

图 4.1 柱坐标系

简化到二维极坐标,它与笛卡儿坐标的代数变换为

$$x=r\cos\theta, \quad y=r\sin\theta \qquad (4.1.2)$$

考虑一个由不等式 $r_1\leqslant r\leqslant r_2$,$0\leqslant\theta\leqslant\alpha$ 围成的带弯曲边的区域(图4.2)。一系列

r＝const，θ＝const 等值线的交点给出物理空间 xy 坐标下的网格节点坐标，全部网格节点的集合就形成所需要的网格。这些物理空间等值线（一般来讲为曲线）被变换

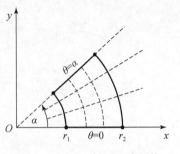

图 4.2　用极坐标系生成网格

$$r=\sqrt{x^2+y^2}，\quad \theta=\tan^{-1}(y/x) \quad (4.1.3)$$

映射成计算空间 (r,θ) 坐标下的水平直线和竖直直线，物理空间的边界被映射成计算空间一个矩形的边界（图 4.3）[2]。

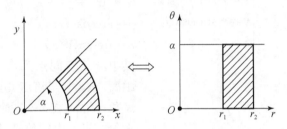

图 4.3　将曲边域映射成矩形域

映射式（4.1.2）可以进一步通过下列坐标变换从 (r,θ) 坐标归一化到 (ξ,η) 坐标

$$\xi=\frac{r-r_1}{r_2-r_1}，\quad \eta=\frac{\theta}{\alpha} \quad\quad\quad (4.1.4)$$

该变换把图 4.3 中的矩形映射成 $\xi\eta$ 平面的一个单位正方形，$0\leqslant\xi\leqslant1,0\leqslant\eta\leqslant1$。这样式（4.1.2）就变为

$$x=[(r_2-r_1)\xi+r_1]\cos(\alpha\eta)，\quad y=[(r_2-r_1)\xi+r_1]\sin(\alpha\eta) \quad (4.1.5)$$

式（4.1.5）将新的 $\xi\eta$ 计算平面的单位正方形映射成原来物理平面带曲边的域。

注意，式（4.1.4）不是将图 4.3 中的矩形转换成单位正方形的唯一方法。另一种方法由以下代数式给出

$$\xi=\frac{\ln(r/r_1)}{\ln(r_2/r_1)}，\quad \eta=\frac{\theta}{\alpha} \quad\quad\quad (4.1.6)$$

但是要注意的是，ξ 上的相等的增量并不对应 r 上相等的增量。物理空间中的网格仍然由径向线和同心圆组成，但同心圆之间的距离随着向 $r=r_1$ 的逼近而逐渐减小。

当 $\alpha=2\pi$ 时，物理区域完全变成了两个圆 $r=r_1$ 和 $r=r_2$ 之间的环形域。径向线 $\theta=0$ 和 $\theta=2\pi$（想象二者略微隔开）可以被认为是一个分界割缝（图 4.4），并且在 $\alpha=2\pi$ 情形的这个环形域仍然可用方程（4.1.5）映射成一个单位正方形[2]。

球坐标 (r,θ,φ) 与笛卡儿坐标 (x,y,z) 的代数关系为（图 4.5）

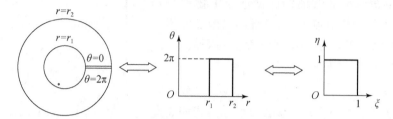

图 4.4　将带有分界割缝的环状域映射成一个单位正方形

$$\begin{cases} x = r\,\sin\varphi\cos\theta, \\ y = r\,\sin\varphi\sin\theta, \\ z = r\,\cos\varphi, \end{cases} \qquad \begin{cases} r = \sqrt{x^2 + y^2 + z^2} \\ \varphi = \arccos(z/r) \\ \theta = \arctan(y/x) \end{cases} \tag{4.1.7}$$

其中，r 为空间点到笛卡儿坐标原点的距离；φ 为 r 与笛卡儿坐标系的 z 轴的夹角；θ 为 r 在 xy 平面的投影与 x 轴的夹角。当 r 为常数时，得到的曲面为球面，称为球坐标。如果按需求令 $r=$ const，$\theta=$ const，$\varphi=$ const，就会得到三族等值面的交点，即网格节点，所有网格节点的集合就构成一个网格。

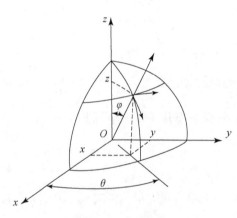

图 4.5　球坐标系

还有很多经典的曲线坐标系可以用来解析地表示物理域。例如，对于二维的问题，还会想到诸如椭圆形坐标、双曲线坐标和抛物线坐标。双曲坐标

(u, v) 与笛卡儿坐标的关系为

$$\begin{cases} u^2 = x^2 - y^2 \\ v = 2xy \end{cases} \tag{4.1.8}$$

如果按需求令 $u=$ const，$v=$ const，就会得到两族等值线，它们的交点就是网格节点，所有网格节点的集合就构成一个网格。u 为常数或 v 为常数都代表一条双曲线，因此称为双曲坐标。

如果物理域的边界能用这类坐标系严丝合缝地代表，那么网格生成就很容易，称为代数方法中的解析网格生成。然而，实际工程问题中碰到的物理域边界都很不规则，很难能与这些理想的经典坐标系的坐标曲线（面）相吻合，因此这些坐标系可以用来说明代数网格生成方法，但实际应用价值并不高。

结构化网格生成的一个主要目标就是得到物理域和计算域之间的变换关系而不受物理域边界形状的限制，即物理域的形状是任意的，其边界不必和某个解析的

坐标系相吻合。

如果设想物理空间的边界曲线(三维时的边界曲面)可以被看作坐标曲线(三维时的坐标曲面),并且该曲线(曲面)被映射成计算空间一个正方形的边(或三维时一个立方体的面),那么这样生成的网格就是与边界严丝合缝般一致的网格,称为贴体网格。基于一组网格点进行插值的代数方法就可以实现这一目标。一方面,基于插值的代数方法,与经典的解析坐标变换方法相比,可以适应任意形状的物理空间边界线(面);与求解偏微分方程的方法相比,基于插值的代数方法生成网格速度快,能够直接控制网格节点位置,因此被广泛应用于计算流体动力学。另一方面,代数方法可能生成不光滑的网格,特别地,它有保持边界特征的趋势,并且边界曲线斜率的任何不连续性通常都会被传播到内部区域。代数方法的一个常见用途是对网格生成进行第一次尝试,然后被用作偏微分网格生成方法迭代的初始网格[2]。

一般地,要竭力避免非一对一的映射,它将物理域内的一个面变换成计算域内的正方形,同时引起这个面的折叠。例如,映射

$$\xi = x, \quad \eta = y^2 \qquad\qquad (4.1.9)$$

将矩形 $0 \leqslant x \leqslant 1, -1 \leqslant y \leqslant 1$ 变换成正方形 $0 \leqslant \xi \leqslant 1, 0 \leqslant \eta \leqslant 1$,导致 xy 平面沿 x 轴折叠。当 $y=0$(沿 x 轴,折叠的位置)时,变换的雅可比行列式

$$\begin{vmatrix} \dfrac{\partial \xi}{\partial x} & \dfrac{\partial \xi}{\partial y} \\ \dfrac{\partial \eta}{\partial x} & \dfrac{\partial \eta}{\partial y} \end{vmatrix} = 0$$

这是数学上非一对一映射的原因。因此,为了生成良好的网格,要竭力避免在物理域内部点处的雅可比行列式为零(或为无限大,此时逆映射的雅可比行列式为零)的这种映射。类似的考虑也适用于三维情形,即要求变换的雅可比行列式是非零的和有限的。

4.2　单方向插值

4.2.1　多项式插值

在处理复杂形状边界时可能需要使用插值。例如,考虑一个代表翼型的平面曲线,测量给出有限个点的笛卡儿坐标 $(x_0, y_0), (x_1, y_1), (x_2, y_2), \cdots, (x_n, y_n)$。如果能用一个函数关系 $y = f(x)$ 在数学上代表这一组数据,以便进行微分、积分以及通过插值获得翼型(边界)上其他点的值等数学运算,那将是很有价值的。

一组离散点的曲线拟合可以使用标准的插值方法,该方法能找出一条通过所有数据点的曲线。还有一些近似方法也相当成熟,这些方法给出一个给定类型的曲线,

如一定阶次的多项式在一定意义上以尽可能接近所有点的方式穿过这些数据点。

容易证明有一个唯一的 n 次多项式穿过上述数据点,并且出于某些目的,该 n 次多项式用 n 次拉格朗日基多项式

$$L_i(x) = \frac{(x-x_0)(x-x_1)(x-x_2)\cdots(x-x_{i-1})(x-x_{i+1})\cdots(x-x_n)}{(x_i-x_0)(x_i-x_1)(x_i-x_2)\cdots(x_i-x_{i-1})(x_i-x_{i+1})\cdots(x_i-x_n)}$$

$$(4.2.1)$$

来构造较方便。其中,分子省略了线性因子 $(x-x_i)$。式(4.2.1)可以写成

$$L_i(x) = \prod_{\substack{j=0 \\ j \neq i}}^{n} \frac{(x-x_j)}{(x_i-x_j)}$$

可以发现,拉格朗日基多项式具有如下特性:

$$L_i(x_j) = 0 \quad (\text{当 } j \neq i \text{ 时}), \quad L_i(x_i) = 1$$

或用克罗内克符号,辅以写成后缀的两个下标(其中 0 作为一个可能的下标值也包括在内)

$$L_i(x_j) = \delta_{ij} \tag{4.2.2}$$

那么,通过给定点的 n 次多项式显然是

$$p(x) = \sum_{i=0}^{n} y_i L_i(x) \tag{4.2.3}$$

这里主要关注一下过两个点 (x_0, y_0),(x_1, y_1) 的一次(直线)多项式这种最简单的情况。在这种情况下,有线性拉格朗日基多项式(图 4.6)

$$L_0(x) = \frac{(x-x_1)}{(x_0-x_1)}, \quad L_1(x) = \frac{(x-x_0)}{(x_1-x_0)} \tag{4.2.4}$$

所产生的直线插值函数为

$$y = y_0 \frac{(x-x_1)}{(x_0-x_1)} + y_1 \frac{(x-x_0)}{(x_1-x_0)} = y_0(1-\xi) + y_1\xi \tag{4.2.5}$$

其实在 x 轴上的 x 变量变化也可写成

$$x = x_0 + \xi(x_1-x_0) = x_0(1-\xi) + x_1\xi \tag{4.2.6}$$

其中,$\xi = (x-x_0)/(x_1-x_0)$,这样当 x 分别等于 x_0, x_1 时,ξ 分别等于 0,1。

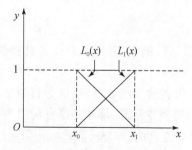

图 4.6　线性拉格朗日基多项式

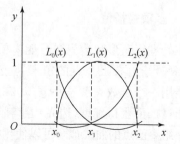

图 4.7　二次拉格朗日基多项式

在给定三个点 (x_0,y_0)，(x_1,y_1)，(x_2,y_2) 的情形下,三个二次拉格朗日基多项式(图 4.7)为

$$\begin{cases} L_0(x) = \dfrac{(x-x_1)(x-x_2)}{(x_0-x_1)(x_0-x_2)} \\[2mm] L_1(x) = \dfrac{(x-x_0)(x-x_2)}{(x_1-x_0)(x_1-x_2)} \\[2mm] L_2(x) = \dfrac{(x-x_0)(x-x_1)}{(x_2-x_0)(x_2-x_1)} \end{cases} \tag{4.2.7}$$

过三个点的二次函数为

$$p(x) = y_0 \frac{(x-x_1)(x-x_2)}{(x_0-x_1)(x_0-x_2)} + y_1 \frac{(x-x_0)(x-x_2)}{(x_1-x_0)(x_1-x_2)} + y_2 \frac{(x-x_0)(x-x_1)}{(x_2-x_0)(x_2-x_1)}$$

当然,三个点位于同一条直线上的情况原则上是可以出现的,此时,式中 x^2 的系数等于零,这个二次函数便降为一个线性函数。

用于生成代数网格的单方向插值,可在物理域互相面对的边界曲线(或边界面)上选定的点之间进行。设 $\vec{r}_0$ 处是某边界上一个选定点的位置矢量,$\vec{r}_1$ 是对面边界上另一个点的位置矢量,由式(4.2.5)和式(4.2.6)得到启示,最简单的方法就是在这两点之间构造一条用参数 ξ 表示的直线(ξ 沿该线变化)

$$\vec{r} = (1-\xi)\vec{r}_0 + \xi\vec{r}_1 \tag{4.2.8}$$

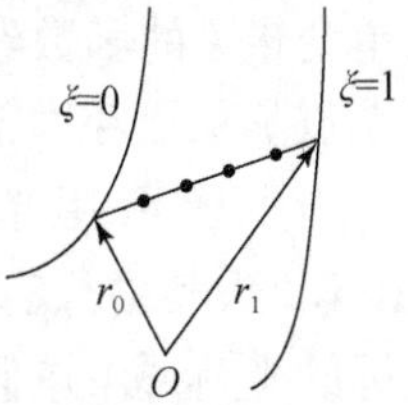

图 4.8　曲线之间的
线性插值

其中,$0 \leqslant \xi \leqslant 1$。这时在均匀间隔的 ξ 下,可在这条直线上生成网格点(图 4.8)。如果均匀间隔不是所期望的,也可以采用其他方式。

也可用选定的边界点 $\vec{r}_0$，$\vec{r}_2$ 和中间点 $\vec{r}_1$ 进行插值,在这种情况下,可以采用二次拉格朗日多项式。限定 $0 \leqslant x \leqslant 1$,且取 $x_0 = 0$，$x_1 = 1/2$，$x_2 = 1$,将 x_0，x_1，x_2 代入式(4.2.7)中,得到

$$L_0(x) = 2\left(x - \frac{1}{2}\right)(x-1), \quad L_1(x) = 4x(1-x), \quad L_2(x) = 2x\left(x - \frac{1}{2}\right) \tag{4.2.9}$$

由此可知,过三个点取一条曲线(二维情形时)的参数化表示(一般不是一条直线)可写为(函数为 x,y,自变量为 ξ，$0 \leqslant \xi \leqslant 1$)

$$x = 2\left(\xi - \frac{1}{2}\right)(\xi-1)x_0 + 4\xi(1-\xi)x_1 + 2\xi\left(\xi - \frac{1}{2}\right)x_2 \tag{4.2.10a}$$

$$y = 2\left(\xi - \frac{1}{2}\right)(\xi-1)y_0 + 4\xi(1-\xi)y_1 + 2\xi\left(\xi - \frac{1}{2}\right)y_2 \tag{4.2.10b}$$

也即

$$\vec{r} = 2\left(\xi - \frac{1}{2}\right)(\xi-1)\vec{r}_0 + 4\xi(1-\xi)\vec{r}_1 + 2\xi\left(\xi - \frac{1}{2}\right)\vec{r}_2 \tag{4.2.11}$$

其中，ξ 可被看作一个曲线坐标，在两端点 $\vec{r}_0$，$\vec{r}_2$，ξ 取 0 和 1，在中间点 $\vec{r}_1$，ξ 取 $\dfrac{1}{2}$。

给定一组 $n+1$ 个点，其位置矢量分别是 $\vec{r}_0,\vec{r}_1,\vec{r}_2,\cdots,\vec{r}_n$，那么插值曲线的一般形式为

$$\vec{r} = \sum_{i=0}^{n} L_i(\xi)\vec{r}_i \tag{4.2.12}$$

其中，类似式(4.2.1)，有

$$L_i(\xi) = \frac{(\xi-\xi_0)(\xi-\xi_1)(\xi-\xi_2)\cdots(\xi-\xi_{i-1})(\xi-\xi_{i+1})\cdots(\xi-\xi_n)}{(\xi_i-\xi_0)(\xi_i-\xi_1)(\xi_i-\xi_2)\cdots(\xi_i-\xi_{i-1})(\xi_i-\xi_{i+1})\cdots(\xi_i-\xi_n)}$$

$$= \prod_{\substack{j=0 \\ j\neq i}}^{n} \frac{(\xi-\xi_j)}{(\xi_i-\xi_j)}$$

从而 ξ 在点 $\vec{r}_i$ 取 ξ_i 值，$i=0,1,2,\cdots,n$。出现在如式(4.2.12)中的插值表达式中的单变量 ξ 的函数经常被称为混合函数。这里使用混合函数，旨在使网格的分布与端点 $\vec{r}_0$，$\vec{r}_n$ 和内部点 $\vec{r}_1,\vec{r}_2,\cdots,\vec{r}_{n-1}$ 的分布相匹配。

为了展示用单方向插值生成二维平面网格，考虑一个物理域 $ABDC$ (图 4.9)，其中只有边界 AB 和 CD 在一开始就被指定。取曲线 AB 和 CD 作为 η 坐标的坐标线，并假设已经以某种方式在这两条曲线上各确定了一组点。如图 4.9 所示，对应一定的 η 值，在每一条曲线上有五个点：A,A_1,A_2,A_3,B，及 C，C_1,C_2,C_3,D，η 在 0 和 1 之间变化，在 A 和 C 点，$\eta=0$，在 B 和 D 点，$\eta=1$。可以假定在 A_1,C_1，$\eta=0.25$，在 A_2,C_2，$\eta=0.5$，在 A_3,C_3，$\eta=0.75$。此外，可以在 AB 和 CD 上取坐标 ξ 为常数，例如，在 AB 上取 $\xi=0$，在 CD 上取 $\xi=1$。物理域中的点将具有笛卡儿坐标 (x,y)，它们是 ξ 和 η 的函数。AB 上的点和 CD 上的对应点之间的单方向插值将把 $\xi\eta$ 平面上的单位正方形映射成图 4.9 所示的物理域。

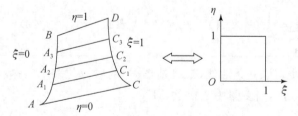

图 4.9　两条曲线之间的线性插值

根据式(4.2.8)，采用 A 和 C 之间的线性插值，可以得出

$$\vec{r}(\xi,0) = (1-\xi)\vec{r}(0,0) + \xi\vec{r}(1,0)$$

而在 A_1 和 C_1 之间的线性插值则为

$$\vec{r}(\xi,0.25) = (1-\xi)\vec{r}(0,0.25) + \xi\vec{r}(1,0.25)$$

从而插值线的参数方程为

$$\vec{r}(\xi, \eta_j) = (1 - \xi)\vec{r}(0, \eta_j) + \xi\vec{r}(1, \eta_j) \tag{4.2.13}$$

其中，$0 \leqslant \eta_j = \dfrac{j-1}{J_m - 1} \leqslant 1, j = 1, 2, \cdots, J_m$，在图 4.9 中，$J_m = 5$。

　　沿着这些直线标出相等的区段就产生出一个网格。一般的网格点就对应于 $\xi = \xi_i, \eta = \eta_j, i = 1, 2, \cdots, I_m, j = 1, 2, \cdots, J_m$，其中

$$0 \leqslant \xi_i = \frac{i-1}{I_m - 1} \leqslant 1$$

从而

$$\vec{r}(\xi_i, \eta_j) = (1 - \xi_i)\vec{r}(0, \eta_j) + \xi_i\vec{r}(1, \eta_j) \tag{4.2.14}$$

　　当然，由于边界 AC 和 BD 被映射成直线，如果 AC 和 BD 原本不是直线，则这一过程映射出的物理域将与实际物理域不相重合。

　　相同的过程可以用在 η 方向进行一次单方向线性插值，以给定的曲线边界 AC 和 BD 为起始，在 AC 和 BD 上，η 分别取 0 和 1。这将由下式给出一组网格点

$$\vec{r}(\xi_i, \eta_j) = (1 - \eta_j)\vec{r}(\xi_i, 0) + \eta_j\vec{r}(\xi_i, 1) \tag{4.2.15}$$

4.2.2　Hermite 插值多项式

　　拉格朗日插值多项式能够匹配数据点的函数值，实际上可以构造一个多项式，不仅在一组给定点处匹配函数值，也能匹配一阶导数值。假设有 $n+1$ 个数据点 $(x_0, y_0), (x_1, y_1), (x_2, y_2), \cdots, (x_n, y_n)$，同时在这些点有 $n+1$ 个对应的 y 对 x 的导数值 $y'_0, y'_1, y'_2, \cdots, y'_n$。很明显，需要一个与式(4.2.3)和式(4.2.2)相当的 $2n+1$ 次多项式

$$p(x) = \sum_{i=0}^{n} y_i H_i(x) + \sum_{i=0}^{n} y'_i \widetilde{H}_i(x) \tag{4.2.16}$$

其中，$H_i(x)$ 和 $\widetilde{H}_i(x)$ 是满足下列条件的 $2n+1$ 次多项式

$$H_i(x_j) = \delta_{ij}, \quad H'_i(x_j) = 0, \quad \widetilde{H}_i(x_j) = 0, \quad \widetilde{H}'_i(x_j) = \delta_{ij} \tag{4.2.17}$$

　　用拉格朗日多项式来定义 Hermite 插值多项式 $H_i(x)$，$\widetilde{H}_i(x)$ 的简洁公式如下

$$H_i(x) = \{1 - 2L'_i(x_i)(x - x_i)\} [L_i(x)]^2 \tag{4.2.18}$$

$$\widetilde{H}_i(x) = (x - x_i) [L_i(x)]^2 \tag{4.2.19}$$

用式(4.2.2)可立即验证式(4.2.18)和式(4.2.19)对 $H_i(x)$ 和 $\widetilde{H}_i(x)$ 的定义满足式(4.2.17)。

　　最常用的 Hermite 插值形式采用的是三次 Hermite 多项式，对应 $n=1$；对应的拉格朗日基多项式是线性的并且由式(4.2.4)给出。为明确起见，取 $x_0 = 0$，

$x_1 = 1$，得到 $L_0(x) = 1 - x, L_1(x) = x$，因此

$$H_0(x) = \{1 - 2L'_0(0)x\}[L_0(x)]^2 = (1 + 2x)(1 - x)^2 = 2x^3 - 3x^2 + 1$$
(4.2.20)

$$H_1(x) = \{1 - 2L'_1(1)(x - 1)\}[L_1(x)]^2 = (3 - 2x)x^2 = 3x^2 - 2x^3$$
(4.2.21)

$$\widetilde{H}_0(x) = x[L_0(x)]^2 = x(1 - x)^2 = x^3 - 2x^2 + x \qquad (4.2.22)$$

$$\widetilde{H}_1(x) = (x - 1)[L_1(x)]^2 = (x - 1)x^2 = x^3 - x^2 \qquad (4.2.23)$$

式(4.2.20)~式(4.2.23)这些多项式的图形见图 4.10。

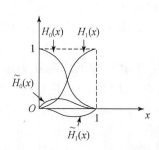

图 4.10　Hermite 三次多项式

与式(4.2.12)相比，一个能在 $\vec{r}_0$ 点和 $\vec{r}_n$ 点之间对插值曲线的梯度进行一些控制的单方向插值多项式可写成如下的形式

$$\vec{r}(\xi) = \sum_{i=0}^{n} \vec{r}_i H_i(\xi) + \sum_{i=0}^{n} \vec{r}'_i \widetilde{H}_i(\xi) \quad (4.2.24)$$

其中，$\vec{r}_1, \vec{r}_2, \cdots, \vec{r}_{n-1}$ 为中间点，$\vec{r}'_i$ 是 $\vec{r}_i$ 点处导数 $\mathrm{d}\vec{r}/\mathrm{d}\xi$ 的值。

再一次，可以在边界 AB 和 CD 沿 ξ 方向进行单方向插值。和 4.2.1 小节一样，取 AB 和 CD 分别作为 $\xi = 0, 1$ 的坐标曲线，在 AB 和 CD 上都有一组对应的点 $\eta = \eta_1, \eta_2, \cdots, \eta_{J_m}$。那么，在 $\eta = \eta_j$ 的对应点之间的插值曲线的参数方程(图 4.9)是

$$\vec{r}(\xi, \eta_j) = \vec{r}(0, \eta_j)(2\xi^3 - 3\xi^2 + 1) + \vec{r}(1, \eta_j)(3\xi^2 - 2\xi^3)$$
$$+ \vec{r}'(0, \eta_j)(\xi^3 - 2\xi^2 + \xi) + \vec{r}'(1, \eta_j)(\xi^3 - \xi^2) \quad (4.2.25)$$

其中，撇号表示对 ξ 的偏微分。式(4.2.25)可以与式(4.2.13)进行比较。通过在两端点适当选择 $\vec{r}'$（其方向与插值曲线相切），可以迫使插值曲线（网格曲线）与边界曲线正交。

式(4.2.25)可以被写成

$$\vec{r} = \Psi_1(\xi)\vec{r}_{AB} + \Psi_2(\xi)\vec{r}_{CD} + \Psi_3(\xi)\vec{r}'_{AB} + \Psi_4(\xi)\vec{r}'_{CD} \quad (4.2.26)$$

式中，$\vec{r}_{AB} = \vec{r}(0, \eta_j), \vec{r}_{CD} = \vec{r}(1, \eta_j)$，$\vec{r}'_{AB} = \vec{r}'(0, \eta_j), \vec{r}'_{CD} = \vec{r}'(1, \eta_j)$。

其中，Hermite 三次多项式或混合函数被写成 $\Psi_i(\xi)$，并且由下式给出

$$\begin{cases} \Psi_1(\xi) = 2\xi^3 - 3\xi^2 + 1 \\ \Psi_2(\xi) = -2\xi^3 + 3\xi^2 \\ \Psi_3(\xi) = \xi^3 - 2\xi^2 + \xi \\ \Psi_4(\xi) = \xi^3 - \xi^2 \end{cases} \qquad (4.2.27)$$

如果将式(4.2.25)中各项按 ξ 的不同次方进行合并，则可得到

$$\vec{r}(\xi,\eta_j) = \vec{r}(0,\eta_j) + [\vec{r}'(0,\eta_j)]\xi$$
$$+ [-3\vec{r}(0,\eta_j) + 3\vec{r}(1,\eta_j) - 2\vec{r}'(0,\eta_j) - \vec{r}'(1,\eta_j)]\xi^2$$
$$+ [2\vec{r}(0,\eta_j) - 2\vec{r}(1,\eta_j) + \vec{r}'(0,\eta_j) + \vec{r}'(1,\eta_j)]\xi^3 \qquad (4.2.28)$$

4.2.3　矢性三次多项式插值

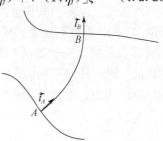

事实上,可以以更直接的方式获得 4.2.2 小节的三次 Hermite 多项式。设 A,B 为空间中两个点(它们可以分别是两条边界线上的一对对应点,见图 4.11),现欲从 A 到 B 生成一条网格线。设 $\vec{r}_A$, $\vec{r}_B$ 分别为 A,B 点在笛卡儿坐标系中的位置矢量,从 A 到 B 之间的一条网格线上的节点位置矢量 $\vec{r}$ 可用下列矢性三次多项式插值函数表示[3]

图 4.11　两个边界之间的
三次多项式插值

$$\vec{r}(\xi) = \vec{a}_0 + \vec{a}_1\xi + \vec{a}_2\xi^2 + \vec{a}_3\xi^3 \qquad (4.2.29)$$

其中,$\vec{a}_0$, $\vec{a}_1$, $\vec{a}_2$, $\vec{a}_3$ 是待定系数。

假设要在 A,B 之间形成一条 N 个节点的网格线,那么可限定 $0 \leqslant \xi \leqslant 1$。例如,可取 $\xi = (i-1)/(N-1)$, $i = 1,2,\cdots,N$,并令

$$\vec{r}(0) = \vec{r}_A, \quad \vec{r}(1) = \vec{r}_B, \quad \vec{r}'(0) = \vec{t}_A, \quad \vec{r}'(1) = \vec{t}_B \qquad (4.2.30)$$

对式(4.2.29)求导可得

$$\vec{r}'(\xi) = \vec{a}_1 + 2\vec{a}_2\xi + 3\vec{a}_3\xi^2 \qquad (4.2.31)$$

将 $\xi = 0,1$ 分别代入式(4.2.29)和式(4.2.31),可得到下列方程组

$$\begin{cases} \vec{a}_0 = \vec{r}_A \\ \vec{a}_0 + \vec{a}_1 + \vec{a}_2 + \vec{a}_3 = \vec{r}_B \\ \vec{a}_1 = \vec{t}_A \\ \vec{a}_1 + 2\vec{a}_2 + 3\vec{a}_3 = \vec{t}_B \end{cases} \qquad (4.2.32)$$

由解线性方程组(4.2.32)可以确定待定系数

$$\begin{cases} \vec{a}_0 = \vec{r}_A \\ \vec{a}_1 = \vec{t}_A \\ \vec{a}_2 = 3(\vec{r}_B - \vec{r}_A) - (\vec{t}_B + 2\vec{t}_A) \\ \vec{a}_3 = \vec{t}_B + \vec{t}_A - 2(\vec{r}_B - \vec{r}_A) \end{cases} \qquad (4.2.33)$$

这组系数与三次 Hermite 插值式(4.2.28)中的系数完全相同。其中,$\vec{t}_A$, $\vec{t}_B$ 代表从 A 点到 B 点的网格线分别在 A,B 点的切向矢量,称为接头矢量,其模代表网格在 A,B 点附近的密度。可以通过调整 $\vec{t}_A$, $\vec{t}_B$ 的大小和方向来控制网格在 A,B 点的密度和走

向,生成符合要求的网格[3]。该矢性插值法已收入 EAGLE 的程序库中[4-7]。

4.2.4 数性三次多项式插值

将矢性三次多项式插值式(4.2.29)应用到一个坐标上就变成数性三次多项式插值,它可以在一条直线上或弧长为坐标的一条曲线上分布网格。设物理坐标为 x,将其表示成某一个变量 ξ 的三次多项式形式的函数,而这个变量 ξ 是按等间隔变化的。通过选取不同的三次多项式(即三次多项式中不同的系数)来控制物理空间坐标的间距。数性三次多项式 $x(\xi)$ 可写成

$$x(\xi) = a_0 + a_1\xi + a_2\xi^2 + a_3\xi^3 \tag{4.2.34}$$

则

$$x' = a_1 + 2a_2\xi + 3a_3\xi^2$$
$$x'' = 2a_2 + 6a_3\xi$$
$$x''' = 6a_3$$

设 $\xi \in [0,1]$,且给定

$$x(0) = a, \quad x(1) = b, \quad x'(0) = c, \quad x'(1) = d \tag{4.2.35}$$

于是有

$$\begin{cases} a_0 = a \\ a_0 + a_1 + a_2 + a_3 = b \\ a_1 = c \\ a_1 + 2a_2 + 3a_3 = d \end{cases} \tag{4.2.36}$$

式(4.2.36)构成一个关于 a_0, a_1, a_2, a_3 的线性方程组,解该方程组得

$$\begin{cases} a_0 = a \\ a_1 = c \\ a_2 = 3(b-a) - (2c+d) \\ a_3 = (c+d) - 2(b-a) \end{cases} \tag{4.2.37}$$

设自变量 ξ 等间距变化,即 $\Delta\xi = \text{const}$,那么由 $\Delta x = x'(\xi)\Delta\xi$ 可知,为了使网格间距逐渐增大,则导数 $x'(\xi)$ 必须为单调增函数,如果要使网格间距逐渐缩小,则导数 $x'(\xi)$ 必须为单调减函数。

进一步,设 $x(\xi)$ 是单调函数,如果希望网格间距开始时逐渐增大,后来又逐渐缩小,则导数 $x'(\xi)$ 应开始为递增函数,后来过渡为递减函数,即二次函数 $x'(\xi)$ 在 $[0,1]$ 有一极大值点,线性函数 $x''(\xi)$ 在 $[0,1]$ 先正后负,存在一个 $x''(\xi) = 0$ 的点,即 $x(\xi)$ 在 $[0,1]$ 有一拐点。

反之,若希望网格间距开始时逐渐减小,后来又逐渐增大,则导数 $x'(\xi)$ 应开始为递减函数,后来过渡为递增函数,也即二次函数 $x'(\xi)$ 在 $[0,1]$ 有一极小值点,线性函数 $x''(\xi)$ 在 $[0,1]$ 先负后正,存在一个 $x''(\xi) = 0$ 的点,即 $x(\xi)$ 在 $[0,1]$ 有一

拐点。

不失一般性,取

$$x(0)=a=0, \quad x(1)=b=1 \tag{4.2.38}$$

现考察 $x''(\xi)$:

$$x''(0)=2a_2=2[3(b-a)-(d+2c)]$$
$$=2\{3-[x'(1)+2x'(0)]\} \tag{4.2.39a}$$

$$x''(1)=2a_2+6a_3$$
$$=2[3(b-a)-(d+2c)]+6[(c+d)-2(b-a)]$$
$$=2[(c+2d)-3(b-a)]=2\{[x'(0)+2x'(1)]-3\} \tag{4.2.39b}$$

因为 $x''(\xi)$ 为线性函数,所以只要 $x''(0)$ 与 $x''(1)$ 都大于 0 就可以满足 $x''(\xi)$ 恒为正的要求。同理,只要 $x''(0)$ 与 $x''(1)$ 都小于 0,就可以满足 $x''(\xi)$ 恒为负的要求。

如果要求 $x''(0)$,$x''(1)$ 异号,则在 $[0,1]$ 上必有一点使 $x''(\xi)=0$,即 $x(\xi)$ 有一拐点。下面分别讨论几种情况。

1. $x'(\xi) \geqslant 0$ 单调增,$x'(0)$ 较小,$x'(1)$ 较大,网格间距逐渐加大

此情形下,需要 $x''(\xi)$ 恒大于 0。即要保证 $x''(0)>0$,$x''(1)>0$ 同时成立,即

$$\begin{cases} x''(0)=2\{3-[x'(1)+2x'(0)]\}>0 \\ x''(1)=2\{[x'(0)+2x'(1)]-3\}>0 \end{cases}$$

也就是

$$\begin{cases} 2x'(0)+x'(1)<3 \\ x'(0)+2x'(1)>3 \end{cases} \tag{4.2.40}$$

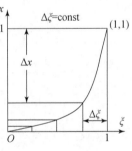

图 4.12　曲线上凹

注意,一般 $x'(0)$ 不能取小于 0 的值。此种情况下,$x'(0)$ 最小可取到 0,$x'(1)$ 最大可取到极限值 3。这样,在 $\xi=0$ 附近网格间距较小,在 $\xi=1$ 附近网格间距较大,或者说,在 $\xi=0$ 附近网格较密,在 $\xi=1$ 附近网格较稀疏,如图 4.12 所示。

2. $x'(\xi) \geqslant 0$ 单调减,$x'(0)$ 较大,$x'(1)$ 较小,网格间距逐渐减小

此情形下,需要 $x''(\xi)$ 恒小于 0。即要保证 $x''(0)<0$,$x''(1)<0$ 同时成立,即

$$\begin{cases} x''(0)=2\{3-[x'(1)+2x'(0)]\}<0 \\ x''(1)=2\{[x'(0)+2x'(1)]-3\}<0 \end{cases}$$

也就是

$$\begin{cases} 2x'(0)+x'(1)>3 \\ x'(0)+2x'(1)<3 \end{cases} \tag{4.2.41}$$

同样,一般 $x'(1)$ 不能取小于 0 的值。此种情况下, $x'(1)$ 最小可取到 0, $x'(0)$ 最大可取极限值 3。这样,在 $\xi=0$ 附近网格间距较大,在 $\xi=1$ 附近网格间距较小,也就是说,在 $\xi=0$ 附近网格较稀疏,在 $\xi=1$ 附近网格较密,如图 4.13 所示。

3. $x'(\xi)$ 先增后减, $x'(0)$, $x'(1)$ 均较小,网格间距先增后减,即两端密,中间疏

此时为保证 $x(\xi)$ 有拐点,必须 $x''(0)>0$, $x''(1)<0$,即

$$\begin{cases} x''(0)=2\{3-[x'(1)+2x'(0)]\}>0 \\ x''(1)=2\{[x'(0)+2x'(1)]-3\}<0 \end{cases}$$

也就是

$$\begin{cases} 2x'(0)+x'(1)<3 \\ x'(0)+2x'(1)<3 \end{cases} \tag{4.2.42}$$

此时可取 $x'(0)<1$, $x'(1)<1$,从而 $x'(\xi)$ 开始时上凹,最后下凹,使在 $(0,1)$ 之间某一点 $x''(\xi)=0$,即在 $[0,1]$ 区间 $x(\xi)$ 有一拐点,即 $x''(\xi)$ 经历由正到负的变化,使 $x'(\xi)$ 由单调增变为单调减,从而使节点间距在两端密,中间疏,如图 4.14 所示。

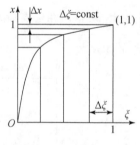 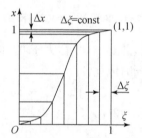

图 4.13　曲线下凹　　　　　　　图 4.14　曲线先上凹后下凹

4. $x'(\xi)$ 先减后增, $x'(0)$, $x'(1)$ 均较大,网格间距先减后增,即两端疏,中间密

此时为保证 $x(\xi)$ 有拐点,必须 $x''(0)<0$, $x''(1)>0$,即

$$\begin{cases} x''(0)=2\{3-[x'(1)+2x'(0)]\}<0 \\ x''(1)=2\{[x'(0)+2x'(1)]-3\}>0 \end{cases}$$

也就是

$$\begin{cases} 2x'(0)+x'(1)>3 \\ x'(0)+2x'(1)>3 \end{cases} \tag{4.2.43}$$

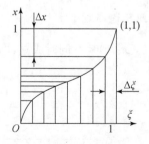

图 4.15　曲线先下凹后上凹

此时可取 $x'(0)>1$, $x'(1)>1$,从而 $x(\xi)$ 开始时下凹,最后上凹,使在 $(0,1)$ 之间某一点 $x''(\xi)=0$,即在 $[0,1]$ 区间 $x(\xi)$ 有一拐点,即 $x''(\xi)$ 经历由负到正的变化,使 $x'(\xi)$ 由单调减变为单调增,从而使节点间距在两端疏,中间密,如图 4.15 所示。

4.2.5　三次样条函数

由于一个 N 次多项式可以有 $N-1$ 个相对最大值和最小值,把单一一个多项式拟合到一组数据点 $(x_0,y_0),(x_1,y_1),\cdots,(x_n,y_n)$ 上,常常使插值曲线在数据点之间发生过度的振荡或摆动,导致拟合质量不高,即使是相对较低的 n 值也是如此。这个困难可通过将低阶多项式以分段方式拟合在一起构造出一个“合成的”插值曲线予以克服,该曲线被称为样条曲线。因此,在代数网格生成过程中,想通过指定大量内部点来控制网格分布时,样条函数可被用作混合函数。

可以进行分段插值的方法有很多,这里只专注于最常见的方法之一,即三次样条方法。在三次样条拟合中,任意两个相邻点之间的插值函数都是三次多项式。对于前述 $(n+1)$ 个数据点,这些点之间有 n 个间隔,每一个间隔需要一个三次多项式(图 4.16)。可以将这些多项式以含有待定常数 a_i,b_i,c_i,d_i 的形式写为

$$\varphi_i=a_i+b_ix+c_ix^2+d_ix^3 \quad (x_{i-1}\leqslant x\leqslant x_i, \quad i=1,2,\cdots,n) \quad (4.2.44)$$

对式(4.2.44)微分可得

$$\begin{cases}\varphi'_i=b_i+2c_ix+3d_ix^2 \\ \varphi''_i=2c_i+6d_ix\end{cases} \quad (4.2.45)$$

用 $y(x)$ 来表示整个分段三次插值函数;此函数的光滑性通过设置其一阶和二阶导数在内部点 $x_1,x_2,\cdots,x_{n-1}$ 连续而实现。所以,除了下列基本的连续性要求外

$$\begin{cases}y(x_i)=\varphi_{i+1}(x_i)=y_i, \quad i=0,1,\cdots,n-1 \\ y(x_i)=\varphi_i(x_i)=y_i, \quad i=1,2,\cdots,n\end{cases} \quad (4.2.46)$$

三次样条函数还必须满足(图 4.16)

$$\varphi'_i(x_i)=\varphi'_{i+1}(x_i)=y'_i, \quad i=1,2,\cdots,n-1 \quad (4.2.47)$$

及

$$\varphi''_i(x_i)=\varphi''_{i+1}(x_i)=y''_i, \quad i=1,2,\cdots,n-1 \quad (4.2.48)$$

其中,y'_i 和 y''_i 的值还未指定($i=1,2,\cdots,n-1$)。

考察式(4.2.45)和式(4.2.48),可以看出 y'' 必是一个连续的分段线性函数(图 4.17),从而可得

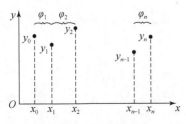

图 4.16　三次样条函数

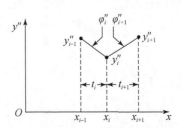

图 4.17　三次样条函数的二阶导数

$$\varphi''_{i+1}(x) = y''_i + \frac{(x - x_i)}{(x_{i+1} - x_i)}(y''_{i+1} - y''_i), \quad x_i \leqslant x \leqslant x_{i+1}$$

$$= y''_{i+1} \frac{(x - x_i)}{(x_{i+1} - x_i)} + y''_i \frac{(x_{i+1} - x)}{(x_{i+1} - x_i)}, \quad i = 0, 1, \cdots, n-1$$

$$(4.2.49)$$

其中,还有两个未指定的量 y''_0 和 y''_n 需要指定。以此为出发点,可以推导出三次样条函数的基本方程。

连续直接对式(4.2.49)积分可以给出

$$\varphi'_{i+1}(x) = \frac{1}{2} y''_{i+1} \frac{(x - x_i)^2}{t_{i+1}} - \frac{1}{2} y''_i \frac{(x_{i+1} - x)^2}{t_{i+1}} + C_{i+1} \quad (4.2.50)$$

其中, $t_{i+1} = (x_{i+1} - x_i)$ 是一个区间宽度,并且

$$\varphi_{i+1}(x) = \frac{1}{6} y''_{i+1} \frac{(x - x_i)^3}{t_{i+1}} + \frac{1}{6} y''_i \frac{(x_{i+1} - x)^3}{t_{i+1}} + C_{i+1} x + D_{i+1} \quad (4.2.51)$$

其中, C_{i+1} 和 D_{i+1} 是积分常数。

将 $x = x_i$ 和 $x = x_{i+1}$ 代入式(4.2.51),可得联立方程

$$\frac{1}{6} y''_i t_{i+1}^2 + C_{i+1} x_i + D_{i+1} = y_i$$

$$\frac{1}{6} y''_{i+1} t_{i+1}^2 + C_{i+1} x_{i+1} + D_{i+1} = y_{i+1}$$

由此可解出 C_{i+1} 和 D_{i+1}

$$C_{i+1} = \frac{(y_{i+1} - y_i)}{t_{i+1}} - \frac{1}{6} t_{i+1}(y''_{i+1} - y''_i) \quad (4.2.52)$$

$$D_{i+1} = \frac{(x_{i+1} y_i - x_i y_{i+1})}{t_{i+1}} + \frac{1}{6} t_{i+1}(x_i y''_{i+1} - x_{i+1} y''_i) \quad (4.2.53)$$

将 C_{i+1} 和 D_{i+1} 代入式(4.2.51),得到三次样条函数的基本方程

$$\varphi_{i+1}(x) = \frac{1}{6} y''_i \left[\frac{(x_{i+1} - x)^3}{t_{i+1}} - t_{i+1}(x_{i+1} - x) \right] + \frac{1}{6} y''_{i+1} \left[\frac{(x - x_i)^3}{t_{i+1}} - t_{i+1}(x - x_i) \right]$$

$$+ y_i \frac{(x_{i+1} - x)}{t_{i+1}} + y_{i+1} \frac{(x - x_i)}{t_{i+1}}, \quad i = 0, 1, \cdots, n-1 \quad (4.2.54)$$

在这些方程中,二阶导数 $y''_i (i = 0, 1, \cdots, n)$ 是作为未确定量出现的。进一步仍有连续性条件式(4.2.47)可以应用。式(4.2.50)和式(4.2.52)给出

$$\varphi'_{i+1}(x) = \frac{1}{2} y''_{i+1} \frac{(x - x_i)^2}{t_{i+1}} - \frac{1}{2} y''_i \frac{(x_{i+1} - x)^2}{t_{i+1}} + \frac{(y_{i+1} - y_i)}{t_{i+1}} - \frac{1}{6} t_{i+1}(y''_{i+1} - y''_i)$$

$$(4.2.55)$$

将 i 换成 $i-1$ 可得

$$\varphi'_i(x) = \frac{1}{2} y''_i \frac{(x - x_{i-1})^2}{t_i} - \frac{1}{2} y''_{i-1} \frac{(x_i - x)^2}{t_i} + \frac{(y_i - y_{i-1})}{t_i} - \frac{1}{6} t_i(y''_i - y''_{i-1})$$

$$(4.2.56)$$

再将式(4.2.55)和式(4.2.56)代入式(4.2.47),并令 $x=x_i$,可得

$$-\frac{1}{2}y''_i t_{i+1} + \frac{(y_{i+1}-y_i)}{t_{i+15}} - \frac{1}{6}t_{i+1}(y''_{i+1}-y''_i)$$

$$=\frac{1}{2}y''_i t_i + \frac{(y_i-y_{i-1})}{t_i} - \frac{1}{6}t_i(y''_i-y''_{i-1}) \tag{4.2.57}$$

式(4.2.57)可以被写为

$$y''_{i-1}t_i + 2y''_i(t_i+t_{i+1}) + y''_{i+1}t_{i+1} = 6\left[\frac{(y_{i+1}-y_i)}{t_{i+1}} - \frac{(y_i-y_{i-1})}{t_i}\right], i=1,2,\cdots,n-1$$
$$\tag{4.2.58}$$

对 $n+1$ 个量 y''_i,这里得到 $n-1$ 个线性方程构成的方程组,显然方程组中还具有某些不确定性。要解决这个问题,还需要再指定两个条件,有很多标准的方法可以做到这一点。

方法一(自然样条拟合)　使 $y''_0=y''_n=0$,这意味着样条曲线在端点的曲率为零。方程(4.2.58)可以表示为矩阵的形式,即

$$A\begin{bmatrix} y''_1 \\ y''_2 \\ \vdots \\ y''_{n-1} \end{bmatrix} = \begin{bmatrix} 6\left(\dfrac{y_2-y_1}{t_2} - \dfrac{y_1-y_0}{t_1}\right) \\ 6\left(\dfrac{y_3-y_2}{t_3} - \dfrac{y_2-y_1}{t_2}\right) \\ \vdots \\ 6\left(\dfrac{y_n-y_{n-1}}{t_n} - \dfrac{y_{n-1}-y_{n-2}}{t_{n-1}}\right) \end{bmatrix} \tag{4.2.59}$$

其中,A 是 $(n-1)\times(n-1)$ 的对称三对角矩阵

$$\begin{bmatrix} 2(t_1+t_2) & t_2 & 0 & 0 & \cdots & \cdots & 0 \\ t_2 & 2(t_2+t_3) & t_3 & 0 & \cdots & \cdots & \cdots \\ 0 & t_3 & 2(t_3+t_4) & t_4 & \cdots & \cdots & \cdots \\ 0 & 0 & t_4 & \cdots & \cdots & \cdots & \cdots \\ \cdots & \cdots & & \cdots & \cdots & \cdots & \cdots \\ \cdots & \cdots & & & 2(t_{n-2}+t_{n-1}) & t_{n-1} \\ 0 & \cdots & \cdots & \cdots & \cdots & t_{n-1} & 2(t_{n-1}+t_n) \end{bmatrix}$$
$$\tag{4.2.60}$$

设定 y''_0,y''_n 都为零,则由方程组(4.2.59)的解得到的三次样条函数在接近端点时可能比期望的理想曲线形状要更加平坦。

方法二　假设这一组数据点的每一个端点的二阶导数与其相邻端点相同,即取 $y''_0=y''_1$,$y''_n=y''_{n-1}$。与方法一相比,这一假设会在端点附近的插值曲线上产生更大的曲率。

再次得出式(4.2.59)形式的矩阵方程,矩阵 A 仍是对称三对角阵,由下式

给出

$$\begin{bmatrix} (3t_1+2t_2) & t_2 & 0 & 0 & \cdots & \cdots & 0 \\ t_2 & 2(t_2+t_3) & t_3 & 0 & \cdots & \cdots & \cdots \\ 0 & t_3 & 2(t_3+t_4) & t_4 & \cdots & \cdots & \cdots \\ 0 & 0 & t_4 & \cdots & \cdots & \cdots & \cdots \\ \cdots & \cdots & \cdots & \cdots & \cdots & \cdots & \cdots \\ \cdots & \cdots & \cdots & \cdots & \cdots & 2(t_{n-2}+t_{n-1}) & t_{n-1} \\ 0 & \cdots & \cdots & \cdots & \cdots & t_{n-1} & (2t_{n-1}+3t_n) \end{bmatrix}$$

$$\text{(4.2.61)}$$

方法三 假设 y''_0 和 y''_n 是每个端点处距端点最近的两个数据点的 y'' 值的线性外插值。于是,在插值区间左端点 x_0 有

$$\frac{(y''_1-y''_0)}{t_1}=\frac{(y''_2-y''_1)}{t_2} \tag{4.2.62}$$

或重新排列

$$y''_0=y''_1\frac{t_1+t_2}{t_2}-y''_2\frac{t_1}{t_2} \tag{4.2.63}$$

类似地,在插值区间右端点 x_n 得到方程

$$y''_n=y''_{n-1}\frac{t_{n-1}+t_n}{t_{n-1}}-y''_{n-2}\frac{t_n}{t_{n-1}} \tag{4.2.64}$$

这里很容易说明矩阵方程再一次具有式(4.2.59)的形式,其中的矩阵 A 与式(4.2.61)中的一样,只是其第一行变为

$$\left(\frac{(t_1+t_2)(t_1+2t_2)}{t_2} \quad \frac{(t_2^2-t_1^2)}{t_2} \quad 0 \quad 0 \quad \cdots \quad 0\right) \tag{4.2.65}$$

最后一行变为

$$\left(0 \quad \cdots \quad 0 \quad \frac{(t_{n-1}^2-t_n^2)}{t_{n-1}} \quad \frac{(t_{n-1}+t_n)(2t_{n-1}+t_n)}{t_{n-1}}\right) \tag{4.2.66}$$

方法四 此处指定插值曲线在端点的梯度 y'_0, y'_n。如果这些梯度是已知的,就得到所有这些方法中最好的三次样条拟合。然而,通常所能掌控的只是它们的估计值。

利用式(4.2.55),得到

$$y'_0=\varphi'_1(x_0)=-\frac{1}{2}y''_0t_1+\frac{(y_1-y_0)}{t_1}-\frac{1}{6}t_1(y''_1-y''_0)$$

$$=-\frac{1}{3}y''_0t_1-\frac{1}{6}y''_1t_1+\frac{(y_1-y_0)}{t_1}$$

因此

$$y''_0t_1=-\frac{1}{2}y''_1t_1-3y'_0+3\frac{(y_1-y_0)}{t_1} \tag{4.2.67}$$

将式(4.2.69)代入式(4.2.58)中的第一个方程($i=1$),得到

$$y''_1\left(\frac{3}{2}t_1 + 2t_2\right) + y''_2 t_2 = 6\frac{(y_2 - y_1)}{t_2} - 9\frac{(y_1 - y_0)}{t_1} + 3y'_0 \quad (4.2.68)$$

类似地,可以证明方程(4.2.58)中的最后一个方程($i=n-1$)变为

$$y''_{n-2} t_{n-1} + y''_{n-1}\left(2t_{n-1} + \frac{3}{2}t_n\right) = 9\frac{(y_n - y_{n-1})}{t_n} - 6\frac{(y_{n-1} - y_{n-2})}{t_{n-1}} - 3y'_n$$
$$(4.2.69)$$

式(4.2.58)的其他方程都没有变,因此得到下列矩阵方程

$$A\begin{bmatrix} y''_1 \\ y''_2 \\ \vdots \\ y''_{n-1} \end{bmatrix} = \begin{bmatrix} 6\frac{(y_2 - y_1)}{t_2} - 9\frac{(y_1 - y_0)}{t_1} + 3y'_0 \\ 6\left(\frac{y_3 - y_2}{t_3} - \frac{y_2 - y_1}{t_2}\right) \\ \vdots \\ 9\frac{(y_n - y_{n-1})}{t_n} - 6\frac{(y_{n-1} - y_{n-2})}{t_{n-1}} - 3y'_n \end{bmatrix} \quad (4.2.70)$$

其中,矩阵 A 除第一行和最后一行外,与方法一~方法三一样。A 的第一行变为

$$\left(\frac{3}{2}t_1 + 2t_2 \quad t_2 \quad 0 \quad 0 \quad \cdots \quad 0\right) \quad (4.2.71)$$

A 的最后一行变为

$$\left(0 \quad \cdots \quad 0 \quad t_{n-1} \quad 2t_{n-1} + \frac{3}{2}t_n\right) \quad (4.2.72)$$

在上述所有方法中,都是要求解一个矩阵方程获得 $y''_1, y''_2, \cdots, y''_{n-1}$ 的值。矩阵 A 是三对角阵,并在每一种情况下对角占优,而且稀疏度很高。有标准的数值方法来求解这样的方程组。获得了 $y''_1, y''_2, \cdots, y''_{n-1}$,就可以从式(4.2.54)得到插值三次样条函数本身。

方法五 此处可以考虑前面四种方法采用的端点条件类型的一个混合型。例如,可以在插值区间左端点 x_0 处采用自然样条(方法一),在右端点 x_n 处采用指定斜率的方式(方法四)。在这种情况下,只需要取式(4.2.60)的矩阵 A,而改变其最后一行与式(4.2.72)一样就可以了。此外,矩阵方程(即未知量 $y''_1, y''_2, \cdots, y''_{n-1}$ 所满足的线性方程组)右端的列向量必须与式(4.2.59)相一致,除了其最后一行必须与式(4.2.70)中的最后一行一样外。端点条件的其他组合可以以类似的方式进行处理。

4.3 多方向插值和无限插值

4.3.1 投射算子和二维双线性映射

假设存在一个变换 $\vec{r} = \vec{r}(\xi, \eta)$(或 $x = x(\xi, \eta)$,$y = y(\xi, \eta)$),它把单位正方形

$0 < \xi < 1$，$0 < \eta < 1$ 映射成 xy（物理）平面 $ABDC$（一般来讲其边界是曲边的）区域的内部（图 4.18），使得边界 $\xi = 0,1$ 分别映射成边界 AB 和 CD，这两个边界可表述成 $\vec{r}(0,\eta)$ 和 $\vec{r}(1,\eta)$，边界 AC 和 BD 也类似地由 $\vec{r}(\xi,0)$，$\vec{r}(\xi,1)$ 给出。可以写出另外一个变换 P_ξ，称为投射算子，它把计算空间的点映射成物理空间的点（或位置向量），被定义为

$$P_\xi(\xi,\eta) = (1-\xi)\vec{r}(0,\eta) + \xi\vec{r}(1,\eta) \tag{4.3.1}$$

正如在 4.2.1 小节中所看到的那样，这个变换把 $\xi\eta$ 平面上的单位正方形映射到图 4.9 所显示的区域，其中边界 AC 和 BD 换成了直线（相较于图 4.18 而言）。$\xi = 0,1$ 边分别映射成 AB 和 CD，$\eta = 0,1$ 边分别映射成直线 AC 和 BD。此外，$\eta = \text{const}$ 坐标线被映射成物理平面的直线而不是坐标曲线（图 4.19）。

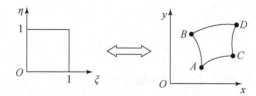

图 4.18　映射单位正方形成曲边四边形

类似地，可以定义如下的投射算子

$$P_\eta(\xi,\eta) = (1-\eta)\vec{r}(\xi,0) + \eta\vec{r}(\xi,1) \tag{4.3.2}$$

它把单位正方形映射成了图 4.19 显示的一个区域，其中保留了曲线边界 AC 和 BD，但是用直线替换了边界 AB 和 CD。

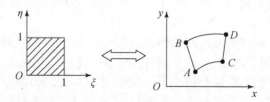

图 4.19　投影算子 P_η

可以构造复合映射 $P_\xi P_\eta$，使得

$$
\begin{aligned}
P_\xi P_\eta(\xi,\eta) &= P_\xi[P_\eta(\xi,\eta)] = (1-\xi)P_\eta|_{\xi=0} + \xi P_\eta|_{\xi=1}\\
&= (1-\xi)[(1-\eta)\vec{r}(\xi,0) + \eta\vec{r}(\xi,1)]|_{\xi=0} + \xi[(1-\eta)\vec{r}(\xi,0) + \eta\vec{r}(\xi,1)]|_{\xi=1}\\
&= (1-\xi)[(1-\eta)\vec{r}(0,0) + \eta\vec{r}(0,1)] + \xi[(1-\eta)\vec{r}(1,0) + \eta\vec{r}(1,1)]\\
&= (1-\xi)(1-\eta)\vec{r}(0,0) + (1-\xi)\eta\vec{r}(0,1) + \xi(1-\eta)\vec{r}(1,0) + \xi\eta\vec{r}(1,1)
\end{aligned}
$$

$$\tag{4.3.3}$$

这种双线性变换具有四个顶点 A，B，C，D 被保留的属性，边界全部被换成直线；也就是说，单位正方形被映射成一个四边形 $ABDC$（图 4.20）。此外，计算空间的直线 $\xi = \mathrm{const}$ 和 $\eta = \mathrm{const}$ 被映射成物理空间的直线。

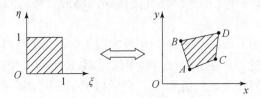

图 4.20　双线性变换 $P_\xi P_\eta$

很容易证明，通常被称为 P_ξ 和 P_η 的张量积的投射合成是可互换的，即

$$P_\xi P_\eta = P_\eta P_\xi \tag{4.3.4}$$

还要注意的是，可以构造复合映射 $P_\xi P_\xi$，得到

$$\begin{aligned}
P_\xi [P_\xi(\xi,\eta)] &= (1-\xi) \left. P_\xi \right|_{\xi=0} + \xi \left. P_\xi \right|_{\xi=1} \\
&= (1-\xi) \left[(1-\xi)\vec{r}(0,\eta) + \xi\vec{r}(1,\eta) \right]\big|_{\xi=0} + \xi \left[(1-\xi)\vec{r}(0,\eta) + \xi\vec{r}(1,\eta) \right]\big|_{\xi=1} \\
&= (1-\xi)[\vec{r}(0,\eta)] + \xi[\vec{r}(1,\eta)] = P_\xi
\end{aligned}$$

因此，有

$$P_\xi P_\xi = P_\xi \tag{4.3.5}$$

这是投射算子通常的定义属性。

回顾各种映射对单位正方形的 $\eta = 0$ 的边的作用，在 P_ξ 下，它被映射成直线 AC；在 P_η 下，它被映射成曲边边界 AC；在 $P_\xi P_\eta$ 下，它被映射成直线 AC。在每一个边做类似的考察表明，复合映射 $(P_\xi + P_\eta - P_\xi P_\eta)$ 是一个把单位正方形的全部边界映射成全部曲边边界 $ABDC$ 的变换。

这个映射被称为变换 P_ξ 和变换 P_η 的布尔和，记作 $P_\xi \oplus P_\eta$。从而

$$P_\xi \oplus P_\eta = P_\xi + P_\eta - P_\xi P_\eta \tag{4.3.6}$$

很显然 $P_\xi \oplus P_\eta = P_\eta \oplus P_\xi$。完整的公式表达是

$$\begin{aligned}
P_\xi \oplus P_\eta(\xi,\eta) &= P_\xi(\xi,\eta) + P_\eta(\xi,\eta) - P_\xi P_\eta(\xi,\eta) \\
&= (1-\xi)\vec{r}(0,\eta) + \xi\vec{r}(1,\eta) + (1-\eta)\vec{r}(\xi,0) + \eta\vec{r}(\xi,1) \\
&\quad - (1-\xi)(1-\eta)\vec{r}(0,0) - (1-\xi)\eta\vec{r}(0,1) \\
&\quad - \xi(1-\eta)\vec{r}(1,0) - \xi\eta\vec{r}(1,1)
\end{aligned} \tag{4.3.7}$$

这个变换是二维无限插值（transfinite interpolation，TFI）的基础。通过取 ξ 和 η 的离散值 ξ_i，η_j 使得 $0 \leqslant \xi_i = \dfrac{i-1}{I_m-1} \leqslant 1$，$0 \leqslant \eta_j = \dfrac{j-1}{J_m-1} \leqslant 1$，$i = 1,2,\cdots,I_m$，$j = 1,2,\cdots,J_m$，就可以由式（4.3.7）对选定的 I_m 和 J_m 生成一个网格。

TFI 是代数网格生成最常用的方法。它可以在其他方法都难以应用的情况下

快速生成优良网格,并且它也允许直接控制网格节点的位置。很多二维区域用 TFI 很容易准确分布网格。然而,也有一些如翼型、"后台阶"和 C 型网格的几何形状,应用 TFI 的效果不很令人满意,其主要的缺陷是:①在生成的网格中缺乏光滑性,边界曲线上的任何梯度不连续性有传播到内场的趋势;②对复杂几何形状,网格有折叠的倾向。

　　无限插值法是由 Gordon 在 1973 年首次提出的[8]。TFI 具有在物理空间严丝合缝般贴合边界的优点。在 20 世纪 80 年代早期,Eriksson 描述了 TFI 应用到计算流体力学(CFD)网格生成的情形[9-11],之后出现了 TFI 的各种版本,并多次被人们讨论[12-14]。

　　TFI 是一个多元插值方法。当 TFI 被应用于代数网格生成时,物理空间的网格被约束在指定的边界上或指定的边界内。TFI 是在每一个计算坐标方向都是一元插值的布尔和。本质上来讲,任何一元插值(线性的、二次的、样条的等)都可以应用到一个坐标方向。因此,可以用一元插值的不同组合和形式创造出来无限多个 TFI 的变体。通常为了特别的应用需要,在一个称为主坐标方向的坐标方向上采用更高阶、更精致的插值,而在其余的坐标方向采用如线性插值这种较低阶的插值。

4.3.2　TFI 的数值实施

　　以图 4.21 作为参考,可式(4.3.7)写成

$$\vec{r}(\xi,\eta) = (1-\xi)\vec{r}_l(\eta) + \xi\vec{r}_r(\eta) + (1-\eta)\vec{r}_b(\xi) + \eta\vec{r}_t(\xi)$$
$$- (1-\xi)(1-\eta)\vec{r}_b(0) - (1-\xi)\eta\vec{r}_t(0)$$
$$- \xi(1-\eta)\vec{r}_b(1) - \xi\eta\vec{r}_t(1) \tag{4.3.8}$$

其中,下标 l,r,b,t 分别表示左(left),右(right),底部(bottom),顶部(top)。

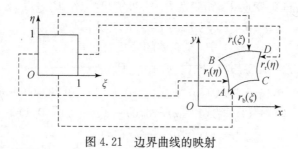

图 4.21　边界曲线的映射

　　在物理域的四个顶点,需要一致性条件

$$\vec{r}_b(0) = \vec{r}_l(0), \quad \vec{r}_b(1) = \vec{r}_r(0), \quad \vec{r}_r(1) = \vec{r}_t(1), \quad \vec{r}_l(1) = \vec{r}_t(0)$$
$$\tag{4.3.9}$$

方程(4.3.8)等价于两个分量方程

$$x(\xi,\eta)=(1-\xi)x_1(\eta)+\xi x_r(\eta)+(1-\eta)x_b(\xi)+\eta x_t(\xi)$$
$$-(1-\xi)(1-\eta)x_b(0)-(1-\xi)\eta x_t(0)$$
$$-\xi(1-\eta)x_b(1)-\xi\eta x_t(1) \tag{4.3.10a}$$
$$y(\xi,\eta)=(1-\xi)y_1(\eta)+\xi y_r(\eta)+(1-\eta)y_b(\xi)+\eta y_t(\xi)$$
$$-(1-\xi)(1-\eta)y_b(0)-(1-\xi)\eta y_t(0)$$
$$-\xi(1-\eta)y_b(1)-\xi\eta y_t(1) \tag{4.3.10b}$$

式(4.3.10)可以通过"嵌套的 DO 循环"进行离散和求值。假设在计算平面底部和顶部边界选择 I_m 个网格节点，ξ 方向节点之间具有相等的增量，都等于 $\Delta\xi=1/(I_m-1)$。类似地，在左、右边界取 J_m 个节点，η 方向节点之间增量也是等增量，都等于 $\Delta\eta=1/(J_m-1)$。另外，还需要函数 $\vec{r}_b,\vec{r}_t,\vec{r}_1,\vec{r}_r$ 的边界数据，也就是对应于边界的每一部分上选定的 ξ 和 η 的值对应的(x,y)坐标的值。这个数据可以通过一个数据文件提供给主程序。或者，如果该边界可以根据某个解析表达式计算出来，那么这个工作可在子程序完成。

设置 $\xi=\mathrm{XI}$，$\eta=\mathrm{ET}$，$\Delta\xi=1/(I_m-1)$，$\Delta\eta=1/(J_m-1)$，一个带"双重循环"的计算式(4.3.10a)和式(4.3,10b)的基本程序可取下列形式：

```
DO 2 J= 2,Jm- 1
    ET= (J- 1)* dET
DO 1 I= 2,Im- 1
    XI= (I- 1)* dXI
    X(I,J)= (1.0- XI)* Xl(J)+ XI* Xr(J)+ (1.0- ET)* Xb(I)+ ET* Xt(I)
        - (1.0- XI)* (1.0- ET)* Xb(1)- (1.0- XI)* ET* Xt(1)
        - XI* (1.0- ET)* Xb(Im)- XI* ET* Xt(Im)
    Y(I,J)= (1.0- XI)* Yl(J)+ XI* Yr(J)+ (1.0- ET)* Yb(I)+ ET* Yt(I)
        - (1.0- XI)* (1.0- ET)* Yb(1)- (1.0- XI)* ET* Yt(1)
        - XI* (1.0- ET)* Yb(Im)- XI* ET* Yt(Im)
1 Continue
2 Continue
```

图 4.22 为用无限插值法生成的平面二维网格。

4.3.3　三维 TFI

获得三维 TFI 的一个简单办法就是把投射算子的定义拓展到三维。假设有一个映射 $\vec{r}(\xi,\eta,\zeta)$，把单位立方体 $0\leqslant\xi\leqslant1,0\leqslant\eta\leqslant1,0\leqslant\zeta\leqslant1$ 映射成物理空间的一个六面体 R(图 4.23)。由 $\xi=0,1$ 所代表的立方体的两个互相对面的平面映射到 R 的两个互相对面的面(一般来讲是曲面) $\vec{r}(0,\eta,\zeta)$，$\vec{r}(1,\eta,\zeta)$。在这两个面上，

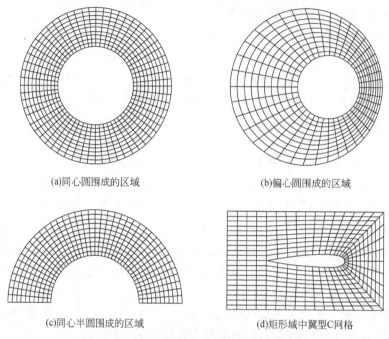

(a)同心圆围成的区域　　　　　　　　　(b)偏心圆围成的区域

(c)同心半圆围成的区域　　　　　　　　(d)矩形域中翼型C网格

图 4.22　用无限插值法生成的平面二维网格

存在以 η 和 ζ 为坐标的曲线坐标系(图 4.24)。由诸如 $\eta = \zeta = 0 (0 \leqslant \xi \leqslant 1)$ 等所代表的立方体的棱映射成由 $\vec{r}(\xi,0,0)$ 等所表示的 R 的边棱,$\vec{r}(\xi,0,0)$ 这个边棱是 ξ 坐标曲线(图 4.23)。

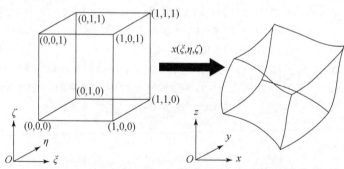

图 4.23　单位立方体映射为曲面六面体

将线性拉格朗日多项式用作混合函数,就可以定义下列投射算子

$$P_\xi(\xi,\eta,\zeta) = (1-\xi)\vec{r}(0,\eta,\zeta) + \xi\vec{r}(1,\eta,\zeta) \tag{4.3.11}$$

$$P_\eta(\xi,\eta,\zeta) = (1-\eta)\vec{r}(\xi,0,\zeta) + \eta\vec{r}(\xi,1,\zeta) \tag{4.3.12}$$

$$P_\zeta(\xi,\eta,\zeta) = (1-\zeta)\vec{r}(\xi,\eta,0) + \zeta\vec{r}(\xi,\eta,1) \tag{4.3.13}$$

现在,投射算子 P_ξ 仍然将立方体的互相对面的面 $\xi=0,1$ 映射成 R 的两个互相对面的面 $\vec{r}(0,\eta,\zeta)$,$\vec{r}(1,\eta,\zeta)$。它还将立方体的所有顶点 $(0,0,0)$,$(1,0,0)$等,映射成 R 的顶点 $\vec{r}(0,0,0)$,$\vec{r}(1,0,0)$ 等。然而,连接立方体的 $\xi=0$ 面和 $\xi=1$ 面的相对应顶点的边棱却被映射成连接 R 的相应顶点的直线。

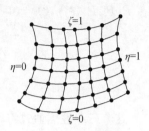

图 4.24　表面网格

例如,$(\xi,0,0) \rightarrow (1-\xi)\vec{r}(0,0,0)+\xi\vec{r}(1,0,0)$,$0 \leqslant \xi \leqslant 1$。

显然,另外两个投射算子 P_η,P_ζ 也有类似的性质,而且它们满足所有由式(4.3.5)给出的基本投射特性。

如果仅指定 R 的两个面对面的(边界)面 $\vec{r}(0,\eta,\zeta)$ 和 $\vec{r}(1,\eta,\zeta)$ 来生成网格,并可在其上构造以 η,ζ 为坐标的曲线坐标系(图 4.24),那么就可以在这两个面得到一个对应于离散值 η_j,ζ_k 的网格,其中,对于一定的 J_m,K_m,有

$$0 \leqslant \eta_j = \frac{j-1}{J_m-1} \leqslant 1, 0 \leqslant \zeta_k = \frac{k-1}{K_m-1} \leqslant 1,$$

$$j=1,2,\cdots,J_m,k=1,2,\cdots,K_m$$

此时,就可以取 ξ 的离散值为

$$0 \leqslant \xi_i = \frac{i-1}{I_m-1} \leqslant 1, \quad i=1,2,\cdots,I_m$$

在 $\vec{r}(0,\eta,\zeta)$ 和 $\vec{r}(1,\eta,\zeta)$ 两个面之间通过式(4.3.11)用 P_ξ 生成一个网格。

双线性"张量积" $P_\xi P_\eta$ 可以完整地表示为

$$\begin{aligned}
P_\xi P_\eta(\xi,\eta,\zeta) = &(1-\xi)(1-\eta)\vec{r}(0,0,\zeta) + (1-\xi)\eta\vec{r}(0,1,\zeta) \\
&+ \xi(1-\eta)\vec{r}(1,0,\zeta) + \xi\eta\vec{r}(1,1,\zeta)
\end{aligned} \tag{4.3.14}$$

施加在单位立方体上的这个变换产生的效应是将平行于 ζ 方向的所有四个直线边棱映射成 R 对应的四个曲边边棱 $\vec{r}(0,0,\zeta)$ 等。在这些曲边边棱之间,在 ξ 和 η 方向进行的是线性插值。如果只已知 R 的这四个边棱来生成网格,那么这个映射也可以用于线性插值。其他的双线性积也有类似的性质,并且可以如下给出

$$\begin{aligned}
P_\eta P_\zeta(\xi,\eta,\zeta) = &(1-\eta)(1-\zeta)\vec{r}(\xi,0,0) + (1-\eta)\zeta\vec{r}(\xi,0,1) \\
&+ \eta(1-\zeta)\vec{r}(\xi,1,0) + \eta\zeta\vec{r}(\xi,1,1)
\end{aligned} \tag{4.3.15}$$

$$\begin{aligned}
P_\xi P_\zeta(\xi,\eta,\zeta) = &(1-\xi)(1-\zeta)\vec{r}(0,\eta,0) + (1-\xi)\zeta\vec{r}(0,\eta,1) \\
&+ \xi(1-\zeta)\vec{r}(1,\eta,0) + \xi\zeta\vec{r}(1,\eta,1)
\end{aligned} \tag{4.3.16}$$

显然,这些积都具有可交换的性质。

也可以用公式表述"三线性"变换 $P_\xi P_\eta P_\zeta$,它可以被完整地表示为

$$
\begin{aligned}
P_\xi P_\eta P_\zeta(\xi,\eta,\zeta) = &(1-\xi)(1-\eta)(1-\zeta)\vec{r}(0,0,0) \\
&+\xi(1-\eta)(1-\zeta)\vec{r}(1,0,0) + (1-\xi)\eta(1-\zeta)\vec{r}(0,1,0) \\
&+(1-\xi)(1-\eta)\zeta\vec{r}(0,0,1) + \xi\eta(1-\zeta)\vec{r}(1,1,0) \\
&+\xi(1-\eta)\zeta\vec{r}(1,0,1) + (1-\xi)\eta\zeta\vec{r}(0,1,1) + \xi\eta\zeta\vec{r}(1,1,1)
\end{aligned}
$$
$$(4.3.17)$$

这个三线性插值式将单位立方体映射到物理空间与 R 具有相同顶点,但顶点之间是用直线相连接的一个区域上。

布尔和 $P_\xi \oplus P_\eta \oplus P_\zeta$ 可以通过连续地应用定义式(4.3.6),借助上面给出的各种映射表述出来。这样得到

$$
\begin{aligned}
P_\xi \oplus (P_\eta \oplus P_\zeta) &= P_\xi \oplus (P_\eta + P_\zeta - P_\eta P_\zeta) \\
&= P_\xi + (P_\eta + P_\zeta - P_\eta P_\zeta) - P_\xi(P_\eta + P_\zeta - P_\eta P_\zeta) \\
&= P_\xi + P_\eta + P_\zeta - P_\eta P_\zeta - P_\xi P_\eta - P_\xi P_\zeta + P_\xi P_\eta P_\zeta
\end{aligned}
$$
$$(4.3.18)$$

可以很直接地看出,$(P_\xi \oplus P_\eta) \oplus P_\zeta$ 会得到相同的结果,这意味着布尔和满足加法结合律。在式(4.3.11)~式(4.3.17)中,取 $\xi=0$,并结合式(4.3.18)中的矢量和结果,可以证明单位立方体的 $\xi=0$ 面在布尔和式(4.3.18)下映射成 R 的 $\vec{r}(0,\eta,\zeta)$ 曲面。实际上,立方体的每一个面都映射成 R 的一个面(曲面)。这个布尔和 $P_\xi \oplus P_\eta \oplus P_\zeta$ 是三维 TFI 的基础。

从上面的讨论可知,从投射算子角度来看,积 $P_\xi P_\eta P_\zeta$ 是"代数上最小的",其原因在于它只能从 R 的八个顶点进行插值,使得它是在 R 内(基于 TFI)生成一个网格的投射算子集合里最弱的成员。另外,布尔和 $P_\xi \oplus P_\eta \oplus P_\zeta$ 是投射算子集合里"代数上最大的"和最强的成员,要使用它,需要 R 上的所有六个面(包括 12 个边棱和 8 个顶点)上的边界数据。那么,取 ξ,η,ζ 的离散值,式(4.3.18)可用三线性插值在 R 内生成一个网格。

然而在实践中,可能没有一个完整的边界数据集。例如,假设仅有物理域 R 的 12 条边棱的边界数据。由于式(4.3.14)显示,积 $P_\xi P_\eta$ 从 R 的四个边棱进行线性插值,可以寄望张量积的布尔和 $P_\xi P_\eta \oplus P_\eta P_\zeta \oplus P_\zeta P_\xi$ 能给出一个恰当的网格生成公式。根据"张量积"并应用可交换性和基本投射性质式(4.3.5),容易推演出来

$$
\begin{aligned}
P_\xi P_\eta \oplus (P_\eta P_\zeta \oplus P_\zeta P_\xi) &= P_\xi P_\eta \oplus (P_\eta P_\zeta + P_\zeta P_\xi - P_\eta P_\zeta P_\zeta P_\xi) \\
&= P_\xi P_\eta \oplus (P_\eta P_\zeta + P_\zeta P_\xi - P_\eta P_\zeta P_\xi) \\
&= P_\xi P_\eta + (P_\eta P_\zeta + P_\zeta P_\xi - P_\eta P_\zeta P_\xi) \\
&\quad - P_\xi P_\eta(P_\eta P_\zeta + P_\zeta P_\xi - P_\eta P_\zeta P_\xi) \\
&= P_\xi P_\eta + P_\eta P_\zeta + P_\zeta P_\xi - P_\eta P_\zeta P_\xi \\
&\quad - P_\xi P_\eta P_\zeta - P_\xi P_\eta P_\zeta + P_\xi P_\eta P_\zeta \\
&= P_\xi P_\eta + P_\eta P_\zeta + P_\zeta P_\xi - 2P_\xi P_\eta P_\zeta
\end{aligned}
$$
$$(4.3.19)$$

这一(基于边界数据的 12 个边棱的)无限插值的一个显式表达式可以根据式(4.3.19)将式(4.3.14)~式(4.3.17)组合写出。

4.4　拉伸变换

4.4.1　拉伸变换概念及举例

代数网格生成可以和单变量拉伸变换结合来控制网格密度。例如,在流体动力学中,一个很基本的要求就是在固体边界附近要增加网格点的密度,从而使涉及流动特性急剧变化的边界层行为能够被逼真地模拟出来。下面讨论的拉伸变换只是 Roberts[15] 提出的一般拉伸变换族系中的几个。这里给出的变换最初是简单的二维矩形物理域 $0 \leqslant x \leqslant L$, $0 \leqslant y \leqslant h$ 被直接映射到一个矩形计算域,并期望网格点加密的非均匀网格变换成在其上求解偏微分方程的计算平面的均匀网格(图 4.25)。当物理域是非矩形时,拉伸函数也可以应用,如式(4.1.6)的例子,在正方形的 (ξ, η) 计算域与一个矩形的 (r, θ) 中间参数域之间的映射。在进一步的参数域和物理域之间的映射中,参数域是矩形的,物理域是非矩形的。

拉伸变换涉及单调的一元正函数,此处由 $x = x(\xi)$ 和 $y = y(\eta)$ 及其逆变换 $\xi = \xi(x)$ 和 $\eta = \eta(y)$ 给出。适合于处理沿 $y=0$ 壁面的二维边界层流动的变换要能在 $y=0$ 附近加密网格线分布。因此,要求在 $y=0$ 处导数 $\mathrm{d}y/\mathrm{d}\eta$ 比其他处取较小的值(导数 $\mathrm{d}\eta/\mathrm{d}y$ 取较大的值),以使计算域的均匀增量 $\delta\eta$ 对应物理域较小的增量 δy 。

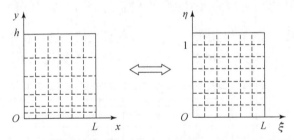

图 4.25　物理平面的非均匀网格映射到计算平面的均匀网格

对于选定的大于 1 的常数 β ,一种可能的变换为

$$\begin{cases} \xi = x \\ \eta = 1 - \dfrac{\ln\left[(\beta+1-y/h)/(\beta-1+y/h)\right]}{\ln\left[(\beta+1)/(\beta-1)\right]} \end{cases} \tag{4.4.1}$$

这一映射将 $y=0$ 直接映射成 $\eta=0$,将 $y=h$ 映射成 $\eta=1$ 。在 x 方向上的网格间距不受影响的情况下,给定 η 方向上一个均匀的间距,则在 y 方向上网格线之间间距的变化由导数 $\mathrm{d}\eta/\mathrm{d}y$ 来控制,随着参数 β 逼近极限值 1, $\mathrm{d}\eta/\mathrm{d}y$ 连同 $y=0$ 壁面

附近的网格密度一起增加。

这样的变换有时也是针对主控方程的,如果这些方程要在 $\xi\eta$ 平面的均匀网格上求解,就需要变换成以 ξ,η 为自变量的方程。例如,流体动力学中的二维定常不可压缩流连续方程就会变为

$$\frac{\partial u}{\partial x}+\frac{\partial v}{\partial y}=\left(\frac{\partial u}{\partial \xi}\frac{\partial \xi}{\partial x}+\frac{\partial u}{\partial \eta}\frac{\partial \eta}{\partial x}\right)+\left(\frac{\partial v}{\partial \xi}\frac{\partial \xi}{\partial y}+\frac{\partial v}{\partial \eta}\frac{\partial \eta}{\partial y}\right)=\frac{\partial u}{\partial \xi}+\frac{\partial v}{\partial \eta}\frac{\partial \eta}{\partial y}$$

其中,$\partial\eta/\partial y$ 可以从式(4.4.1)中按 y 求出,或者从下列逆关系中依据 η 而求出

$$\begin{cases} x=\xi \\ y=h\left\{\dfrac{(\beta+1)-(\beta-1)\left[(\beta+1)/(\beta-1)\right]^{1-\eta}}{\left[(\beta+1)/(\beta-1)\right]^{1-\eta}+1}\right\} \end{cases} \tag{4.4.2}$$

一个类似的带有附加参数 α 的拉伸变换是

$$\begin{cases} \xi=x \\ \eta=\alpha+(1-\alpha)\dfrac{\ln\{[\beta+(1+2\alpha)y/h-2\alpha]/[\beta-(1+2\alpha)y/h+2\alpha]\}}{\ln[(\beta+1)/(\beta-1)]} \end{cases}$$

$$\tag{4.4.3}$$

注意,此时仍然把边界 $y=h$ 映射成边界 $\eta=1$。但是边界 $y=0$ 映射成

$$\eta=\alpha+(1-\alpha)\frac{\ln[(\beta-2\alpha)/(\beta+2\alpha)]}{\ln[(\beta+1)/(\beta-1)]}$$

所以计算域一般不是前一个例子中的同一个矩形,除非是 $\alpha=1/2$ 的情形。y 方向网格间距的变化还是由导数 $\mathrm{d}\eta/\mathrm{d}y$ 主导,在 $\alpha=1/2$ 的情形由下式给出

$$\frac{\mathrm{d}\eta}{\mathrm{d}y}=\frac{2\beta}{h\left\{\beta^2-\left(\dfrac{2y}{h}-1\right)^2\right\}\ln[(\beta+1)/(\beta-1)]}$$

该导数在 $y=0$ 及 $y=h$ 取得其在 $0\leqslant y\leqslant h$ 的最大值。这样在 $y=0$ 及 $y=h$ 附近网格线获得加密。图 4.26 给出了 $\alpha=0.5,\beta=1.07$ 参数组合下这种网格的例子。

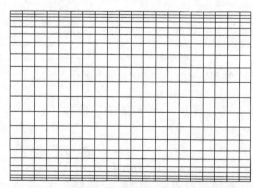

图 4.26　在 $\alpha=0.5,\beta=1.07$ 参数组合下在两个边界都进行加密的代数网格

将网格线向 $y = y_0$ 拉近的一元拉伸变换由下式给出

$$\begin{cases} \xi = x \\ \eta = B + \dfrac{1}{r} \sinh^{-1}\left\{ \left(\dfrac{y}{y_0} - 1 \right) \sinh(rB) \right\} \end{cases} \tag{4.4.4}$$

其中

$$B = \frac{1}{2r} \ln\left\{ \frac{1 + (e^r - 1) y_0 / h}{1 - (1 - e^{-r}) y_0 / h} \right\} \tag{4.4.5}$$

r 是"拉伸"参数。随着 r 趋近于零,式(4.4.4)趋近于零拉伸情形 $\eta = y/h$。要使网格线向 $y = y_0$ 聚集(即在 $y = y_0$ 线附近网格线被加密),需要较大的 r 值。

由下列导数

$$\frac{\mathrm{d}\eta}{\mathrm{d}y} = \frac{\sinh(rB)}{ry_0 \left\{ 1 + [y/y_0 - 1]^2 \sinh^2(rB) \right\}^{1/2}}$$

在 $y = y_0$ 处取得它的最大值可知,网格线向 $y = y_0$ 的聚集[加密]是显而易见的。

逆变换由下式给出

$$\begin{cases} x = \xi \\ y = y_0 \left\{ 1 + \dfrac{\sinh[r(\eta - B)]}{\sinh(rB)} \right\} \end{cases} \tag{4.4.6}$$

4.4.2　Eriksson 函数

由 Eriksson[10] 提出的拉伸变换也含有指数函数,但具有更简单的形式

$$y = h \left[\frac{e^{\alpha\eta} - 1}{e^{\alpha} - 1} \right] \tag{4.4.7}$$

在某个常数 α 下的逆变换为

$$\eta = \frac{1}{\alpha} \ln\left[1 + \frac{y}{h}(e^{\alpha} - 1) \right] \tag{4.4.8}$$

随着向 $y = 0$ 处逼近,这里 $\mathrm{d}y/\mathrm{d}\eta$ 取到它的最低值,从而增加了网格密度。如果将式(4.4.7)中的函数用 $f(\eta)$ 表示,可以通过构造函数 $\{h - f(1 - \eta)\}$ 把网格线加密的位置移动到 $y = h$ 处,由此得到

$$y = h \left\{ \frac{e^{\alpha} - e^{\alpha(1-\eta)}}{e^{\alpha} - 1} \right\} \tag{4.4.9}$$

可以直接验证,如果希望网格线向内部网格线 $y = y_0$ 聚集[加密](对应于计算平面的 $\eta = \eta_0 = y_0/h$),上述函数在经过适当的尺度匹配以后,可以对接在一起,构成如下表达式

$$y = \begin{cases} h\eta_0 \left[(e^{\alpha} - e^{\alpha(1-\eta/\eta_0)}) / (e^{\alpha} - 1) \right], & 0 \leqslant \eta \leqslant \eta_0 \\ h\eta_0 + h(1 - \eta_0) \left[(e^{\alpha(\eta-\eta_0)/(1-\eta_0)} - 1) / (e^{\alpha} - 1) \right], & \eta_0 \leqslant \eta \leqslant 1 \end{cases} \tag{4.4.10}$$

此函数单调增加,并在 $\eta = \eta_0$ 处有连续的导数。

式(4.4.7)和式(4.4.9)以适当的尺度比例,也可以以一个相反的顺序在任意内点值 $y = y_1$ 处(对应于 $\eta = \eta_1 = y_1/h$)对接在一起,得到一个拉伸函数,它将网格线聚集[加密]到两个边界 $y = 0$ 和 $y = h$ 上去。此处 $f(\eta)$ 仍由式(4.4.7)给出,对接成的函数的两部分是:在 $0 \leqslant \eta \leqslant \eta_1$ 时,$y = y_1 f(\eta/\eta_1)$;在 $\eta_1 \leqslant \eta \leqslant 1$ 时,$y = h - (h - y_1)f((1-\eta)/(1-\eta_1))$

$$y = \begin{cases} h\eta_1(e^{\alpha\eta/\eta_1} - 1)/(e^\alpha - 1), & 0 \leqslant \eta \leqslant \eta_1 \\ h - h(1-\eta_1)(e^{\alpha(1-\eta)/(1-\eta_1)} - 1)/(e^\alpha - 1), & \eta_1 \leqslant \eta \leqslant 1 \end{cases} \tag{4.4.11}$$

它在 $y = y_1$ 处有连续的一阶导数。

4.4.3　双曲正切和双曲正弦控制函数

用于网格加密的另外两个单段控制函数是双曲正切(tanh)和双曲正弦(sinh)控制函数,分别为

$$\frac{y}{h} = 1 + \frac{\tanh[B(\eta-1)]}{\tanh B} \tag{4.4.12}$$

$$\frac{y}{h} = 1 - \frac{\sinh[C(1-\eta)]}{\sinh C} \tag{4.4.13}$$

其中,$0 \leqslant \eta \leqslant 1$,$0 \leqslant \dfrac{y}{h} \leqslant 1$,参数 B 和参数 C 决定了控制函数及其导数。对计算流体力学应用中的附面层流动问题,双曲正切函数是很多参考文献青睐的网格加密控制函数。

4.5　等比数列拉伸法

该方法使一条网格线(平面曲线、空间曲线、直线)上的网格点间距成等比数列变化,可用于对一条已知网格线节点进行重新分布。

设某条网格线上有 n 个网格节点,$s_1, s_2, s_3, \cdots, s_n$ 分别为这 n 个节点处的弧长坐标(一般来讲,s_1, s_n 应为已知值,当取 $s_1 = 0$ 时,则 s_n 也为该网格线的总弧长),$d_1,$ $d_2, d_3, \cdots, d_{n-1}$ 为这 n 个节点各相邻点之间的间距(图 4.27),显然存在几何关系

$$\begin{cases} s_2 - s_1 = d_1 \\ s_3 - s_2 = d_2 \\ \vdots \\ s_n - s_{n-1} = d_{n-1} \end{cases} \tag{4.5.1}$$

即 $d_i = s_{i+1} - s_i$。

设 $d_1, d_2, \cdots, d_{n-1}$ 成等比数列,则需求公比 r。可分两种情形讨论:①指定起始

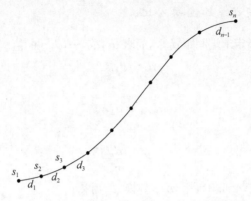

图 4.27　一条网格线上的弧长分布及网格间距

端点的间距 d_1 ,求公比 r ;②指定末端点的间距 d_{n-1} ,求公比 r 。

1. 情形一:指定 d_1 的值,求公比 r

显然(当然可取 $s_1=0$)

$$d_1+d_2+\cdots+d_{n-1}=s_n-s_1 \tag{4.5.2}$$

由等比数列前 n 项和公式

$$\sum_{i=1}^{n}a_i=\frac{a_1(q^n-1)}{q-1}$$

得前 $n-1$ 项间距 d_i 和为

$$s_n-s_1=\sum_{i=1}^{n-1}d_i=d_1\frac{r^{n-1}-1}{r-1} \tag{4.5.3}$$

即

$$\frac{r^{n-1}-1}{r-1}-\frac{s_n-s_1}{d_1}=0 \tag{4.5.4}$$

如果令

$$f(r)=\frac{r^{n-1}-1}{r-1}-\frac{s_n-s_1}{d_1} \tag{4.5.5}$$

则求 r 就转化为求 $f(r)=0$ 的根,可利用牛顿迭代法求

$$r^{(k+1)}=r^{(k)}-\frac{f(r^{(k)})}{f'(r^{(k)})} \tag{4.5.6}$$

其中

$$f'(r)=\frac{(n-2)r^{n-1}-(n-1)r^{n-2}+1}{(r-1)^2}$$

当根 r 求出后,可立刻求得 $d_2,d_3,\cdots,d_{n-1}$ 和 $s_2,s_3,\cdots,s_{n-1}$

$$s_{i+1}=s_i+d_i=s_i+d_1r^{i-1} \quad (i=1,2,3,\cdots,n-2) \tag{4.5.7}$$

2. 情形二：指定 d_{n-1} 的值，求公比 n

有时可能需要指定末端间距 d_{n-1}，而求 $d_1, d_2, \cdots, d_{n-2}$ 的值。由等比数列通式

$$d_i = d_1 r^{i-1}$$

可知

$$d_{n-1} = d_1 r^{n-2}$$

从而

$$d_1 = \frac{d_{n-1}}{r^{n-2}} \tag{4.5.8}$$

将式(4.5.8)代入式(4.5.3)，用 d_{n-1} 替换 d_1 后得

$$s_n - s_1 = \frac{d_{n-1}}{r^{n-2}} \frac{r^{n-1} - 1}{r-1} \tag{4.5.9}$$

即

$$\frac{r^{n-1} - 1}{r^{n-2}(r-1)} - \frac{s_n - s_1}{d_{n-1}} = 0 \tag{4.5.10}$$

构造函数 $g(r)$

$$g(r) = \frac{r^{n-1} - 1}{r^{n-1} - r^{n-2}} - \frac{s_n - s_1}{d_{n-1}} \tag{4.5.11}$$

方程(4.5.10)的根 r 即是 $g(r) = 0$ 的根，从而可用牛顿迭代法求出 r

$$r^{(k+1)} = r^{(k)} - \frac{g(r^{(k)})}{g'(r^{(k)})} \tag{4.5.12}$$

其中

$$g'(r) = \frac{-r^{n-1} + (n-1)r - (n-2)}{r^{n-1}(n-1)^2}$$

当根 r 求出后，可由式(4.5.8)求出 d_1，然后由式(4.5.7)求出 $s_2, s_3, \cdots, s_{n-1}$。

4.6 以弧长为自变量的插值方法

对于一个已经生成的网格，如果对其某条网格线上的点的疏密分布不满意，可以用弧长为自变量的(线性)插值对其网格疏密进行重新分布[16]。

设在三维空间存在一条曲线，它的方程可以用参数形式来表示，即

$$\begin{cases} x = x(t) \\ y = y(t) \\ z = z(t) \end{cases} \tag{4.6.1}$$

设曲线的起点坐标为 (x_0, y_0, z_0)，对应的参变量为 $t = t_0$，那么这个曲线从起点 (x_0, y_0, z_0) 到曲线上的某点 (x, y, z) 的弧长则为积分

$$s = \int_0^t \sqrt{[x'-(t)]^2 + [y'-(t)]^2 + [z'-(t)]^2}\, dt \qquad (4.6.2)$$

由于这个曲线是一条给定的曲线,它上面每一点都有一组确定的坐标值 (x, y, z),另外,曲线上每一点都有一个确定的弧长值 s;反过来说,该曲线的任一弧长值 s,都对应该曲线上唯一一个点,也就是对应唯一一组坐标值 (x, y, z)。从而,在点、坐标、弧长之间形成一种一一对应关系,也就是说坐标 x, y, z 和弧长 s 之间存在一一对应关系。由此可知,坐标 x, y, z 是弧长 s 的函数。即该曲线的参数方程完全可以以弧长为自变量来表示,即

$$\begin{cases} x = x(s) \\ y = y(s) \\ z = z(s) \end{cases} \qquad (4.6.3)$$

现在设有一条已知(已存在)的网格线,一般来讲它上面的坐标 x, y, z 无法表示为弧长 s 的解析和连续函数,而只知道有限个离散点的坐标,即 $(x_i, y_i, z_i)(i = 1, 2, \cdots, n)$,那么,如果弧长从起点 $i = 1$ 算起,并取 $s_1 = 0$,则各节点的弧长可近似表示为

$$\begin{cases} s_1 = 0 \\ s_i = s_{i-1} + \sqrt{(x_i - x_{i-1})^2 + (y_i - y_{i-1})^2 + (z_i - z_{i-1})^2} \quad (i = 2, 3, \cdots, n) \end{cases}$$
$$(4.6.4)$$

容易看出,当 $s_1 = 0$ 时,s_n 就是总弧长(n 值越大,弧长计算的精度越高)。有了这一组对应于 $(x_i, y_i, z_i)(i = 1, 2, \cdots, n)$ 的弧长值 $s_i(i = 1, 2, \cdots, n)$,就得到了一个离散型的 x, y, z 与 s 的函数关系。

那么,对于任一弧长值 s,只要 $s_1 \leqslant s \leqslant s_n$,都有唯一一组 (x, y, z) 值与 s 对应使 (x, y, z) 位于上述网格线上(图 4.28)。由于离散型分布的网格点没有 $x = x(s)$,$y = y(s)$,$z = z(s)$ 的解析表达式,故无法随意求出其上不在节点处的任意一点的 x, y, z 坐标的精确值,这样,这种点的 x, y, z 坐标值只能通过插值获得。其实对于网格线来说,重新分布后的网格点并不一定严格要求在原网格线上,只要偏离不大就可以。当节点数 n 足够大时,其实可以采用线性插值。如果进一步可以确认 s 所在区间,如 $s_i \leqslant s \leqslant s_{i+1}$,则在 $[s_i, s_{i+1}]$ 上求对应于 s 的 (x, y, z) 的线性插值可表示为

$$\begin{cases} x = x_i + \dfrac{(x_{i+1} - x_i)}{s_{i+1} - s_i}(s - s_i) \\[2mm] y = y_i + \dfrac{(y_{i+1} - y_i)}{s_{i+1} - s_i}(s - s_i) \\[2mm] z = z_i + \dfrac{(z_{i+1} - z_i)}{s_{i+1} - s_i}(s - s_i) \end{cases} \qquad (4.6.5)$$

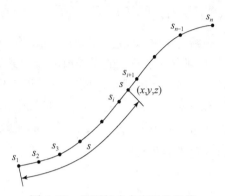

图 4.28　以弧长为自变量的插值

那么,如果沿着这一条网格线获得了一个新的弧长分布 $s_j(j=1,2,\cdots,m)$,则对应每一个 s_j,将 s_j 替换式(4.6.5)中的 s 即可插值获得一个 (x_j,y_j,z_j),从而可以沿该网格线形成一个新的网格点分布 $(x_j,y_j,z_j)(j=1,2,\cdots,m)$。上述新弧长分布可以用等比数列法或拉伸函数法获得。当重新分布的网格点点数和原网格线上的点数相同时,则取 $m=n$。

参 考 文 献

[1] 陈景仁. 湍流模型及有限分析法[M]. 上海:上海交通大学出版社,1989.

[2] Farrashkhalvat M, Miles J P. Basic Structured Grid Generation: With an Introduction to Unstructured Grid Generation[M]. Oxford: Butterworth-Heinemann,2003.

[3] 蔡晋生,李凤蔚,罗时钧. 跨音速大迎角 Euler 方程数值分析[J]. 航空学报,1993,14(5):A235-A240.

[4] Thompson J F. A composite grid generation code for general 3-D regions[C]. 25th AIAA Aerospace Sciences Meeting,Reno,USA,1987,AIAA Paper 1987-0275.

[5] Thompson J F. Composite grid generation code for general 3-D regions-the EAGLE code[J]. AIAA Journal,1988,26(3):271-272.

[6] Thompson J F, Lijewski L E, Gatlin B. Efficient application techniques of the EAGLE grid code to complex missile configurations[C]. 27th AIAA Aerospace Sciences Meeting,Reno,USA,1989,AIAA Paper 1989-0361.

[7] Thompson J F, Weatherill N P. Aspects of numerical grid generation: current science and art[C]. 11th AIAA Applied Aerodynamics Conference,Monterey,USA,1993,AIAA Paper 1993-3539-CP.

[8] Gordon W J, Hall C A. Construction of curvilinear coordinate systems and applications to mesh generation[J]. International Journal for Numerical Methods in Engineering,1973,7(4):461-477.

[9] Eriksson L E. Three-dimensional spline-generated coordinate transformations for grids around wing-body configurations[C]. Numerical Grid Generation Techniques,Hampton,USA,1980.

[10] Eriksson L E. Generation of boundary-conforming grids around wing-body configurations using transfinite interpolation[J]. AIAA Journal,1982,20(10):1313-1320.

[11] Eriksson L E. Transfinite mesh generation and computer-aided analysis of mesh effects[D]. Uppsala, Sweden: University of Uppsala, 1984.

[12] Smith R E, Wiese M R. Interactive algebraic grid generation technique[R]. Langley Research Center, Hampton, Virginia, USA, NASA TP 2533, 1986.

[13] Eiseman P R, Smith R E. Applications of algebraic grid generation[C]. AGARD Fluid Dynamic Panel Specialists' Meeting on Applications of Mesh Generation to Complex 3-D Configurations, Leon, Stryn Muncicipality, Vestland County, Norway, 1989.

[14] Samareh-Abolhassani J, Sadrehaghighi I, Tiwari S N, et al. Application of Lagrangian blending functions for grid generation around airplane geometries[J]. Journal of Aircraft, 1990, 27(10): 873-877.

[15] Roberts G O. Computational meshes for boundary layer problems[C]. Proceedings of the Second International Conference on Numerical Methods in Fluid Dynamics, Berkely, USA, 1970.

[16] Zhang Z K, Tsai H M. A multi-block elliptic-algebraic method for grid generation[C]. Proceedings of 8th International Conference on Numerical Grid Generation in Computational Field Simulations, Honolulu, USA, 2002.

第 5 章　二维椭圆型方程网格生成方法

5.1　偏微分方程基本概念

5.1.1　一般形式

考察一个偏微分方程,设自变量为 $x,y,z,\cdots$,因变量为 $u,v,w,\cdots$,则直接的函数关系常写成

$$u=u(x,y,z) \tag{5.1.1}$$

在此特定情况下,式(5.1.1)指定 u 为自变量 x,y,z 的函数。各阶偏导数常用下列记号表示

$$u_x=\frac{\partial u}{\partial x},\quad u_y=\frac{\partial u}{\partial y},\quad u_{xx}=\frac{\partial^2 u}{\partial x^2},\quad u_{xy}=\frac{\partial^2 u}{\partial x \partial y},\cdots \tag{5.1.2}$$

那么,偏微分方程可以看作是因变量及其各阶导数和自变量的一个关系式,也就是其隐函数构成的方程

$$F(x,y,u,u_x,u_y,u_{xx},u_{yy},u_{xy},\cdots,u_{xxx},\cdots)=0 \tag{5.1.3}$$

这里 F 是式(5.1.2)各个量的函数,且其中至少有一个偏导数。

下面是偏微分方程的一些例子。

$$u_{xx}+u_{yy}=0$$
$$u_x=u+x^2+y^2$$
$$u_{xxx}=u_{yy}+u^2$$
$$(u_x)^2+(u_y)^2=\mathrm{e}^u$$

偏微分方程的阶数由方程中的最高阶导数来决定,如

$$u_x-bu_y=0 \quad （一阶）$$
$$u_{xx}+u_y=0 \quad （二阶）$$
$$u_{xxxx}+u_{yyyy}=0 \quad （四阶）$$

当遇到几个互相依赖的偏微分方程时,先把所有方程合并成一个单一的方程再确定其阶数。例如,下列方程系中虽然每个都只含有一阶导数,但它仍然是二阶的,即

$$\begin{cases} u_x+v_y=u_z \\ u=w_x \\ v=w_y \end{cases} \tag{5.1.4}$$

可改写为

$$w_{xx} + w_{yy} = w_{xz} \qquad (5.1.5)$$

当把式(5.1.4)写成式(5.1.5)的形式时,就能看出它是二阶的。

5.1.2 线性、非线性与拟线性

在求解偏微分方程时,方程的线性性质起着特别重要的作用。例如,考虑一阶方程

$$a(\bullet)u_x + b(\bullet)u_y + c(\bullet)u + d(\bullet) = 0 \qquad (5.1.6)$$

式(5.1.6)的线性程度是根据系数 $a(\bullet), b(\bullet), c(\bullet)$ 的函数关系来确定的。对于式(5.1.6),若所有系数均为常数或只是自变量的函数,即 $(\bullet) \equiv (x, y)$,则此偏微分方程是线性的,否则,就是非线性的(即系数 $a(\bullet), b(\bullet), c(\bullet)$ 至少有一个是因变量或任何一阶导数的函数);对于非线性方程,若上述系数只是因变量和自变量的函数,即 $(\bullet) \equiv (x, y, u)$,则它是拟线性的[1]。因此,下列偏微分方程可按此原则加以分类:

$$u_x + bu_y = 0 \quad (\text{线性})$$

$$u_x + uu_y = x^2 \quad (\text{拟线性})$$

$$u_x + (u_y)^2 = 0 \quad (\text{非线性})$$

现在考虑二阶方程。未知函数 $u(x, y)$ 与它的一阶及二阶导数之间的关系式

$$F(x, y, u, u_x, u_y, u_{xx}, u_{xy}, u_{yy}) = 0 \qquad (5.1.7)$$

叫作含有自变量 x, y 的二阶偏微分方程。含更多个自变量的方程,可以仿照此法写出。

假使二阶偏微分方程可写成如下的形式

$$a(\bullet)u_{xx} + b(\bullet)u_{xy} + c(\bullet)u_{yy} + d(\bullet)u_x + e(\bullet)u_y + f(\bullet)u + g(\bullet) = 0$$

$$(5.1.8)$$

那么,当 $a(\bullet), b(\bullet), c(\bullet), d(\bullet), e(\bullet), f(\bullet)$ 只是 x 和 y 的函数时,方程(5.1.8)就称作线性偏微分方程,所有其他情形都是非线性方程;在非线性方程中,如果 $a(\bullet), b(\bullet), c(\bullet)$ 是常数或只是 x 和 y 的函数时,也即二阶导数项都是一次的,则称方程是关于最高阶导数的线性方程;在非线性方程中,当 $a(\bullet), b(\bullet), c(\bullet), d(\bullet)$,$e(\bullet), f(\bullet)$ 是一阶导数或未知函数 u 的函数,即 x, y, u, u_x, u_y 的函数时,则称方程是拟线性的(当然,此时 $f(\bullet)$ 最多只能是 x, y, u 的函数)。方程中不带未知函数及其各项导数的项,即 $g(\bullet)$ 项称为自由项,如果自由项为零,即 $g(\bullet) = 0$,那么方程称为齐次方程[1-5]。下列熟知的方程即为二阶偏微分方程的典型例子:

$$u_{xx} + u_{yy} = 0 \quad (\text{拉普拉斯方程,线性})$$

$$u_{xx} + u_{yy} = f(x, y) \quad (\text{Poisson 方程,线性})$$

$$u_x = u_{yy} \quad (\text{热传导或扩散方程,线性})$$

$$u_x = u_{yy} + u_{zz} \quad \text{（热传导或扩散方程，线性）}$$

$$u_x + uu_y = ku_{yy} \quad \text{（Burgers 方程，拟线性）}$$

$$u_{xx} = u_{yy} \quad \text{（波动方程，线性）}$$

对于 n 阶偏微分方程，如果它的因变量和所有阶导数的系数都只是自变量的函数，则称这个方程为线性方程，否则称为非线性方程；在非线性方程中，当系数依赖于 m 阶导数，而 $m < n$ 时，方程就是拟线性方程；如果方程的最高阶导数的系数只是自变量的函数，就称方程是关于最高阶导数的线性方程（半线性方程）；不是拟线性方程的非线性方程称为全非线性方程[1-5]。

方程的线性性质极为重要，对于线性和拟线性偏微分方程，它们的许多解析性质已被了解，而对于非线性偏微分方程则必须逐个地去研究它。

偏微分方程的解析解是一个函数，可写为

$$u = u(x, y)$$

当把它代回到原方程时就使方程成为恒等式。当然，在讨论偏微分方程的解时必须考虑适当地附加初始条件和边界条件。所有偏微分方程都有一个适定性问题，即其解是唯一的且连续地依赖于初始条件和边界条件。换言之，对于一个适定的问题，可以认为附加条件的微小扰动只能使解产生微小的变化。几乎所有的现实问题都是适定的。

在此，可以把偏微分方程和常微分方程解的性质作一个简单比较。一阶常微分方程的一般形式为

$$\frac{\mathrm{d}u}{\mathrm{d}x} = f(x, u)$$

其中，f 是 x 和 u 的函数。在常微分方程情形下，给定一个 (x, u) 就得到一个唯一确定的 $\frac{\mathrm{d}u}{\mathrm{d}x}$ 值。与此不同，在一阶偏微分方程中，给定一个 (x, y, u) 只能得到一个联系 u_x 和 u_y 的关系式，而不能唯一地确定它们中的每一个。在二阶常微分方程情形下，其解规定了平面解曲线上的一个点和一条切线；与此不同，与常微分方程相联系的点、平面或切线的概念对于偏微分方程则应扩展为曲线、三维空间和切平面。换句话说，对于一个常微分方程，在二维空间里有许多条解曲线，它们必须通过一个点；而对于一个偏微分方程，在三维空间里有许多个解曲面，它们必须通过一条曲线或一条直线。造成这些差别的直接原因是偏微分方程比常微分方程中自变量的数目有了增加。

5.1.3　一阶偏微分方程

考虑具有两个自变量 x 和 y 的拟线性偏微分方程

$$a(x, y, u)u_x + b(x, y, u)u_y = c(x, y, u) \tag{5.1.9}$$

由于推广到更多个自变量的情形是显然的,不必另作讨论。此外,线性偏微分方程可看作是式(5.1.9)的特例。

假定在解曲面 $u=u(x,y)$ 上的一点 $P(x,y,u)$,沿着向量 (a,b,c) 的方向移动(图 5.1)。因为曲面上任一点的法向矢量为 $(u_x,u_y,-1)$,所以由式(5.1.9)可知,这两个向量的点积等于零,即两向量正交,也就是 (a,b,c) 垂直于解曲面 $u=u(x,y)$ 的法线,因而必定位于曲面 $u=u(x,y)$ 的切平面上。这一几何条件也可表述为:通过点 $P(x,y,u)$ 的解曲面必须与向量 (a,b,c) 相切。偏微分方程(5.1.9)即为这一几何条件的数学表示。另外,$u=u(x,y)$,可写出全微分

$$\mathrm{d}u = u_x\mathrm{d}x + u_y\mathrm{d}y \tag{5.1.10}$$

设在 (x,y) 平面存在一条曲线,其斜率满足

$$\frac{\mathrm{d}y}{\mathrm{d}x} = \frac{b(x,y,u)}{a(x,y,u)} = \lambda(x,y,u) \tag{5.1.11}$$

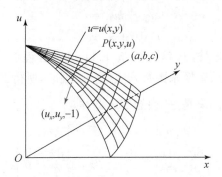

图 5.1　解曲面 $u=u(x,y)$ 及其切向矢量 (a,b,c) 和法向矢量 $(u_x,u_y,-1)$

那么沿着这条曲线,由式(5.1.9)得

$$a\left(\frac{\partial u}{\partial x}+\frac{b}{a}\frac{\partial u}{\partial y}\right)=a\left(\frac{\partial u}{\partial x}+\lambda\frac{\partial u}{\partial y}\right)=a\left(\frac{\partial u}{\partial x}+\frac{\mathrm{d}y}{\mathrm{d}x}\frac{\partial u}{\partial y}\right)=a\frac{\mathrm{d}u}{\mathrm{d}x}=c(x,y,u)$$

即

$$a\mathrm{d}u = c\mathrm{d}x \tag{5.1.12}$$

或

$$\frac{\mathrm{d}x}{a}=\frac{\mathrm{d}u}{c} \tag{5.1.13}$$

这就将偏微分方程(5.1.9)转化成沿一条曲线的常微分方程。

类似地,沿着曲线(5.1.11),由式(5.1.9)也可得

$$b\left(\frac{a}{b}\frac{\partial u}{\partial x}+\frac{\partial u}{\partial y}\right)=b\left(\frac{1}{\lambda}\frac{\partial u}{\partial x}+\frac{\partial u}{\partial y}\right)=b\left(\frac{\mathrm{d}x}{\mathrm{d}y}\frac{\partial u}{\partial x}+\frac{\partial u}{\partial y}\right)=b\frac{\mathrm{d}u}{\mathrm{d}y}=c(x,y,u)$$

即

$$b\mathrm{d}u = c\mathrm{d}y \tag{5.1.14}$$

或

$$\frac{\mathrm{d}y}{b} = \frac{\mathrm{d}u}{c}$$

(5.1.15)

由式(5.1.13)和式(5.1.15)可得

$$\frac{\mathrm{d}x}{a} = \frac{\mathrm{d}y}{b} = \frac{\mathrm{d}u}{c}$$

(5.1.16)

由方程(5.1.16)可知,向量 (a,b,c) 和向量 $(\mathrm{d}x,\mathrm{d}y,\mathrm{d}u)$ 是同方向的,也就是说,当 xy 平面沿着曲线 $\mathrm{d}y/\mathrm{d}x = b/a = \lambda(x,y,u)$ 移动走过距离 $(\mathrm{d}x,\mathrm{d}y)$ 时,相应地,u 在解曲面移动后函数增量为 $\mathrm{d}u$,$(\mathrm{d}x,\mathrm{d}y,\mathrm{d}u)$ 与 (a,b,c) 同一比例,即方向相同。或者可以说 (x,y) 平面上的斜率 $\mathrm{d}y/\mathrm{d}x$ 为 $b/a=\lambda(x,y,u)$ 的曲线的切线方向是矢量 (a,b,c) 或矢量 $(\mathrm{d}x,\mathrm{d}y,\mathrm{d}u)$ 在 xy 平面的投影。一般把斜率为 b/a 的曲线称为方程(5.1.9)的特征线。

现在考察式(5.1.9)和式(5.1.10)构成的关于 u_x 和 u_y 的方程组

$$\begin{cases} au_x + bu_y = c \\ u_x \mathrm{d}x + u_y \mathrm{d}y = \mathrm{d}u \end{cases}$$

(5.1.17)

显然,当沿着特征线(即 $\mathrm{d}x,\mathrm{d}y$ 满足式(5.1.11))时,方程组(5.1.17)的系数行列式等于零,同时当用右端项替换系数行列式中任一列时,所得的行列式也为零。根据克莱姆法则,该方程组的解是 $\frac{0}{0}$ 型的不定型,即

$$u_x = \frac{\begin{vmatrix} c & b \\ \mathrm{d}u & \mathrm{d}y \end{vmatrix}}{\begin{vmatrix} a & b \\ \mathrm{d}x & \mathrm{d}y \end{vmatrix}} = \frac{0}{0}, \quad u_y = \frac{\begin{vmatrix} a & c \\ \mathrm{d}x & \mathrm{d}u \end{vmatrix}}{\begin{vmatrix} a & b \\ \mathrm{d}x & \mathrm{d}y \end{vmatrix}} = \frac{0}{0}$$

也就是说,沿着式(5.1.11)定义的特征线,偏导数 u_x 和 u_y 是不确定的。尽管如此,对原偏微分方程(5.1.9)的求解可转化为求解沿特征线的全微分方程(5.1.12),式(5.1.12)称为对应于方程(5.1.9)的相容性方程。由此可见,沿特征线原偏微分方程化为一个全微分方程,即相容性方程,它把沿特征线上的 $\mathrm{d}u$ 和 $\mathrm{d}x$ 联系了起来。利用该相容性方程就可以沿特征线按照给定条件确定待求函数 $u = u(x,y)$,从而不必求解原来的偏微分方程,这就是特征线法。当式(5.1.9)为线性时求解就更简单[1,3]。

事实上,一般对偏微分方程特征线的定义是这样的。对于二维问题,如果存在这样的线或方向:①沿着该方向,函数 u 的导数 u_x,u_y 是不定的(indeterminate);②跨过该线,导数可能是不连续的,这样的线就称为原偏微分方程的特征线。特征线的斜率可通过令式(5.1.17)的系数行列式为零而求得。

5.1.4　二阶偏微分方程

对于一阶偏微分方程,因为能找出它的特征线并沿着这些特征线能确定出

$u(x,y)$,所以相对来说它不算复杂,但是在二阶情形下特征线就不一定起作用。下面就两个自变量二阶线性偏微分方程的分类进行讨论。识别偏微分方程的类型是具有实际意义的,因为当与初始条件和边界条件相结合时,求解的方法及解的形式将取决于偏微分方程的类型。考虑两个自变量二阶拟线性偏微分方程(5.1.8)

$$a(\cdot)u_{xx}+b(\cdot)u_{xy}+c(\cdot)u_{yy}+d(\cdot)u_x+e(\cdot)u_y+f(\cdot)u+g(\cdot)=0$$

其中, a,b,c,d,e,f 是常数或是自变量、因变量、因变量一阶偏导数的函数。

为了确保一阶导数的连续性,可以写出下面的全微分

$$\mathrm{d}u_x=\frac{\partial u_x}{\partial x}\mathrm{d}x+\frac{\partial u_x}{\partial y}\mathrm{d}y=\frac{\partial^2 u}{\partial x^2}\mathrm{d}x+\frac{\partial^2 u}{\partial x \partial y}\mathrm{d}y$$
$$\mathrm{d}u_y=\frac{\partial u_y}{\partial x}\mathrm{d}x+\frac{\partial u_y}{\partial y}\mathrm{d}y=\frac{\partial^2 u}{\partial x \partial y}\mathrm{d}x+\frac{\partial^2 u}{\partial y^2}\mathrm{d}y$$

$$(5.1.18)$$

把上面三个方程合写成下面的形式

$$au_{xx}+bu_{xy}+cu_{yy}=-(du_x+eu_y+fu+g)$$
$$u_{xx}\mathrm{d}x+u_{xy}\mathrm{d}y+0\times u_{yy}=\mathrm{d}u_x$$
$$0\times u_{xx}+u_{xy}\mathrm{d}x+u_{yy}\mathrm{d}y=\mathrm{d}u_y$$

$$(5.1.19)$$

式(5.1.19)构成一个关于最高阶导数的线性方程组,它可以写成矩阵形式

$$\begin{bmatrix} a & b & c \\ \mathrm{d}x & \mathrm{d}y & 0 \\ 0 & \mathrm{d}x & \mathrm{d}y \end{bmatrix} \begin{bmatrix} u_{xx} \\ u_{xy} \\ u_{yy} \end{bmatrix} = \begin{bmatrix} h \\ \mathrm{d}u_x \\ \mathrm{d}u_y \end{bmatrix}$$

$$(5.1.20)$$

其中

$$h=-(du_x+eu_y+fu+g)$$

类似于一阶拟线性偏微分方程,如果存在这样的线或方向:①沿着该方向,函数 u 的二阶导数 u_{xx},u_{xy},u_{yy} 是不定的;②跨过该线,二阶导数可能是不连续的,这样的线就称为原偏微分方程的特征线。

当二阶导数 u_{xx},u_{xy},u_{yy} 成为不定型时,根据克莱姆法则,至少方程(5.1.20)的系数行列式必须为零,即

$$\begin{vmatrix} a & b & c \\ \mathrm{d}x & \mathrm{d}y & 0 \\ 0 & \mathrm{d}x & \mathrm{d}y \end{vmatrix}=0$$

由此可得

$$a\left(\frac{\mathrm{d}y}{\mathrm{d}x}\right)^2-b\frac{\mathrm{d}y}{\mathrm{d}x}+c=0$$

$$(5.1.21)$$

解此方程可得特征线的斜率

$$\frac{\mathrm{d}y}{\mathrm{d}x}=\frac{b\pm\sqrt{b^2-4ac}}{2a}$$

$$(5.1.22)$$

其中,$D=b^2-4ac$ 称为判别式。可以根据判别式的值判断二阶方程的类型:

当 $b^2-4ac>0$ 时,方程(5.1.8)的特征方程有两个相异实根,方程(5.1.8)有两条特征线,方程称为双曲型方程(局部或全域);

当 $b^2-4ac=0$ 时,方程(5.1.8)的特征方程有两个相同实根,方程(5.1.8)有两条重合的特征线,方程称为抛物型方程(局部或全域);

当 $b^2-4ac<0$ 时,方程(5.1.8)的特征方程有两个相异虚根,方程(5.1.8)不存在特征线,方程称为椭圆型方程(局部或全域)。

由式(5.1.22)和上述判别法则,可以判断出下列方程的类型:

$u_x=u_{yy}$ (热传导或扩散方程,抛物型)

$u_{xx}+u_{yy}=0$ (拉普拉斯方程,椭圆型)

$u_{xx}=u_{yy}$ (波动方程,双曲型)

$(1+y^2)u_{xx}+(1+y^2)u_{yy}-u_x=0$ (椭圆型)

$u_{xx}+uu_{yy}=0$ ($u>0$ 时为椭圆型,$u<0$ 时为双曲型)

双曲型、抛物型或椭圆型方程都各自具有其标准(或典型)形式。三类方程的典型形式为(二阶以下的偏导数都省略不写出)

$$\left.\begin{array}{l} u_{xx}-u_{yy}+\cdots=0 \\ \text{或} \\ u_{xy}+\cdots=0 \end{array}\right\} \text{双曲型} \qquad (5.1.23a)$$

$$u_{xx}+\cdots=0 \quad \text{抛物型} \qquad (5.1.23b)$$

$$u_{xx}+u_{yy}+\cdots=0 \quad \text{椭圆型} \qquad (5.1.23c)$$

在典型形式中,式(5.1.8)中的二阶项至少有一项不出现。

每一个具有两个自变量的二阶偏微分方程都可转换为三种标准或典型形式(即双曲型、抛物型或椭圆型)之一。以方程(5.1.8)为参考方程,将其写成如下形式

$$a(\cdot)u_{xx}+b(\cdot)u_{xy}+c(\cdot)u_{yy}+G(x,y,u,u_x,u_y)=0 \qquad (5.1.24)$$

引入隐式变量变换式

$$\xi=\xi(x,y), \quad \eta=\eta(x,y) \qquad (5.1.25)$$

并把导函数转换为对新变量的导函数,得到

$$\begin{cases} u_x=u_\xi\xi_x+u_\eta\eta_x \\ u_y=u_\xi\xi_y+u_\eta\eta_y \\ u_{xx}=u_{\xi\xi}\xi_x^2+2u_{\xi\eta}\xi_x\eta_x+u_{\eta\eta}\eta_x^2+u_\xi\xi_{xx}+u_\eta\eta_{xx} \\ u_{xy}=u_{\xi\xi}\xi_x\xi_y+u_{\xi\eta}(\xi_x\eta_y+\xi_y\eta_x)+u_{\eta\eta}\eta_x\eta_y+u_\xi\xi_{xy}+u_\eta\eta_{xy} \\ u_{yy}=u_{\xi\xi}\xi_y^2+2u_{\xi\eta}\xi_y\eta_y+u_{\eta\eta}\eta_y^2+u_\xi\xi_{yy}+u_\eta\eta_{yy} \end{cases} \qquad (5.1.26)$$

将式(5.1.26)中这些导数代入式(5.1.24),就会得到

$$a(\cdot)u_{xx} + b(\cdot)u_{xy} + c(\cdot)u_{yy} + G(x,y,u,u_x,u_y)$$
$$= Au_{\xi\xi} + Bu_{\xi\eta} + Cu_{\eta\eta} + \bar{G} = 0 \tag{5.1.27}$$

式(5.1.27)中

$$\begin{cases} A = a\xi_x^2 + b\xi_x\xi_y + c\xi_y^2 \\ B = 2a\xi_x\eta_x + b(\xi_x\eta_y + \xi_y\eta_x) + 2c\xi_y\eta_y \\ C = a\eta_x^2 + b\eta_x\eta_y + c\eta_y^2 \\ \bar{G} = \bar{G}(\xi,\eta,u,u_\xi,u_\eta) \end{cases} \tag{5.1.28}$$

由式(5.1.28)可得 a,b,c 与 A,B,C 之间的关系如下

$$B^2 - 4AC = (b^2 - 4ac)(\xi_x\eta_y - \xi_y\eta_x)^2 \tag{5.1.29}$$

显然在变换的雅可比行列式 $\xi_x\eta_y - \xi_y\eta_x$ 不为零的情形下,新变量下的方程的判别式 $B^2 - 4AC$ 的符号与原方程的 $b^2 - 4ac$ 的符号保持一致,也就是说,这种变量变换不改变方程的类型。这样,总可以选择合适的变量变换使得 A,B,C 总有一个或两个等于零,从而使新变量下的方程(5.1.27)成为式(5.1.23)中的一种典型形式[1,3]。

具有 n 个自变量 $x_1,x_2,\cdots,x_n$ 的多自变量二阶实系数线性方程可写成

$$\sum_{j=1}^{n}\sum_{i=1}^{n}a_{ij}u_{x_ix_j} + \sum_{i=1}^{n}b_iu_{x_i} + cu + f = 0 \tag{5.1.30}$$

它也有下列几种典型形式

$$u_{x_1x_1} + u_{x_2x_2} + \cdots + u_{x_nx_n} + \Phi = 0 \quad (椭圆型)$$

$$u_{x_1x_1} = \sum_{i=2}^{n}u_{x_ix_i} + \Phi \quad (双曲型)$$

$$\sum_{i=1}^{m}u_{x_ix_i} = \sum_{i=m+1}^{n}u_{x_ix_i} + \Phi \quad (超双曲型)$$

$$\sum_{i=1}^{n-m}(\pm u_{x_ix_i}) + \Phi = 0 \quad (m > 0) \quad (抛物型)$$

5.2　椭圆型方程网格生成

用于网格生成的椭圆型偏微分方程[6,7]可以写成

$$\nabla^2\xi^i = P^i \quad (i = 1,2,3) \tag{5.2.1}$$

或

$$\begin{cases} \xi_{xx} + \xi_{yy} + \xi_{zz} = P(\xi,\eta,\zeta) \\ \eta_{xx} + \eta_{yy} + \eta_{zz} = Q(\xi,\eta,\zeta) \\ \zeta_{xx} + \zeta_{yy} + \zeta_{zz} = R(\xi,\eta,\zeta) \end{cases} \tag{5.2.2}$$

其中，∇^2 为笛卡儿直角坐标系下的拉普拉斯算子，$P^i = P^i(\xi^1,\xi^2,\xi^3)$，$P^1 = P$，$P^2 = Q$，$P^3 = R$ 称为源项。方程(5.2.1)通过三个源项耦合在一起。在二维情形，方程可写为

$$\begin{cases} \xi_{xx} + \xi_{yy} = P(\xi,\eta) \\ \eta_{xx} + \eta_{yy} = Q(\xi,\eta) \end{cases} \tag{5.2.3}$$

下面对椭圆型方程(源项为零的拉普拉斯方程和源项不为零的泊松方程)进行分析[8]。

5.2.1　拉普拉斯方程

1. 拉普拉斯算子的含义

矢量的散度 $\nabla \cdot \vec{V}$ 和标量的梯度 $\nabla \phi$，其物理意义都是浅显明白的。而拉普拉斯算子 $\nabla^2 \phi$ 的含义却不是一目了然的。许多领域，如势流、黏性流、热传导、电磁场、弹性力学等都用到拉普拉斯算子，是因为拉普拉斯算子 ∇^2 反映了自然界中一种普遍的物理规律，其含义可借助数学手段来分析说明[8]。

假定一个区域的某物理量 f 是 (x,y) 的函数，并且 $f(x,y)$ 是可微分的。设 P 点为这区域内一点，并用微元 A 包围 P 点，如图 5.2(a)所示。

为方便起见，把微元 A 取为 $2h \times 2h$ 的正方形，使得 P 点位于该正方形的中心，如图 5.2(b)所示。因为 $f(x,y)$ 在 P 点是可微分的，所以 f 在 P 点可展成泰勒级数。为了更简洁地说明问题，把坐标原点取在 P 点，那么 P 点邻域内 $f(x,y)$ 的值可表示为

$$f(x,y) = f_P + f_{xP}x + f_{yP}y + \frac{1}{2}(f_{xxP}x^2 + f_{xyP}2xy + f_{yyP}y^2) + \cdots$$

$$\tag{5.2.4}$$

式中，f_{xP}，f_{yP}，f_{xxP}，f_{xyP}，f_{yyP} 分别表示 $f(x,y)$ 在 P 点对 x 和 y 的一阶和二阶偏导数。

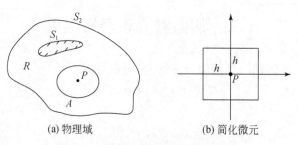

(a) 物理域　　　　　　　　　(b) 简化微元

图 5.2　函数所在物理域及微元简化

另外, f 在微元内的平均值 $\bar{f}$ 为

$$\bar{f} = \frac{1}{4h^2} \int_{-h}^{h} \int_{-h}^{h} f(x,y)\,\mathrm{d}x\mathrm{d}y \qquad (5.2.5)$$

如果把式(5.2.4)代入式(5.2.5),并只取二阶项,则

$$\bar{f} \approx \frac{1}{4h^2} \int_{-h}^{h} \int_{-h}^{h} f_p\,\mathrm{d}x\mathrm{d}y + \frac{1}{4h^2} \int_{-h}^{h} \int_{-h}^{h} (f_{xp}x + f_{yp}y)\,\mathrm{d}x\mathrm{d}y$$

$$+ \frac{1}{8h^2} \int_{-h}^{h} \int_{-h}^{h} (f_{xxp}x^2 + f_{yyp}y^2)\,\mathrm{d}x\mathrm{d}y + \frac{1}{4h^2} \int_{-h}^{h} \int_{-h}^{h} f_{xyp}xy\,\mathrm{d}x\mathrm{d}y$$

$$(5.2.6)$$

很显然,式(5.2.6)右边第二项和第四项积分为零,所以有

$$\bar{f} \approx f_P + \frac{h^2}{6}(f_{xxP} + f_{yyP}) \qquad (5.2.7)$$

即有

$$\nabla^2 f_P = (f_{xx} + f_{yy})_P \approx \frac{6}{h^2}(\bar{f} - f_P) \qquad (5.2.8)$$

式(5.2.8)说明, P 点的物理量与它邻域内平均值之差与该点的拉普拉斯算子呈线性关系。

对于拉普拉斯方程,即

$$\nabla^2 f = 0$$

则说明 P 点邻域的平均值近似等于 P 点的值,即 $\bar{f} \approx f_P$ 。

对于泊松方程,即

$$\nabla^2 f = Q$$

当 P 点的 $Q > 0$ 时,则有 $\bar{f} > f_P$;故当 $Q > 0$ 时, f 如有最大值,则 f_P 不能为最大值, f 的最大值只可以在边界取得。

当 P 点的 $Q < 0$ 时,则有 $\bar{f} < f_P$;故当 $Q < 0$ 时, f 如有最小值,则 f_P 不能为最小值, f 的最小值只可能在边界上取得。

2. 拉普拉斯方程最大值和最小值原理

上面得出拉普拉斯方程的一个重要性质,即某点邻域物理量的平均值近似等于该点物理量的值。使用这个性质,可推出一条重要定理,即最大值和最小值原理[8]。

定理　如果某物理量 f 在某区域内满足 $\nabla^2 f = 0$,那么 f 在该区域内的最大值和最小值必在该区域的边界上。

现在用工程方法来证明定理。设该区域 R 由边界线 S_2 和 S_1 包围。P 为区域内一点,用微元 A 包围它,如图 5.3 所示。

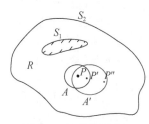

图 5.3　拉普拉斯方程
最大值和最小值原理

因为 $\bar{f}_A \approx f_P$,所以微元 A 上必有一最大值点 P' 使得 $f_{P'} > f_P$。现在再用微元 A' 包围 P' 点,使得 f 在 A' 上的平均值 $\bar{f}_{A'}$ 等于 P' 点的值,即 $\bar{f}_{A'} \approx f_{P'}$。类似的道理,微元 A' 上必有一最大值点 P'',使 $f_{P''} > f_{P'}$(最大值大于平均值)。由于 $f_{P'}$ 是 A 上的最大值,故也是 A/A' 交集上的最大值,而 $f_{P'}$ 只是 A' 上的平均值,所以 A/A' 交集上的 $f < f_{P'} < f_{P''}$,在 A/A' 交集上不可能取得 A' 上的最大值,故 A' 上最大值 $f_{P'}$ 只能在 A' 上扣除 A/A' 交集后的区域取得(图 5.3)。依此类推,每一次最大值都只可能出现在扣除交集后的区域。最后,R 上的最大值就只能取到边界上了。对于最小值,可用同样的方法证明。

如果 f 在边界线 S_1 上有 $f_1 = 0$,而在边界 S_2 上有 $f_2 = 1$,那么在区域 R 内必有 $0 < f < 1$。下面的坐标变换就要用到这一性质。

3. 用拉普拉斯方程生成贴体坐标系

现在研究一个简单的例子。假定要在区域 R 内计算某个物理量,设区域 R 由边界线 S_0 和 S_1 包围,如图 5.4(a)所示。它可以是流场、固体场或磁场等。由于这个区域的边界不够规则,如果生成笛卡儿直角坐标网格,将导致网格线与边界相交而不是重合,给流场计算的边界条件处理带来很多不便。为此,需要进行坐标变换,使物理空间曲线网格与边界重合,也就是使边界线 S_0 和 S_1 落在变换后的坐标系的坐标线上或平行于坐标线。现在用拉普拉斯方程进行变换,并使边界线 S_0 落在坐标线上,使边界线 S_1 平行于坐标线,即[8]

$$\begin{cases} \nabla^2 \eta = 0 \\ \eta = 0, \quad \text{在 } S_0 \text{ 上} \\ \eta = 1, \quad \text{在 } S_1 \text{ 上} \end{cases} \tag{5.2.9}$$

根据拉普拉斯方程最大值和最小值原理可知,η 在 R 上,有 $0 < \eta < 1$。这样,可以在区域 R 内画出许多等 η($\eta = \text{const}$)曲线,如图 5.4(b)所示。

对 ξ 坐标也可用拉普拉斯方程进行变换。为此,把 x 轴切开,使 x 轴下侧 $y = 0^-$($x > x_0$,S_2)(x_0 为 S_0 与 x 轴交点的 x 坐标)对应 $\xi = 0$,使 x 轴上侧 $y = 0^+$($x > x_0$,S_3)对应 $\xi = 1$,如图 5.5(a)所示。这样,区域 R 的边界线就由 S_0,S_1,S_2 和 S_3 组成。为了保证变换是唯一的,并且是正交的,在 S_0 和 S_1 上施加导数边界条件,即

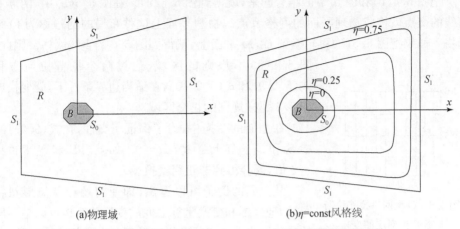

(a)物理域　　　　　　　　　　　　　　(b)η=const风格线

图 5.4　物理平面几何域与 $\eta = \eta(x,y)$ 的拉普拉斯方程变换

$$
\begin{cases}
\nabla^2 \xi = 0 \\
\xi = 0, & \text{在} S_2(y=0^-, x > x_0) \text{上} \\
\xi = 1, & \text{在} S_3(y=0^+, x > x_0) \text{上} \\
\dfrac{\partial \xi}{\partial n} = 0, & \text{在} S_0 \text{和} S_1 \text{上}
\end{cases}
\tag{5.2.10}
$$

其中 $\dfrac{\partial \xi}{\partial n}$ 是 ξ 在 S_0 和 S_1 上的法向导数。

同样由拉普拉斯方程最大值和最小值原理可知，ξ 在区域 R 内的解满足 $0 <$ $\xi < 1$。因此，也可以在 R 内画出许多等 ξ（$\xi=\text{const}$）曲线，如图 5.5(a)所示。

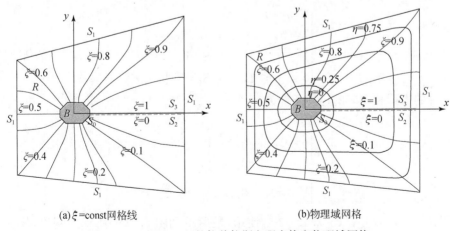

(a)ξ=const网格线　　　　　　　　　　(b)物理域网格

图 5.5　$\xi = \xi(x,y)$ 的拉普拉斯方程变换和物理域网格

　　把图 5.4(b)和图 5.5(a)结合起来,就得到图 5.5(b)。在图 5.5(b)中,两族等值线的交点就构成物理平面的网格节点。物理平面上这种布局的网格称为 O 型网格。如果把图 5.5(b)再转换到 (ξ,η) 平面上,就得到图 5.6 的直线网格。因此,

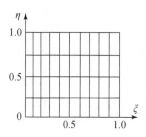

图 5.6　O 型网格拉普拉斯方程变换对应的变换平面网格

图 5.4(a)不规则的区域,通过两个拉普拉斯方程式(5.2.9)和式(5.2.10),在适当边界条件下,就变换成图 5.6 那样规则的正交区域。

　　在上面的变换中,为了保证正交性,在式(5.2.10)中 S_0 和 S_1 边界上令 $\partial\xi/\partial n=0$。如果在 S_0 和 S_1 上也给定 ξ 值,就会得到非正交变换。

　　从上面的例子可以看出,即使问题和几何形状相同,物理坐标和变换坐标之间的变换关系也可以是不同的。这取决于 ξ 和 η 在物理平面上边界条件的选择。

　　用拉普拉斯方程变换,能否得到最佳坐标,这取决于个人的选择和所研究的物理现象。如果对所研究的问题预先是比较熟悉的,那么可以帮助我们确定什么样的坐标变换能得到最佳的结果,并能满足坐标变换的原则。

　　例如,对于同一区域 R(图 5.4(a)),还可以用另一种布局方案进行变换。在前面的方案中,$\eta=\mathrm{const}$ 在 (x,y) 平面上都是封闭曲线。这里使 $\eta=\mathrm{const}$ 线为开口曲线,为此,在图 5.4(a)中,仍将 x 轴右半部分切开,并将 $S_2(y=0^-,x>x_0)$,S_3($y=0^+$,$x>x_0$)并入 S_0,即 $S_2+S_0+S_3$ 共同构成 $\eta=0$。将原 S_1 的右边界(竖直直线)分为上下两段,x 轴下方段为 S_4,令其为 $\xi=0$,x 轴上方段为 S_5,令其为 $\xi=1$,如图 5.7(a)所示。那么关于 η 的方程和相应的边界条件为

$$\begin{cases} \nabla^2\eta=0 \\ \eta=0, & \text{在} S_0,S_2,S_3 \text{上} \\ \eta=1, & \text{在} S_1 \text{上} \\ 0\leqslant\eta\leqslant1, & \text{在} S_4,S_5 \text{上} \end{cases} \qquad (5.2.11)$$

关于 ξ 的方程和相应的边界条件为

$$\begin{cases} \nabla^2\xi=0 \\ \xi=0, & \text{在} S_4 \text{上} \\ \xi=1, & \text{在} S_5 \text{上} \\ \dfrac{\partial\xi}{\partial n}=0, & \text{在} S_0,S_2,S_3,S_1 \text{上} \end{cases} \qquad (5.2.12)$$

方程(5.2.11)和方程(5.2.12)联合使用,最后得到图 5.7(b)所示的网格,物理平面上这种布局和形状的网格称为 C 型网格。因此,图 5.7(a)通过方程(5.2.11)和方程(5.2.12)在相应的边界条件下,就变换成图 5.8 那样规则的区域。

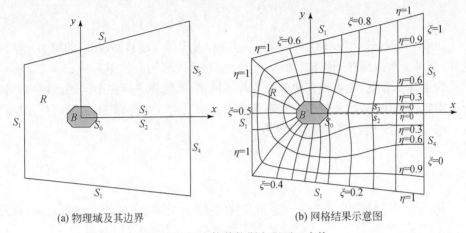

(a) 物理域及其边界　　　　　　　(b) 网格结果示意图

图 5.7　两个拉普拉斯方程开口变换

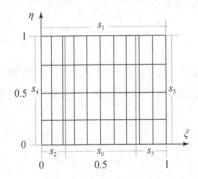

图 5.8　物理平面 C 型网格变换平面的直线网格

　　拉普拉斯方程生成的网格还有一个重要的特征,它的网格线有向外凸形边界逼近和聚集、远离内凹形边界的趋势。

5.2.2　泊松方程

1. 一维泊松方程的特性

为了考察泊松方程和拉普拉斯方程之间的区别,首先研究一维问题

$$\begin{cases} \nabla^2 \eta = \eta_{xx} = Q \\ x=0, \quad \eta=0 \\ x=1, \quad \eta=1 \end{cases} \tag{5.2.13}$$

其中,Q 可以是 x, η, η_x 的函数,为简单起见,假定 Q 为常数。很显然,方程(5.2.13)的解是

$$\eta = \frac{Q}{2}(x^2 - x) + x \tag{5.2.14}$$

当 $Q=0$ 时,式(5.2.13)为拉普拉斯方程,由式(5.2.14)知,相应的解为 $\eta=x$。这样,如果 η 坐标是等间隔的,那么 x 坐标也是等间隔的。如图 5.9(a)所示。

为了计算方便,总希望变换坐标取等间隔的,而物理坐标在不同的区域有不同的节点密度。因此,拉普拉斯方程不能实现这个目的。为此,必须使用泊松方程。

当 $Q=2>0$ 时,式(5.2.14)变为

$$\begin{cases} \eta = x^2 \\ \dfrac{\Delta x}{\Delta \eta} \approx \dfrac{1}{2x} \end{cases} \tag{5.2.15}$$

从式(5.2.15)可以看出,当 $\Delta \eta$ 为常数时,随 x 增加 Δx 减小。也就是说,接近 $x=1$ 的节点要密,而接近 $x=0$ 点的节点要疏些。如图 5.9(b)所示。

当 $Q=-2<0$ 时,式(5.2.14)变为

$$\begin{cases} \eta = 2x - x^2 \\ \dfrac{\Delta x}{\Delta \eta} \approx \dfrac{1}{2(1-x)} \end{cases} \tag{5.2.16}$$

从式(5.2.16)可以看出,当 $\Delta \eta$ 为常数,Δx 随 x 增加而增加。也就是说,接近 $x=1$ 点处节点要疏些,而接近 $x=0$ 点处节点要密些。如图 5.9(c)所示。

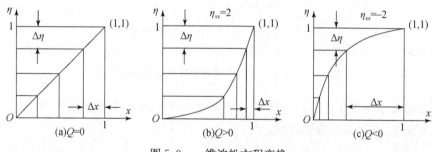

图 5.9　一维泊松方程变换

从上面分析可以看到,源项 Q 可以控制 x 坐标的节点密度,正的 Q 值使 η 的等距节点在物理轴 x 上的对应节点向 η 增大的方向聚集,负的 Q 值使 η 的等距节点在物理轴 x 上的对应节点向 η 减小的方向聚集。如果取 Q 是 x 的函数,可以在物理轴上不同的区域得到所希望的节点密度[8]。

2. 二维泊松方程的特性

前面分析了一维泊松方程的特性,这些特性同样适用于二维情形,如用

$$\nabla^2 \eta = \eta_{xx} + \eta_{yy} = Q \tag{5.2.17}$$

进行变换。如果变换平面上 η 是等间隔的,那么,当 $Q=0$ 时,物理平面上的周线

（等值线）也是等间隔的，如图 5.10(a)所示；当 $Q<0$ 时，接近内部边界的周线要密些，如图 5.10(b)所示；当 $Q>0$ 时，接近外边界的周线要密些，如图 5.10(c)所示。

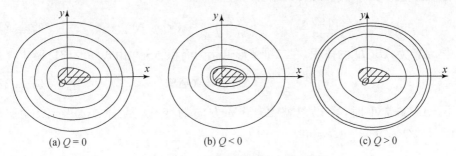

(a) $Q=0$　　　　　　(b) $Q<0$　　　　　　(c) $Q>0$

图 5.10　二维泊松方程 η 坐标变换

上面的结论可以予以证明。取函数 η 的两条相距足够近（距离为 Δn）的等值线 $\eta=c_1$ 和 $\eta=c_2=c_1+\Delta\eta$ 组成一个域 $ABCD$，其中两个侧边（面）AB 和 DC 沿着等值线的法线方向（三维时为 η 等值面的法平面）（图 5.11），它们相距也足够近，距离为 Δs。

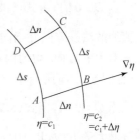

图 5.11　η 梯度沿梯度
方向的变化

令 $\vec{A}=\nabla\eta$，在域 $ABCD$ 上应用高斯公式

$$\oiint_S \vec{A}\cdot\vec{n}\mathrm{d}S = \iiint_V (\nabla\cdot\vec{A})\mathrm{d}V$$

则有

$$\oiint_S \nabla\eta\cdot\vec{n}\mathrm{d}S = \iiint_V (\nabla\cdot\nabla\eta)\mathrm{d}V = \iiint_V (\nabla^2\eta)\mathrm{d}V$$

将左边的积分分四个边写出

$$\iint_{AB}\nabla\eta\cdot\vec{n}\mathrm{d}S + \iint_{BC}\nabla\eta\cdot\vec{n}\mathrm{d}S + \iint_{CD}\nabla\eta\cdot\vec{n}\mathrm{d}S + \iint_{DA}\nabla\eta\cdot\vec{n}\mathrm{d}S = \iiint_V (\nabla^2\eta)\mathrm{d}V$$

$$(5.2.18)$$

由于 AB, DC 线为 η 等值线的法线（三维为法平面），也就是 $\nabla\eta$ 的方向，而 $\vec{n}$ 为 AB, DC 的单位外法向量故在 AB, DC 上，$\nabla\eta\cdot\vec{n}=0$，从而 AB, DC 边上的积分为零，式(5.2.18)变为

$$\iint_{BC}\nabla\eta\cdot\vec{n}\mathrm{d}S + \iint_{DA}\nabla\eta\cdot\vec{n}\mathrm{d}S = \iiint_V (\nabla^2\eta)\mathrm{d}V \qquad (5.2.19)$$

现在将 BC, DA 上的外法向矢量 $\vec{n}$ 都变成指向 η 增大的一方，则式(5.2.19)变为

$$\iint_{BC}\nabla\eta\cdot\vec{n}\mathrm{d}S - \iint_{AD}\nabla\eta\cdot\vec{n}\mathrm{d}S = \iiint_V (\nabla^2\eta)\mathrm{d}V$$

或

$$\iint_{BC} \frac{\partial \eta}{\partial n} \mathrm{d}S - \iint_{AD} \frac{\partial \eta}{\partial n} \mathrm{d}S = \iiint_V (\nabla^2 \eta) \mathrm{d}V \qquad (5.2.20)$$

当 $\Delta s, \Delta n$ 足够小时,式(5.2.20)积分可近似写成

$$\left(\frac{\partial \eta}{\partial n} \Delta s\right)_{BC} - \left(\frac{\partial \eta}{\partial n} \Delta s\right)_{AD} = (\nabla^2 \eta) \Delta V \qquad (5.2.21)$$

其中,ΔV 为 $ABCD$ 的体积,在二维情形退化为面积 ΔS。由式(5.2.21)得

$$\frac{\partial}{\partial n}\left(\frac{\partial \eta}{\partial n} \Delta s\right) \Delta n = Q \Delta S \qquad (5.2.22)$$

当 $\Delta s, \Delta n$ 非常小时,可以忽略 Δs 沿 η 方向的变化,从而 $\Delta s \Delta n = \Delta S$,于是式(5.2.22)化为

$$\frac{\partial}{\partial n}\left(\frac{\partial \eta}{\partial n}\right) = Q \qquad (5.2.23)$$

当 $Q > 0$ 时,由式(5.2.23)知,$\frac{\partial}{\partial n}\left(\frac{\partial \eta}{\partial n}\right) > 0$,则梯度 $\frac{\partial \eta}{\partial n}$ 随 n 增大而增大(n 沿 η 等值线的法线方向并指向 η 增大的一方,也是该方向的物理空间长度坐标),这样往 η 增大的方向,均匀的 $\Delta \eta$ 对应的 Δn 越来越小,物理平面上的等值线越来越密集,如图 5.12(a)所示。

当 $Q < 0$ 时,由式(5.2.23)知,$\frac{\partial}{\partial n}\left(\frac{\partial \eta}{\partial n}\right) < 0$,则梯度 $\frac{\partial \eta}{\partial n}$ 随 n 增大而减小,这样往 η 增大的方向,均匀的 $\Delta \eta$ 对应的 Δn 越来越大,物理平面上的等值线越来越稀疏,往 η 减小的方向物理平面上的等值线越来越密集,如图 5.12(b)所示。

当 $Q = 0$ 时,由式(5.2.23)知,$\frac{\partial}{\partial n}\left(\frac{\partial \eta}{\partial n}\right) = 0$,则梯度 $\frac{\partial \eta}{\partial n}$ 不随 n 变化,这样 η 坐标的等间隔对应物理平面 n 坐标也是等间隔的,如图 5.12(c)所示。

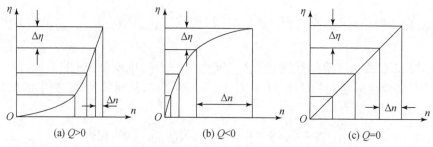

(a) $Q>0$　　　　　(b) $Q<0$　　　　　(c) $Q=0$

图 5.12　不同 Q 值时 η 坐标沿 η 等值线法向的变化

由以上分析可知,在等值线间隔 $\Delta \eta$ 保持不变的情况下,当 $Q > 0$ 时,在物理平面 η 越大的区域等值线越密;当 $Q < 0$ 时,在物理平面 η 越小的区域等值线越密;$Q = 0$ 时,变换平面 η 的均匀间隔对应物理平面的均匀间隔。也就是说,$Q < 0$ 将使

$\eta=$const 线偏离原来 $Q=0$ 时的均匀分布而向 η 减小的方向聚集(移动),$Q>0$ 将使其向 η 增大的方向聚集(移动)。

对于 ξ 坐标的泊松方程变换 $\nabla^2\xi=P$,可以用类似的方法证明如上类似的结论。仍以环绕物体的 O 型网格为例,设 $\xi=$const 网格线代表由物体表面出发的向外辐射的一系列径向线,此时 ξ 满足的变换方程和边界条件可设为

$$\begin{cases} \nabla^2\xi=\xi_{xx}+\xi_{yy}=P \\ \xi=0, \quad y=0^- \ (x>x_0) \\ \xi=1, \quad y=0^+ \ (x>x_0) \end{cases} \tag{5.2.24}$$

进行 ξ 坐标的变换,如果变换平面上 ξ 是等间隔的,当 ξ 正方向(增大方向)选为顺时针方向时,那么,当 $P=0$ 时,物理平面上的径线也是等间隔的,如图 5.13(a)所示;当 $P<0$ 时,物理平面接近 $y=0^- \ (x>0)$ 的径线要密些,如图 5.13(b)所示;当 $P>0$ 时,物理平面接近 $y=0^+ \ (x>0)$ 的径线要密些,如图 5.13(c)所示。

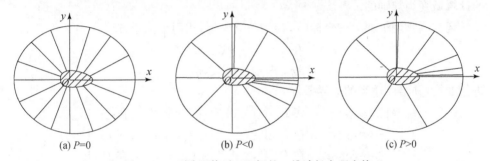

(a) $P=0$ (b) $P<0$ (c) $P>0$

图 5.13 不同 P 值时 ξ 坐标的二维泊松方程变换

以上的证明其实已经把一维、二维、三维泊松方程变换的特性一次性统一证明了。可以进一步总结如下:方程(5.2.1)的源项 P^i 对 $\xi^i=$const 网格面有牵拉作用,并且负的 P^i 值将迫使 $\xi^i=$const 网格面向 ξ^i 减小的方向移动,正的 P^i 值将迫使 $\xi^i=$const 网格面向 ξ^i 增大的方向移动。对于二维情形,即方程(5.2.3),P 的负值将引起 $\xi=$const 线向 ξ 减小的方向移动(图 5.14),P 的正值将引起 $\xi=$const 线向 ξ 增大的方向移动;Q 的负值将使 $\eta=$const 线向 η 减小的方向移动(图 5.15),Q 的正值将使 $\eta=$const 线向 η 增大的方向移动。这一特性可用来控制网格线的疏密分布及网格线与边界的夹角。

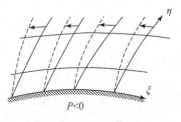

图 5.14 P 的作用

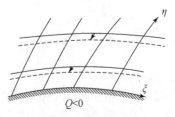

图 5.15 Q 的作用

Sonar[7]定义了一个"规则网格"的概念,并给出了用椭圆型方程生成网格时改变源项值会引发的网格响应行为,对椭圆型方程网格生成有重要启发意义。

如果一个网格的所有网格线均处于物理空间的规定域内,并且在二维情形同族网格线不相交,不同族的任意两条网格线只相交一次,则称这种网格是规则的。

假设已由方程(5.2.1)生成一个规则的网格,那么以此网格为起始网格,改变源项的值,但保持新源项的符号分布与起始网格的相同,则所生成新网格亦是规则的(这是一个充分而非必要的条件,它启示人们在改变源项值时应十分谨慎)。

5.3 在变换平面求解的方程

如果要在物理平面上计算某物理问题,而实际计算区域是不规则的,这就给计算带来许多不便,并且会造成较大的误差。为此可以进行坐标变换,使其计算平面的计算域变为规则的。

现在用物理平面上的坐标(x,y)为独立坐标,用两个泊松方程

$$\begin{cases} \xi_{xx} + \xi_{yy} = P(\xi, \eta) \\ \eta_{xx} + \eta_{yy} = Q(\xi, \eta) \end{cases} \tag{5.3.1}$$

进行变换,并给以适当的边界条件

$$\xi = \begin{cases} \xi_1(x,y), & \text{在 } \Gamma_1 \text{ 上}, \\ \xi_2(x,y), & \text{在 } \Gamma_2 \text{ 上}, \\ \xi_3 = \text{const}, & \text{在 } \Gamma_3 \text{ 上}, \\ \xi_4 = \text{const}, & \text{在 } \Gamma_4 \text{ 上}, \end{cases} \quad \eta = \begin{cases} \eta_1 = \text{const}, & \text{在 } \Gamma_1 \text{ 上} \\ \eta_2 = \text{const}, & \text{在 } \Gamma_2 \text{ 上} \\ \eta_3(x,y), & \text{在 } \Gamma_3 \text{ 上} \\ \eta_4(x,y), & \text{在 } \Gamma_4 \text{ 上} \end{cases} \tag{5.3.2}$$

如图5.16(a)所示。

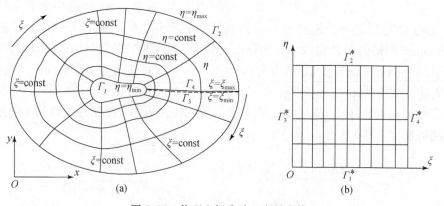

图 5.16 物理坐标为独立变量变换

一般说来,物理平面上的边界线都是曲线。因此,确定边界条件是比较困难

的。为此也可以用 ξ,η 为独立变量，x,y 为因变量来建立微分方程。这样边界线就变成了坐标线或平行于坐标线的直线，如图 5.16(b) 所示。下面推导方程[8]。

因为有

$$\begin{cases} \mathrm{d}x = x_\xi \mathrm{d}\xi + x_\eta \mathrm{d}\eta \\ \mathrm{d}y = y_\xi \mathrm{d}\xi + y_\eta \mathrm{d}\eta \end{cases} \tag{5.3.3}$$

把式 (5.3.3) 看成是关于 $\mathrm{d}\xi,\mathrm{d}\eta$ 的方程组，可解出 $\mathrm{d}\xi,\mathrm{d}\eta$

$$\begin{cases} \mathrm{d}\xi = \dfrac{y_\eta \mathrm{d}x - x_\eta \mathrm{d}y}{J} \\ \mathrm{d}\eta = \dfrac{-y_\xi \mathrm{d}x + x_\xi \mathrm{d}y}{J} \end{cases} \tag{5.3.4}$$

其中，$J = x_\xi y_\eta - x_\eta y_\xi$ 是方程组的系数行列式，也是坐标变换的雅可比行列式。又因为有

$$\begin{cases} \mathrm{d}\xi = \xi_x \mathrm{d}x + \xi_y \mathrm{d}y \\ \mathrm{d}\eta = \eta_x \mathrm{d}x + \eta_y \mathrm{d}y \end{cases} \tag{5.3.5}$$

比较式 (5.3.4) 和式 (5.3.5)，可得到

$$\begin{cases} \xi_x = \dfrac{y_\eta}{J}, \quad \xi_y = -\dfrac{x_\eta}{J} \\ \eta_x = -\dfrac{y_\xi}{J}, \quad \eta_y = \dfrac{x_\xi}{J} \end{cases} \tag{5.3.6}$$

现在引进任意函数 u，即

$$u = u(x,y) = u(\xi,\eta)$$

由链式求导法则可求得一阶导数

$$\begin{cases} u_x = \dfrac{\partial u}{\partial x} = \dfrac{\partial u}{\partial \xi}\xi_x + \dfrac{\partial u}{\partial \eta}\eta_x \\ u_y = \dfrac{\partial u}{\partial y} = \dfrac{\partial u}{\partial \xi}\xi_y + \dfrac{\partial u}{\partial \eta}\eta_y \end{cases} \tag{5.3.7}$$

进一步可求得二阶导数

$$\begin{cases} u_{xx} = u_{\xi\xi}\xi_x^2 + 2u_{\xi\eta}\eta_x\xi_x + u_{\eta\eta}\eta_x^2 + u_\xi\xi_{xx} + u_\eta\eta_{xx} \\ u_{yy} = u_{\xi\xi}\xi_y^2 + 2u_{\xi\eta}\eta_y\xi_y + u_{\eta\eta}\eta_y^2 + u_\xi\xi_{yy} + u_\eta\eta_{yy} \end{cases} \tag{5.3.8}$$

函数 u 的调和量为

$$\nabla^2 u = u_{xx} + u_{yy} \tag{5.3.9}$$

把式 (5.3.8) 代入式 (5.3.9)，得

$$\begin{aligned} u_{xx} + u_{yy} = & u_{\xi\xi}(\xi_x^2 + \xi_y^2) + 2u_{\xi\eta}(\eta_x\xi_x + \eta_y\xi_y) + u_{\eta\eta}(\eta_x^2 + \eta_y^2) \\ & + u_\xi(\xi_{xx} + \xi_{yy}) + u_\eta(\eta_{xx} + \eta_{yy}) \end{aligned} \tag{5.3.10}$$

注意到式 (5.3.6)，则有

$$\xi_x^2 + \xi_y^2 = \nabla\xi \cdot \nabla\xi = g^{11} = \frac{1}{J^2}(x_\eta^2 + y_\eta^2) = \frac{1}{J^2}\vec{r}_\eta \cdot \vec{r}_\eta = \frac{1}{J^2}g_{22}$$

$$\eta_x\xi_x + \eta_y\xi_y = \nabla\xi \cdot \nabla\eta = g^{12} = -\frac{1}{J^2}(x_\xi x_\eta + y_\xi y_\eta) = -\frac{1}{J^2}\vec{r}_\xi \cdot \vec{r}_\eta = -\frac{1}{J^2}g_{12}$$

$$\eta_x^2 + \eta_y^2 = \nabla\eta \cdot \nabla\eta = g^{22} = \frac{1}{J^2}(x_\xi^2 + y_\xi^2) = \frac{1}{J^2}\vec{r}_\xi \cdot \vec{r}_\xi = \frac{1}{J^2}g_{11}$$

另外注意到泊松方程(5.3.1),则式(5.3.10)变为

$$u_{xx} + u_{yy} = g^{11}u_{\xi\xi} + 2g^{12}u_{\xi\eta} + g^{22}u_{\eta\eta} + u_\xi P + u_\eta Q \qquad (5.3.11)$$

或

$$u_{xx} + u_{yy} = \frac{g_{22}}{J^2}u_{\xi\xi} - 2\frac{g_{12}}{J^2}u_{\xi\eta} + \frac{g_{11}}{J^2}u_{\eta\eta} + u_\xi P + u_\eta Q \qquad (5.3.12)$$

如令

$$\alpha = g_{22} = x_\eta^2 + y_\eta^2 = J^2(\xi_x^2 + \xi_y^2) = J^2 g^{11}$$

$$\beta = g_{12} = x_\xi x_\eta + y_\xi y_\eta = -J^2(\xi_x\eta_x + \xi_y\eta_y) = -J^2 g^{12}$$

$$\gamma = g_{11} = x_\xi^2 + y_\xi^2 = J^2(\eta_x^2 + \eta_y^2) = J^2 g^{22}$$

则式(5.3.12)还可转化为

$$u_{xx} + u_{yy} = \frac{\alpha u_{\xi\xi}}{J^2} - \frac{2\beta u_{\xi\eta}}{J^2} + \frac{\gamma u_{\eta\eta}}{J^2} + u_\xi P + u_\eta Q \qquad (5.3.13)$$

如果在式(5.3.11)~式(5.3.13)中分别令 $u = x$ 和 $u = y$,则式(5.3.11)~式(5.3.13)等号左边为零,从而分别有

$$\begin{cases} g^{11}x_{\xi\xi} + 2g^{12}x_{\xi\eta} + g^{22}x_{\eta\eta} + x_\xi P + x_\eta Q = 0 \\ g^{11}y_{\xi\xi} + 2g^{12}y_{\xi\eta} + g^{22}y_{\eta\eta} + y_\xi P + y_\eta Q = 0 \end{cases} \qquad (5.3.14)$$

$$\begin{cases} g_{22}x_{\xi\xi} - 2g_{12}x_{\xi\eta} + g_{11}x_{\eta\eta} + J^2(x_\xi P + x_\eta Q) = 0 \\ g_{22}y_{\xi\xi} - 2g_{12}y_{\xi\eta} + g_{11}y_{\eta\eta} + J^2(y_\xi P + y_\eta Q) = 0 \end{cases} \qquad (5.3.15)$$

$$\begin{cases} \alpha x_{\xi\xi} - 2\beta x_{\xi\eta} + \gamma x_{\eta\eta} + J^2(x_\xi P + x_\eta Q) = 0 \\ \alpha y_{\xi\xi} - 2\beta y_{\xi\eta} + \gamma y_{\eta\eta} + J^2(y_\xi P + y_\eta Q) = 0 \end{cases} \qquad (5.3.16)$$

式(5.3.14)、式(5.3.15)或式(5.3.16)就是生成网格所要数值求解的方程。相应的边界条件为(图5.16(b))

$$\begin{cases} x = e_1(\xi, \eta_1), y = e_2(\xi, \eta_1), & 在 \Gamma_1^* 上 \\ x = f_1(\xi, \eta_2), y = f_2(\xi, \eta_2), & 在 \Gamma_2^* 上 \\ x = g_1(\xi_3, \eta), y = g_2(\xi_3, \eta), & 在 \Gamma_3^* 上 \\ x = h_1(\xi_4, \eta), y = h_2(\xi_4, \eta), & 在 \Gamma_4^* 上 \end{cases} \qquad (5.3.17)$$

这样,式(5.3.1)就变成式(5.3.14)、式(5.3.15)或式(5.3.16),式(5.3.2)就变成式(5.3.17),这里的 Γ_1^*,Γ_2^*,Γ_3^* 和 Γ_4^* 是 (ξ, η) 平面上的边界,对应物理平面上的 Γ_1,Γ_2,Γ_3 和 Γ_4。虽然式(5.3.14)、式(5.3.15)或式(5.3.16)比式(5.3.1)复杂一

些,但 (ξ,η) 平面上的边界 Γ_1^*,Γ_2^*,Γ_3^* 和 Γ_4^* 都是直线,因此边界条件容易确定,如果求得式(5.3.14)、式(5.3.15)或式(5.3.16)的解,即得出

$$\begin{cases} x = x(\xi,\eta) \\ y = y(\xi,\eta) \end{cases}$$

那么物理平面和变换平面对应点的关系就得以确定。

注意到式(5.3.14)~式(5.3.16)中 x,y 满足同样的方程,故可令 $\vec{r} = x\vec{i} + y\vec{j}$,这样可将 x,y 满足的方程合并写成 $\vec{r} = x\vec{i} + y\vec{j}$ 满足的方程,即

$$g^{11}\vec{r}_{\xi\xi} + 2g^{12}\vec{r}_{\xi\eta} + g^{22}\vec{r}_{\eta\eta} + \vec{r}_{\xi}P + \vec{r}_{\eta}Q = 0 \qquad (5.3.18)$$

$$g_{22}\vec{r}_{\xi\xi} - 2g_{12}\vec{r}_{\xi\eta} + g_{11}\vec{r}_{\eta\eta} + J^2(\vec{r}_{\xi}P + \vec{r}_{\eta}Q) = 0 \qquad (5.3.19)$$

$$\alpha\vec{r}_{\xi\xi} - 2\beta\vec{r}_{\xi\eta} + \gamma\vec{r}_{\eta\eta} + J^2(\vec{r}_{\xi}P + \vec{r}_{\eta}Q) = 0 \qquad (5.3.20)$$

在一些求源项方法(如 Thomas-Middlecoff 方法[9])中,经常用 φ,ψ 分别代替 P,Q

$$\varphi = J^2 P/\alpha, \quad \psi = J^2 Q/\gamma \qquad (5.3.21)$$

这样,求解过程中就不需要计算雅可比行列式了。此时方程(5.3.20)可写成

$$\alpha\vec{r}_{\xi\xi} - 2\beta\vec{r}_{\xi\eta} + \gamma\vec{r}_{\eta\eta} + (\alpha\varphi\vec{r}_{\xi} + \gamma\psi\vec{r}_{\eta}) = 0 \qquad (5.3.22)$$

5.4   网格生成方程的离散求解

因为椭圆型方程组较为复杂,很难用理论的方法求出解析解,所以必须用差分的方法,即将微分方程按一定的格式离散成差分方程后再求其数值解。由 5.3 节知,式(5.3.20)就是生成网格要在变换平面(计算平面)求解的方程,即

$$\alpha\vec{r}_{\xi\xi} - 2\beta\vec{r}_{\xi\eta} + \gamma\vec{r}_{\eta\eta} + J^2(\vec{r}_{\xi}P + \vec{r}_{\eta}Q) = 0 \qquad (5.4.1)$$

设 I_m,J_m 分别为 ξ,η 方向上的节点总数,$h_1 = \Delta\xi, h_2 = \Delta\eta$ 分别是这两个方向上的步长(图 5.17),方程中所涉及的偏导数均采用中心差分格式,即

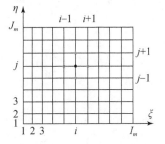

图 5.17   计算平面的网格

$$\begin{cases} \vec{r}_{\xi} = (\vec{r}_{i+1,j} - \vec{r}_{i-1,j})/(2h_1) \\ \vec{r}_{\eta} = (\vec{r}_{i,j+1} - \vec{r}_{i,j-1})/(2h_2) \\ \vec{r}_{\xi\xi} = (\vec{r}_{i+1,j} - 2\vec{r}_{i,j} + \vec{r}_{i-1,j})/h_1^2 \\ \vec{r}_{\eta\eta} = (\vec{r}_{i,j+1} - 2\vec{r}_{i,j} + \vec{r}_{i,j-1})/h_2^2 \\ \vec{r}_{\xi\eta} = (\vec{r}_{i+1,j+1} - \vec{r}_{i+1,j-1} - \vec{r}_{i-1,j+1} + \vec{r}_{i-1,j-1})/4h_1 h_2 \end{cases}$$

为简单起见,且不失一般性,通常可取 $h_1 = h_2 = 1$,α,β,γ 均是 x,y 偏导数的函数,可进行相应的近似。

方程(5.4.1)离散后的差分方程有不同的解法,如逐点超松弛方法、逐线超松

弛方法。

5.4.1　逐点超松弛方法

逐点超松弛(point successive over-relaxation,PSOR)方法分两步。

第一步　先用高斯-赛德尔改进迭代,尽可能利用最新的值进行计算。如果计算的循环安排是 $j=2,3,\cdots,J_m-1$ 为外循环, $i=2,3,\cdots,I_m-1$ 为内循环,则在 (i,j) 点离散后尽量采用最新值的高斯-赛德尔改进迭代的第 n 场的差分方程为(图 5.18)

$$\alpha_{i,j}(\vec{r}_{i-1,j}^{(n)}-2\vec{r}_{i,j}^{(n)}+\vec{r}_{i+1,j}^{(n-1)})+\gamma_{i,j}(\vec{r}_{i,j-1}^{(n)}-2\vec{r}_{i,j}^{(n)}+\vec{r}_{i,j+1}^{(n-1)})$$
$$-2\beta_{i,j}(\vec{r}_{i+1,j+1}^{(n-1)}-\vec{r}_{i+1,j-1}^{(n)}-\vec{r}_{i-1,j+1}^{(n-1)}+\vec{r}_{i-1,j-1}^{(n)})/4$$
$$+[J_{i,j}^2 P_{i,j}(\vec{r}_{i+1,j}^{(n-1)}-\vec{r}_{i,j}^{(n)})/2+J_{i,j}^2 Q_{i,j}(\vec{r}_{i,j+1}^{(n-1)}-\vec{r}_{i,j-1}^{(n)})/2]=0 \quad (5.4.2)$$

式中,上标 (n) 代表本场待求值[(i,j)点处]或本场已知值(新值)[(i,j)点以外的点处];上标 $(n-1)$ 代表前场值[该点本场还未更新新值]。$\alpha_{i,j},\beta_{i,j},\gamma_{i,j}$ 也尽量采用新值进行计算。由式(5.4.2)可求出 $\vec{r}_{i,j}^{(n)}$,并把它作为中间结果 $\tilde{\vec{r}}_{i,j}^{(n)}$:

$$\tilde{\vec{r}}_{i,j}^{(n)}=\frac{1}{2\alpha_{i,j}+2\gamma_{i,j}}\{\alpha_{i,j}(\vec{r}_{i-1,j}^{(n)}+\vec{r}_{i+1,j}^{(n-1)})+\gamma_{i,j}(\vec{r}_{i,j-1}^{(n)}+\vec{r}_{i,j+1}^{(n-1)})$$
$$-\beta_{i,j}(\vec{r}_{i+1,j+1}^{(n-1)}-\vec{r}_{i+1,j-1}^{(n)}-\vec{r}_{i-1,j+1}^{(n-1)}+\vec{r}_{i-1,j-1}^{(n)})/2$$
$$+[J_{i,j}^2 P_{i,j}(\vec{r}_{i+1,j}^{(n-1)}-\vec{r}_{i-1,j}^{(n)})/2+J_{i,j}^2 Q_{i,j}(\vec{r}_{i,j+1}^{(n-1)}-\vec{r}_{i,j-1}^{(n)})/2]\} \quad (5.4.3)$$

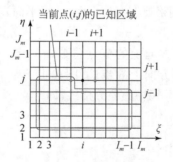

图 5.18　PSOR 方法

第二步　引入超松弛因子 ω,将 $\tilde{\vec{r}}_{i,j}^{(n)}$ 与前一步解 $\vec{r}_{i,j}^{(n-1)}$ 进行加权平均,进行超松弛处理,得到本场 (i,j) 点的解

$$\vec{r}_{i,j}^{(n)}=\omega\tilde{\vec{r}}_{i,j}^{(n)}+(1-\omega)\vec{r}_{i,j}^{(n-1)} \quad (5.4.4)$$

ω 的取值范围为 $0 < \omega < 2$。$\omega = 1$ 就是高斯-赛德尔改进迭代。选取理论上已证明的最佳松弛因子[10-12]

$$\omega_{\text{opt}} = \frac{8 - 4\sqrt{4 - \lambda^2}}{\lambda^2}$$

其中

$$\lambda = \cos\left(\frac{\pi}{I_m}\right) + \cos\left(\frac{\pi}{J_m}\right)$$

上述迭代需要一个初场网格，可以用简单的线性插值方法获得。由于 $\vec{r}$ 同时代表了 x 和 y，故上述迭代将 x, y 的解同时得到。

5.4.2　逐线超松弛方法

采用 Thomas-Middlecoff 求源项方法中用 φ, ψ 分别代替 P, Q 的做法[9]

$$\varphi = J^2 P / \alpha, \quad \psi = J^2 Q / \gamma \tag{5.4.5}$$

此时计算平面的方程为

$$\alpha \vec{r}_{\xi\xi} - 2\beta \vec{r}_{\xi\eta} + \gamma \vec{r}_{\eta\eta} + (\alpha \varphi \vec{r}_\xi + \gamma \psi \vec{r}_\eta) = 0 \tag{5.4.6}$$

逐线超松弛(line successive over-relaxation, LSOR)方法也类似地分两步。

第一步　求一个中间解 $\overset{\sim}{\vec{r}}_{i,j}^{(n)}$。

采用 LSOR 方法，是将第 i 线抽出作为未知量求解(第 n 场，待求的当前场)，而第 $i-1$ 线取第 n 场值(已求解，已更新新值)，第 $i+1$ 线采用第 $n-1$ 场值(尚无新值，故用前场值)，那么方程(5.4.6)在(i, j)点的差分方程为(图 5.19)

$$\alpha_{i,j}(\vec{r}_{i-1,j}^{(n)} - 2\vec{r}_{i,j}^{(n)} + \vec{r}_{i+1,j}^{(n)}) + \gamma_{i,j}(\vec{r}_{i,j-1}^{(n)} - 2\vec{r}_{i,j}^{(n)} + \vec{r}_{i,j+1}^{(n)})$$

$$- 2\beta_{i,j}(\vec{r}_{i+1,j+1}^{(n-1)} - \vec{r}_{i+1,j-1}^{(n-1)} - \vec{r}_{i-1,j+1}^{(n)} + \vec{r}_{i-1,j-1}^{(n)})/4$$

$$+ \alpha_{i,j}\varphi_{i,j}(\vec{r}_{i+1,j}^{(n-1)} - \vec{r}_{i-1,j}^{(n)})/2 + \gamma_{i,j}\psi_{i,j}(\vec{r}_{i,j+1}^{(n)} - \vec{r}_{i,j-1}^{(n)})/2 = 0 \tag{5.4.7}$$

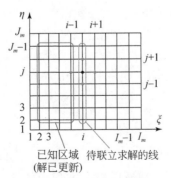

图 5.19　LSOR 方法

按 $\vec{r}_{i,j-1}^{(n)}$, $\vec{r}_{i,j}^{(n)}$, $\vec{r}_{i,j+1}^{(n)}$ 组项,留在方程左边,其余项移到方程右边,则得

$$\left(\gamma_{i,j} - \frac{\gamma_{i,j}\psi_{i,j}}{2}\right)\vec{r}_{i,j-1}^{(n)} + 2(-\alpha_{i,j} - \gamma_{i,j})\vec{r}_{i,j}^{(n)} + \left(\gamma_{i,j} + \frac{\gamma_{i,j}\psi_{i,j}}{2}\right)\vec{r}_{i,j+1}^{(n)}$$

$$= -\alpha_{i,j}(\vec{r}_{i-1,j}^{(n)} + \vec{r}_{i+1,j}^{(n-1)}) + 2\beta_{i,j}(\vec{r}_{i+1,j+1}^{(n-1)} - \vec{r}_{i+1,j-1}^{(n-1)} - \vec{r}_{i-1,j+1}^{(n)} + \vec{r}_{i-1,j-1}^{(n)})/4$$

$$- \alpha_{i,j}\varphi_{i,j}(\vec{r}_{i+1,j}^{(n-1)} - \vec{r}_{i-1,j}^{(n)})/2$$

即

$$a_j\vec{r}_{i,j-1}^{(n)} + b_j\vec{r}_{i,j}^{(n)} + c_j\vec{r}_{i,j+1}^{(n)} = \vec{D}_j \tag{5.4.8}$$

其中

$$\begin{cases} a_j = \gamma_{i,j} - \dfrac{\gamma_{i,j}\psi_{i,j}}{2}, & j = 2,3,4,\cdots,J_m-1 \\[2mm] b_j = 2(-\alpha_{i,j} - \gamma_{i,j}), & j = 2,3,\cdots,J_m-1 \\[2mm] c_j = \gamma_{i,j} + \dfrac{\gamma_{i,j}\psi_{i,j}}{2}, & j = 2,3,\cdots,J_m-2,J_m-1 \end{cases}$$

$$\vec{D}_j = -\alpha_{i,j}(\vec{r}_{i-1,j}^{(n)} + \vec{r}_{i+1,j}^{(n-1)}) + 2\beta_{i,j}(\vec{r}_{i+1,j+1}^{(n-1)} - \vec{r}_{i+1,j-1}^{(n-1)} - \vec{r}_{i-1,j+1}^{(n)} + \vec{r}_{i-1,j-1}^{(n)})/4$$

$$- \alpha_{i,j}\varphi_{i,j}(\vec{r}_{i+1,j}^{(n-1)} - \vec{r}_{i-1,j}^{(n)})/2$$

$$= -\alpha_{i,j}(\vec{r}_{i-1,j}^{(n)} + \vec{r}_{i+1,j}^{(n-1)}) + 2\beta_{i,j}(\vec{r}_{\xi\eta})_{i,j}^{(n)} - \alpha_{i,j}\varphi_{i,j}(\vec{r}_{\xi})_{i,j}^{(n)}$$

$$(j = 2,3,4,\cdots,J_m-2,J_m-1)$$

式(5.4.8)共有 $J_m - 2$ 个方程,它们分别是

$$\begin{cases} j=2 & a_2\vec{r}_{i,1}^{(n)} & + b_2\vec{r}_{i,2}^{(n)} & + c_2\vec{r}_{i,3}^{(n)} & = \vec{D}_2 \\ j=3 & a_3\vec{r}_{i,2}^{(n)} & + b_3\vec{r}_{i,3}^{(n)} & + c_3\vec{r}_{i,4}^{(n)} & = \vec{D}_3 \\ \vdots & \vdots & \vdots & \vdots & \vdots \\ j=j & a_j\vec{r}_{i,j-1}^{(n)} & + b_j\vec{r}_{i,j}^{(n)} & + c_j\vec{r}_{i,j+1}^{(n)} & = \vec{D}_j \\ \vdots & \vdots & \vdots & \vdots & \vdots \\ j=J_m-1 & a_{J_m-1}\vec{r}_{i,J_m-2}^{(n)} & + b_{J_m-1}\vec{r}_{i,J_m-1}^{(n)} & + c_{J_m-1}\vec{r}_{i,J_m}^{(n)} & = \vec{D}_{J_m-1} \end{cases} \tag{5.4.9}$$

其中,第一个方程中的 $a_2\vec{r}_{i,1}^{(n)}$ 和最后一个方程中的 $c_{J_m-1}\vec{r}_{i,J_m}^{(n)}$ 涉及边界值 $\vec{r}_{i,1}^{(n)}$ 和 $\vec{r}_{i,J_m}^{(n)}$,为指定值,即已知量,不能作为未知量参与求解,故应移至方程右端,从而方程(5.4.9)变为

$$
\begin{cases}
j=2 & b_2\vec{r}_{i,2} & +c_2\vec{r}_{i,3} & & =\vec{D}_2-a_2\vec{r}_{i,1}^{(n)} \\
j=3 & a_3\vec{r}_{i,2}^{(n)} & +b_3\vec{r}_{i,3}^{(n)} & +c_3\vec{r}_{i,4}^{(n)} & =\vec{D}_3 \\
\vdots & \vdots & \vdots & \vdots & \vdots \\
j=j & a_j\vec{r}_{i,j-1}^{(n)} & +b_j\vec{r}_{i,j}^{(n)} & +c_j\vec{r}_{i,j+1}^{(n)} & =\vec{D}_j \\
\vdots & \vdots & \vdots & \vdots & \vdots \\
j=J_m-2 & a_{J_m-2}\vec{r}_{i,J_m-3}^{(n)} & +b_{J_m-2}\vec{r}_{i,J_m-2}^{(n)} & +c_{J_m-2}\vec{r}_{i,J_m-1}^{(n)} & =\vec{D}_{J_m-2} \\
j=J_m-1 & & a_{J_m-1}\vec{r}_{i,J_m-2}^{(n)}+ & b_{J_m-1}\vec{r}_{i,J_m-1}^{(n)} & =\vec{D}_{J_m-1}-c_{J_m-1}\vec{r}_{i,J_m}^{(n)}
\end{cases}
$$
$$(5.4.10)$$

写成矩阵形式则为

$$
\begin{bmatrix}
b_2 & c_2 & & & & & \\
a_3 & b_3 & c_3 & & & 0 & \\
 & \ddots & \ddots & \ddots & & & \\
 & & a_i & b_i & c_i & & \\
 & & & \ddots & \ddots & \ddots & \\
 0 & & & & a_{J_m-2} & b_{J_m-2} & c_{J_m-2} \\
 & & & & & a_{J_m-1} & b_{J_m-1}
\end{bmatrix}
\begin{bmatrix}
x_2 \\ x_3 \\ \vdots \\ x_i \\ \vdots \\ x_{J_m-2} \\ x_{J_m-1}
\end{bmatrix}
=
\begin{bmatrix}
d_2 \\ d_3 \\ \vdots \\ d_i \\ \vdots \\ d_{J_m-2} \\ d_{J_m-1}
\end{bmatrix}
\quad (5.4.11)
$$

方程(5.4.11)中的 x 既代表 x,也代表 y,它构成了一个三对角方程组,其中

$$
a_j=\begin{cases}
0, & j=2 \\
\gamma_{i,j}-\dfrac{\gamma_{i,j}\psi_{i,j}}{2}, & j=3,4,\cdots,J_m-1
\end{cases}
$$

$$
b_j=2(-\alpha_{i,j}-\gamma_{i,j}),\quad j=2,3,\cdots,J_m-1
$$

$$
c_j=\begin{cases}
\gamma_{i,j}+\dfrac{\gamma_{i,j}\psi_{i,j}}{2}, & j=2,3,\cdots,J_m-2 \\
0, & j=J_m-1
\end{cases}
$$

$$
\vec{d}_j=\begin{cases}
\vec{D}_j-\left(\gamma_{i,j}-\dfrac{\gamma_{i,j}\psi_{i,j}}{2}\right)\vec{r}_{i,1}, & j=2 \\
\vec{D}_j, & j=3,4,\cdots,J_m-2 \\
\vec{D}_j-\left(\gamma_{i,j}+\dfrac{\gamma_{i,j}\psi_{i,j}}{2}\right)\vec{r}_{i,J_m}, & j=J_m-1
\end{cases}
$$

$$
\begin{aligned}
\vec{D}_j=&-\alpha_{i,j}(\vec{r}_{i-1,j}^{(n)}+\vec{r}_{i+1,j}^{(n-1)})+2\beta_{i,j}(\vec{r}_{i+1,j+1}^{(n-1)}-\vec{r}_{i+1,j-1}^{(n-1)}-\vec{r}_{i-1,j+1}^{(n)}+\vec{r}_{i-1,j-1}^{(n)})/4 \\
&-\alpha_{i,j}\varphi_{i,j}(\vec{r}_{i+1,j}^{(n-1)}-\vec{r}_{i-1,j}^{(n)})/2 \\
=&-\alpha_{i,j}(\vec{r}_{i-1,j}^{(n)}+\vec{r}_{i+1,j}^{(n-1)})+2\beta_{i,j}(\vec{r}_{\xi\eta})_{i,j}^{(n)}-\alpha_{i,j}\varphi_{i,j}(\vec{r}_\xi)_{i,j}^{(n)}
\end{aligned}
$$

可以看出,用 φ,ψ 分别代替 P,Q,计算中不必再计算雅可比行列式 J。方程(5.4.11)可用追赶法求解[13]。

第二步 求得第 i 线的 $\vec{r}_{i,j}^{(n)}$ 后,将其作为中间结果 $\tilde{\vec{r}}_{i,j}^{(n)}$,再用式(5.4.4)进行松弛处理,就得到第 n 场的值 $\vec{r}_{i,j}^{(n)}$。得到了 $\vec{r}$ 的解,就是得到了 x,y 的解。

至此,已经完全可以对椭圆型方程进行离散求解了,PSOR 方法逐点进行求解,LSOR 方法则逐线进行求解,因此 LSOR 方法的迭代的次数少一些,但实际上 LSOR 方法和 PSOR 方法的计算量相差并不多。利用超松弛方法一定要注意松弛因子的选取,如果选取了不适当的松弛因子,会导致收敛速度下降。

5.5　求源项的方法

在前述求解方程(5.4.1)或方程(5.4.6)时,并未涉及源项 P,Q(或 φ,ψ)的值是如何获得的,下面专门讨论源项的求法。

5.5.1　Thompson 方法

Thompson 方法旨在把网格线向某些指定的坐标线或点吸引[6]。用式(5.2.1)的 Poisson 型的网格生成方程组,控制函数(源项)P,Q 的负值将分别引起 $\xi,\eta=$const 坐标线向 ξ,η 减小的方向聚集。这一作用可通过如下形式的控制函数把坐标线向其他坐标线或点吸引

$$P(\xi,\eta) = -\sum_{i=1}^{N}a_i\,\mathrm{sign}(\xi-\xi_i)\exp(-c_i|\xi-\xi_i|)$$
$$-\sum_{i=1}^{M}b_i\,\mathrm{sign}(\xi-\xi_i)\exp(-d_i\sqrt{(\xi-\xi_i)^2+(\eta-\eta_j)^2}) \qquad (5.5.1)$$

其中,$\xi=\xi_i$,$\eta=\eta_j$ 是某一选定的 $\xi=$const,$\eta=$const 坐标值(网格线)。

将 ξ,η 交换就可类比地得到 $Q(\xi,\eta)$

$$Q(\xi,\eta) = -\sum_{j=1}^{N}a_j\,\mathrm{sign}(\eta-\eta_j)\exp(-c_j|\eta-\eta_j|)$$
$$-\sum_{j=1}^{M}b_j\,\mathrm{sign}(\eta-\eta_j)\exp(-d_j\sqrt{(\xi-\xi_i)^2+(\eta-\eta_j)^2}) \qquad (5.5.2)$$

在这种形式下,控制函数就只是曲线坐标的函数。

以 Q 函数为例,振幅 a_j 的作用就是把 $\eta=$const 线向 $\eta=\eta_j$ 线吸引(图 5.20),而振幅 b_j 的作用是将 $\eta=$const 线向点 (ξ_i,η_j) 吸引(图 5.21)。

注意,这种吸引作用随着在 ξ-η 平面上离开吸引边的距离的增大按衰减因子 c_j 和 d_j 而衰减。在第一项中,这种衰减仅仅依赖于离开 $\eta=\eta_j$ 线的距离,因而整个 $\eta=$const 线被吸引到整个 $\eta=\eta_j$ 线。在第二项中,这种衰减依赖于离开吸引

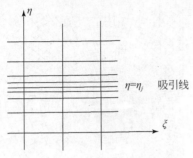

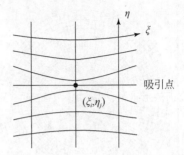

图 5.20　把 $\eta = \mathrm{const}$ 网格线向　　　　　　图 5.21　把 $\eta = \mathrm{const}$ 网格线向点
　　　　$\eta = \eta_j$ 线吸引　　　　　　　　　　　　　(ξ_i, η_j) 吸引

点 (ξ_i, η_j) 的 ξ 和 η 距离,从而使 $\eta = \mathrm{const}$ 线被吸引到 $\eta = \eta_j$ 线的程度随着离开 $\eta = \eta_j$ 线越远而越弱,也随着离开 $\xi = \xi_i$ 线越远而越弱。引入了变号函数,则使控制函数(源项)在线或点的两边都显示为吸引作用。没有这个函数,吸引作用仅仅出现在向着 η 增大的那一边,而另一边则显示排斥作用。负的振幅仅仅把这个作用反了过来。P 函数对 $\xi = \mathrm{const}$ 线的作用与 Q 函数对 $\eta = \mathrm{const}$ 线的作用完全类似的[6]。

　　对于翼型绕流来说,选 O 型网格后,当 η 坐标为径向坐标,$\eta = \mathrm{const}$ 为周向线时,则只需要对 $\eta = \mathrm{const}$ 线进行控制,故 η 的方程采用泊松方程,而 ξ 的方程则用拉普拉斯方程,从而可以控制环绕翼面的 $\eta = \mathrm{const}$ 线,可将其向翼面拉近,得到期望的网格,于是可采用如下方程

$$\begin{cases} \nabla^2 \xi = 0 \\ \nabla^2 \eta = Q \\ Q = -\displaystyle\sum_{j=j_1}^{j_2} a \cdot \mathrm{sign}(\eta - \eta_j) \cdot \mathrm{e}^{-d|\eta - \eta_j|} \end{cases} \tag{5.5.3}$$

其中

$$\mathrm{sign}(\eta - \eta_j) = \begin{cases} -1, & \eta < \eta_j \\ 1, & \eta > \eta_j \end{cases} \tag{5.5.4}$$

通过调整 a, d 的值可以控制网格的疏密。比较一系列 a, d 发现 $a = 300, d = 0.5$ 是一个较好的组合。

　　图 5.22 为取 $a = 300, d = 0.5, j_1 = 1, j_2 = 10$ 生成的 O 型网格,网格点数为 129×65(周向×法向)。由图 5.22 可见,网格线的确被拉近翼面,且在靠近物面的 $j = 1 \sim 10$ 的十条网格线被加密。网格在前缘和后缘附近的正交性不够好,但可以用于欧拉方程的流场计算。

5.5.2　Thomas-Middlecoff 方法

Thomas-Middlecoff 方法采用式(5.3.1)形式的椭圆型方程[9]

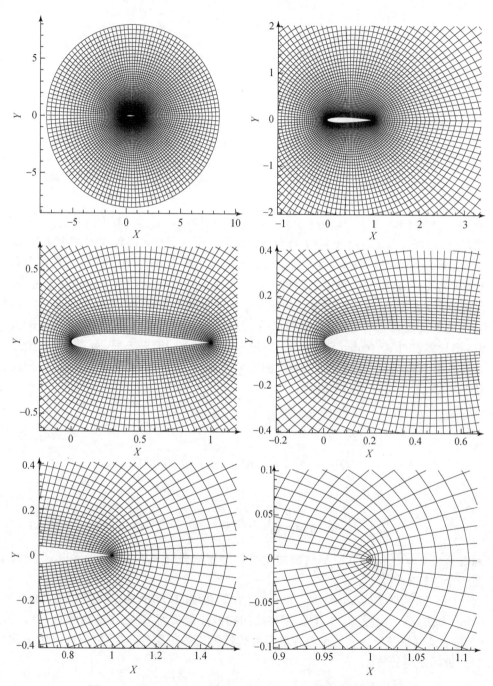

图 5.22　用 Thompson 方法生成的 NACA 0012 翼型 O 型网格

$$\begin{cases} \xi_{xx} + \xi_{yy} = P(\xi,\eta) \\ \eta_{xx} + \eta_{yy} = Q(\xi,\eta) \end{cases} \qquad (5.5.5)$$

在 Thomas-Middlecoff 方法中,用 φ,ψ 分别代替 P,Q

$$\varphi = J^2 P/\alpha, \quad \psi = J^2 Q/\gamma \qquad (5.5.6)$$

这样避开了在迭代过程中计算雅可比行列式 J,且生成同样一个网格,所需的 φ,ψ 值比 P,Q 值小一个量级。相应地,在计算平面求解的等价方程即为式(5.4.6),即

$$\alpha(\vec{r}_{\xi\xi} + \varphi\vec{r}_{\xi}) + \gamma(\vec{r}_{\eta\eta} + \psi\vec{r}_{\eta}) - 2\beta\vec{r}_{\xi\eta} = 0 \qquad (5.5.7)$$

其中

$$\alpha = |\vec{r}_{\eta}|^2, \quad \beta = \vec{r}_{\xi} \cdot \vec{r}_{\eta}, \quad \gamma = |\vec{r}_{\xi}|^2, \quad J = \partial(x,y)/\partial(\xi,\eta)$$

　　源项 φ,ψ 的值先在边界上求得,然后线性均匀地插入内场。假设在边界上存在正交性(即 $\beta = 0$)及跨过边界的二阶导数为零,这样可在 $\eta = \text{const}$, $\xi = \text{const}$ 边界分别求得 $\varphi,\psi^{[7,9]}$。例如,在 $\eta = \text{const}$ 边界,假设:①存在正交性,即 $\beta = \vec{r}_{\xi} \cdot \vec{r}_{\eta} = 0$; ②跨过 $\eta = \text{const}$ 边界的二阶导数 $\vec{r}_{\eta\eta} = 0$,那么用 $\vec{r}_{\xi}$ 点乘式(5.5.7)即得(图 5.23)

$$\varphi = -(\vec{r}_{\xi} \cdot \vec{r}_{\xi\xi})/|\vec{r}_{\xi}|^2 \quad (\text{在 } \eta = \text{const 边界}) \qquad (5.5.8a)$$

　　在 $\xi = \text{const}$ 边界,假设:① $\beta = \vec{r}_{\xi} \cdot \vec{r}_{\eta} = 0$;② $\vec{r}_{\xi\xi} = 0$,用 $\vec{r}_{\eta}$ 点乘式(5.5.7)即得

$$\psi = -(\vec{r}_{\eta} \cdot \vec{r}_{\eta\eta})/|\vec{r}_{\eta}|^2 \quad (\text{在 } \xi = \text{const 边界}) \qquad (5.5.8b)$$

内场的 φ,ψ 值由边界上的值通过线性插值插入内场。

　　Thomas-Middlecoff 方法假设了边界上存在正交性,但并不能保证生成的网格与边界正交,这是因为正交条件 $\beta = \vec{r}_{\xi} \cdot \vec{r}_{\eta} = 0$ 中的 $\vec{r}_{\xi}$ 和 $\vec{r}_{\eta}$ 都是 $\Delta\vec{r} \to 0$ 的极限意义下的值,而网格的正交实际要求的是两个长度不为零的折线 $\Delta\vec{r}|_{\text{along }\xi}$ 和 $\Delta\vec{r}|_{\text{along }\eta}$ 的互相垂直。

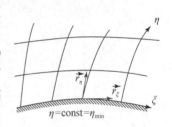

图 5.23　在 $\eta = \text{const}$ 边界求 φ

　　由于 Thomas-Middlecoff 方法略去了穿出边界的二阶导数(二阶矢性导数表征了穿出的网格线的曲率),导致穿出边界的网格线有向另一族边界塌缩的趋势。如图 5.24 所示的是用 Thomas-Middlecoff 方法生成的 NACA 0012 翼型 O 型网格,网格点数为 129×65(周向×法向)。该网格从边界(翼面和后缘割线)出发的两族网格线都向另一族边界塌缩,导致前后缘附近网格与翼面的正交性和后缘割缝上的正交性较差。

　　正是由于这一"向另一族边界塌缩"的特性,使得该方法往往在内流场的几何域内能生成贴近壁面的均匀光滑的网格。例如,图 5.25 所示的是用 Thomas-Middlecoff 方法生成的一个单位圆内的 H 型网格,显示了较好的光滑性。

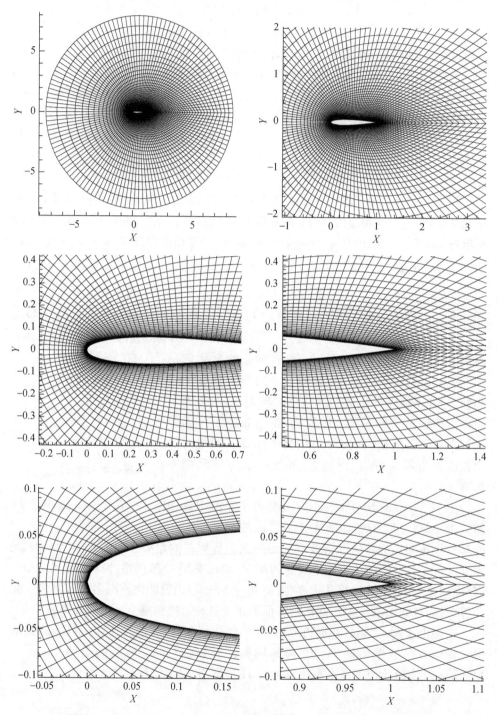

图 5.24　用 Thomas-Middlecoff 方法生成的 NACA 0012 翼型 O 型网格

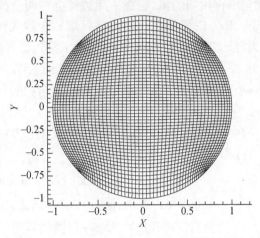

图 5.25　用 Thomas-Middlecoff 方法生成的单位圆内的 H 型网格

5.5.3　Sorenson 方法

Sorenson 方法[14-16]采用如下的 Thompson 椭圆型方程[6,7]

$$\begin{cases} \xi_{xx} + \xi_{yy} = g^{11} P'(\xi, \eta) \\ \eta_{xx} + \eta_{yy} = g^{22} Q'(\xi, \eta) \end{cases} \tag{5.5.9}$$

在计算域求解的等价方程为

$$g^{11}\vec{r}_{\xi\xi} + g^{22}\vec{r}_{\eta\eta} + 2g^{12}\vec{r}_{\xi\eta} + (g^{11}P'\vec{r}_{\xi} + g^{22}Q'\vec{r}_{\eta}) = 0 \tag{5.5.10}$$

其中

$$g^{11} = g_{22}/g = \vec{r}_{\eta} \cdot \vec{r}_{\eta}/g = \alpha/J^2$$

$$g^{22} = g_{11}/g = \vec{r}_{\xi} \cdot \vec{r}_{\xi}/g = \gamma/J^2$$

$$g^{12} = -g_{21}/g = -g_{12}/g = -\vec{r}_{\xi} \cdot \vec{r}_{\eta}/g = -\beta/J^2$$

$$g = J^2, \quad J = \partial(x,y)/\partial(\xi,\eta), \quad \vec{r} = x\vec{i} + y\vec{j}$$

这样,方程(5.5.10)消去 g 后可写成

$$g_{22}(\vec{r}_{\xi\xi} + P'\vec{r}_{\xi}) + g_{11}(\vec{r}_{\eta\eta} + Q'\vec{r}_{\eta}) - 2g_{12}\vec{r}_{\xi\eta} = 0 \tag{5.5.11}$$

其实,在 5.3 节已经知道,g_{11}, g_{22}, g_{12} 分别就是 Thomas-Middlecoff 方法所用椭圆型方程(5.5.5),式(5.5.7)中的 γ, α, β,也可以证明式(5.5.9)~式(5.5.11)中的 P', Q' 就是 Thomas-Middlecoff 方法中的 φ, ψ,式(5.5.11)就是式(5.5.7)。椭圆型方程(5.5.9)中的源项 P', Q' 同样分别对 $\xi=$const 和 $\eta=$const 网格线起牵拉作用,并且正的源项值将使网格线向曲线坐标值增大的方向移动,负值作用相反(因为 $g^{11} > 0$, $g^{22} > 0$)。这样,可以通过改变 P', Q' 的分布来控制网格的疏密及网格线与边界的夹角。Sorenson 方法假设(也期望)在边界上存在正交性来求边界

上的源项值,然后插值求得内场的值,它在一族边界上将两个源项的值同时求出,不像 Thomas-Middlecoff 方法那样在一族边界只求一个源项值。另外,Sorenson 方法并未假设跨过边界的二阶导数为零,从而保持了穿过边界的网格线应有的曲率。以 $\eta = \mathrm{const}$ 边界为例,假设在边界上存在正交性,即 $g_{12}\big|_{\eta=\mathrm{const}\text{边界}} = (\vec{r}_\xi \cdot \vec{r}_\eta)\big|_{\eta=\mathrm{const}\text{边界}} = 0$,分别用 $\vec{r}_\xi, \vec{r}_\eta$ 点乘式(5.5.11),可得到在 $\eta = \mathrm{const}$ 边界上的 P', Q'(图 5.26)

$$P' = -\vec{r}_\xi \cdot \vec{r}_{\xi\xi} / |\vec{r}_\xi|^2 - \vec{r}_\xi \cdot \vec{r}_{\eta\eta} / |\vec{r}_\eta|^2 \tag{5.5.12a}$$

$$Q' = -\vec{r}_\eta \cdot \vec{r}_{\xi\xi} / |\vec{r}_\xi|^2 - \vec{r}_\eta \cdot \vec{r}_{\eta\eta} / |\vec{r}_\eta|^2 \tag{5.5.12b}$$

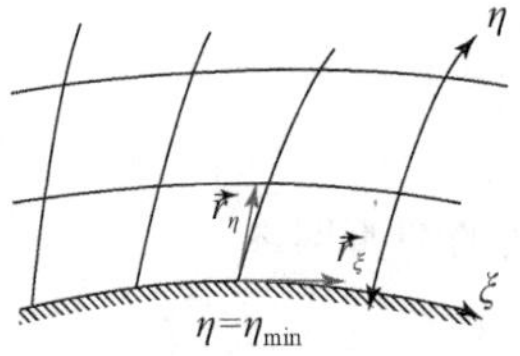

图 5.26　在 $\eta = \mathrm{const}$
边界求源项

在 $\eta = \mathrm{const}$ 边界上,$\vec{r}_\xi, \vec{r}_{\xi\xi}$ 可完全由边界上的网格点分布求得。而 $\vec{r}_\eta$ 则可由边界上的正交性 $g_{12} = \vec{r}_\xi \cdot \vec{r}_\eta = 0$ 及指定离开边界的第一层网格间距 $|\vec{r}_\eta| = d$ 联立求得,这样还可以控制离开边界的间距(图 5.26)。$\vec{r}_{\eta\eta}$ 值的求得必然牵涉内场网格点,于是,为了避免网格生成方程(5.5.11)在迭代过程中 P', Q' 发生变化,可以采取两级迭代策略,内层迭代是解方程(5.5.11)获得一个网格,在这个内层迭代过程中,式(5.5.12)中的 $\vec{r}_\eta$、$\vec{r}_{\eta\eta}$ 保持不变,从而保证 P', Q' 不发生改变(式(5.5.12)中的 $\vec{r}_\eta$ 一经 $(\vec{r}_\xi \cdot \vec{r}_\eta)\big|_{\text{边界}} = 0$ 和 $|\vec{r}_\eta| = d$ 联立解出后,就一直不发生变化,无论在外层还是内层迭代中)。内层迭代收敛获得一个网格后,重新计算边界上的 $\vec{r}_{\eta\eta}$,再开始一个新的内层迭代,直至某个内层迭代收敛获得的网格满足要求。

内场的 P', Q' 是由边界上的值插值求得的。但线性插值获得的内场 P', Q' 分布会导致内层迭代发散,或生成的网格刺出边界(刺入物体内部)。一个可以选择的插值方法是采用指数函数 e^x,即

$$\begin{aligned}P' &= P'_{\eta=0}\mathrm{e}^{-a\eta} + P'_{\eta=\eta_{\max}}\mathrm{e}^{-a(\eta_{\max}-\eta)} \\ Q' &= Q'_{\eta=0}\mathrm{e}^{-a\eta} + Q'_{\eta=\eta_{\max}}\mathrm{e}^{-a(\eta_{\max}-\eta)}\end{aligned} \tag{5.5.13}$$

其中,η 可取为 $\eta = (j-1)/(J_m-1)$,a 是一个衰减因子,可取 100 或 1000。全场 P', Q' 在内层迭代中保持不变,外层迭代就是在 $\eta = \mathrm{const}$ 边界求 $\vec{r}_\eta$、$\vec{r}_{\eta\eta}$ 和 P', Q',并将 P', Q' 插入内场。也可选择在 $\xi = \mathrm{const}$ 边界求 P', Q',公式仍为式(5.5.12),只是此时指定 $|\vec{r}_\xi| = d$。

Sorenson 方法已安装在 3DGRAPE 软件中[17]。图 5.27 为用 Sorenson 方法生成的 NACA 0012 翼型 O 型网格,网格点数为 129×65(周向×法向)。该网格与物面的正交性远优于 Thomas-Middlecoeff 方法所生成网格。由于 Sorenson 方法没有略去穿出边界的二阶导数,保留了穿出边界的网格线的曲率,因而没有出现在 Thomas-

Middlecoeff 方法中出现的穿出边界的网格线向另一族边界塌缩的现象。有一个现象是，Sorenson 方法生成的网格在翼型后缘割缝上比较靠近翼型的部分有内凹现象。不过这种内凹现象可用拉普拉斯方程进行光顺而加以改善(图 5.28)。

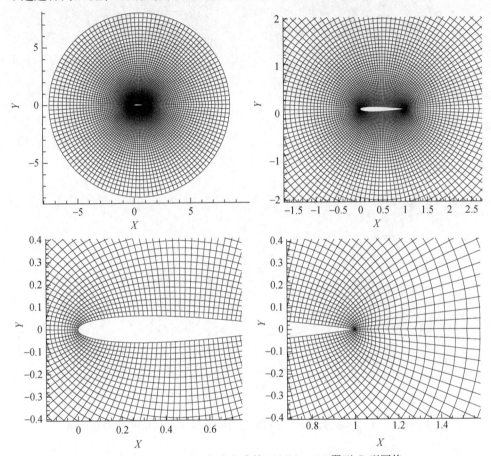

图 5.27　用 Sorenson 方法生成的 NACA 0012 翼型 O 型网格

图 5.29 是 Sorenson 方法与 Thompson 方法生成的 NACA 0012 翼型 O 型网格的比较。可以看出，两个网格穿出物体的径向网格线基本重合了，说明两网格与翼面正交性具有同等水平。

现在证明，Sorenson 方法所用式 (5.5.9)～式 (5.5.11) 中的 P', Q' 正是 Thomas-Middlecoff 方法所用式 (5.5.5) 和式 (5.5.7) 中的 φ 和 ψ。

注意到
$$g^{11} = g_{22}/g, \quad g^{22} = g_{11}/g, \quad g^{12} = -g_{21}/g = -g_{12}/g, \quad g = J^2$$
及
$$g_{11} = \vec{r}_\xi \cdot \vec{r}_\xi = |\vec{r}_\xi|^2 = \gamma, \quad g_{22} = \vec{r}_\eta \cdot \vec{r}_\eta = |\vec{r}_\eta|^2 = \alpha, \quad g_{12} = \vec{r}_\xi \cdot \vec{r}_\eta = \beta$$

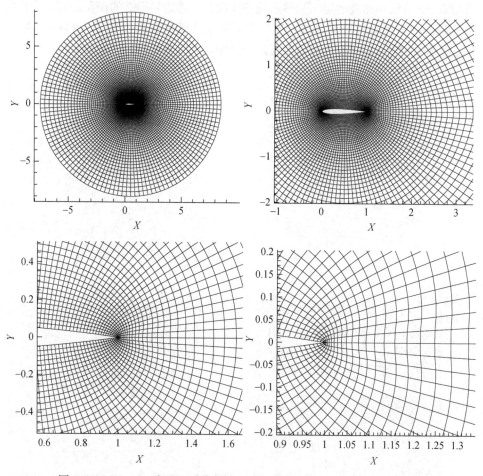

图 5.28　Sorenson 方法经后缘割缝光顺后的 NACA 0012 翼型 O 型网格

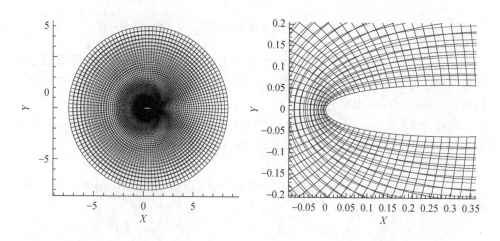

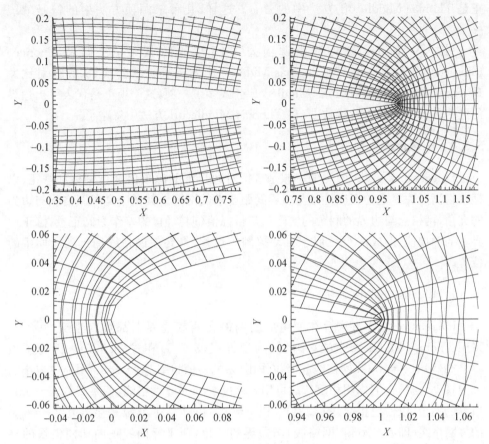

图 5.29　Sorenson 方法(粗线)与 Thompson 方法(细线)生成的 NACA 0012 翼型 O 型网格的比较

则可得

$$g^{11} = \alpha/J^2, \quad g^{22} = \gamma/J^2, \quad g^{12} = -\beta/J^2$$

Sorenson 方法的方程(5.5.9)可写为

$$\begin{cases} \xi_{xx} + \xi_{yy} = \dfrac{\alpha}{J^2} P' \\[2mm] \eta_{xx} + \eta_{yy} = \dfrac{\gamma}{J^2} Q' \end{cases} \tag{5.5.14a}$$

Thomas-Middlecoff 方法的方程(5.5.5)可写为

$$\begin{cases} \xi_{xx} + \xi_{yy} = \dfrac{\alpha}{J^2} \varphi \\[2mm] \eta_{xx} + \eta_{yy} = \dfrac{\gamma}{J^2} \psi \end{cases} \tag{5.5.14b}$$

对比式(5.5.14a)与式(5.5.14b)可知,$P' = \varphi, Q' = \psi$,即 Sorenson 方法中的 P', Q'

正是 Thomas-Middlecoff 方法中的 φ,ψ。这样，几种求源项方法中的符号就统一了。

　　另外，将 Sorenson 方法求源项公式（5.5.12）（其 P',Q' 即是 Thomas-Middlecoff 方法之 φ,ψ）与 Thomas-Middlecoff 方法求源项公式（5.5.8）对比发现，Sorenson 公式比 Thomas-Middlecoff 公式多了一项，这一项正是代表穿出边界的网格线的曲率的二阶导数项，在 Thomas-Middlecoff 方法中忽略了。

5.5.4　Hilgenstock 方法

　　Hilgenstock 方法[7,18-22]的思想是直接对边界上的源项值进行调整和修正，以期获得满足边界上的正交性及与边界间距要求的网格。其做法是以网格线与边界的夹角、网格点与边界的间距的实际值与目标值（期望值）的差作为修正量，修正边界上的源项值，形成一个类似于自动控制的过程，最终使网格线逼近到所期望的位置。

　　1. Hilgenstock2d1 方法

　　Hilgenstock2d1 方法旨在使生成的网格在两族边界上都具有正交性[21,22]。采用 Thomas-Middlecoff 方法中的椭圆型方程（5.5.5）和式（5.5.7）。因为源项 φ（P 亦然）对 $\xi=\mathrm{const}$ 网格线起牵拉作用（φ 的负值将引起 $\xi=\mathrm{const}$ 线向 ξ 减小的方向移动，φ 的正值作用相反），故可用 φ 牵拉 $\xi=\mathrm{const}$ 网格线，调整其与 $\eta=\mathrm{const}$ 边界的夹角，以使之正交（图 5.30）。以 $\eta=\eta_{\min}$ 边界为例，设 θ 是穿出边界 $\eta=\eta_{\min}$ 的 η 网格线（即 $\xi=\mathrm{const}$ 网格线）与边界的夹角（两坐标曲线正向切向矢量的夹角），θ_r 则为这个夹角的期望值（目标值），那么当 $\theta_r-\theta>0$ 时，希望增大 θ 的值以使其向 θ_r 逼近，此时需要 $\xi=\mathrm{const}$ 网格线向 ξ 减小的方向移动（图 5.30），即要减小 φ 的值；反之，当 $\theta_r-\theta<0$ 时，则需要 $\xi=\mathrm{const}$ 网格线向 ξ 增大的方向移动，即要增大 φ 的值，于是，可以用 $\theta_r-\theta$ 作为一个修正量来修正 φ 的值

$$\varphi^{(n+1)}=\varphi^{(n)}-\sigma\cdot\tanh(\theta_r-\theta) \tag{5.5.15}$$

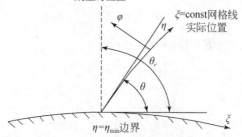

图 5.30　φ 对 $\xi=\mathrm{const}$ 网格线的牵拉作用

其中，$\theta=\arccos(\vec{r}_\xi \cdot \vec{r}_\eta / |\vec{r}_\xi||\vec{r}_\eta|)$。这样的修正过程将使 θ 逐渐逼近到 θ_r 的值。式 (5.5.15) 中采用阻尼系数 σ 和衰减函数 tanh 是为了防止修正量过大引起内层迭代的不稳定。在 $\eta=\eta_{\max}$ 边界，式 (5.5.15) 中的 σ 前应改变正负号。

　　在 $\xi=\mathrm{const}$ 边界（$\xi=\xi_{\min}$，$\xi=\xi_{\max}$）上修正 ψ 的做法完全类似。因为 ψ（Q 同）对 $\eta=\mathrm{const}$ 网格线起牵拉作用（ψ 的负值将引起 $\eta=\mathrm{const}$ 线向 η 减小的方向移动，ψ 的正值将引起 $\eta=\mathrm{const}$ 线向 η 增大的方向移动），故可用 ψ 牵拉 $\eta=\mathrm{const}$ 网格线，调整它与 $\xi=\mathrm{const}$ 边界的夹角。设 θ 是穿出边界 $\xi=\xi_{\min}$ 的 ξ 网格线（即 $\eta=\mathrm{const}$ 网格线）与边界的夹角（两坐标曲线正向切向矢量的夹角），θ_r 则为这个夹角的期望值（目标值），那么当 $\theta_r-\theta>0$ 时，希望增大 θ 的值以使其向 θ_r 逼近，此时需要 $\eta=\mathrm{const}$ 网格线向 η 减小的方向移动（图 5.31），即要减小 ψ 的值；反之，当 $\theta_r-\theta<0$ 时，则需要 $\eta=\mathrm{const}$ 网格线向 η 增大的方向移动，即要增大 ψ 的值，于是，可以用 $\theta_r-\theta$ 作为一个修正量来修正 ψ 的值

$$\psi^{(n+1)}=\psi^{(n)}-\sigma \cdot \tanh(\theta_r-\theta) \tag{5.5.16}$$

在 $\xi=\xi_{\max}$ 边界，式 (5.5.16) 中的 σ 前应改变正负号。

　　边界上修正后的 φ,ψ 值线性均匀地插值插入内场（外层迭代），然后求解方程 (5.5.7) 至收敛（内层迭代），直至某个内层迭代收敛的网格满足边界上的角度（正交性）要求。该方法在用于分区生成网格时，可使穿过公共边界的网格线的斜率保持连续。

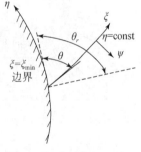

图 5.31　ψ 对 $\eta=\mathrm{const}$ 网格线的牵拉作用

　　原始的 Hilgenstock 方法[19,20] 采用的修正公式是

$$\varphi^{(n+1)}=\varphi^{(n)}-\arctan\left(\frac{\theta_r-\theta}{\theta_r}\right)$$

它采用相对误差 $(\theta_r-\theta)/\theta_r$ 是为了避免对 φ 修正量过大，采用反正切函数 arctan 也是为了限制修正量，因为无论自变量 $(\theta_r-\theta)/\theta_r$ 多么大，arctan 的函数值永远在 $[-\pi/2,\pi/2]$。这和采用 $\tanh(\theta_r-\theta)$ 函数在原理上是一样的，因为无论自变量 $(\theta_r-\theta)$ 多么大，$\tanh(\theta_r-\theta)$ 函数值永远都在 $[-1,1]$。

　　然而，White[18] 将 Hilgenstock 方法的修正公式改为

$$\varphi^{(n+1)}=\varphi^{(n)}-\tanh\left(\frac{\theta_r-\theta}{\theta_r}\right)^\beta, \quad \beta=0.8$$

那么，在 $(\theta_r-\theta)<0$，就会出现负数的小数次方，而这在数学的实数范围内是无定义的。

　　图 5.32 是用 Hilgenstock2d1 方法生成的 NACA 0012 翼型与四条边界（物面、远场、后缘割缝）正交的 O 型网格，网格点数为 129×65（周向×法向）。可以看出其正交性比 Thompson 方法、Thomas-Middlecofff 方法、Sorenson 方法所生网格好得多。

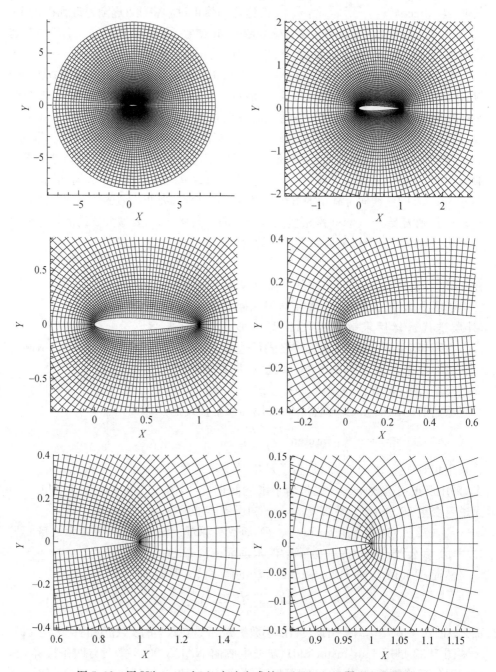

图 5.32 用 Hilgenstock2d1 方法生成的 NACA 0012 翼型 O 型网格

图 5.33 给出了用 Hilgenstock2d1 方法与 Sorenson 方法生成的 NACA 0012 翼型 O 型网格的比较,网格点数为 129×65。由图 5.33 可以看,Hilgenstock 网格在物面、后缘割缝上的正交性都优于 Sorenson 网格。

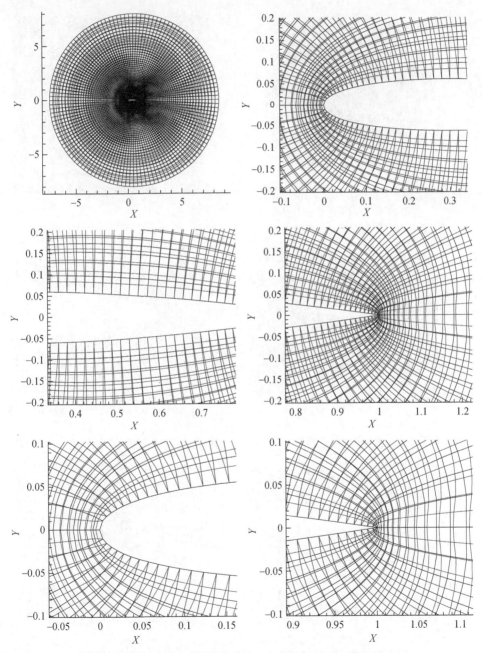

图 5.33　Hilgenstock2d1 方法(粗线)与 Sorenson 方法(细线)生成的
NACA 0012 翼型 O 型网格的比较

图 5.34 是用 Hilgenstock2d1 方法生成的 RAE 2822 翼型 O 型网格,网格点数为 257×65(周向×法向)。可以看出在物面、后缘割缝上都具有非常好的正交性。

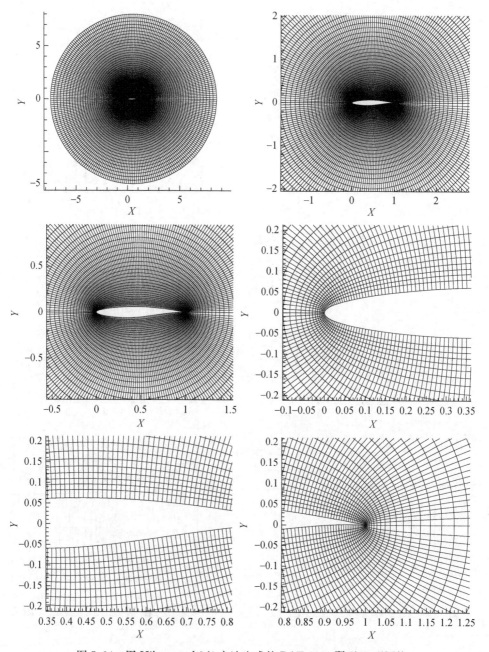

图 5.34　用 Hilgenstock2d1 方法生成的 RAE 2822 翼型 O 型网格

2. Hilgenstock2d2 方法

Hilgenstock2d2 方法旨在使生成的网格与某一族边界正交(或成指定夹角),且离开该族边界的第一层内场网格点与边界的间距控制为指定值,而在另一族边界不作任何正交性、间距控制[22]。采用 Thomas-Middlecoff 方法所用的椭圆型方程(5.5.5)和方程(5.5.7),并选择在 $\eta = $ const 边界进行正交性及间距控制,那么,在 $\eta = \eta_{\min}$ 边界上对 φ 进行修正以控制 $\xi = $ const 网格线与边界夹角的公式与 Hilgenstock2d1 方法的式(5.5.15)完全相同(图 5.30),即

$$\varphi^{(n+1)} = \varphi^{(n)} - \sigma \cdot \tanh(\theta_r - \theta) \tag{5.5.17a}$$

式中的 θ_r 和 θ 意义同 Hilgenstock2d1 方法。在 $\eta = \eta_{\max}$ 边界,修正公式(5.5.17a)中的 σ 前应改变符号。

在 $\eta = \eta_{\min}$ 边界对 ψ 则用间距的差来修正。设 d 是离开 $\eta = \eta_{\min}$ 边界的第一层内场网格点与边界的间距,d_r 则为这个间距的期望值。那么当 $d_r - d > 0$ 时,需要增大 d 以使 d 向 d_r 逼近,即需要将 $\eta = $ const 网格线推向 η 增大的方向(图 5.35),此时需要增大 ψ;反之,当 $d_r - d < 0$ 时,则要减小 ψ,这样可用 $d_r - d$ 作为修正量来修正 ψ 的值,即

$$\psi^{(n+1)} = \psi^{(n)} + \sigma \cdot \tanh(d_r - d) \tag{5.5.17b}$$

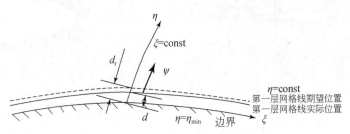

图 5.35　ψ 对 $\eta = $ const 网格线的牵拉作用

最终将使 d 逼近到 d_r。在 $\eta = \eta_{\max}$ 边界,修正公式(5.5.17b)中的 σ 前应改变符号。

当边界上的源项求得以后,内场源项值由边界上的值插值获得。源项修正及插值属于外层迭代,外层迭代的每一步,求解方程(5.5.7)进行内层迭代至收敛生成一个网格,直到某一个内层迭代生成的网格满足边界上的夹角(或正交性)及间距要求。

图 5.36 为用 Hilgenstock2d2 方法在 $\eta = $ const 边界用 $\theta_r - \theta$ 修正 φ,用 $d_r - d$ 修正 ψ,生成的 NACA 0012 翼型与翼面和远场这一族边界正交且与此二边界间距控制为指定值的 O 型网格,网格点数为 129×65(周向×法向)。其网格与翼面和远场边界的正交性达到了非常好的程度,与正交位置偏差的最大值在 100 步外层迭代步时达到 $4.19°$(图 5.37(a)的 $\max\{|90 - \theta|\}$ 收敛史),与物面及与远场边界面间距的最大相对误差 $\max\{|d_r - d|/d_r\}$ 在 100 步外层迭代步时达到 $0.00039°$

（图 5.37(b)），可以认为达到了指定的间距值。正是因为只在物面及远场这一族边界进行正交性控制，而放弃在后缘割线这族边界进行正交性控制，且与翼面的间距拉得很近，导致后缘割线上的正交性很差。

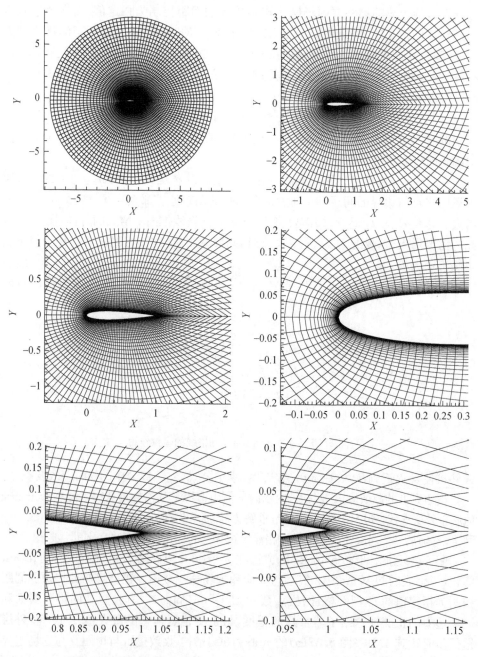

图 5.36　用 Hilgenstock2d2 方法生成的 NACA 0012 翼型 O 型网格

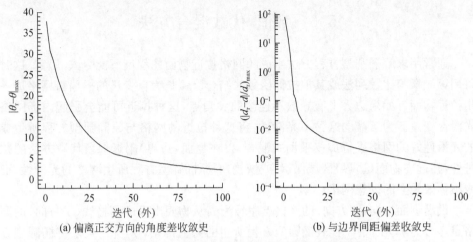

(a) 偏离正交方向的角度差收敛史　　　　(b) 与边界间距偏差收敛史

图 5.37　与正交方向偏差和与物面间距差收敛史

当然,也可以选择在 $\xi=$ const 边界用 d_r-d 修正 φ(图 5.38),用 $\theta_r-\theta$ 修正 ψ
(图 5.31),而放弃在 $\eta=$ const 边界对 φ,ψ 的修正。例如,在 $\xi=\xi_{\min}$ 可用如下的修
正公式

$$\varphi^{(n+1)}=\varphi^{(n)}+\sigma\tanh(d_r-d) \tag{5.5.18a}$$

$$\psi^{(n+1)}=\psi^{(n)}-\sigma\tanh(\theta_r-\theta) \tag{5.5.18b}$$

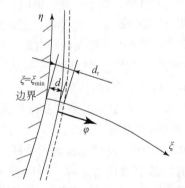

图 5.38　在 $\xi=$ const 边界 φ 对 $\xi=$ const 网格线的牵拉作用

最后,就 Thomas-Middlecoff,Sorenson,Hilgenstock 等几种求源项方法的比
较来看,Sonar[7]指出,测试实例显示,这几种方法中 Hilgenstock 方法是最可靠的
(the most reliable)方法,White[18]指出,Hilgenstock 方法被发现是非常稳定、耐
用、抗干扰能力强的(very robust)方法。

5.6　数值-代数混合方法

通常用求解椭圆型方程方法生成的网格拉近物面的程度不能令人满意。这时可用第 4 章等比数列法或其他拉伸函数法结合以弧长为自变量的插值将网格进一步拉近物面。如果边界上有导数不连续的尖角点,这种拉近可能会引起内场网格光滑性变差。为了减弱这种不光滑性,将这种拉近的网格与原椭圆型方程所生成的光滑性好的网格进行加权平均式混合,以在物面(边界)附近保留代数方法的拉进性,在远离物面(边)区域保留(或恢复到)原椭圆型方程所生网格的光滑性,形成整体效果上的理想网格。

设沿物面方向(ξ 方向)的网格点序号为 i,从物面出发的网格线(η 方向)的网格点序号为 j,用 $\vec{r}_{i,j}^{\text{elliptic}}$ 代表椭圆型方程所生的数值网格,$\vec{r}_{i,j}^{\text{clustered}}$ 代表将椭圆型方程生成的数值网格用等比数列等拉伸函数及以弧长为自变量的插值进行了拉伸(拉近边界面)后的网格,用 $\vec{r}_{i,j}^{\text{blended}}$ 表示将拉伸后的网格 $\vec{r}_{i,j}^{\text{clustered}}$ 与原椭圆型方程生成的数值网格 $\vec{r}_{i,j}^{\text{elliptic}}$ 进行加权平均后得到的数值-代数混合网格[23]

$$\vec{r}_{i,j}^{\text{blended}} = \mathrm{e}^{-a\eta}\vec{r}_{i,j}^{\text{clustered}} + (1-\mathrm{e}^{-a\eta})\vec{r}_{i,j}^{\text{elliptic}} \tag{5.6.1}$$

其中,$\eta = s/s_n (0 \leqslant \eta \leqslant 1)$,$s$ 是从物面出发的网格线上某点 (i,j) 处的弧长坐标,s_n 是这个网格线的总弧长;a 是一个衰减系数,取正常数,比如可取 $a=0 \sim 10$。混合后的网格在物面附近($\eta \to 0$)相当程度地保留了拉伸网格的特性(即拉近性和原数值网格与物面的夹角),而在远离物面的区域($\eta \to 1$)基本过渡或恢复到原椭圆型方程所生数值网格的光滑性、均匀性。如果原始网格在物面附近具有较好的与物面正交性(如用 Hilgenstock 方法生成的网格),则混合网格极大程度地保留了这种正交性。

图 5.39 为以 Hilgenstock2d1 方法所生的 NACA 0012 翼型网格(图 5.32)为基础网格,用等比数列及以弧长为自变量的插值拉向物面后又与原 Hilgenstock 网格进行加权混合后获得的网格,网格数为 129×65(周向×法向),指定的离开翼面的第一层网格间距为 0.002。由图可清楚地看到网格线被拉近到物面。图 5.40 给出了混合网格与图 5.32 的原数值网格的比较。可以看出,在离开物面较远处,两个网格重合,较接近物面时,才开始有差别,在物面附近,混合网格把原数值网格拉近了物面,且很好地保留了代数网格的拉近性和正交性(正交性是原数值网格所具有的)。

图 5.41 为将 Hilgenstock2d1 方法生成的 NACA 0012 翼型 O 型网格用等比数列及以弧长为自变量的插值方法拉近翼面后的混合网格。网格数为 257×65(周向×法向),离开翼面的第一层网格间距设定为 1.0×10^{-5},实际值为 $0.3 \times 10^{-5} \sim 1.0 \times 10^{-5}$。

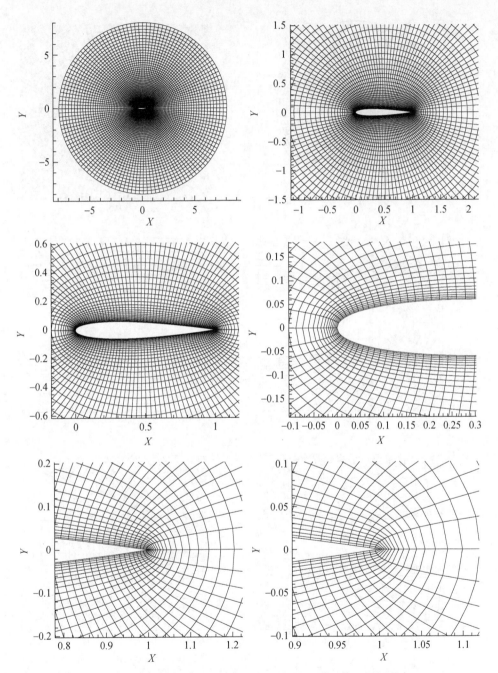

图 5.39　NACA 0012 翼型数值-代数混合网格（离开翼面第一层间距为 0.002）

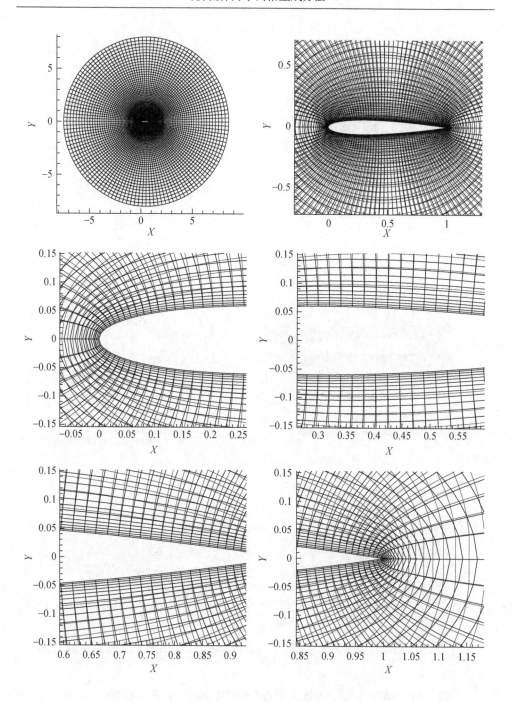

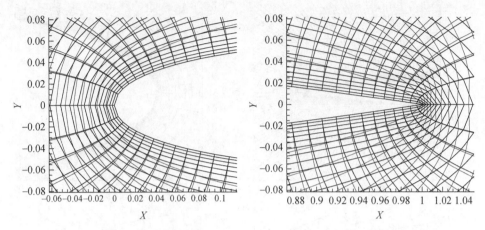

图 5.40　混合网格(粗线)与原 Hilgenstock2d1 方法生成网格(细线)的比较

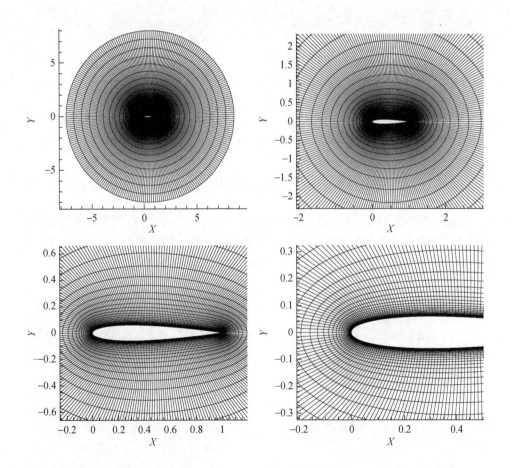

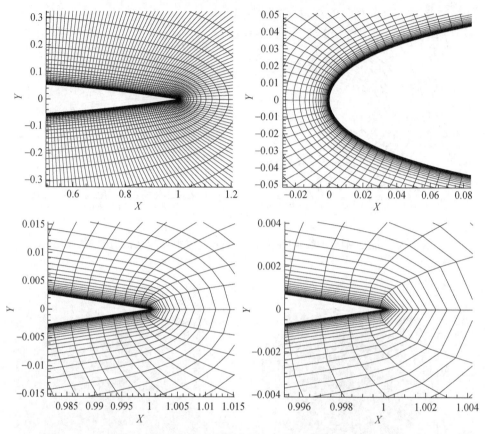

图 5.41　NACA 0012 翼型数值-代数混合网格(离开翼面第一层间距为 0.00001)

　　图 5.42 为将 Hilgenstock2d1 方法生成的 RAE 2822 翼型 O 型网格用等比数列及以弧长为自变量的插值方法拉近翼面后的混合网格。网格数为 257×65(周向×法向),离开翼面的第一层网格间距设定为 $1.0×10^{-5}$,实际值为 $0.4×10^{-5}$~$1.0×10^{-5}$。

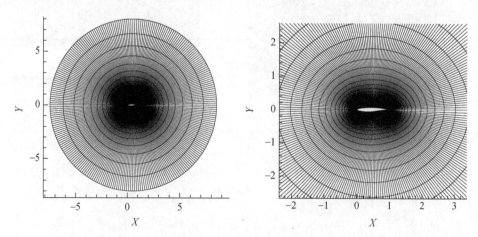

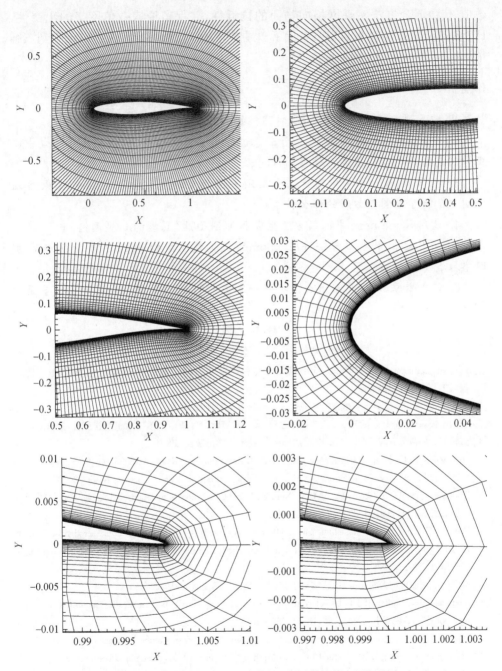

图 5.42　RAE 2822 翼型数值-代数混合网格(离开翼面第一层间距为 0.00001)

有了数值-代数混合方法,用 Hilgenstock2d1 方法生成与物面正交的网格,用数值-代数混合方法实现网格向物面的拉近性,并保留原来数值网格的正交性,Hilgenstock2d2 方法就可以被替代了。显然,数值-代数混合方法可以推广到三维情形。

作业

1. 椭圆型方程中的源项 P,Q 对网格线有什么样的作用?

2. 在 Hilgenstock 方法中,为什么总说在同族另一边界上,源项修正公式中修正量的前边要更换正负号? 试作图说明。

3. 在 Sorenson 方法中为什么也必须采用两层迭代? 结合 Hilgenstock 方法说明这反映了椭圆型方程的什么特性?

4. 试用 Thompson 求源项方法生成 NACA 0012 翼型的 C 型网格。

5. 试用数值-代数混合法将用 Thompson 方法生成的 NACA 0012 翼型 O 型网格拉近翼型表面。

6. 试用本章数值-代数混合法将任一管道内的 H 型网格拉向靠近上下壁面。

参 考 文 献

[1] Lapidus L,Pinder G F. 科学和工程中的偏微分方程数值解法[M]. 孙讷正,陆祥璇,李竞生,译. 北京:煤炭工业出版社,1989.

[2] 余德浩,汤华中. 微分方程数值解法[M]. 北京:科学出版社,2003.

[3] 吉洪诺夫 A H,萨马尔斯基 A. 数学物理方程[M]. 黄克欧,等,译. 北京:人民教育出版社,1961.

[4] 陈祖墀. 偏微分方程[M]. 2 版. 合肥:中国科学技术大学出版社,2002.

[5] Agarwal R P,O'Regan D. Ordinary and Partial Differential Equations:With Special Functions,Fourier Series,and Boundary Value Problems[M]. New York:Springer Science+Business Media,2009.

[6] Thompson J F,Warsi Z U A,Mastin C W. Numerical Grid Generation:Foundations and Applications[M]. Amsterdam:North-Holland,1985.

[7] Sonar T. Grid generation using elliptic partial differential equations[R]. Institut für Entwurfsaerodynaik,Deutsche Forschungs-und Versuchsanstalt für Luft-und Raumfahrt (DFVLR),Braunschweig,Deutsche (Germany),DFVLR-FB89-15,1989.

[8] 陈景仁. 湍流模型及有限分析法[M]. 上海:上海交通大学出版社,1989.

[9] Thomas P D,Middlecoff J F. Direct control of the grid point distribution in meshes generated by elliptic equations[J]. AIAA Journal,1980,18(6):652-656.

[10] Chung T J. Computational Fluid Dynamics[M]. 2nd Edition. Cambridge:Cambridge University Press,2012.

[11] Hageman P,Young D M. Applied Iterative Methods[M]. New York:Academic Press,1981.

[12] Wachspress E L. Iterative Solution of Elliptic Systems[M]. Englewood Cliffs:Prentice-Hall,1966.

[13] 李庆扬,王能超,易大义. 数值分析[M]. 3 版. 武汉:华中理工大学出版社,1986.

[14] Sorenson R L. Grid Generation by elliptic partial differential equations for a tri-element augmentor-wing airfoil[J]. Applied Mathematics and Computation,1982,10/11:653-665.

［15］ Sorenson R L. A computer program to generate two-dimensional grids about airfoils and other shapes by the use of Poisson's equations［R］. NASA Ames Research Center, Moffett Field, Mountain View, California, VSA NASA TM(Technical Memorandum)81198,1980.

［16］ Sorenson R L, Steger J L. Grid generation in three dimensions by Poisson equations with control of cell size and skewness at boundary surfaces［C］. Applied Mechanics, Bioengineering, and Fluids Engineering Conference, Houston, USA,1983.

［17］ Sorenson R L, McCann K M. A method for interactive specification of multiple-block toplogies［C］. 29th AIAA Aerospace Sciences Meeting, Reno, USA,1991, AIAA Paper 1991-0147.

［18］ White J A. Elliptic grid generation with orthogonality and spacing control on an arbitrary number of boundaries［C］. 21st AIAA Fluid Dynamics, Plasma Dynamics and Lasers Conference, Seattle, USA, 1990, AIAA Paper 1990-1568.

［19］ Hilgenstock A. A method for the elliptic generation of three-dimensional grids with full boundary control ［R］. Deutsche Forschungs-und Versuchsanstalt für Luft-und Raumfahrt (DFVLR), Braunsch- weig, Deutsche(Germany), DFVLR-IB 221-87 A 09,1987.

［20］ Hilgenstock A. A fast method for the elliptic generation of three-dimensional grids with full boundary control［C］. Proceedings of the Second Conference on Grid Generation in Computational Fluid Dynamics: Numerical Grid Generation in Computational Fluid Mechanics' 88, Swansea Vnited Kingdom,1988.

［21］ 张正科,罗时钧,李凤蔚. 一种生成二维贴体与边界正交网格的方法［C］. 第七届全国计算流体力学会议,温州,中国,1994.

［22］ 张正科,庄逢甘,朱自强. 两种椭圆型方程求源项方法在喷管内流场网格生成中的应用［J］. 推进技术, 1997,18(2):95-97.

［23］ Zhang Z K, Tsai H M. A multi-block elliptic-algebraic method for grid generation［C］. Proceedings of 8th International Conference on Numerical Grid Generation in Computational Field Simulations, Honolulu, USA,2002.

第6章　三维椭圆型方程网格生成方法

6.1　椭圆型偏微分方程

用于三维网格生成的椭圆型方程可以写成如下的形式[1]

$$\begin{cases} \xi_{xx} + \xi_{yy} + \xi_{zz} = P(\xi, \eta, \zeta) \\ \eta_{xx} + \eta_{yy} + \eta_{zz} = Q(\xi, \eta, \zeta) \\ \zeta_{xx} + \zeta_{yy} + \zeta_{zz} = R(\xi, \eta, \zeta) \end{cases} \tag{6.1.1}$$

在第5章二维椭圆型方程分析中已经统一证明了椭圆型方程的源项对曲线坐标等值面的作用,即源项 P, Q, R 分别对 $\xi = \mathrm{const}$, $\eta = \mathrm{const}$, $\zeta = \mathrm{const}$ 网格面起牵拉作用,且负的源项值将迫使相对应的网格面向曲线坐标减小的方向移动,正的源项值作用相反。另外,在二维时引述的改变源项值对椭圆型方程生成规则网格的影响等概念[2],也适用于三维情形。由于源项对网格面起牵拉作用,因此可以通过调整内场源项值的分布牵拉网格面到期望的位置,使网格面与边界面成正交(或成指定夹角)、离开边界的第一层网格点与边界面间距为指定值。

6.2　计算空间的方程

因为物理空间边界一般比较复杂,把 x, y, z 作为自变量,ξ, η, ζ 作为未知函数进行求解,边界条件很难给出,所以通常生成网格求解的方程不是物理空间的方程(6.1.1),而是它在计算空间的等价方程。

结构网格的网格线坐标 ξ, η, ζ 构成了一个曲线坐标系,在第3章得到了曲线坐标系坐标曲面法向矢量和坐标曲线切向矢量之间的关系

$$\nabla\xi = \frac{1}{J}(\vec{r}_\eta \times \vec{r}_\zeta) = \begin{vmatrix} \vec{i} & \vec{j} & \vec{k} \\ x_\eta & y_\eta & z_\eta \\ x_\zeta & y_\zeta & z_\zeta \end{vmatrix} \Big/ J \tag{6.2.1a}$$

$$\nabla\eta = \frac{1}{J}(\vec{r}_\zeta \times \vec{r}_\xi) = \begin{vmatrix} \vec{i} & \vec{j} & \vec{k} \\ x_\zeta & y_\zeta & z_\zeta \\ x_\xi & y_\xi & z_\xi \end{vmatrix} \Big/ J \tag{6.2.1b}$$

$$\nabla \zeta = \frac{1}{J}(\vec{r}_\xi \times \vec{r}_\eta) = \begin{vmatrix} \vec{i} & \vec{j} & \vec{k} \\ x_\xi & y_\xi & z_\xi \\ x_\eta & y_\eta & z_\eta \end{vmatrix} / J \tag{6.2.1c}$$

其中，J 为三维坐标变换的雅可比行列式。由式(6.2.1a)～式(6.2.1c)可得

$$\xi_x = \frac{1}{J}(y_\eta z_\zeta - z_\eta y_\zeta), \quad \xi_y = \frac{1}{J}(z_\eta x_\zeta - x_\eta z_\zeta), \quad \xi_z = \frac{1}{J}(x_\eta y_\zeta - y_\eta x_\zeta)$$

$$\tag{6.2.2a}$$

$$\eta_x = \frac{1}{J}(y_\zeta z_\xi - z_\zeta y_\xi), \quad \eta_y = \frac{1}{J}(z_\zeta x_\xi - x_\zeta z_\xi), \quad \eta_z = \frac{1}{J}(x_\zeta y_\xi - y_\zeta x_\xi)$$

$$\tag{6.2.2b}$$

$$\zeta_x = \frac{1}{J}(y_\xi z_\eta - z_\xi y_\eta), \quad \zeta_y = \frac{1}{J}(z_\xi x_\eta - x_\xi z_\eta), \quad \zeta_z = \frac{1}{J}(x_\xi y_\eta - y_\xi x_\eta)$$

$$\tag{6.2.2c}$$

现在引进任意函数 u，即 $u = u(x,y,z) = u(\xi,\eta,\zeta)$，于是，有

$$\begin{cases} u_x = \dfrac{\partial u}{\partial x} = \dfrac{\partial u}{\partial \xi}\xi_x + \dfrac{\partial u}{\partial \eta}\eta_x + \dfrac{\partial u}{\partial \zeta}\zeta_x \\[2mm] u_y = \dfrac{\partial u}{\partial y} = \dfrac{\partial u}{\partial \xi}\xi_y + \dfrac{\partial u}{\partial \eta}\eta_y + \dfrac{\partial u}{\partial \zeta}\zeta_y \\[2mm] u_z = \dfrac{\partial u}{\partial z} = \dfrac{\partial u}{\partial \xi}\xi_z + \dfrac{\partial u}{\partial \eta}\eta_z + \dfrac{\partial u}{\partial \zeta}\zeta_z \end{cases} \tag{6.2.3}$$

进一步可得

$$\begin{aligned} u_{xx} &= u_{\xi\xi}\xi_x^2 + u_{\eta\eta}\eta_x^2 + u_{\zeta\zeta}\zeta_x^2 + 2u_{\xi\eta}\xi_x\eta_x + 2u_{\eta\zeta}\eta_x\zeta_x + 2u_{\zeta\xi}\zeta_x\xi_x \\ &\quad + u_\xi\xi_{xx} + u_\eta\eta_{xx} + u_\zeta\zeta_{xx} \end{aligned} \tag{6.2.4a}$$

$$\begin{aligned} u_{yy} &= u_{\xi\xi}\xi_y^2 + u_{\eta\eta}\eta_y^2 + u_{\zeta\zeta}\zeta_y^2 + 2u_{\xi\eta}\xi_y\eta_y + 2u_{\eta\zeta}\eta_y\zeta_y + 2u_{\zeta\xi}\zeta_y\xi_y \\ &\quad + u_\xi\xi_{yy} + u_\eta\eta_{yy} + u_\zeta\zeta_{yy} \end{aligned} \tag{6.2.4b}$$

$$\begin{aligned} u_{zz} &= u_{\xi\xi}\xi_z^2 + u_{\eta\eta}\eta_z^2 + u_{\zeta\zeta}\zeta_z^2 + 2u_{\xi\eta}\xi_z\eta_z + 2u_{\eta\zeta}\eta_z\zeta_z + 2u_{\zeta\xi}\zeta_z\xi_z \\ &\quad + u_\xi\xi_{zz} + u_\eta\eta_{zz} + u_\zeta\zeta_{zz} \end{aligned} \tag{6.2.4c}$$

从而

$$\begin{aligned} u_{xx} + u_{yy} + u_{zz} &= u_{\xi\xi}(\xi_x^2 + \xi_y^2 + \xi_z^2) + u_{\eta\eta}(\eta_x^2 + \eta_y^2 + \eta_z^2) + u_{\zeta\zeta}(\zeta_x^2 + \zeta_y^2 + \zeta_z^2) \\ &\quad + 2u_{\xi\eta}(\xi_x\eta_x + \xi_y\eta_y + \xi_z\eta_z) + 2u_{\eta\zeta}(\eta_x\zeta_x + \eta_y\zeta_y + \eta_z\zeta_z) \\ &\quad + 2u_{\zeta\xi}(\zeta_x\xi_x + \zeta_y\xi_y + \zeta_z\xi_z) + u_\xi(\xi_{xx} + \xi_{yy} + \xi_{zz}) \\ &\quad + u_\eta(\eta_{xx} + \eta_{yy} + \eta_{zz}) + u_\zeta(\zeta_{xx} + \zeta_{yy} + \zeta_{zz}) \end{aligned} \tag{6.2.5}$$

如令

$$\begin{cases} \alpha_1 = J^2(\nabla\xi \cdot \nabla\xi) = J^2 g^{11} \\ \alpha_2 = J^2(\nabla\eta \cdot \nabla\eta) = J^2 g^{22} \\ \alpha_3 = J^2(\nabla\zeta \cdot \nabla\zeta) = J^2 g^{33} \\ \beta_{12} = J^2(\nabla\xi \cdot \nabla\eta) = J^2 g^{12} \\ \beta_{23} = J^2(\nabla\eta \cdot \nabla\zeta) = J^2 g^{23} \\ \beta_{31} = J^2(\nabla\zeta \cdot \nabla\xi) = J^2 g^{31} \end{cases} \tag{6.2.6}$$

注意到方程(6.1.1),则可将式(6.2.5)写成

$$u_{xx} + u_{yy} + u_{zz} = g^{11} u_{\xi\xi} + g^{22} u_{\eta\eta} + g^{33} u_{\zeta\zeta} + 2g^{12} u_{\xi\eta} + 2g^{23} u_{\eta\zeta}$$
$$+ 2g^{31} u_{\zeta\xi} + u_\xi P + u_\eta Q + u_\zeta R \tag{6.2.7}$$

或

$$u_{xx} + u_{yy} + u_{zz} = \frac{\alpha_1}{J^2} u_{\xi\xi} + \frac{\alpha_2}{J^2} u_{\eta\eta} + \frac{\alpha_3}{J^2} u_{\zeta\zeta} + \frac{2\beta_{12}}{J^2} u_{\xi\eta} + \frac{2\beta_{23}}{J^2} u_{\eta\zeta}$$
$$+ \frac{2\beta_{31}}{J^2} u_{\zeta\xi} + u_\xi P + u_\eta Q + u_\zeta R \tag{6.2.8}$$

在式(6.2.7)和式(6.2.8)中,分别令 $u=x, u=y, u=z$ 可得

$$g^{11} x_{\xi\xi} + g^{22} x_{\eta\eta} + g^{33} x_{\zeta\zeta} + 2g^{12} x_{\xi\eta} + 2g^{23} x_{\eta\zeta} + 2g^{31} x_{\zeta\xi} + x_\xi P + x_\eta Q + x_\zeta R = 0$$
$$\tag{6.2.9a}$$

$$g^{11} y_{\xi\xi} + g^{22} y_{\eta\eta} + g^{33} y_{\zeta\zeta} + 2g^{12} y_{\xi\eta} + 2g^{23} y_{\eta\zeta} + 2g^{31} y_{\zeta\xi} + y_\xi P + y_\eta Q + y_\zeta R = 0$$
$$\tag{6.2.9b}$$

$$g^{11} z_{\xi\xi} + g^{22} z_{\eta\eta} + g^{33} z_{\zeta\zeta} + 2g^{12} z_{\xi\eta} + 2g^{23} z_{\eta\zeta} + 2g^{31} z_{\zeta\xi} + z_\xi P + z_\eta Q + z_\zeta R = 0$$
$$\tag{6.2.9c}$$

$$\alpha_1 x_{\xi\xi} + \alpha_2 x_{\eta\eta} + \alpha_3 x_{\zeta\zeta} + 2\beta_{12} x_{\xi\eta} + 2\beta_{23} x_{\eta\zeta} + 2\beta_{31} x_{\zeta\xi} + J^2(x_\xi P + x_\eta Q + x_\zeta R) = 0$$
$$\tag{6.2.10a}$$

$$\alpha_1 y_{\xi\xi} + \alpha_2 y_{\eta\eta} + \alpha_3 y_{\zeta\zeta} + 2\beta_{12} y_{\xi\eta} + 2\beta_{23} y_{\eta\zeta} + 2\beta_{31} y_{\zeta\xi} + J^2(y_\xi P + y_\eta Q + y_\zeta R) = 0$$
$$\tag{6.2.10b}$$

$$\alpha_1 z_{\xi\xi} + \alpha_2 z_{\eta\eta} + \alpha_3 z_{\zeta\zeta} + 2\beta_{12} z_{\xi\eta} + 2\beta_{23} z_{\eta\zeta} + 2\beta_{31} z_{\zeta\xi} + J^2(z_\xi P + z_\eta Q + z_\zeta R) = 0$$
$$\tag{6.2.10c}$$

注意到位置矢量可以表示为

$$\vec{r} = x\vec{i} + y\vec{j} + z\vec{k} = (x, y, z)$$

则可将式(6.2.9)和式(6.2.10)分别写成如下矢量形式

$$g^{11} \vec{r}_{\xi\xi} + g^{22} \vec{r}_{\eta\eta} + g^{33} \vec{r}_{\zeta\zeta} + 2(g^{12} \vec{r}_{\xi\eta} + g^{23} \vec{r}_{\eta\zeta} + g^{31} \vec{r}_{\zeta\xi}) + \vec{r}_\xi P + \vec{r}_\eta Q + \vec{r}_\zeta R = 0$$
$$\tag{6.2.11}$$

$$\alpha_1 \vec{r}_{\xi\xi} + \alpha_2 \vec{r}_{\eta\eta} + \alpha_3 \vec{r}_{\zeta\zeta} + 2(\beta_{12} \vec{r}_{\xi\eta} + \beta_{23} \vec{r}_{\eta\zeta} + \beta_{31} \vec{r}_{\zeta\xi}) + J^2(\vec{r}_\xi P + \vec{r}_\eta Q + \vec{r}_\zeta R) = 0$$
$$\tag{6.2.12}$$

在 Thomas 求源项方法中[3]，为了方便，分别用 $\varphi_P,\varphi_Q,\varphi_R$ 替换式(6.1.1)中的源项(控制函数)P,Q,R，得到

$$\begin{cases} P=\varphi_P(\xi,\eta,\zeta)\ |\nabla\xi|^2=\dfrac{\alpha_1}{J^2}\varphi_P \\[2mm] Q=\varphi_Q(\xi,\eta,\zeta)\ |\nabla\eta|^2=\dfrac{\alpha_2}{J^2}\varphi_Q \\[2mm] R=\varphi_R(\xi,\eta,\zeta)\ |\nabla\zeta|^2=\dfrac{\alpha_3}{J^2}\varphi_R \end{cases} \qquad (6.2.13)$$

则式(6.2.12)相应地转化为

$$\alpha_1(\vec{r}_{\xi\xi}+\varphi_P\vec{r}_\xi)+\alpha_2(\vec{r}_{\eta\eta}+\varphi_Q\vec{r}_\eta)+\alpha_3(\vec{r}_{\zeta\zeta}+\varphi_R\vec{r}_\zeta)+2(\beta_{12}\vec{r}_{\xi\eta}+\beta_{23}\vec{r}_{\eta\zeta}+\beta_{31}\vec{r}_{\zeta\xi})=0 \qquad (6.2.14)$$

式(6.2.9)~式(6.2.12)和式(6.2.14)即是生成网格所要求解的方程。

另外，如将式(6.2.2)代入式(6.2.6)，则可得到 α_1 的另一种表达形式

$$\begin{aligned} \alpha_1 &= J^2(\xi_x^2+\xi_y^2+\xi_z^2)\\ &=(y_\eta z_\zeta-z_\eta y_\zeta)^2+(z_\eta x_\zeta-x_\eta z_\zeta)^2+(x_\eta y_\zeta-y_\eta x_\zeta)^2\\ &=y_\eta^2 z_\zeta^2+z_\eta^2 y_\zeta^2+z_\eta^2 x_\zeta^2+x_\eta^2 z_\zeta^2+x_\eta^2 y_\zeta^2+y_\eta^2 x_\zeta^2\\ &\quad -2y_\eta z_\zeta z_\eta y_\zeta-2z_\eta x_\zeta x_\eta z_\zeta-2x_\eta y_\zeta y_\eta x_\zeta\\ &=y_\eta^2(z_\zeta^2+x_\zeta^2)+z_\eta^2(y_\zeta^2+x_\zeta^2)+x_\eta^2(z_\zeta^2+y_\zeta^2)\\ &\quad -(2y_\eta z_\zeta z_\eta y_\zeta+2z_\eta x_\zeta x_\eta z_\zeta+2x_\eta y_\zeta y_\eta x_\zeta)\\ &=y_\eta^2(x_\zeta^2+y_\zeta^2+z_\zeta^2)+z_\eta^2(x_\zeta^2+y_\zeta^2+z_\zeta^2)+x_\eta^2(x_\zeta^2+y_\zeta^2+z_\zeta^2)\\ &\quad -(y_\eta^2 y_\zeta^2+z_\eta^2 z_\zeta^2+x_\eta^2 x_\zeta^2+2y_\eta y_\zeta z_\eta z_\zeta+2z_\eta z_\zeta x_\eta x_\zeta+2x_\eta x_\zeta y_\eta y_\zeta)\\ &=(x_\eta^2+y_\eta^2+z_\eta^2)(x_\zeta^2+y_\zeta^2+z_\zeta^2)-(x_\eta x_\zeta+y_\eta y_\zeta+z_\eta z_\zeta)^2\\ &=|\vec{r}_\eta|^2\ |\vec{r}_\zeta|^2-(\vec{r}_\eta\cdot\vec{r}_\zeta)^2=g_{22}g_{33}-g_{23}^2 \end{aligned} \qquad (6.2.15a)$$

类似的推导可以得到

$$\alpha_2=|\vec{r}_\zeta|^2\cdot|\vec{r}_\xi|^2-(\vec{r}_\zeta\cdot\vec{r}_\xi)^2=g_{33}g_{11}-g_{31}^2 \qquad (6.2.15b)$$

$$\alpha_3=|\vec{r}_\xi|^2\cdot|\vec{r}_\eta|^2-(\vec{r}_\xi\cdot\vec{r}_\eta)^2=g_{11}g_{22}-g_{12}^2 \qquad (6.2.15c)$$

另外

$$\begin{aligned} \beta_{12}&=J^2(\nabla\xi\cdot\nabla\eta)\\ &=[(y_\eta z_\zeta-z_\eta y_\zeta)\vec{i}+(z_\eta x_\zeta-x_\eta z_\zeta)\vec{j}+(x_\eta y_\zeta-y_\eta x_\zeta)\vec{k}]\\ &\quad\cdot[(z_\xi y_\zeta-y_\xi z_\zeta)\vec{i}+(x_\xi z_\zeta-z_\xi x_\zeta)\vec{j}+(y_\xi x_\zeta-x_\xi y_\zeta)\vec{k}]\\ &=(y_\eta z_\zeta-z_\eta y_\zeta)(z_\xi y_\zeta-y_\xi z_\zeta)+(z_\eta x_\zeta-x_\eta z_\zeta)(x_\xi z_\zeta-z_\xi x_\zeta)\\ &\quad +(x_\eta y_\zeta-y_\eta x_\zeta)(y_\xi x_\zeta-x_\xi y_\zeta)\\ &=y_\eta z_\zeta z_\xi y_\zeta-z_\eta y_\zeta z_\xi y_\zeta-y_\eta z_\zeta y_\xi z_\zeta+z_\eta y_\zeta y_\xi z_\zeta\\ &\quad +z_\eta x_\zeta x_\xi z_\zeta-x_\eta z_\zeta x_\xi z_\zeta-z_\eta x_\zeta z_\xi x_\zeta+x_\eta z_\zeta z_\xi x_\zeta\\ &\quad +x_\eta y_\zeta y_\xi x_\zeta-y_\eta x_\zeta y_\xi x_\zeta-x_\eta y_\zeta x_\xi y_\zeta+y_\eta x_\zeta x_\xi y_\zeta \end{aligned}$$

$$
\begin{aligned}
&= x_\eta x_\zeta (y_\zeta y_\xi + z_\zeta z_\xi) + y_\eta y_\zeta (z_\zeta z_\xi + x_\zeta x_\xi) + z_\eta z_\zeta (x_\zeta x_\xi + y_\zeta y_\xi) \\
&\quad - x_\zeta^2 (y_\xi y_\eta + z_\xi z_\eta) - y_\zeta^2 (z_\xi z_\eta + x_\xi x_\eta) - z_\zeta^2 (x_\xi x_\eta + y_\xi y_\eta) \\
&= x_\eta x_\zeta (x_\zeta x_\xi + y_\zeta y_\xi + z_\zeta z_\xi) + y_\eta y_\zeta (x_\zeta x_\xi + y_\zeta y_\xi + z_\zeta z_\xi) \\
&\quad + z_\eta z_\zeta (x_\zeta x_\xi + y_\zeta y_\xi + z_\zeta z_\xi) - x_\zeta^2 (x_\xi x_\eta + y_\xi y_\eta + z_\xi z_\eta) \\
&\quad - y_\zeta^2 (x_\xi x_\eta + y_\xi y_\eta + z_\xi z_\eta) - z_\zeta^2 (x_\xi x_\eta + y_\xi y_\eta + z_\xi z_\eta) \\
&= (x_\eta x_\zeta + y_\eta y_\zeta + z_\eta z_\zeta)(x_\zeta x_\xi + y_\zeta y_\xi + z_\zeta z_\xi) \\
&\quad - (x_\xi x_\eta + y_\xi y_\eta + z_\xi z_\eta)(x_\zeta^2 + y_\zeta^2 + z_\zeta^2) \\
&= (\vec{r}_\eta \cdot \vec{r}_\zeta)(\vec{r}_\zeta \cdot \vec{r}_\xi) - (\vec{r}_\xi \cdot \vec{r}_\eta)\,|\vec{r}_\zeta|^2 \\
&= g_{23} g_{31} - g_{21} g_{33}
\end{aligned}
\tag{6.2.15d}
$$

类似地可以推出

$$
\beta_{23} = (\vec{r}_\zeta \cdot \vec{r}_\xi)(\vec{r}_\xi \cdot \vec{r}_\eta) - (\vec{r}_\eta \cdot \vec{r}_\zeta)\,|\vec{r}_\xi|^2 = g_{31} g_{12} - g_{23} g_{11} \tag{6.2.15e}
$$

$$
\beta_{31} = (\vec{r}_\xi \cdot \vec{r}_\eta)(\vec{r}_\eta \cdot \vec{r}_\zeta) - (\vec{r}_\zeta \cdot \vec{r}_\xi)\,|\vec{r}_\eta|^2 = g_{12} g_{23} - g_{31} g_{22} \tag{6.2.15f}
$$

6.3　网格生成方程的离散求解

用椭圆型方程(6.1.1)生成三维网格要求解的方程实际上是计算空间的等价方程(6.2.11),方程(6.2.12)或方程(6.2.14),即

$$
\alpha_1 \vec{r}_{\xi\xi} + \alpha_2 \vec{r}_{\eta\eta} + \alpha_3 \vec{r}_{\zeta\zeta} + 2(\beta_{12}\vec{r}_{\xi\eta} + \beta_{23}\vec{r}_{\eta\zeta} + \beta_{31}\vec{r}_{\zeta\xi}) + J^2(\vec{r}_\xi P + \vec{r}_\eta Q + \vec{r}_\zeta R) = 0
\tag{6.3.1}
$$

其中

$$
\begin{cases}
\alpha_1 = J^2 (\nabla \xi \cdot \nabla \xi) = J^2 g^{11} = |\vec{r}_\eta|^2 \cdot |\vec{r}_\zeta|^2 - (\vec{r}_\eta \cdot \vec{r}_\zeta)^2 = g_{22} g_{33} - (g_{23})^2 \\
\alpha_2 = J^2 (\nabla \eta \cdot \nabla \eta) = J^2 g^{22} = |\vec{r}_\zeta|^2 \cdot |\vec{r}_\xi|^2 - (\vec{r}_\zeta \cdot \vec{r}_\xi)^2 = g_{33} g_{11} - (g_{31})^2 \\
\alpha_3 = J^2 (\nabla \zeta \cdot \nabla \zeta) = J^2 g^{33} = |\vec{r}_\xi|^2 \cdot |\vec{r}_\eta|^2 - (\vec{r}_\xi \cdot \vec{r}_\eta)^2 = g_{11} g_{22} - (g_{12})^2 \\
\beta_{12} = J^2 (\nabla \xi \cdot \nabla \eta) = J^2 g^{12} = (\vec{r}_\eta \cdot \vec{r}_\zeta)(\vec{r}_\zeta \cdot \vec{r}_\xi) - (\vec{r}_\xi \cdot \vec{r}_\eta)\,|\vec{r}_\zeta|^2 = g_{23} g_{31} - g_{21} g_{33} \\
\beta_{23} = J^2 (\nabla \eta \cdot \nabla \zeta) = J^2 g^{23} = (\vec{r}_\zeta \cdot \vec{r}_\xi)(\vec{r}_\xi \cdot \vec{r}_\eta) - (\vec{r}_\eta \cdot \vec{r}_\zeta)\,|\vec{r}_\xi|^2 = g_{31} g_{12} - g_{23} g_{11} \\
\beta_{31} = J^2 (\nabla \zeta \cdot \nabla \xi) = J^2 g^{31} = (\vec{r}_\xi \cdot \vec{r}_\eta)(\vec{r}_\eta \cdot \vec{r}_\zeta) - (\vec{r}_\zeta \cdot \vec{r}_\xi)\,|\vec{r}_\eta|^2 = g_{12} g_{23} - g_{31} g_{22}
\end{cases}
\tag{6.3.2}
$$

如果用 $\varphi_P, \varphi_Q, \varphi_R$ 代替源项(控制函数) P, Q, R [式(6.2.13)],即

$$
\varphi_P = J^2 P / \alpha_1, \quad \varphi_Q = J^2 Q / \alpha_2, \quad \varphi_R = J^2 R / \alpha_3
$$

则求解的方程(6.3.1)[即式(6.2.12)]就变成式(6.2.14),即

$$
\alpha_1 (\vec{r}_{\xi\xi} + \varphi_P \vec{r}_\xi) + \alpha_2 (\vec{r}_{\eta\eta} + \varphi_Q \vec{r}_\eta) + \alpha_3 (\vec{r}_{\zeta\zeta} + \varphi_R \vec{r}_\zeta) + 2(\beta_{12}\vec{r}_{\xi\eta} + \beta_{23}\vec{r}_{\eta\zeta} + \beta_{31}\vec{r}_{\zeta\xi}) = 0
\tag{6.3.3}
$$

方程(6.3.3)中不出现雅可比行列式 J,避免了计算雅可比行列式可能带来的问题。

设 N_i, N_j, N_k 分别为 ξ, η, ζ 方向上的网格节点数,且三个方向的步长分别为 $\Delta\xi = h_1$, $\Delta\eta = h_2$, $\Delta\zeta = h_3$(实际计算时可取 $h_1 = h_2 = h_3 = 1$)。方程(6.3.1)和方程(6.3.3)中各偏导数在内场节点 (i, j, k) 处均取中心差分

$$\begin{cases} \vec{r}_\xi = (\vec{r}_{i+1,j,k} - \vec{r}_{i-1,j,k})/2h_1 \\ \vec{r}_\eta = (\vec{r}_{i,j+1,k} - \vec{r}_{i,j-1,k})/2h_2 \\ \vec{r}_\zeta = (\vec{r}_{i,j,k+1} - \vec{r}_{i,j,k-1})/2h_3 \end{cases} \quad (6.3.4a)$$

$$\begin{cases} \vec{r}_{\xi\xi} = (\vec{r}_{i+1,j,k} - 2\vec{r}_{i,j,k} + \vec{r}_{i-1,j,k})/h_1^2 \\ \vec{r}_{\eta\eta} = (\vec{r}_{i,j+1,k} - 2\vec{r}_{i,j,k} + \vec{r}_{i,j-1,k})/h_2^2 \\ \vec{r}_{\zeta\zeta} = (\vec{r}_{i,j,k+1} - 2\vec{r}_{i,j,k} + \vec{r}_{i,j,k-1})/h_3^2 \end{cases} \quad (6.3.4b)$$

$$\begin{cases} \vec{r}_{\xi\eta} = (\vec{r}_{i+1,j+1,k} - \vec{r}_{i+1,j-1,k} - \vec{r}_{i-1,j+1,k} + \vec{r}_{i-1,j-1,k})/4h_1h_2 \\ \vec{r}_{\eta\zeta} = (\vec{r}_{i,j+1,k+1} - \vec{r}_{i,j+1,k-1} - \vec{r}_{i,j-1,k+1} + \vec{r}_{i,j-1,k-1})/4h_2h_3 \\ \vec{r}_{\zeta\xi} = (\vec{r}_{i+1,j,k+1} - \vec{r}_{i+1,j,k-1} - \vec{r}_{i-1,j,k+1} + \vec{r}_{i-1,j,k-1})/4h_3h_1 \end{cases} \quad (6.3.4c)$$

6.3.1　逐点超松弛方法

第一步　完全类似于二维情形,先用高斯-赛德尔改进迭代,尽可能利用最新的值进行计算。如果计算的循环安排是 $k = 2, 3, \cdots, N_k - 1$ 为最外层,$j = 2, 3, \cdots, N_j - 1$ 为中间层,$i = 2, 3, \cdots, N_i - 1$ 为最内层,则方程(6.3.3)在 (i, j, k) 点尽量采用最新值的高斯-赛德尔改进迭代的第 n 场的差分方程为(取 $\Delta\xi = \Delta\eta = \Delta\zeta = 1$)

$$\alpha_1(\vec{r}_{i-1,j,k}^{(n)} - 2\vec{r}_{i,j,k}^{(n)} + \vec{r}_{i+1,j,k}^{(n-1)}) + \alpha_2(\vec{r}_{i,j-1,k}^{(n)} - 2\vec{r}_{i,j,k}^{(n)} + \vec{r}_{i,j+1,k}^{(n-1)})$$
$$+ \alpha_3(\vec{r}_{i,j,k-1}^{(n)} - 2\vec{r}_{i,j,k}^{(n)} + \vec{r}_{i,j,k+1}^{(n-1)})$$
$$+ 2[\beta_{12}(\vec{r}_{\xi\eta})_{i,j,k} + \beta_{23}(\vec{r}_{\eta\zeta})_{i,j,k} + \beta_{31}(\vec{r}_{\zeta\xi})_{i,j,k}]$$
$$+ \alpha_1\varphi_P(\vec{r}_\xi)_{i,j,k} + \alpha_2\varphi_Q(\vec{r}_\eta)_{i,j,k} + \alpha_3\varphi_R(\vec{r}_\zeta)_{i,j,k} = 0 \quad (6.3.5)$$

其中,上标 (n) 代表本场待求值[在 (i, j, k) 位置时]或本场已知值[(i, j, k) 点以外的点];上标 $(n-1)$ 代表前场值(即在本场来看是尚未更新过的值)。式(6.3.5)中 $\vec{r}_{\xi\eta}$, $\vec{r}_{\zeta\xi}$ 等偏导数并未给出差分式,是因为这些偏导数中不包含 $\vec{r}_{i,j,k}$。由式(6.3.5)可求出 $\vec{r}_{i,j,k}^{(n)}$,并把它作为中间结果 $\tilde{\vec{r}}_{i,j,k}^{(n)}$:

$$\tilde{\vec{r}}_{i,j,k}^{(n)} = \frac{1}{2(\alpha_1 + \alpha_2 + \alpha_3)}\{\alpha_1(\vec{r}_{i-1,j,k}^{(n)} + \vec{r}_{i+1,j,k}^{(n-1)}) + \alpha_2(\vec{r}_{i,j-1,k}^{(n)} + \vec{r}_{i,j+1,k}^{(n-1)})$$
$$+ \alpha_3(\vec{r}_{i,j,k-1}^{(n)} + \vec{r}_{i,j,k+1}^{(n-1)}) + 2[\beta_{12}(\vec{r}_{\xi\eta})_{i,j,k} + \beta_{23}(\vec{r}_{\eta\zeta})_{i,j,k} + \beta_{31}(\vec{r}_{\zeta\xi})_{i,j,k}]$$
$$+ \alpha_1\varphi_P(\vec{r}_\xi)_{i,j,k} + \alpha_2\varphi_Q(\vec{r}_\eta)_{i,j,k} + \alpha_3\varphi_R(\vec{r}_\zeta)_{i,j,k}\} \quad (6.3.6)$$

第二步　引入超松弛因子 ω,将 $\tilde{\vec{r}}_{i,j,k}^{(n)}$ 与前一步解 $\vec{r}_{i,j,k}^{(n-1)}$ 进行加权平均,得到超松弛处理后第 n 步的解

$$\vec{r}_{i,j,k}^{(n)} = \omega\, \widetilde{\vec{r}}_{i,j,k}^{(n)} + (1-\omega)\vec{r}_{i,j,k}^{(n-1)} \tag{6.3.7}$$

6.3.2　逐线超松弛方法

在第 (i,j,k) 点对方程(6.3.3)进行差分离散,以 $(i,j)=$const 为交线,即 k 线为基准,该线上的点取当前场(第 n 场)值(待求之未知量),第 $(i-1,j)$ 线上,第 $(i,j-1)$ 线上也取当前场(第 n 场)值,为已更新的新值;第 $(i+1,j)$ 线上,第 $(i,j+1)$ 线上取前场(即第 $n-1$ 场值)(因该二线当前场值尚未解出)。为了叙述简洁和节省篇幅,先定义如下差分算子

$$\begin{cases} \delta_{\xi\!\xi}\vec{r}_{i,j,k} = (\vec{r}_{i+1,j,k} - 2\vec{r}_{i,j,k} + \vec{r}_{i-1,j,k})/h_1^2 \\ \delta_{\eta\eta}\vec{r}_{i,j,k} = (\vec{r}_{i,j+1,k} - 2\vec{r}_{i,j,k} + \vec{r}_{i,j-1,k})/h_2^2 \\ \delta_{\zeta\!\zeta}\vec{r}_{i,j,k} = (\vec{r}_{i,j,k+1} - 2\vec{r}_{i,j,k} + \vec{r}_{i,j,k-1})/h_3^2 \end{cases} \tag{6.3.8a}$$

$$\begin{cases} \delta_{\xi\eta}\vec{r}_{i,j,k} = (\vec{r}_{i+1,j+1,k} - \vec{r}_{i+1,j-1,k} - \vec{r}_{i-1,j+1,k} + \vec{r}_{i-1,j-1,k})/(4h_1 h_2) \\ \delta_{\eta\zeta}\vec{r}_{i,j,k} = (\vec{r}_{i,j+1,k+1} - \vec{r}_{i,j+1,k-1} - \vec{r}_{i,j-1,k+1} + \vec{r}_{i,j-1,k-1})/(4h_2 h_3) \\ \delta_{\zeta\xi}\vec{r}_{i,j,k} = (\vec{r}_{i+1,j,k+1} - \vec{r}_{i+1,j,k-1} - \vec{r}_{i-1,j,k+1} + \vec{r}_{i-1,j,k-1})/(4h_3 h_1) \end{cases} \tag{6.3.8b}$$

$$\begin{cases} \delta_{\xi}\vec{r}_{i,j,k} = (\vec{r}_{i+1,j,k} - \vec{r}_{i-1,j,k})/(2h_1) \\ \delta_{\eta}\vec{r}_{i,j,k} = (\vec{r}_{i,j+1,k} - \vec{r}_{i,j-1,k})/(2h_2) \\ \delta_{\zeta}\vec{r}_{i,j,k} = (\vec{r}_{i,j,k+1} - \vec{r}_{i,j,k-1})/(2h_3) \end{cases} \tag{6.3.8c}$$

省去表示迭代步的上标。取 $h_1=h_2=h_3=1$,方程(6.3.3)差分离散如下

$$\alpha_1(\vec{r}_{i-1,j,k} - 2\vec{r}_{i,j,k} + \vec{r}_{i+1,j,k}) + \alpha_2(\vec{r}_{i,j-1,k} - 2\vec{r}_{i,j,k} + \vec{r}_{i,j+1,k})$$
$$+ \alpha_3(\vec{r}_{i,j,k-1} - 2\vec{r}_{i,j,k} + \vec{r}_{i,j,k+1}) + 2(\beta_{12}\delta_{\xi\eta} + \beta_{23}\delta_{\eta\zeta} + \beta_{31}\delta_{\zeta\xi})\vec{r}_{i,j,k}$$
$$+ (\alpha_1\varphi_P\delta_{\xi} + \alpha_2\varphi_Q\delta_{\eta})\vec{r}_{i,j,k} + \alpha_3\varphi_R(\vec{r}_{i,j,k+1} - \vec{r}_{i,j,k-1})/2 = 0 \tag{6.3.9}$$

将方程(6.3.9)中位于 $(i,j)=$const 交线(即 k 线)上的 $\vec{r}_{i,j,k-1},\vec{r}_{i,j,k},\vec{r}_{i,j,k+1}$ 进行合并组项得

$$\alpha_3\left(1 - \frac{1}{2}\varphi_R\right)\vec{r}_{i,j,k-1} - 2(\alpha_1 + \alpha_2 + \alpha_3)\vec{r}_{i,j,k} + \alpha_3\left(1 + \frac{1}{2}\varphi_R\right)\vec{r}_{i,j,k+1}$$
$$= -[\alpha_1(\vec{r}_{i-1,j,k} + \vec{r}_{i+1,j,k}) + \alpha_2(\vec{r}_{i,j-1,k} + \vec{r}_{i,j+1,k})]$$
$$- 2(\beta_{12}\delta_{\xi\eta} + \beta_{23}\delta_{\eta\zeta} + \beta_{31}\delta_{\zeta\xi})\vec{r}_{i,j,k}$$
$$- (\alpha_1\varphi_P\delta_{\xi} + \alpha_2\varphi_Q\delta_{\eta})\vec{r}_{i,j,k} \tag{6.3.10}$$

式(6.3.10)即构成 $(i,j)=$const 交线(k 线)上的三对角方程

$$a_k\vec{r}_{i,j,k-1} + b_k\vec{r}_{i,j,k} + c_k\vec{r}_{i,j,k+1} = \vec{d}_k \tag{6.3.11}$$

其中

$$
\begin{cases}
a_k = \begin{cases}
0, & k = 2 \\
\alpha_3\left(1 - \dfrac{1}{2}\varphi_R\right), & k = 3,4,\cdots,N_k - 1
\end{cases} \\[4mm]
b_k = -2(\alpha_1 + \alpha_2 + \alpha_3), \quad k = 2,3,\cdots,N_k - 1 \qquad (6.3.12\mathrm{a}) \\[4mm]
c_k = \begin{cases}
\alpha_3\left(1 + \dfrac{1}{2}\varphi_R\right), & k = 2,3,\cdots,N_k - 2 \\
0, & k = N_k - 1
\end{cases}
\end{cases}
$$

$$
\vec{d}_k = \begin{cases}
\vec{D}_k - \alpha_3\left(1 - \dfrac{1}{2}\varphi_R\right)\vec{r}_{i,j,1}, & k = 2 \\[3mm]
\vec{D}_k, & k = 3,4,5,\cdots,N_k - 2 \quad (6.3.12\mathrm{b}) \\[3mm]
\vec{D}_k - \alpha_3\left(1 + \dfrac{1}{2}\varphi_R\right)\vec{r}_{i,j,N_k}, & k = N_k - 1
\end{cases}
$$

而

$$
\begin{aligned}
\vec{D}_k = & -\alpha_1(\vec{r}_{i-1,j,k} + \vec{r}_{i+1,j,k}) - \alpha_2(\vec{r}_{i,j-1,k} + \vec{r}_{i,j+1,k}) \\
& - 2(\beta_{12}\delta_{\xi\eta} + \beta_{23}\delta_{\eta\zeta} + \beta_{31}\delta_{\zeta\xi})\vec{r}_{i,j,k} \\
& - (\alpha_1\varphi_P\delta_\xi + \alpha_2\varphi_Q\delta_\eta)\vec{r}_{i,j,k}
\end{aligned} \qquad (6.3.12\mathrm{c})
$$

在每条 $(i,j) = \mathrm{const}$ 交线上求解该三对角方程,直至求完全场共 $(N_i - 2) \times (N_j - 2)$ 条线,将其结果视为中间结果 $\tilde{\vec{r}}_{i,j,k}^{(n)}$,作如下超松弛处理,获得该迭代步的解 $\vec{r}_{i,j,k}^{(n)}$ 为

$$
\vec{r}_{i,j,k}^{(n)} = \omega\tilde{\vec{r}}_{i,j,k}^{(n)} + (1 - \omega)\vec{r}_{i,j,k}^{(n-1)} \qquad (6.3.13)
$$

其中,ω 为松弛因子,一般取值范围为 $0 < \omega < 2$,可取 $\omega = 0.5 \sim 1.5$。

6.4　求源项的方法

6.4.1　Thomas 方法

Thomas 方法采用式(6.1.1)形式的椭圆型方程,并用 $\varphi_P, \varphi_Q, \varphi_R$ 替换其中的 P, Q, R,即[3]

$$
\varphi_P = J^2 P/\alpha_1, \quad \varphi_Q = J^2 Q/\alpha_2, \quad \varphi_R = J^2 R/\alpha_3 \qquad (6.4.1)
$$

在计算空间求解的方程则为式(6.2.14)或式(6.3.3),即

$$
\alpha_1(\vec{r}_{\xi\xi} + \varphi_P\vec{r}_\xi) + \alpha_2(\vec{r}_{\eta\eta} + \varphi_Q\vec{r}_\eta) + \alpha_3(\vec{r}_{\zeta\zeta} + \varphi_R\vec{r}_\zeta) + 2(\beta_{12}\vec{r}_{\xi\eta} + \beta_{23}\vec{r}_{\eta\zeta} + \beta_{31}\vec{r}_{\zeta\xi}) = 0
$$
$$
(6.4.2)
$$

在使用差分离散求解式(6.4.2)时,用 $\varphi_P, \varphi_Q, \varphi_R$ 代替 P, Q, R,避开了求雅可比行列式 J 的值,生成同样一个网格所需的 $\varphi_P, \varphi_Q, \varphi_R$ 要比 P, Q, R 小一个量级。计算实践说明采用 $\varphi_P, \varphi_Q, \varphi_R$ 更利于式(6.4.2)求解过程的稳定和收敛。

这里按 Thomas 方法[3]的思路求源项的值[4]。先求 $\varphi_P,\varphi_Q,\varphi_R$ 在边界面上的值,然后通过插值获得内场的值。由于 φ_P 控制着 ξ 方向 $\xi=\mathrm{const}$ 网格面的疏密分布,所以选择在 $\eta=\eta_{\min},\eta=\eta_{\max},\zeta=\zeta_{\min},\zeta=\zeta_{\max}$ 四个边界面上求 φ_P 的边界值;类似地,在 $\xi=\xi_{\min},\xi=\xi_{\max},\zeta=\zeta_{\min},\zeta=\zeta_{\max}$ 四个边界面上求 φ_Q 的边界值;在 $\xi=\xi_{\min},\xi=\xi_{\max},\eta=\eta_{\min},\eta=\eta_{\max}$ 四个边界面上求 φ_R 的边界值。

1. 在 $\xi=\xi_{\min},\xi=\xi_{\max}$ 边界面

假设:① 存在正交性,即 $\vec{r}_\xi\cdot\vec{r}_\eta=0,\vec{r}_\xi\cdot\vec{r}_\zeta=0$;②横穿边界面的二阶导数 $\vec{r}_{\xi\xi}=0$(图 6.1)。注意到正交性条件,由式(6.3.2)可得

$$\alpha_1=|\vec{r}_\eta|^2|\vec{r}_\zeta|^2-(\vec{r}_\eta\cdot\vec{r}_\zeta)^2,\quad \alpha_2=|\vec{r}_\zeta|^2|\vec{r}_\xi|^2,\quad \alpha_3=|\vec{r}_\xi|^2|\vec{r}_\eta|^2,$$
$$\beta_{12}=0,\quad \beta_{23}=-(\vec{r}_\eta\cdot\vec{r}_\zeta)|\vec{r}_\xi|^2,\quad \beta_{31}=0 \tag{6.4.3}$$

再注意到横穿边界面的二阶导数 $\vec{r}_{\xi\xi}=0$,于是,在 $\xi=\mathrm{const}$ 边界面上,方程(6.4.2)退化为

$$\alpha_1\varphi_P\vec{r}_\xi+\alpha_2\varphi_Q\vec{r}_\eta+\alpha_3\varphi_R\vec{r}_\zeta=-(\alpha_2\vec{r}_{\eta\eta}+\alpha_3\vec{r}_{\zeta\zeta}+2\beta_{23}\vec{r}_{\eta\zeta}) \tag{6.4.4}$$

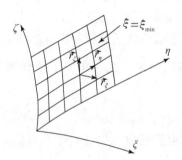

图 6.1 　在 $\xi=\mathrm{const}$ 边界面上求 φ_Q,φ_R

分别用 $\vec{r}_\eta,\vec{r}_\zeta$ 点乘式(6.4.4),消去 $\vec{r}_\xi$ 和 φ_P 得

$$\alpha_2|\vec{r}_\eta|^2\varphi_Q+\alpha_3(\vec{r}_\eta\cdot\vec{r}_\zeta)\varphi_R=-[\alpha_2(\vec{r}_\eta\cdot\vec{r}_{\eta\eta})+\alpha_3(\vec{r}_\eta\cdot\vec{r}_{\zeta\zeta})+2\beta_{23}(\vec{r}_\eta\cdot\vec{r}_{\eta\zeta})]$$
$$\tag{6.4.5a}$$

$$\alpha_2(\vec{r}_\eta\cdot\vec{r}_\zeta)\varphi_Q+\alpha_3|\vec{r}_\zeta|^2\varphi_R=-[\alpha_2(\vec{r}_\zeta\cdot\vec{r}_{\eta\eta})+\alpha_3(\vec{r}_\zeta\cdot\vec{r}_{\zeta\zeta})+2\beta_{23}(\vec{r}_\zeta\cdot\vec{r}_{\eta\zeta})]$$
$$\tag{6.4.5b}$$

由此联立两方程求解 φ_Q,φ_R 得

$$\varphi_Q=-\frac{1}{\alpha_2\alpha_1}\{|\vec{r}_\zeta|^2[\alpha_2(\vec{r}_\eta\cdot\vec{r}_{\eta\eta})+\alpha_3(\vec{r}_\eta\cdot\vec{r}_{\zeta\zeta})+2\beta_{23}(\vec{r}_\eta\cdot\vec{r}_{\eta\zeta})]$$
$$-(\vec{r}_\eta\cdot\vec{r}_\zeta)[\alpha_2(\vec{r}_\zeta\cdot\vec{r}_{\eta\eta})+\alpha_3(\vec{r}_\zeta\cdot\vec{r}_{\zeta\zeta})+2\beta_{23}(\vec{r}_\zeta\cdot\vec{r}_{\eta\zeta})]\}$$

$$\varphi_R=-\frac{1}{\alpha_3\alpha_1}\{|\vec{r}_\eta|^2[\alpha_2(\vec{r}_\zeta\cdot\vec{r}_{\eta\eta})+\alpha_3(\vec{r}_\zeta\cdot\vec{r}_{\zeta\zeta})+2\beta_{23}(\vec{r}_\zeta\cdot\vec{r}_{\eta\zeta})]$$

$$-(\vec{r}_\eta \cdot \vec{r}_\zeta)[\alpha_2(\vec{r}_\eta \cdot \vec{r}_{\eta\eta}) + \alpha_3(\vec{r}_\eta \cdot \vec{r}_{\zeta\zeta}) + 2\beta_{23}(\vec{r}_\eta \cdot \vec{r}_{\eta\zeta})]\}$$

进一步整理得

$$\varphi_Q = -\frac{1}{\alpha_1}\left\{|\vec{r}_\zeta|^2\left[(\vec{r}_\eta \cdot \vec{r}_{\eta\eta}) + \frac{\alpha_3}{\alpha_2}(\vec{r}_\eta \cdot \vec{r}_{\zeta\zeta}) + 2\frac{\beta_{23}}{\alpha_2}(\vec{r}_\eta \cdot \vec{r}_{\eta\zeta})\right]\right.$$
$$\left. -(\vec{r}_\eta \cdot \vec{r}_\zeta)\left[(\vec{r}_\zeta \cdot \vec{r}_{\eta\eta}) + \frac{\alpha_3}{\alpha_2}(\vec{r}_\zeta \cdot \vec{r}_{\zeta\zeta}) + 2\frac{\beta_{23}}{\alpha_2}(\vec{r}_\zeta \cdot \vec{r}_{\eta\zeta})\right]\right\}$$

$$(6.4.6a)$$

$$\varphi_R = -\frac{1}{\alpha_1}\left\{|\vec{r}_\eta|^2\left[\frac{\alpha_2}{\alpha_3}(\vec{r}_\zeta \cdot \vec{r}_{\eta\eta}) + (\vec{r}_\zeta \cdot \vec{r}_{\zeta\zeta}) + 2\frac{\beta_{23}}{\alpha_3}(\vec{r}_\zeta \cdot \vec{r}_{\eta\zeta})\right]\right.$$
$$\left. -(\vec{r}_\eta \cdot \vec{r}_\zeta)\left[\frac{\alpha_2}{\alpha_3}(\vec{r}_\eta \cdot \vec{r}_{\eta\eta}) + (\vec{r}_\eta \cdot \vec{r}_{\zeta\zeta}) + 2\frac{\beta_{23}}{\alpha_3}(\vec{r}_\eta \cdot \vec{r}_{\eta\zeta})\right]\right\}$$

$$(6.4.6b)$$

其中,由式(6.4.3)可知,下列表达式中,$|\vec{r}_\xi|$ 不出现或被约掉了

$$\alpha_1 = |\vec{r}_\eta|^2|\vec{r}_\zeta|^2 - (\vec{r}_\eta \cdot \vec{r}_\zeta)^2, \quad \alpha_3/\alpha_2 = |\vec{r}_\eta|^2/|\vec{r}_\zeta|^2,$$
$$\beta_{23}/\alpha_2 = -(\vec{r}_\eta \cdot \vec{r}_\zeta)/|\vec{r}_\zeta|^2,$$
$$\alpha_2/\alpha_3 = |\vec{r}_\zeta|^2/|\vec{r}_\eta|^2, \quad \beta_{23}/\alpha_3 = -(\vec{r}_\eta \cdot \vec{r}_\zeta)/|\vec{r}_\eta|^2$$

这样,在 $\xi=\text{const}$ 边界面求 φ_Q, φ_R 时,$\vec{r}_\xi$ 不会出现在 φ_Q, φ_R 的公式(6.4.6)中,也就是计算 φ_Q, φ_R 时只用到 $\xi=\text{const}$ 边界面上的坐标值,不会用到内场的值。另外,如果 $\alpha_1 = 0$(如 $\xi=\text{const}$ 边界面缩成一根线的情形),则取 $\varphi_Q = 0, \varphi_R = 0$。

2. 在 $\eta = \eta_{\min}, \eta = \eta_{\max}$ 边界面

假设:① 存在正交性,即 $\vec{r}_\eta \cdot \vec{r}_\xi = 0, \vec{r}_\eta \cdot \vec{r}_\zeta = 0$;②横穿边界面的二阶导数 $\vec{r}_{\eta\eta} = 0$ (图6.2)。由正交性条件,从式(6.3.2)可得

$$\alpha_1 = |\vec{r}_\eta|^2|\vec{r}_\zeta|^2, \quad \alpha_2 = |\vec{r}_\zeta|^2|\vec{r}_\xi|^2 - (\vec{r}_\zeta \cdot \vec{r}_\xi)^2, \quad \alpha_3 = |\vec{r}_\xi|^2|\vec{r}_\eta|^2,$$
$$\beta_{12} = 0, \quad \beta_{23} = 0, \quad \beta_{31} = -(\vec{r}_\zeta \cdot \vec{r}_\xi)|\vec{r}_\eta|^2 \quad (6.4.7)$$

再注意到横穿边界面的二阶导数 $\vec{r}_{\eta\eta} = 0$,则在 $\eta=\text{const}$ 边界面上,方程(6.4.2)退化为

$$\alpha_1\varphi_P\vec{r}_\xi + \alpha_2\varphi_Q\vec{r}_\eta + \alpha_3\varphi_R\vec{r}_\zeta = -(\alpha_1\vec{r}_{\xi\xi} + \alpha_3\vec{r}_{\zeta\zeta} + 2\beta_{31}\vec{r}_{\zeta\xi}) \quad (6.4.8)$$

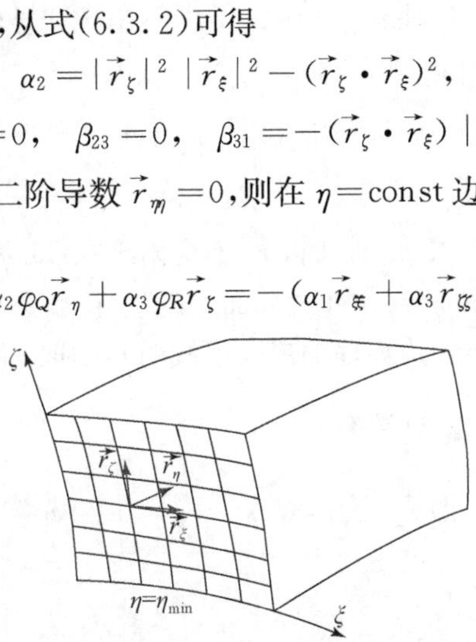

图 6.2 在 $\eta = \text{const}$ 边界面上求 φ_P, φ_R

分别用 $\vec{r}_\xi$ 和 $\vec{r}_\zeta$ 点乘式(6.4.8),消去 $\vec{r}_\eta$ 和 φ_Q 得

$$\alpha_1 |\vec{r}_\xi|^2 \varphi_P + \alpha_3 (\vec{r}_\zeta \cdot \vec{r}_\xi)\varphi_R = -(\alpha_1(\vec{r}_\xi \cdot \vec{r}_{\xi\xi}) + \alpha_3(\vec{r}_\xi \cdot \vec{r}_{\zeta\zeta}) + 2\beta_{31}(\vec{r}_\xi \cdot \vec{r}_{\xi\zeta}))$$

$$(6.4.9a)$$

$$\alpha_1 (\vec{r}_\zeta \cdot \vec{r}_\xi)\varphi_P + \alpha_3 |\vec{r}_\zeta|^2 \varphi_R = -(\alpha_1(\vec{r}_\zeta \cdot \vec{r}_{\xi\xi}) + \alpha_3(\vec{r}_\zeta \cdot \vec{r}_{\zeta\zeta}) + 2\beta_{31}(\vec{r}_\zeta \cdot \vec{r}_{\xi\zeta}))$$

$$(6.4.9b)$$

由此联立两方程解得

$$\varphi_P = -\frac{1}{\alpha_1 \alpha_2}\{|\vec{r}_\zeta|^2[\alpha_1(\vec{r}_\xi \cdot \vec{r}_{\xi\xi}) + \alpha_3(\vec{r}_\xi \cdot \vec{r}_{\zeta\zeta}) + 2\beta_{31}(\vec{r}_\xi \cdot \vec{r}_{\xi\zeta})]$$

$$- (\vec{r}_\zeta \cdot \vec{r}_\xi)[\alpha_1(\vec{r}_\zeta \cdot \vec{r}_{\xi\xi}) + \alpha_3(\vec{r}_\zeta \cdot \vec{r}_{\zeta\zeta}) + 2\beta_{31}(\vec{r}_\zeta \cdot \vec{r}_{\xi\zeta})]\}$$

$$\varphi_R = -\frac{1}{\alpha_3 \alpha_2}\{|\vec{r}_\xi|^2[\alpha_1(\vec{r}_\zeta \cdot \vec{r}_{\xi\xi}) + \alpha_3(\vec{r}_\zeta \cdot \vec{r}_{\zeta\zeta}) + 2\beta_{31}(\vec{r}_\zeta \cdot \vec{r}_{\xi\zeta})]$$

$$- (\vec{r}_\zeta \cdot \vec{r}_\xi)[\alpha_1(\vec{r}_\xi \cdot \vec{r}_{\xi\xi}) + \alpha_3(\vec{r}_\xi \cdot \vec{r}_{\zeta\zeta}) + 2\beta_{31}(\vec{r}_\xi \cdot \vec{r}_{\xi\zeta})]\}$$

进一步整理可得

$$\varphi_P = -\frac{1}{\alpha_2}\left\{|\vec{r}_\zeta|^2\left[(\vec{r}_\xi \cdot \vec{r}_{\xi\xi}) + \frac{\alpha_3}{\alpha_1}(\vec{r}_\xi \cdot \vec{r}_{\zeta\zeta}) + 2\frac{\beta_{31}}{\alpha_1}(\vec{r}_\xi \cdot \vec{r}_{\xi\zeta})\right]\right.$$

$$\left. - (\vec{r}_\zeta \cdot \vec{r}_\xi)\left[(\vec{r}_\zeta \cdot \vec{r}_{\xi\xi}) + \frac{\alpha_3}{\alpha_1}(\vec{r}_\zeta \cdot \vec{r}_{\zeta\zeta}) + 2\frac{\beta_{31}}{\alpha_1}(\vec{r}_\zeta \cdot \vec{r}_{\xi\zeta})\right]\right\}$$

$$(6.4.10a)$$

$$\varphi_R = -\frac{1}{\alpha_2}\left\{|\vec{r}_\xi|^2\left[\frac{\alpha_1}{\alpha_3}(\vec{r}_\zeta \cdot \vec{r}_{\xi\xi}) + (\vec{r}_\zeta \cdot \vec{r}_{\zeta\zeta}) + 2\frac{\beta_{31}}{\alpha_3}(\vec{r}_\zeta \cdot \vec{r}_{\xi\zeta})\right]\right.$$

$$\left. - (\vec{r}_\zeta \cdot \vec{r}_\xi)\left[\frac{\alpha_1}{\alpha_3}(\vec{r}_\xi \cdot \vec{r}_{\xi\xi}) + (\vec{r}_\xi \cdot \vec{r}_{\zeta\zeta}) + 2\frac{\beta_{31}}{\alpha_3}(\vec{r}_\xi \cdot \vec{r}_{\xi\zeta})\right]\right\}$$

$$(6.4.10b)$$

其中,由式(6.4.7)可知,下列表达式中,$|\vec{r}_\eta|$ 不出现或被约掉了

$$\alpha_2 = |\vec{r}_\zeta|^2 |\vec{r}_\xi|^2 - (\vec{r}_\zeta \cdot \vec{r}_\xi)^2, \quad \alpha_3/\alpha_1 = |\vec{r}_\xi|^2/|\vec{r}_\zeta|^2,$$

$$\beta_{31}/\alpha_1 = -(\vec{r}_\zeta \cdot \vec{r}_\xi)/|\vec{r}_\zeta|^2,$$

$$\alpha_1/\alpha_3 = |\vec{r}_\zeta|^2/|\vec{r}_\xi|^2, \quad \beta_{31}/\alpha_3 = -(\vec{r}_\zeta \cdot \vec{r}_\xi)/|\vec{r}_\xi|^2$$

这样,在 $\eta = \text{const}$ 边界面求 φ_P, φ_R 时,$\vec{r}_\eta$ 不会出现在 φ_P, φ_R 的公式(6.4.10)中,也就是计算 φ_P, φ_R 时只用到 $\eta = \text{const}$ 边界面上的坐标值,不会用到内场的值。另外,如果 $\alpha_2 = 0$(比如 $\eta = \text{const}$ 边界面缩成一根线时),则取 $\varphi_P = 0$, $\varphi_R = 0$。

3. 在 $\zeta = \zeta_{\min}$, $\zeta = \zeta_{\max}$ 边界面

假设:① 存在正交性,即 $\vec{r}_\zeta \cdot \vec{r}_\xi = 0$, $\vec{r}_\zeta \cdot \vec{r}_\eta = 0$;②横穿边界面的二阶导数 $\vec{r}_{\zeta\zeta} = 0$(图 6.3)。由正交性条件,从式(6.3.2)可得

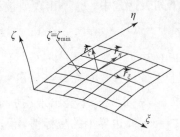

图 6.3 在 $\zeta = \mathrm{const}$ 边界面上求 φ_P, φ_Q

$$\alpha_1 = |\vec{r}_\eta|^2 \, |\vec{r}_\zeta|^2, \quad \alpha_2 = |\vec{r}_\zeta|^2 \, |\vec{r}_\xi|^2, \quad \alpha_3 = |\vec{r}_\xi|^2 \, |\vec{r}_\eta|^2 - (\vec{r}_\xi \cdot \vec{r}_\eta)^2,$$
$$\beta_{12} = -(\vec{r}_\xi \cdot \vec{r}_\eta) \, |\vec{r}_\zeta|^2, \quad \beta_{23} = 0, \quad \beta_{31} = 0 \tag{6.4.11}$$

再注意到横穿边界面的二阶导数 $\vec{r}_{\zeta\zeta} = 0$，则在 $\zeta = \mathrm{const}$ 边界面上，方程(6.4.2)退化为

$$\alpha_1 \varphi_P \vec{r}_\xi + \alpha_2 \varphi_Q \vec{r}_\eta + \alpha_3 \varphi_R \vec{r}_\zeta = -(\alpha_1 \vec{r}_{\xi\xi} + \alpha_2 \vec{r}_{\eta\eta} + 2\beta_{12} \vec{r}_{\xi\eta}) \tag{6.4.12}$$

分别用 $\vec{r}_\xi, \vec{r}_\eta$ 点乘式(6.4.12)，消去 $\vec{r}_\zeta$ 和 φ_R 得

$$\alpha_1 \, |\vec{r}_\xi|^2 \varphi_P + \alpha_2 (\vec{r}_\xi \cdot \vec{r}_\eta) \varphi_Q = -[\alpha_1 (\vec{r}_\xi \cdot \vec{r}_{\xi\xi}) + \alpha_2 (\vec{r}_\xi \cdot \vec{r}_{\eta\eta}) + 2\beta_{12} (\vec{r}_\xi \cdot \vec{r}_{\xi\eta})]$$
$$\tag{6.4.13a}$$

$$\alpha_1 (\vec{r}_\xi \cdot \vec{r}_\eta) \varphi_P + \alpha_2 \, |\vec{r}_\eta|^2 \varphi_Q = -[\alpha_1 (\vec{r}_\eta \cdot \vec{r}_{\xi\xi}) + \alpha_2 (\vec{r}_\eta \cdot \vec{r}_{\eta\eta}) + 2\beta_{12} (\vec{r}_\eta \cdot \vec{r}_{\xi\eta})]$$
$$\tag{6.4.13b}$$

由此两方程联立解得

$$\varphi_P = -\frac{1}{\alpha_1 \alpha_3} \{ |\vec{r}_\eta|^2 [\alpha_1 (\vec{r}_\xi \cdot \vec{r}_{\xi\xi}) + \alpha_2 (\vec{r}_\xi \cdot \vec{r}_{\eta\eta}) + 2\beta_{12} (\vec{r}_\xi \cdot \vec{r}_{\xi\eta})]$$
$$- (\vec{r}_\xi \cdot \vec{r}_\eta) [\alpha_1 (\vec{r}_\eta \cdot \vec{r}_{\xi\xi}) + \alpha_2 (\vec{r}_\eta \cdot \vec{r}_{\eta\eta}) + 2\beta_{12} (\vec{r}_\eta \cdot \vec{r}_{\xi\eta})] \}$$

$$\varphi_Q = -\frac{1}{\alpha_2 \alpha_3} \{ |\vec{r}_\xi|^2 [\alpha_1 (\vec{r}_\eta \cdot \vec{r}_{\xi\xi}) + \alpha_2 (\vec{r}_\eta \cdot \vec{r}_{\eta\eta}) + 2\beta_{12} (\vec{r}_\eta \cdot \vec{r}_{\xi\eta})]$$
$$- (\vec{r}_\xi \cdot \vec{r}_\eta) [\alpha_1 (\vec{r}_\xi \cdot \vec{r}_{\xi\xi}) + \alpha_2 (\vec{r}_\xi \cdot \vec{r}_{\eta\eta}) + 2\beta_{12} (\vec{r}_\xi \cdot \vec{r}_{\xi\eta})] \}$$

进一步整理得

$$\varphi_P = -\frac{1}{\alpha_3} \left\{ |\vec{r}_\eta|^2 \left[(\vec{r}_\xi \cdot \vec{r}_{\xi\xi}) + \frac{\alpha_2}{\alpha_1} (\vec{r}_\xi \cdot \vec{r}_{\eta\eta}) + 2\frac{\beta_{12}}{\alpha_1} (\vec{r}_\xi \cdot \vec{r}_{\xi\eta}) \right] \right.$$
$$\left. - (\vec{r}_\xi \cdot \vec{r}_\eta) \left[(\vec{r}_\eta \cdot \vec{r}_{\xi\xi}) + \frac{\alpha_2}{\alpha_1} (\vec{r}_\eta \cdot \vec{r}_{\eta\eta}) + 2\frac{\beta_{12}}{\alpha_1} (\vec{r}_\eta \cdot \vec{r}_{\xi\eta}) \right] \right\}$$
$$\tag{6.4.14a}$$

$$\varphi_Q = -\frac{1}{\alpha_3} \left\{ |\vec{r}_\xi|^2 \left[\frac{\alpha_1}{\alpha_2} (\vec{r}_\eta \cdot \vec{r}_{\xi\xi}) + (\vec{r}_\eta \cdot \vec{r}_{\eta\eta}) + 2\frac{\beta_{12}}{\alpha_2} (\vec{r}_\eta \cdot \vec{r}_{\xi\eta}) \right] \right.$$
$$\left. - (\vec{r}_\xi \cdot \vec{r}_\eta) \left[\frac{\alpha_1}{\alpha_2} (\vec{r}_\xi \cdot \vec{r}_{\xi\xi}) + (\vec{r}_\xi \cdot \vec{r}_{\eta\eta}) + 2\frac{\beta_{12}}{\alpha_2} (\vec{r}_\xi \cdot \vec{r}_{\xi\eta}) \right] \right\}$$
$$\tag{6.4.14b}$$

其中,由式(6.4.11)可知,下列表达式中,$\vec{r}_\zeta$ 不出现或被约掉了

$$\alpha_3 = |\vec{r}_\xi|^2 \, |\vec{r}_\eta|^2 - (\vec{r}_\xi \cdot \vec{r}_\eta)^2, \quad \alpha_2/\alpha_1 = |\vec{r}_\xi|^2/ \, |\vec{r}_\eta|^2,$$

$$\beta_{12}/\alpha_1 = -(\vec{r}_\xi \cdot \vec{r}_\eta)/ \, |\vec{r}_\eta|^2,$$

$$\alpha_1/\alpha_2 = |\vec{r}_\eta|^2/ \, |\vec{r}_\xi|^2, \quad \beta_{12}/\alpha_2 = -(\vec{r}_\xi \cdot \vec{r}_\eta)/ \, |\vec{r}_\xi|^2$$

这样,在 $\zeta=$const 边界面求 φ_P, φ_Q 时,$\vec{r}_\zeta$ 不会出现在 φ_P, φ_Q 的公式(6.4.14)中,也就是计算 φ_P, φ_Q 时只用到 $\zeta=$const 边界上的坐标值,不会用到内场的值。另外,如果 $\alpha_3 = 0$(如 $\zeta=$const 边界面缩成一根线时),则取 $\varphi_P = 0, \varphi_Q = 0$。

至此,φ_P 的值在 $\eta=\eta_{\min}, \eta=\eta_{\max}, \zeta=\zeta_{\min}, \zeta=\zeta_{\max}$ 四个边界面上已经求得;φ_Q 的值在 $\xi=\xi_{\min}, \xi=\xi_{\max}, \zeta=\zeta_{\min}, \zeta=\zeta_{\max}$ 四个边界面上已求得;φ_R 的值在 $\xi=\xi_{\min}, \xi=\xi_{\max}, \eta=\eta_{\min}, \eta=\eta_{\max}$ 四个边界面上已求得。

因此,φ_P 的内场值应在 $\eta=\eta_{\min}, \eta=\eta_{\max}, \zeta=\zeta_{\min}, \zeta=\zeta_{\max}$ 四个边界面构成的筒形域内插值获得,插值是在每一个 $\xi=\xi_i$ 面上由四边上的已知值插出内场点上的 φ_P 值,可分为 4 个三角形进行分区插值,如图 6.4 所示。

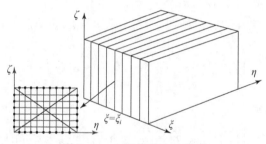

图 6.4　φ_P 插值方法示意图

类似地,φ_Q 的值在 $\xi=\xi_{\min}, \xi=\xi_{\max}, \zeta=\zeta_{\min}, \zeta=\zeta_{\max}$ 四个边界面构成的筒形域内插值获得,插值在每一个 $\eta=\eta_j$ 面上进行;φ_R 的值在 $\xi=\xi_{\min}, \xi=\xi_{\max}, \eta=\eta_{\min}, \eta=\eta_{\max}$ 四个边界面构成的筒形域内插值获得,插值在每一个 $\zeta=\zeta_k$ 面上进行。

由于在边界面上假定了穿出的二阶导数(表征了穿出的网格线的曲率)为零,这种影响通过源项插值带入了内场,因而生成的网格有向边界塌缩的趋势。

6.4.2　Hilgenstock 方法

Hilgenstock 方法采用的方程与 Thomas 方法相同,即椭圆型方程(6.1.1),在计算空间的等价方程为式(6.2.14)或式(6.4.2)。源于 Hilgenstock 二维方法[2,5-9]的启发,发展了两种三维 Hilgenstock 型源项修正方法[10,11]。

1. Hilgenstock3d1 方法

Hilgenstock3d1 方法旨在在三族(六个)边界面上获得正交性[10]。为此,将穿

出边界面的网格线与边界面夹角的实际值与期望值(目标值)之差作为修正量来修正边界面上的源项值,并将修正后的源项的边界值插值进入内场,以期获得边界面上的正交(或指定夹角)要求,并在内场形成光滑的过渡。因为源项 φ_P，φ_Q，φ_R 分别只对 $\xi=\mathrm{const}$，$\eta=\mathrm{const}$，$\zeta=\mathrm{const}$ 网格面起牵拉作用,所以在 $\eta,\zeta=\mathrm{const}$ 边界面修正 φ_P，在 $\xi,\zeta=\mathrm{const}$ 边界面修正 φ_Q，在 $\xi,\eta=\mathrm{const}$ 边界面修正 φ_R。

1)在 $\xi=\mathrm{const}$ 边界面上修正 φ_Q,φ_R

以 $\xi=\xi_{\min}$ 边界面为例。设 $\theta_{\xi\eta},\theta_{\xi\zeta}$ 分别为 $\xi=\xi_{\min}$ 边界面上任一网格点处的 η 网格线和 ζ 网格线与从该点穿出该面的 ξ 网格线的夹角(在迭代过程中是变化的), $\theta^r_{\xi\eta},\theta^r_{\xi\zeta}$ 则为这两个夹角的期望值(希望正交时取为 $\pi/2$)。那么当 $\theta^r_{\xi\eta}>\theta_{\xi\eta}$，即 $\theta^r_{\xi\eta}-\theta_{\xi\eta}>0$ 时,希望增大 $\theta_{\xi\eta}$ 使之向 $\theta^r_{\xi\eta}$ 逼近,也就是希望 $\eta=\mathrm{const}$ 网格面向 η 减小的方向移动(图 6.5(a)),这就需要减小 φ_Q 的值;反之,当 $\theta^r_{\xi\eta}<\theta_{\xi\eta}$，即 $\theta^r_{\xi\eta}-\theta_{\xi\eta}<0$，则希望增大 φ_Q 的值,故可用 $\theta^r_{\xi\eta}-\theta_{\xi\eta}$ 作为修正量来修正 φ_Q 的值,即可采用如下修正公式

$$\varphi_Q^{(n+1)}=\varphi_Q^{(n)}-\sigma\cdot\tanh(\theta^r_{\xi\eta}-\theta_{\xi\eta}) \tag{6.4.15a}$$

当 $\theta^r_{\xi\zeta}>\theta_{\xi\zeta}$，即 $\theta^r_{\xi\zeta}-\theta_{\xi\zeta}>0$ 时,希望增大 $\theta_{\xi\zeta}$ 使之向 $\theta^r_{\xi\zeta}$ 逼近,也就是希望 $\zeta=\mathrm{const}$ 网格面向 ζ 减小的方向移动(图 6.5(b)),这就需要减小 φ_R 的值;反之,若 $\theta^r_{\xi\zeta}<\theta_{\xi\zeta}$，即 $\theta^r_{\xi\zeta}-\theta_{\xi\zeta}<0$，则希望增大 φ_R 的值,故可用 $\theta^r_{\xi\zeta}-\theta_{\xi\zeta}$ 作为修正量来修正 φ_R 的值,即

$$\varphi_R^{(n+1)}=\varphi_R^{(n)}-\sigma\cdot\tanh(\theta^r_{\xi\zeta}-\theta_{\xi\zeta}) \tag{6.4.15b}$$

其中, σ 为衰减因子,取一个正的小量,$\tanh$ 为阻尼函数,并且 $\theta_{\xi\eta}=\arccos(\vec{r}_\xi\cdot\vec{r}_\eta/|\vec{r}_\xi||\vec{r}_\eta|)$，$\theta_{\xi\zeta}=\arccos(\vec{r}_\xi\cdot\vec{r}_\zeta/|\vec{r}_\xi||\vec{r}_\zeta|)$。采用 σ 和 $\tanh$ 函数是为了防止源项修正量过大引起内层迭代的不稳定。在 $\xi=\xi_{\max}$ 边界面,修正公式(6.4.15a)和式(6.4.15b)中 σ 前应改变符号(这里隐含 ξ,η,ζ 坐标正方向成右手系)。

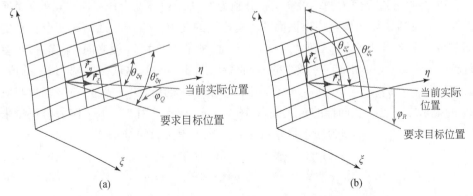

图 6.5　φ_Q,φ_R 分别对 $\eta=\mathrm{const},\zeta=\mathrm{const}$ 网格面的牵拉作用

2)在 $\eta = \mathrm{const}$ 边界面上修正 φ_P, φ_R

以 $\eta = \eta_{\min}$ 边界面为例。设 $\theta_{\eta\xi}, \theta_{\eta\zeta}$ 分别为 $\eta = \eta_{\min}$ 边界面上任一网格点处的 ξ 网格线和 ζ 网格线与从该点穿出该面的 η 网格线的夹角,$\theta_{\eta\xi}^r, \theta_{\eta\zeta}^r$ 则为这两个夹角的期望值。那么当 $\theta_{\eta\xi}^r > \theta_{\eta\xi}$,即 $\theta_{\eta\xi}^r - \theta_{\eta\xi} > 0$ 时,则希望增大 $\theta_{\eta\xi}$ 使之向 $\theta_{\eta\xi}^r$ 逼近,也就是希望 $\xi = \mathrm{const}$ 网格面向 ξ 减小的方向移动(图 6.6(a)),这就需要减小 φ_P 的值;反之,当 $\theta_{\eta\xi}^r < \theta_{\eta\xi}$,即 $\theta_{\eta\xi}^r - \theta_{\eta\xi} < 0$ 时,则希望增大 φ_P 的值;$\theta_{\eta\zeta}^r - \theta_{\eta\zeta}$ 的符号正负与对 φ_R 的要求之间也存在同样的对应关系(图 6.6(b)),故可用 $\theta_{\eta\xi}^r - \theta_{\eta\xi}$ 作为修正量来修正 φ_P,用 $\theta_{\eta\zeta}^r - \theta_{\eta\zeta}$ 作为修正量来修正 φ_R,即可得类似于在 $\xi = \xi_{\min}$ 采用的修正公式

$$\varphi_P^{(n+1)} = \varphi_P^{(n)} - \sigma \cdot \tanh(\theta_{\eta\xi}^r - \theta_{\eta\xi}) \tag{6.4.16a}$$

$$\varphi_R^{(n+1)} = \varphi_R^{(n)} - \sigma \cdot \tanh(\theta_{\eta\zeta}^r - \theta_{\eta\zeta}) \tag{6.4.16b}$$

其中,$\theta_{\eta\xi} = \arccos(\vec{r}_\eta \cdot \vec{r}_\xi / |\vec{r}_\eta| |\vec{r}_\xi|)$,$\theta_{\eta\zeta} = \arccos(\vec{r}_\eta \cdot \vec{r}_\zeta / |\vec{r}_\eta| |\vec{r}_\zeta|)$。在 $\eta = \eta_{\max}$ 边界面,修正公式(6.4.16)中 σ 前应改变符号。

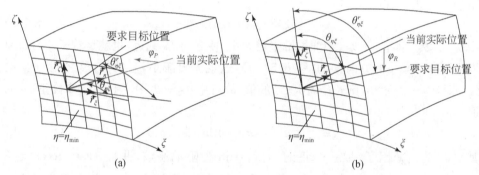

图 6.6　　φ_P, φ_R 分别对 $\xi = \mathrm{const}, \zeta = \mathrm{const}$ 网格面的牵拉作用

3)在 $\zeta = \mathrm{const}$ 边界面上修正 φ_P, φ_Q

以 $\zeta = \zeta_{\min}$ 边界面为例。设 $\theta_{\zeta\xi}, \theta_{\zeta\eta}$ 分别为 $\zeta = \zeta_{\min}$ 边界面上任一网格点处的 ξ 网格线和 η 网格线与从该点穿出该面的 ζ 网格线的夹角,$\theta_{\zeta\xi}^r, \theta_{\zeta\eta}^r$ 则为这两个夹角的期望值。那么当 $\theta_{\zeta\xi}^r > \theta_{\zeta\xi}$,即 $\theta_{\zeta\xi}^r - \theta_{\zeta\xi} > 0$ 时,则希望增大 $\theta_{\zeta\xi}$ 使之向 $\theta_{\zeta\xi}^r$ 逼近,也就是希望 $\xi = \mathrm{const}$ 网格面向 ξ 减小的方向移动(图 6.7(a)),这就需要减小 φ_P 的值;反之,当 $\theta_{\zeta\xi}^r < \theta_{\zeta\xi}$,即 $\theta_{\zeta\xi}^r - \theta_{\zeta\xi} < 0$ 时,则希望增大 φ_P 的值;$\theta_{\zeta\eta}^r - \theta_{\zeta\eta}$ 的符号正负与对 φ_Q 的要求之间也存在同样的对应关系(图 6.7(b)),故可用 $\theta_{\zeta\xi}^r - \theta_{\zeta\xi}$ 作为修正量来修正 φ_P,用 $\theta_{\zeta\eta}^r - \theta_{\zeta\eta}$ 作为修正量来修正 φ_Q,也可得类似的修正公式

$$\varphi_P^{(n+1)} = \varphi_P^{(n)} - \sigma \cdot \tanh(\theta_{\zeta\xi}^r - \theta_{\zeta\xi}) \tag{6.4.17a}$$

$$\varphi_Q^{(n+1)} = \varphi_Q^{(n)} - \sigma \cdot \tanh(\theta_{\zeta\eta}^r - \theta_{\zeta\eta}) \tag{6.4.17b}$$

其中,$\theta_{\zeta\xi} = \arccos(\vec{r}_\zeta \cdot \vec{r}_\xi / |\vec{r}_\zeta| |\vec{r}_\xi|)$,$\theta_{\zeta\eta} = \arccos(\vec{r}_\zeta \cdot \vec{r}_\eta / |\vec{r}_\zeta| |\vec{r}_\eta|)$。在 $\zeta = \zeta_{\max}$ 边界面,修正公式(6.4.17)中 σ 前应改变符号。

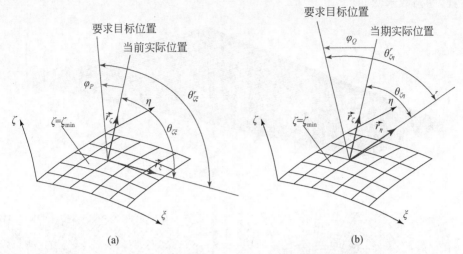

图 6.7　φ_P,φ_Q 分别对 $\xi = \mathrm{const}, \eta = \mathrm{const}$ 网格面的牵拉作用

至此,边界面上的 $\varphi_P,\varphi_Q,\varphi_R$ 已经求得,实际上也就是已在 $\eta = \eta_{\min}, \eta_{\max}, \zeta = \zeta_{\min}, \zeta_{\max}$ 边界面上求得了 φ_P 的值,在 $\xi=\xi_{\min}, \xi_{\max}$, $\zeta = \zeta_{\min}, \zeta_{\max}$ 边界面上求得了 φ_Q 的值,在 $\xi=\xi_{\min}, \xi_{\max}$, $\eta = \eta_{\min}, \eta_{\max}$ 边界面上求得了 φ_R 的值。

内场中的源项值则由边界面上的值线性均匀插入获得,和 Thomas 方法中的插值方法完全相同。例如,内场 φ_P 的值是在 $\eta = \eta_{\min}, \eta = \eta_{\max}, \zeta = \zeta_{\min}, \zeta = \zeta_{\max}$ 四个边界面构成的筒形域内插值获得,插值是在每一个 $\xi = \xi_i$ 面上由四个边界线上的已知值插出内场点上的 φ_P 值; φ_Q 的内场值在 $\xi=\xi_{\min}, \xi=\xi_{\max}$, $\zeta = \zeta_{\min}, \zeta = \zeta_{\max}$ 四个边界面构成的筒形域内插值获得,插值在每一个 $\eta = \eta_j$ 面上进行; φ_R 的内场值在 $\xi = \xi_{\min}, \xi=\xi_{\max}$, $\eta = \eta_{\min}, \eta = \eta_{\max}$ 四个边界面构成的筒形域内插值获得,插值在每一个 $\zeta = \zeta_k$ 面上进行。

源项的修正和插值过程属于外层迭代,在每一外层迭代步的源项值空间分布下差分离散求解方程(6.2.14),式(6.3.3)或式(6.4.2),进行内层迭代(如用 PSOR,LSOR 方法)至收敛,获得一个网格,直到某个网格满足边界面上的正交性(或夹角)要求。Hilgenstock3d1 方法可以实现在三族边界面上对正交性的控制,但对网格点与边界面的间距并不进行直接的干预。

图 6.8 为用 Hilgenstock3d1 方法生成的 ONERA M6 机翼三维贴体与边界正交 O-O 型网格,网格数为 121(流向,弦向)×81(展向)×65(径向)。由图可见,网格线与机翼表面的正交性良好。

图 6.9 为将图 6.8 的 Hilgenstock3d1 方法生成的 ONERA M6 机翼 O-O 型网格用等比数列拉近物面后,又与原 Hilgenstock 网格加权混合后的网格,可以看出,网格被拉近翼面,同时网格与翼面的正交性被保留下来,网格可用于黏性流场

计算，网格数未变。

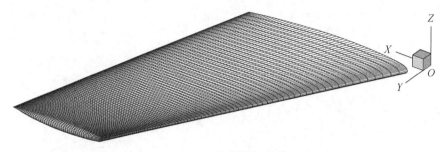

(a) 机翼表面网格

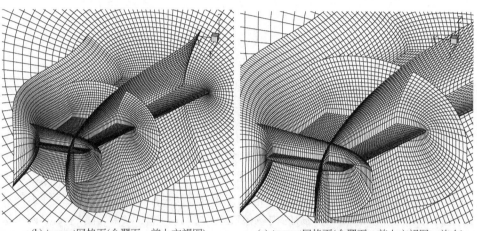

(b) i=const网格面(含翼面，前上方视图)　　　　(c) i=const网格面(含翼面，前上方视图，放大)

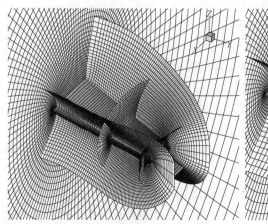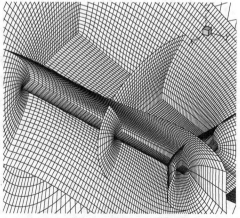

(d) i=const网格面(含翼面，后上方视图)　　　　(e) i=const网格面(含翼面，后上方视图，放大)

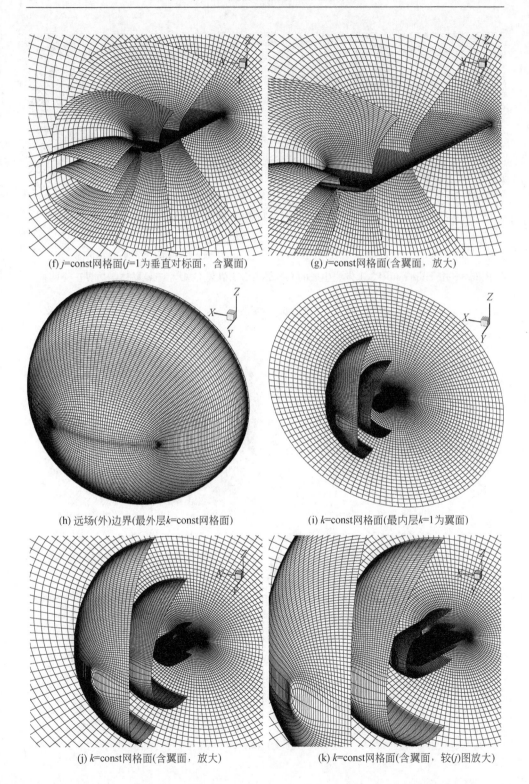

(f) j=const网格面(j=1为垂直对标面，含翼面)　　　　　(g) j=const网格面(含翼面，放大)

(h) 远场(外)边界(最外层k=const网格面)　　　　　(i) k=const网格面(最内层k=1为翼面)

(j) k=const网格面(含翼面，放大)　　　　　(k) k=const网格面(含翼面，较(j)图放大)

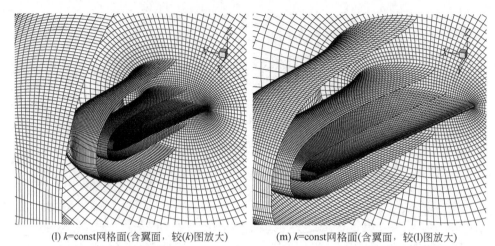

(l) k=const网格面(含翼面，较(k)图放大)　　　(m) k=const网格面(含翼面，较(l)图放大)

图 6.8　用 Hilgenstock3d1 方法生成的 ONERA M6 机翼 O-O 型三维贴体与边界正交网格

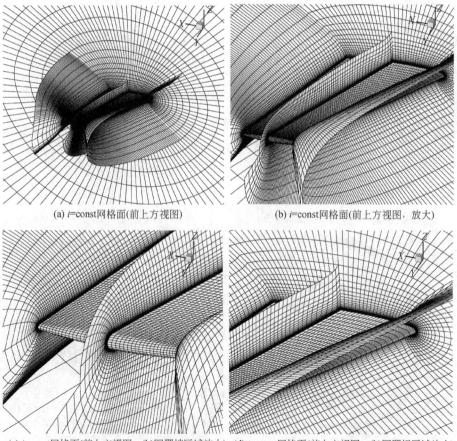

(a) i=const网格面(前上方视图)　　　　　(b) i=const网格面(前上方视图，放大)

(c) i=const网格面(前上方视图，(b)图翼梢区域放大)　(d) i=const网格面(前上方视图，(b)图翼根区域放大)

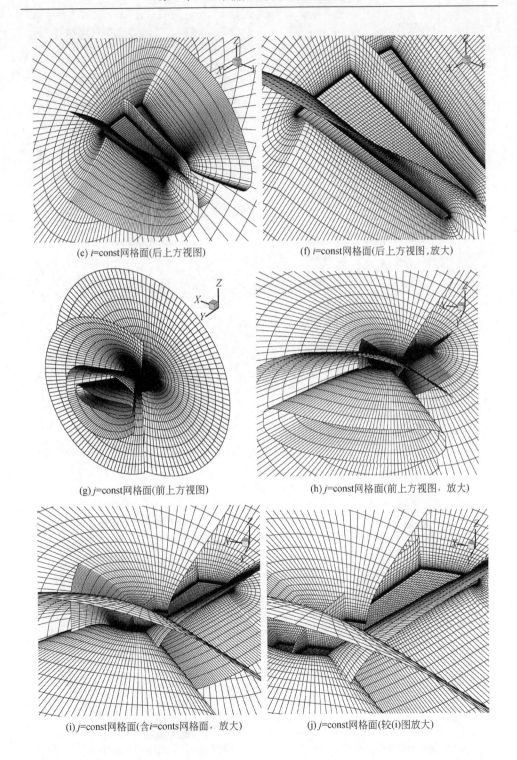

(e) *i*=const网格面(后上方视图)　　　　　　　　(f) *i*=const网格面(后上方视图,放大)

(g) *j*=const网格面(前上方视图)　　　　　　　　(h) *j*=const网格面(前上方视图，放大)

(i) *j*=const网格面(含*i*=conts网格面，放大)　　　　(j) *j*=const网格面(较(i)图放大)

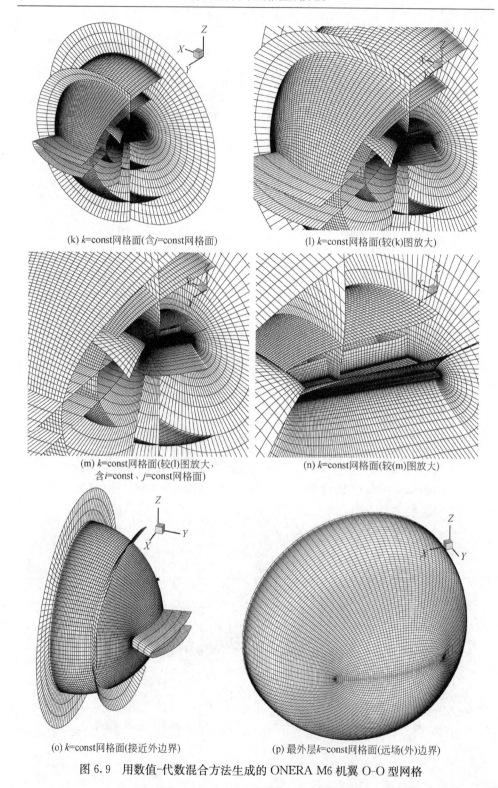

(k) k=const网格面(含j=const网格面)　　　　　(l) k=const网格面(较(k)图放大)

(m) k=const网格面(较(l)图放大,
含i=const、j=const网格面)　　　　　(n) k=const网格面(较(m)图放大)

(o) k=const网格面(接近外边界)　　　　　(p) 最外层k=const网格面(远场(外)边界)

图 6.9　用数值-代数混合方法生成的 ONERA M6 机翼 O-O 型网格

图 6.10 是将 Hilgenstock3d1 方法生成的 ONERA M6 机翼三维贴体与边界正交 C-O 型网格用等比数列拉近物面后，又与原 Hilgenstock 网格加权混合后的

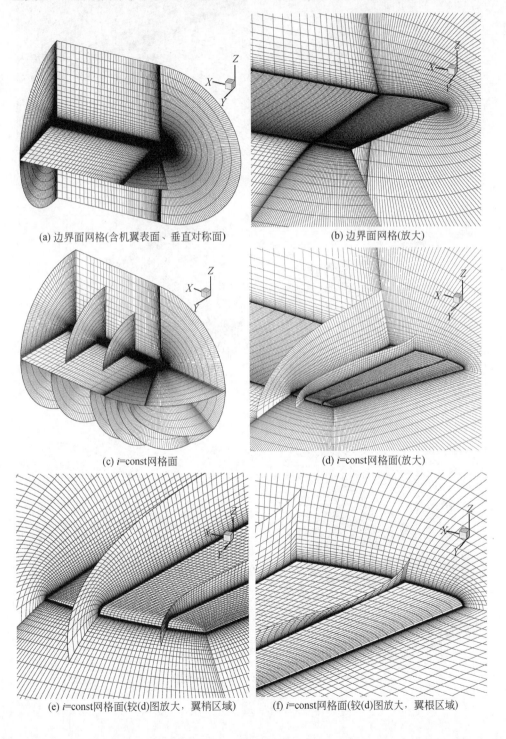

(a) 边界面网格(含机翼表面、垂直对称面)　　　　(b) 边界面网格(放大)

(c) i=const网格面　　　　(d) i=const网格面(放大)

(e) i=const网格面(较(d)图放大，翼梢区域)　　　　(f) i=const网格面(较(d)图放大，翼根区域)

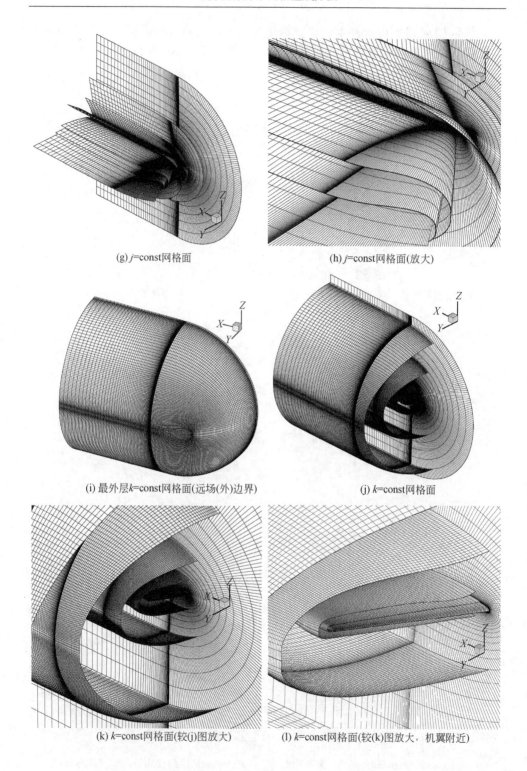

(g) j=const网格面

(h) j=const网格面(放大)

(i) 最外层k=const网格面(远场(外)边界)

(j) k=const网格面

(k) k=const网格面(较(j)图放大)

(l) k=const网格面(较(k)图放大，机翼附近)

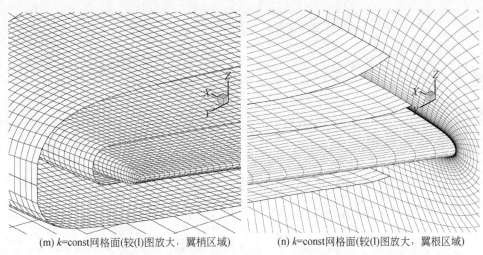

(m) k=const网格面(较(l)图放大，翼梢区域)　　　　(n) k=const网格面(较(l)图放大，翼根区域)

图 6.10　用数值-代数混合方法生成的 ONERA M6 机翼 C-O 型网格

网格，网格数为 257(流向，弦向)×81(展向)×65(径向)。其中机翼上下表面弦向
各 65 个网格点，机翼后尾迹区上下表面流向各 65 个网格点。图 6.11 和图 6.12
是用 ONERA M6 机翼 C-O 型网格输入 CFL3D 程序计算的机翼表面压力分布与
实验结果的比较。来流条件分别为 $M_\infty = 0.7003$，$\alpha = 1.08°$，$Re = 1.174 \times 10^7$ 和
$M_\infty = 0.8359$，$\alpha = 4.08°$，$Re = 1.181 \times 10^7$。由图可以看出，计算结果与实验结果
吻合很好，说明网格质量是可信的。

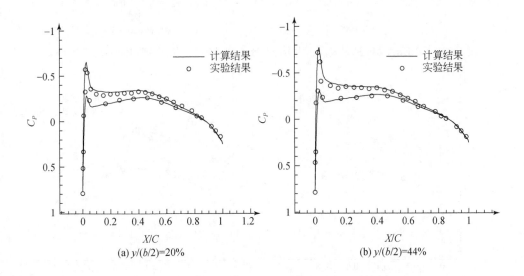

(a) $y/(b/2)$=20%　　　　　　　　　　　　(b) $y/(b/2)$=44%

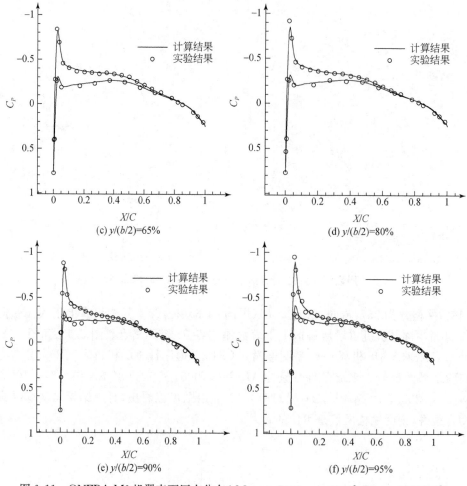

图 6.11　ONERA M6 机翼表面压力分布($M_\infty = 0.7003$，$\alpha = 1.08°$，$Re = 1.174 \times 10^7$)

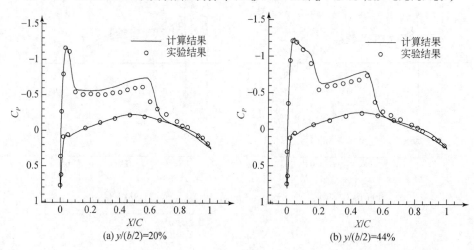

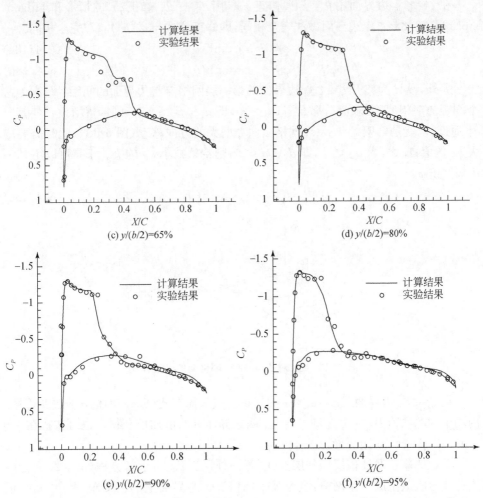

图 6.12　ONERA M6 机翼表面压力分布（$M_{\infty} = 0.8359$，$\alpha = 4.08°$，$Re = 1.181 \times 10^{7}$）

2. Hilgenstock3d2 方法

为了弥补 Hilgenstock3d1 方法不能控制第一层内场网格点到边界面的间距的不足，构造 Hilgenstock3d2 方法[11]，以期能对网格点与边界面的间距及网格线与边界面的夹角同时进行直接控制。可以根据具体问题的需要选择在某一族边界面进行正交性与间距的控制，那么源项值的修正也应在该族边界面上进行。举例来说，假设希望生成的网格与 $\zeta=$const 边界面正交，且离开该边界面的内场第一层网格点与边界面的间距为指定的期望值，那么，可以用夹角的差来修正 φ_P, φ_Q，用间距的差来修正 φ_R。

在 $\zeta = \zeta_{\min}$ 边界面用 $\theta^r_{\zeta\xi} - \theta_{\zeta\xi}$ 修正 φ_P，用 $\theta^r_{\zeta\eta} - \theta_{\zeta\eta}$ 修正 φ_Q 的情形和 Hilgenstock3d1 在 $\zeta = \zeta_{\min}$ 边界面做法完全相同，即修正公式与式（6.4.17）完全相同：

$$\varphi_P^{(n+1)} = \varphi_P^{(n)} - \sigma \cdot \tanh(\theta^r_{\zeta\xi} - \theta_{\zeta\xi}) \qquad (6.4.18a)$$

$$\varphi_Q^{(n+1)} = \varphi_Q^{(n)} - \sigma \cdot \tanh(\theta^r_{\zeta\eta} - \theta_{\zeta\eta}) \qquad (6.4.18b)$$

另外，设 d 为离开 $\zeta = \zeta_{\min}$ 边界面的第一层网格点与边界面的间距，d_r 则为这个间距的期望值（要求值），那么当 $d_r > d$，即 $d_r - d > 0$ 时，则希望增大 d 使其向 d_r 逼近，也就是希望 $\zeta = \mathrm{const}$ 网格面向 ζ 增大的方向移动（图 6.13），此时需要增大 φ_R 的值；反之，当 $d_r < d$，即 $d_r - d < 0$，则希望减小 φ_R 的值。于是可以用 $d_r - d$ 来修正 φ_R

$$\varphi_R^{(n+1)} = \varphi_R^{(n)} + \sigma \cdot \tanh(d_r - d) \qquad (6.4.18c)$$

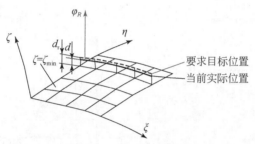

图 6.13　φ_R 对 $\zeta = \mathrm{const}$ 网格面的牵拉作用

在 $\zeta = \zeta_{\max}$ 边界面对 $\varphi_P, \varphi_Q, \varphi_R$ 的修正公式只需在式（6.4.18）的 σ 前改变符号。内场中的源项值由 $\zeta = \zeta_{\min}$ 和 $\zeta = \zeta_{\max}$ 两边界面上的值插值获得。也可选择在 $\xi = \mathrm{const}$ 或 $\eta = \mathrm{const}$ 边界面求 $\varphi_P, \varphi_Q, \varphi_R$。

源项的修正及插值属于外层迭代，每一外层迭代步，求解方程（6.4.2）进行内层迭代至收敛生成一个网格，直至某个网格满足边界面上的正交性（夹角）和间距要求。该方法只在一族边界面进行间距和正交性控制而放弃在另两族边界面进行任何正交性和间距的干预。

事实上，有了第 5 章的数值-代数混合方法，用 Hilgenstock3d1 方法实现正交性，用等比数列和以弧长为自变量的线性插值实现拉近性，二者结合起来就可以取代 Hilgenstock3d2 方法。

6.4.3　Thompson 方法

Thompson 方法采用如下形式的椭圆型方程[1]

$$\nabla^2 \xi^i = g^{ii} P'^i \quad (i = 1, 2, 3) \qquad (6.4.19)$$

在变换域（计算空间）求解的等价方程为

$$\sum_{i=1}^{3}\sum_{j=1}^{3}g^{ij}\vec{r}_{\xi^{i}\xi^{j}} + \sum_{k=1}^{3}g^{kk}P'^{k}\vec{r}_{\xi^{k}} = 0 \qquad (6.4.20)$$

其中，ξ^{i} 即 ξ,η,ζ。

比较式(6.4.19)与椭圆型方程(6.1.1)发现，只要取

$$g^{11}P'^{1}=P, \quad g^{22}P'^{2}=Q, \quad g^{33}P'^{3}=R \qquad (6.4.21)$$

方程(6.4.19)就和方程(6.1.1)完全相同。

将式(6.4.20)展开则为

$$g^{11}\vec{r}_{\xi\xi} + g^{22}\vec{r}_{\eta\eta} + g^{33}\vec{r}_{\zeta\zeta} + 2(g^{12}\vec{r}_{\xi\eta} + g^{23}\vec{r}_{\eta\zeta} + g^{31}\vec{r}_{\zeta\xi})$$
$$+ g^{11}P'^{1}\vec{r}_{\xi} + g^{22}P'^{2}\vec{r}_{\eta} + g^{33}P'^{3}\vec{r}_{\zeta} = 0 \qquad (6.4.22)$$

只要式(6.4.21)成立，则式(6.4.22)也与前面源项采用符号 P,Q,R 的计算空间的方程(6.2.11)完全相同，也就是说采用 Thompson 方法所用的方程(6.4.19)和方程(6.4.20)与前面的椭圆型方程(6.1.1)和方程(6.2.11)本质上是一样的。

进一步，注意到前面计算空间方程中系数的定义式(6.2.6)，即

$$\alpha_1 = J^2 g^{11}, \quad \alpha_2 = J^2 g^{22}, \quad \alpha_3 = J^2 g^{33} \qquad (6.4.23)$$

以及 Thomas 方法中定义的 P,Q,R 与 $\varphi_P, \varphi_Q, \varphi_R$ 的关系式(6.2.13)，即

$$P = \frac{\alpha_1}{J^2}\varphi_P, \quad Q = \frac{\alpha_2}{J^2}\varphi_Q, \quad R = \frac{\alpha_3}{J^2}\varphi_R \qquad (6.4.24)$$

将式(6.4.23)代入式(6.4.24)，得

$$P = g^{11}\varphi_P, \quad Q = g^{22}\varphi_Q, \quad R = g^{33}\varphi_R \qquad (6.4.25)$$

比较式(6.4.25)与式(6.4.21)得知

$$P'^{1} = \varphi_P, \quad P'^{2} = \varphi_Q, \quad P'^{3} = \varphi_R \qquad (6.4.26)$$

由此可知，采用 Thompson 方法的方程(6.4.19)和方程(6.4.20)中的 $P'^{i}(i=1,2,3)$ 正是 Thomas 方法中的 $\varphi_P, \varphi_Q, \varphi_R$，并且方程(6.4.19)和方程(6.4.20)分别与式(6.1.1)，式(6.2.11)，式(6.2.12)，式(6.2.14)是等价的，只是采用的符号有差别而已。

在 Thompson 方法中，离散求解方程(6.4.20)生成网格，需要确定源项 P'^{k} 的值($k=1,2,3$)。Thompson 求源项方法可以有两种选择：①分别沿三族坐标线各确定一个相应的源项值；②在某一族坐标曲面上同时确定三个源项值。

方法一 沿一条坐标曲线求源项

不失一般性，如在 ξ^{l} 坐标曲线上求源项 P'^{l} ($l=1,2,3$)。假设 ξ^{l} 坐标曲线与 $\xi^{l} = $const 边界坐标曲面上的 ξ^{m}, ξ^{n} 坐标曲线正交(l,m,n 成顺序循环)，即 $g_{lm} = \vec{r}_{\xi^{l}} \cdot \vec{r}_{\xi^{m}} = 0$，$g_{ln} = \vec{r}_{\xi^{l}} \cdot \vec{r}_{\xi^{n}} = 0$(图 6.14)，则用 $\vec{r}_{\xi^{l}}$ 点乘式(6.4.20)可得 $\xi^{l} = $const 边界面上 P'^{l} 的公式

$$P'^{l} = -\frac{1}{g^{ll}g_{ll}}\vec{r}_{\xi^{l}} \cdot \sum_{i=1}^{3}\sum_{j=1}^{3}g^{ij}\vec{r}_{\xi^{i}\xi^{j}} \qquad (6.4.27)$$

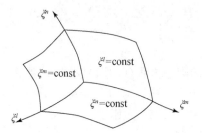

图 6.14　三族坐标曲面示意图

注意到此时

$$g = \det(G_{ij}) = \begin{vmatrix} g_{ll} & 0 & 0 \\ 0 & g_{mm} & g_{mn} \\ 0 & g_{nm} & g_{nn} \end{vmatrix} = \begin{vmatrix} g_{ll} & g_{lm} & g_{ln} \\ g_{ml} & g_{mm} & g_{mn} \\ g_{nl} & g_{nm} & g_{nn} \end{vmatrix} = g_{ll}(g_{mm}g_{nn} - g_{mn}^2)$$

由第 3 章倒易度量张量的公式

$$g^{11} = (g_{22}g_{33} - g_{23}g_{32})/g$$
$$g^{22} = (g_{33}g_{11} - g_{31}g_{13})/g$$
$$g^{33} = (g_{11}g_{22} - g_{12}g_{21})/g$$
$$g^{12} = (g_{23}g_{31} - g_{21}g_{33})/g$$
$$g^{23} = (g_{31}g_{12} - g_{32}g_{11})/g$$
$$g^{31} = (g_{12}g_{23} - g_{13}g_{22})/g$$

可以假想 $l = 1, m = 2, n = 3$，从而由上面公式推知

$$g^{ll} = \frac{g_{mm}g_{nn} - g_{mn}g_{nm}}{g} = \frac{g_{mm}g_{nn} - g_{mn}^2}{g_{ll}(g_{mm}g_{nn} - g_{mn}^2)} = \frac{1}{g_{ll}}$$

$$g^{mm} = \frac{g_{nn}g_{ll} - g_{nl}g_{ln}}{g} = \frac{g_{nn}g_{ll}}{g_{ll}(g_{mm}g_{nn} - g_{mn}^2)} = \frac{g_{nn}}{g_{mm}g_{nn} - g_{mn}^2}$$

$$g^{nn} = \frac{g_{ll}g_{mm} - g_{lm}g_{ml}}{g} = \frac{g_{ll}g_{mm}}{g_{ll}(g_{mm}g_{nn} - g_{mn}^2)} = \frac{g_{mm}}{g_{mm}g_{nn} - g_{mn}^2}$$

$$g^{lm} = \frac{g_{mn}g_{nl} - g_{ml}g_{nn}}{g} = 0$$

$$g^{mn} = \frac{g_{nl}g_{lm} - g_{nm}g_{ll}}{g} = \frac{-g_{nm}g_{ll}}{g_{ll}(g_{mm}g_{nn} - g_{mn}^2)} = \frac{-g_{mn}}{g_{mm}g_{nn} - g_{mn}^2}$$

$$g^{nl} = \frac{g_{lm}g_{mn} - g_{ln}g_{mm}}{g} = 0$$

代入式(6.4.27)

$$P'^{l} = -\frac{1}{g^{ll}g_{ll}}\vec{r}_{\xi^l} \cdot \sum_{i=1}^{3}\sum_{j=1}^{3} g^{ij}\vec{r}_{\xi^i\xi^j}$$

$$= -\vec{r}_{\xi^l} \cdot (g^{ll}\vec{r}_{\xi^l\xi^l} + g^{mm}\vec{r}_{\xi^m\xi^m} + g^{nn}\vec{r}_{\xi^n\xi^n} + 2g^{lm}\vec{r}_{\xi^l\xi^m} + 2g^{mn}\vec{r}_{\xi^m\xi^n} + 2g^{nl}\vec{r}_{\xi^n\xi^l})$$

$$=-\vec{r}_{\xi^l} \cdot \left\{ \frac{1}{g_{ll}}\vec{r}_{\xi^l\xi^l} + \frac{1}{g_{mm}g_{nn}-g_{mn}^2}[g_{nn}\vec{r}_{\xi^m\xi^m} + g_{mm}\vec{r}_{\xi^n\xi^n} - 2g_{mn}\vec{r}_{\xi^m\xi^n}] \right\}$$

从而式(6.4.27)成为

$$P'^l = -\vec{r}_{\xi^l} \cdot \left\{ \frac{1}{g_{ll}}\vec{r}_{\xi^l\xi^l} + \frac{1}{g_{mm}g_{nn}-g_{mn}^2}[g_{nn}\vec{r}_{\xi^m\xi^m} + g_{mm}\vec{r}_{\xi^n\xi^n} - 2g_{mn}\vec{r}_{\xi^m\xi^n}] \right\}$$

$$(6.4.28)$$

由于存在正交性,式(6.4.28)中 $\vec{r}_{\xi^l}$ 的方向可由 $\vec{r}_{\xi^m}\times\vec{r}_{\xi^n}$ 确定,其模可人为指定,由此可以指定第一层网格面离开边界面的间距。P'^l 的值先由式(6.4.28)在 ξ^l 坐标曲线两端的两个 $\xi^l=\text{const}$ 边界面上求得后,再在二边界之间插值获得 ξ^l 线上的 P'^l 值,插值可采用指数函数形式,取 $l=1,2,3$ 则获得三个源项值的求法。

方法二　在某一族边界曲面上求出全部三个源项值

设选择在 $\xi^l=\text{const}$ 坐标边界曲面上求源项,假设穿过的 ξ^l 坐标曲线与之正交,也即与其上的 ξ^m,ξ^n 坐标曲线正交,于是有 $g_{lm}=\vec{r}_{\xi^l}\cdot\vec{r}_{\xi^m}=0$, $g_{ln}=\vec{r}_{\xi^l}\cdot\vec{r}_{\xi^n}=0$。用 $\vec{r}_{\xi^l}$ 点乘式(6.4.20)可得在 $\xi^l=\text{const}$ 边界面上求 P'^l 的公式,和方法一的式(6.4.28)完全相同。再用 $\vec{r}_{\xi^m},\vec{r}_{\xi^n}$ 分别点乘式(6.4.20)可得到

$$g^{mm}g_{mm}P'^m + g^{nn}g_m P'^n = -\vec{r}_{\xi^m} \cdot \sum_{i=1}^{3}\sum_{j=1}^{3} g^{ij}\vec{r}_{\xi^i\xi^j} \qquad (6.4.29a)$$

$$g^{mm}g_{nm}P'^m + g^{nn}g_{nn}P'^n = -\vec{r}_{\xi^n} \cdot \sum_{i=1}^{3}\sum_{j=1}^{3} g^{ij}\vec{r}_{\xi^i\xi^j} \qquad (6.4.29b)$$

实施式(6.4.29a)$\times g_{nn}$—式(6.4.29b)$\times g_{mn}$,得

$$P'^m = \frac{-(g_{nn}\vec{r}_{\xi^m} - g_{mn}\vec{r}_{\xi^n}) \cdot \sum_{i=1}^{3}\sum_{j=1}^{3} g^{ij}\vec{r}_{\xi^i\xi^j}}{g^{mm}(g_{mm}g_{nn}-g_{mn}^2)} = \frac{-(g_{nn}\vec{r}_{\xi^m} - g_{mn}\vec{r}_{\xi^n}) \cdot \sum_{i=1}^{3}\sum_{j=1}^{3} g^{ij}\vec{r}_{\xi^i\xi^j}}{g_{nn}}$$

$$(6.4.30a)$$

实施式(6.4.29b)$\times g_{mm}$—式(6.4.29a)$\times g_{nm}$,得

$$P'^n = \frac{-(g_{mn}\vec{r}_{\xi^n} - g_{mn}\vec{r}_{\xi^m}) \cdot \sum_{i=1}^{3}\sum_{j=1}^{3} g^{ij}\vec{r}_{\xi^i\xi^j}}{g^{nn}(g_{mm}g_{nn}-g_{mn}^2)} = \frac{-(g_{mm}\vec{r}_{\xi^n} - g_{mn}\vec{r}_{\xi^m}) \cdot \sum_{i=1}^{3}\sum_{j=1}^{3} g^{ij}\vec{r}_{\xi^i\xi^j}}{g_{mm}}$$

$$(6.4.30b)$$

将式(6.4.30)中的全部 g^{ij} 换成 g_{ij} 表示,则有

$$P'^m = -\frac{(g_{nn}\vec{r}_{\xi^m} - g_{mn}\vec{r}_{\xi^n})}{g_{nn}} \cdot \frac{1}{g_{ll}}\vec{r}_{\xi^l\xi^l}$$

$$-\frac{(g_{nn}\vec{r}_{\xi^m} - g_{mn}\vec{r}_{\xi^n})}{g_{nn}(g_{mm}g_{nn}-g_{mn}^2)} \cdot (g_{nn}\vec{r}_{\xi^m\xi^m} + g_{mm}\vec{r}_{\xi^n\xi^n} - 2g_{mn}\vec{r}_{\xi^m\xi^n})$$

$$(6.4.31a)$$

$$P'^n = -\frac{(g_{mn}\vec{r}_{\xi^n} - g_{mn}\vec{r}_{\xi^n})}{g_{mn}} \cdot \frac{1}{g_{ll}}\vec{r}_{\xi^l\xi^l}$$

$$-\frac{(g_{mn}\vec{r}_{\xi^n} - g_{mn}\vec{r}_{\xi^n})}{g_{mn}(g_{mn}g_{nn} - g_{mn}^2)} \cdot (g_{nn}\vec{r}_{\xi^m\xi^m} + g_{mn}\vec{r}_{\xi^n\xi^n} - 2g_{mn}\vec{r}_{\xi^m\xi^n})$$

$$(6.4.31b)$$

式(6.4.28)和式(6.4.31)即为在 $\xi = $ const 边界面上求 P'^l，P'^m，P'^n 的公式（$l=1$，2，3；l,m,n 成顺序循环）。内场 P'^l，P'^m，P'^n 的值由其在 ξ 坐标曲线两端的两个 $\xi = $ const 边界面之间的值插值获得，插值可采用指数函数形式。由于假设了正交性，故 $\vec{r}_\xi$ 可取沿边界面法向，其模可指定，可据此指定第一层网格面离开边界面的间距。由于源项公式中有涉及穿过边界面的一阶、二阶导数项，这个方法在解网格生成方程时宜采用双层迭代。这个求源项的方法二类似于二维的 Sorenson 方法。

作业

1. 试说明一条直线和一个它与之相交的平面的夹角及两个平面之间夹角的差别。如果一条直线垂直于它与之相交的一个平面内的一条直线，那么它是否必然垂直于这个平面？如果一条直线垂直于它与之相交的一个平面内的两条不平行的直线，那么它是否必然垂直于这个平面？

2. 设有一后掠梯形机翼，翼梢截面除前、后缘点外厚度不为零，试对该机翼的翼梢进行修圆处理，用代数方法生成该机翼的表面网格，使其在翼梢处光滑过渡。

参 考 文 献

[1] Thompson J F,Warsi Z U A,Mastin C W. Numerical Grid Generation:Foundations and Applications[M]. Amsterdam:North-Holland,1985.

[2] Sonar T. Grid generation using elliptic partial differential equations[R]. Institut für Entwurfsaerodynaik, Deutsche Forschungs-und Versuchsanstalt für Luft-und Raumfahrt(DFVLR),Braunschweig,Deutsche (Germany),DFVLR-FB89-15,1989.

[3] Thomas P D. Composite three-dimensional grids generated by elliptic systems[J]. AIAA Journal,1982, 20(9):1195-1202.

[4] 张正科,李凤蔚,罗时钧. 翼身组合体三维贴体网格生成[C]. 第七届全国计算流体力学会议,温州,中国,1994.

[5] White J A. Elliptic grid generation with orthogonality and spacing control on an arbitrary number of boundaries[C]. 21st AIAA Fluid Dynamics, Plasma Dynamics and Lasers Conference, Seattle, USA, 1990,AIAA Paper 1990-1568.

[6] Hilgenstock A. A method for the elliptic generation of three-dimensional grids with full boundary control[R].Deutsche Forschungs-und Versuchsanstalt für Luft-und Raumfahrt(DFVLR),DFVLR-IB 221-87 A 09,1987.

[7] Hilgenstock A. A fast method for the elliptic generation of three-dimensional grids with full boundary control[C]. Proceedings of the Second Conference on Grid Generation in Computational Fluid Dynamics: Numerical Grid Generation in Computational Fluid Mechanics' 88,Swansea,UK,1988.

[8] 张正科,罗时钧,李凤蔚. 一种生成二维贴体与边界正交网格的方法[C]. 第七届全国计算流体力学会议,温州,中国,1994.

[9] 张正科,庄逢甘,朱自强. 两种椭圆型方程求源项方法在喷管内流场网格生成中的应用[J]. 推进技术,1997,18(2):95-97.

[10] 张正科,李凤蔚,罗时钧. 用椭圆型方程生成三维贴体与边界正交网格[J]. 西北工业大学学报,1995,13(1):143-146.

[11] 张正科,朱自强,庄逢甘,等. 三维椭圆型方程网格生成中的新源项修正法[J]. 北京航空航天大学学报,1997,23(4):452-455.

第 7 章　协变拉普拉斯方程方法

正交网格使边界条件易于处理,且具有更高精度。保角变换法可以生成光滑正交的网格,但很难控制网格间距。Hilgenstock 方法用椭圆型方程的源项牵拉网格线到某一位置,以使其与边界正交或将网格点拉近边界,但它不能对内场区域的正交性进行调节和控制[1-4]。Eca[5] 提出的协变拉普拉斯方程方法(为简单起见可称为 Eca 方法)可以生成在边界和内场区域都近似正交的网格,但是这个方法对边界上的网格点分布很敏感。Hilgenstock 方法和 Eca 方法都具有双层迭代,内层迭代离散求解网格生成方程生成网格,外层循环在 Hilgenstock 方法中修改源项,在 Eca 方法中重新计算网格单元长宽比分布。在内层迭代中,Hilgenstock 方法中源项的分布和 Eca 方法中网格单元长宽比的分布保持不变。这种双层迭代进行到网格满足质量要求时结束。本章介绍 Eca 方法及其应用实例,并与 Hilgenstock 方法进行一些比较[6]。

7.1　控　制　方　程

协变拉普拉斯方程方法中用于生成网格的方程是基于一个简单的观察:即 x, y 作为物理空间的笛卡儿坐标,是位置的线性函数。因此,$\mathrm{grad}(x)$ 和 $\mathrm{grad}(y)$ 是常矢量场,从而

$$\nabla^2 x = 0, \quad \nabla^2 y = 0 \tag{7.1.1}$$

其中,∇^2 是拉普拉斯算子。在曲线坐标系中

$$\nabla^2 = \frac{1}{\sqrt{g}} \frac{\partial}{\partial \xi^i} \left(\sqrt{g}\, g^{ij} \frac{\partial}{\partial \xi^j} \right) \tag{7.1.2}$$

其中,g 是曲线坐标系度量张量 g_{ij} 构成的矩阵的行列式的值,g^{ij} 是曲线坐标系的倒易度量张量

$$g = \det(g_{ij}),\ g_{ij} = \vec{r}_{\xi^i} \cdot \vec{r}_{\xi^j},\ g^{ij} = \nabla \xi^i \cdot \nabla \xi^j,\ g = J^2 = [\partial(x,y)/\partial(\xi,\eta)]^2$$

$$\tag{7.1.3}$$

对于正交的曲线坐标系

$$g_{ij} = 0\,(i \neq j), \quad g^{ij} = 0\,(i \neq j), \quad g = g_{11}g_{22}g_{33}, \quad g_{ii} = \frac{1}{g^{ii}}\,(i=1,2,3)$$

从而

$$\nabla^2 = \frac{1}{\sqrt{g}} \frac{\partial}{\partial \xi^i} \left(\sqrt{g}\, g^{ij} \frac{\partial}{\partial \xi^j} \right) = \frac{1}{\sqrt{g}} \frac{\partial}{\partial \xi^i} \left[\sqrt{g} \left(g^{i1} \frac{\partial}{\partial \xi^1} + g^{i2} \frac{\partial}{\partial \xi^2} + g^{i3} \frac{\partial}{\partial \xi^3} \right) \right]$$

$$=\frac{1}{\sqrt{g}}\left\{\frac{\partial}{\partial\xi^1}\left(\sqrt{g}g^{11}\frac{\partial}{\partial\xi^1}\right)+\frac{\partial}{\partial\xi^2}\left(\sqrt{g}g^{22}\frac{\partial}{\partial\xi^2}\right)+\frac{\partial}{\partial\xi^3}\left(\sqrt{g}g^{33}\frac{\partial}{\partial\xi^3}\right)\right\}$$

$$=\frac{1}{\sqrt{g}}\frac{\partial}{\partial\xi^i}\left(\sqrt{g}g^{ii}\frac{\partial}{\partial\xi^i}\right)$$

进一步,注意到在二维情形

$$g=g_{11}g_{22},\qquad g_{11}=\vec{r}_\xi\cdot\vec{r}_\xi=h_\xi^2,$$
$$g_{22}=\vec{r}_\eta\cdot\vec{r}_\eta=h_\eta^2$$

其中,h_ξ,h_η 分别是网格单元在 ξ,η 方向上的网格间距(图 7.1)。

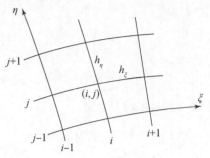

图 7.1　网格间距

另外,网格节点 (i,j) 处或网格单元 (i,j) 上两个边长(间距)h_ξ,h_η 的比值 h_η/h_ξ 是网格单元的长宽比,也称为变形函数,用 f 表示,即 $f=h_\eta/h_\xi$。这样,∇^2 简化为

$$\nabla^2=\frac{1}{\sqrt{g}}\left\{\frac{\partial}{\partial\xi^1}\left(\sqrt{g}g^{11}\frac{\partial}{\partial\xi^1}\right)+\frac{\partial}{\partial\xi^2}\left(\sqrt{g}g^{22}\frac{\partial}{\partial\xi^2}\right)\right\}$$

$$=\frac{1}{\sqrt{g}}\left\{\frac{\partial}{\partial\xi^1}\left(\sqrt{g_{11}g_{22}}\frac{1}{g_{11}}\frac{\partial}{\partial\xi^1}\right)+\frac{\partial}{\partial\xi^2}\left(\sqrt{g_{11}g_{22}}\frac{1}{g_{22}}\frac{\partial}{\partial\xi^2}\right)\right\}$$

$$=\frac{1}{\sqrt{g}}\left\{\frac{\partial}{\partial\xi^1}\left(\sqrt{\frac{g_{22}}{g_{11}}}\frac{\partial}{\partial\xi^1}\right)+\frac{\partial}{\partial\xi^2}\left(\sqrt{\frac{g_{11}}{g_{22}}}\frac{\partial}{\partial\xi^2}\right)\right\}$$

$$=\frac{1}{\sqrt{g}}\left\{\frac{\partial}{\partial\xi^1}\left(\frac{h_\eta}{h_\xi}\frac{\partial}{\partial\xi^1}\right)+\frac{\partial}{\partial\xi^2}\left(\frac{h_\xi}{h_\eta}\frac{\partial}{\partial\xi^2}\right)\right\}$$

即

$$\nabla^2=\frac{1}{\sqrt{g}}\left[\frac{\partial}{\partial\xi}\left(f\frac{\partial}{\partial\xi}\right)+\frac{\partial}{\partial\eta}\left(\frac{1}{f}\frac{\partial}{\partial\eta}\right)\right]\qquad(7.1.4)$$

于是方程(7.1.1)变为

$$\left[\frac{\partial}{\partial\xi}\left(f\frac{\partial}{\partial\xi}\right)+\frac{\partial}{\partial\eta}\left(\frac{1}{f}\frac{\partial}{\partial\eta}\right)\right]\begin{bmatrix}x\\y\end{bmatrix}=0\qquad(7.1.5)$$

方程(7.1.5)就是生成网格所需要求解的方程。此外,注意到

$$h_\xi^2=\vec{r}_\xi\cdot\vec{r}_\xi=g_{11}=\gamma,\qquad g_{12}=\vec{r}_\xi\cdot\vec{r}_\eta=\beta,\qquad g_{22}=\vec{r}_\eta\cdot\vec{r}_\eta=h_\eta^2=\alpha,f=\sqrt{\alpha/\gamma}$$

其中,α,β,γ 分别为椭圆型方程网格生成中计算平面求解的方程中的系数。

7.2　方程离散与求解

对方程(7.1.5)中的偏导数用中心差分进行离散,以 x 为例,在 (i,j) 点的差分方程为

$$f_{i+\frac{1}{2},j}\left(\frac{\partial x}{\partial \xi}\right)_{i+\frac{1}{2},j}-f_{i-\frac{1}{2},j}\left(\frac{\partial x}{\partial \xi}\right)_{i-\frac{1}{2},j}+\frac{1}{f_{i,j+\frac{1}{2}}}\left(\frac{\partial x}{\partial \eta}\right)_{i,j+\frac{1}{2}}-\frac{1}{f_{i,j-\frac{1}{2}}}\left(\frac{\partial x}{\partial \eta}\right)_{i,j-\frac{1}{2}}=0$$

$$(7.2.1)$$

注意到偏导数 $\partial x/\partial \xi$, $\partial x/\partial \eta$ 在 (i,j) 点四周的半整数点处的离散形式为 (图 7.2)

$$\left(\frac{\partial x}{\partial \xi}\right)_{i+\frac{1}{2},j}=x_{i+1,j}-x_{i,j},\qquad \left(\frac{\partial x}{\partial \xi}\right)_{i-\frac{1}{2},j}=x_{i,j}-x_{i-1,j}$$

$$\left(\frac{\partial x}{\partial \eta}\right)_{i,j+\frac{1}{2}}=x_{i,j+1}-x_{i,j},\qquad \left(\frac{\partial x}{\partial \eta}\right)_{i,j-\frac{1}{2}}=x_{i,j}-x_{i,j-1} \qquad (7.2.2)$$

于是方程(7.2.1) 变为

$$f_{i+\frac{1}{2},j}(x_{i+1,j}-x_{i,j})-f_{i-\frac{1}{2},j}(x_{i,j}-x_{i-1,j})+\frac{1}{f_{i,j+\frac{1}{2}}}(x_{i,j+1}-x_{i,j})-\frac{1}{f_{i,j-\frac{1}{2}}}(x_{i,j}-x_{i,j-1})=0$$

$$(7.2.3)$$

其中

$$f_{i+\frac{1}{2},j}=\left(\frac{h_\eta}{h_\xi}\right)_{i+\frac{1}{2},j},\quad f_{i-\frac{1}{2},j}=\left(\frac{h_\eta}{h_\xi}\right)_{i-\frac{1}{2},j},\quad f_{i,j+\frac{1}{2}}=\left(\frac{h_\eta}{h_\xi}\right)_{i,j+\frac{1}{2}},\quad f_{i,j-\frac{1}{2}}=\left(\frac{h_\eta}{h_\xi}\right)_{i,j-\frac{1}{2}}$$

$$(7.2.4)$$

以 $f_{i+\frac{1}{2},j}=(h_\eta/h_\xi)_{i+\frac{1}{2},j}$ 为例,其中的 h_ξ, h_η 可如下近似计算(图 7.3)

$$(h_\xi)_{i+\frac{1}{2},j}=\sqrt{(x_{i+1,j}-x_{i,j})^2+(y_{i+1,j}-y_{i,j})^2}$$

$$2(h_\eta)_{i+\frac{1}{2},j}=\sqrt{\left(\frac{x_{i,j+1}+x_{i+1,j+1}}{2}-\frac{x_{i,j-1}+x_{i+1,j-1}}{2}\right)^2+\left(\frac{y_{i,j+1}+y_{i+1,j+1}}{2}-\frac{y_{i,j-1}+y_{i+1,j-1}}{2}\right)^2}$$

从而 $f_{i+\frac{1}{2},j}=(h_\eta/h_\xi)_{i+\frac{1}{2},j}$ 可表示为

$$f_{i+\frac{1}{2},j}=\frac{1}{4}\sqrt{\frac{[(x_{i,j+1}+x_{i+1,j+1})-(x_{i,j-1}+x_{i+1,j-1})]^2+[(y_{i,j+1}+y_{i+1,j+1})-(y_{i,j-1}+y_{i+1,j-1})]^2}{(x_{i+1,j}-x_{i,j})^2+(y_{i+1,j}-y_{i,j})^2}}$$

同理可得

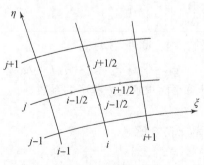

图 7.2　网格节点

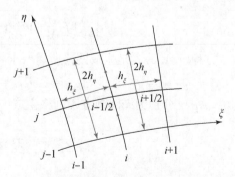

图 7.3　不同点网格单元长宽的取法

$$f_{i-\frac{1}{2},j}=\frac{1}{4}\sqrt{\frac{[(x_{i-1,j+1}+x_{i,j+1})-(x_{i-1,j-1}+x_{i,j-1})]^2+[(y_{i-1,j+1}+y_{i,j+1})-(y_{i-1,j-1}+y_{i,j-1})]^2}{(x_{i,j}-x_{i-1,j})^2+(y_{i,j}-y_{i-1,j})^2}}$$

$$f_{i,j+\frac{1}{2}}=4\sqrt{\frac{(x_{i,j+1}-x_{i,j})^2+(y_{i,j+1}-y_{i,j})^2}{[(x_{i+1,j+1}+x_{i+1,j})-(x_{i-1,j+1}+x_{i-1,j})]^2+[(y_{i+1,j+1}+y_{i+1,j})-(y_{i-1,j+1}+y_{i-1,j})]^2}}$$

$$f_{i,j-\frac{1}{2}}=4\sqrt{\frac{(x_{i,j}-x_{i,j-1})^2+(y_{i,j}-y_{i,j-1})^2}{[(x_{i+1,j-1}+x_{i+1,j})-(x_{i-1,j-1}+x_{i-1,j})]^2+[(y_{i+1,j-1}+y_{i+1,j})-(y_{i-1,j-1}+y_{i-1,j})]^2}}$$

现在把方程(7.2.3)中 $i=$const 线上的未知量 x(即下标中有 i 的 x,图 7.4)保留在方程的左边,其余项移到方程的右边,可得

$$\frac{1}{f_{i,j-\frac{1}{2}}}x_{i,j-1}^{(n)}+\left(-f_{i+\frac{1}{2},j}-f_{i-\frac{1}{2},j}-\frac{1}{f_{i,j+\frac{1}{2}}}-\frac{1}{f_{i,j-\frac{1}{2}}}\right)x_{i,j}^{(n)}+\frac{1}{f_{i,j+\frac{1}{2}}}x_{i,j+1}^{(n)}$$
$$=-f_{i+\frac{1}{2},j}x_{i+1,j}^{(n-1)}-f_{i-\frac{1}{2},j}x_{i-1,j}^{(n)} \qquad (7.2.5)$$

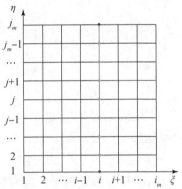

图 7.4 计算平面网格

式(7.2.5)可简写为

$$a_j x_{i,j-1}^{(n)}+b_j x_{i,j}^{(n)}+c_j x_{i,j+1}^{(n)}=d_j(x) \qquad (7.2.6a)$$

未知量 y 的方程可类似地得到

$$a_j y_{i,j-1}^{(n)}+b_j y_{i,j}^{(n)}+c_j y_{i,j+1}^{(n)}=d_j(y) \qquad (7.2.6b)$$

其中

$$a_j=\begin{cases}0, & j=2\\ \dfrac{1}{f_{i,j-\frac{1}{2}}}, & j=3,4,\cdots,J_m-1\end{cases}$$

$$b_j=-\left(f_{i+\frac{1}{2},j}+f_{i-\frac{1}{2},j}+f_{i,j+\frac{1}{2}}+f_{i,j-\frac{1}{2}}\right), \quad j=2,3,\cdots,J_m-1$$

$$c_j=\begin{cases}\dfrac{1}{f_{i,j+\frac{1}{2}}}, & j=2,3,\cdots,J_m-2\\ 0, & j=J_m-1\end{cases}$$

$$d_j = \begin{cases} D_j - \dfrac{1}{f_{i,j-\frac{1}{2}}} \begin{bmatrix} x_{i,j-1} \\ y_{i,j-1} \end{bmatrix}, & j=2 \\[3mm] D_j, & j=3,4,\cdots,J_m-2 \\[3mm] D_j - \dfrac{1}{f_{i,j+\frac{1}{2}}} \begin{bmatrix} x_{i,j+1} \\ y_{i,j+1} \end{bmatrix}, & j=J_m-1 \end{cases}$$

$$D_j = -f_{i+\frac{1}{2},j} \begin{bmatrix} x_{i+1,j} \\ y_{i+1,j} \end{bmatrix} - f_{i-\frac{1}{2},j} \begin{bmatrix} x_{i-1,j} \\ y_{i-1,j} \end{bmatrix}$$

方程(7.2.6)形成了一个三个对角代数方程组,即

$$\begin{bmatrix} b_2 & c_2 & & & & & \\ a_3 & b_3 & c_3 & & & 0 & \\ & \ddots & \ddots & \ddots & & & \\ & & a_i & b_i & c_i & & \\ & & & \ddots & \ddots & \ddots & \\ 0 & & & a_{J_m-2} & b_{J_m-2} & c_{J_m-2} \\ & & & & a_{J_m-1} & b_{J_m-1} \end{bmatrix} \begin{bmatrix} x_2 \\ x_3 \\ \vdots \\ x_i \\ \vdots \\ x_{J_m-2} \\ x_{J_m-1} \end{bmatrix} = \begin{bmatrix} d_2 \\ d_3 \\ \vdots \\ d_i \\ \vdots \\ d_{J_m-2} \\ d_{J_m-1} \end{bmatrix} \qquad (7.2.7)$$

方程(7.2.7)的解可以看成一个中间结果 $\tilde{x}_{i,j}^{(n)}$,这个中间解和上一步的解 $x_{i,j}^{(n-1)}$ 进行加权平均可得当前步的最终解 $x_{i,j}^{(n)}$

$$x_{i,j}^{(n)} = \omega \tilde{x}_{i,j}^{(n)} + (1-\omega) x_{i,j}^{(n-1)} \qquad (7.2.8)$$

上述过程称为逐线超松弛方法,ω 称为松弛因子。通常情况下,$0<\omega<2$。未知量 $y_{i,j}^{(n)}$ 可在同时类似地求得。

在求解方程(7.2.6)之前,必须有一个初场网格,可以用代数方法插值生成。该方法是一个双层迭代方法。其外层迭代是根据初始网格或最新收敛得到的网格的坐标计算内场所有网格单元(或节点处)的 f 值,并在内层迭代过程中保持其值不变。而内层迭代就是在一个不变的长宽比(即变形函数)f 值的分布下迭代求解方程(7.2.6)生成一个网格。如果在内层迭代收敛,生成一个网格后,网格质量不满足要求,则可根据新生成的网格的坐标重新计算内场所有网格单元(或节点处)的 f 值,然后再以新的 f 值分布开始一个新的内层迭代,直到某一个内层迭代收敛的网格满足网格质量要求。

7.3　网格质量评估

为了评价网格质量,需要定义一些参数来建立评判标准。现定义网格最大长宽比和网格平均长宽比。网格最大长宽比是指每个单元取最大值后全域的最大值,定义为

$$\text{AR}_{\max} = \max_{i,j}\{[\max(h_\xi/h_\eta, h_\eta/h_\xi)]_{i,j}\} \tag{7.3.1a}$$

网格平均长宽比是指每个单元取最大值后在全域的平均值,定义为

$$\text{AR}_{\text{ave}} = \frac{1}{(I_m-1)}\frac{1}{(J_m-1)}\sum_{i=1}^{I_m-1}\sum_{j=1}^{J_m-1}\{\max(h_\xi/h_\eta, h_\eta/h_\xi)\}_{i,j} \tag{7.3.1b}$$

其中,$h_\xi = |\vec{r}_\xi|$,$h_\eta = |\vec{r}_\eta|$。

正交性是考察网格质量时最重要的指标。正交性包括内场区域网格节点处的正交性和边界网格节点处的正交性。在内场区域,把网格线夹角与正交值(即 90°)的偏差(即网格线偏离正交方向的角度)在全域的最大值记作 $|\Delta\theta|^{\text{in}}_{\max}$,在全域的平均值记作 $|\Delta\theta|^{\text{in}}_{\text{ave}}$,用这两个参数来评价网格内场区域的正交性,它们被分别定义为

$$|\Delta\theta|^{\text{in}}_{\max} = \max_{i,j}(|\theta-90°|_{i,j}) \tag{7.3.2a}$$

$$|\Delta\theta|^{\text{in}}_{\text{ave}} = \frac{1}{(I_m-2)}\frac{1}{(J_m-2)}\sum_{j=2}^{J_m-1}\sum_{i=2}^{I_m-1}(|\theta-90°|_{i,j}) \tag{7.3.2b}$$

其中,$\theta = \arccos[\vec{r}_\xi \cdot \vec{r}_\eta/(|\vec{r}_\xi||\vec{r}_\eta|)]_{i,j}$,$\vec{r}_\xi, \vec{r}_\eta$ 分别是 ξ,η 坐标方向的切向矢量。

在边界上,把穿出边界的网格线与边界切向矢量的夹角与 90° 的偏差(即穿出的网格线偏离正交方向的角度)在整个边界的最大值记作 $|\Delta\theta|^{\text{b}}_{\max}$,在整个边界的平均值记作 $|\Delta\theta|^{\text{b}}_{\text{ave}}$,把这两个参数作为评价网格在边界上的正交性的两个指标,它们被分别定义为

$$|\Delta\theta|^{\text{b}}_{\max} = \max\{\max_j(|\theta-90|)_{i=1}, \max_j(|\theta-90|)_{i=I_m},$$
$$\max_i(|\theta-90|)_{j=1}, \max_i(|\theta-90|)_{j=J_m}\} \tag{7.3.3a}$$

$$|\Delta\theta|^{\text{b}}_{\text{ave}} = \frac{1}{2(I_m-2)+2(J_m-2)}\left\{\sum_{j=2}^{J_m-1}|\theta-90|_{i=1} + \sum_{j=2}^{J_m-1}|\theta-90|_{i=I_m}\right.$$
$$\left. + \sum_{i=2}^{I_m-1}|\theta-90|_{j=1} + \sum_{i=2}^{I_m-1}|\theta-90|_{j=J_m}\right\} \tag{7.3.3b}$$

其中,$\theta = \arccos[\vec{r}_\xi \cdot \vec{r}_\eta/(|\vec{r}_\xi||\vec{r}_\eta|)]_{\text{boundaries}}$;$\vec{r}_\xi, \vec{r}_\eta$ 分别是边界上 ξ,η 坐标方向的切向矢量。

7.4 网格举例

图 7.5 是由 Eca 方法在两个圆心在同一水平线上的非同心半圆和 x 轴所围区域中经 400 步外层迭代后生成的有 41×41 个网格点的网格。偏离正交方向的角度偏差(即网格线夹角与 90° 的偏差)统计表(表 7.1)显示网格的正交性非常好,其内场网格线夹角与 90° 的最大偏差($|\Delta\theta|^{\text{in}}_{\max}$)为 $1.37°$,边界上的网格线夹角与 90°

的最大偏差($|\Delta\theta|_{max}^{b}$)为 3.08°。$|\Delta\theta|_{max}^{in}$ 和 $|\Delta\theta|_{max}^{b}$ 的收敛史(图 7.6(a))显示两个偏差值分别在 60 步和 20 步外层迭代步后基本趋于恒定。用 $\max[\,|\,f_{i,j}^{(n)}-f_{i,j}^{(n-1)}\,|\,/f_{i,j}^{(n)}]$ 表示连续两步外层迭代步之间长宽比的最大偏差,从图 7.6(b)可以看出,$\mathrm{Max}[\,|\,f_{i,j}^{(n)}-f_{i,j}^{(n-1)}\,|\,/f_{i,j}^{(n)}]$ 在 50 步外层迭代步时量值下降了两个量级,在 50 步后变化较小了,在 400 步后基本恒定不变了,说明整个网格长宽比的分布已趋于稳定。

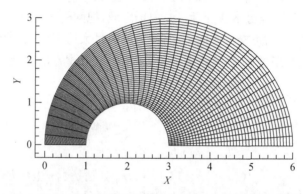

图 7.5　Eca 方法 400 步外层迭代步生成的两个半圆所围区域内的网格

表 7.1　Eca 方法 400 步外层迭代步生成的两半圆所围区域内网格偏离正交方向角度统计

内场点偏离正交方向角度($|\Delta\theta|^{in}$)统计		边界点偏离正交方向角度($|\Delta\theta|^{b}$)统计	
角度差区间/(°)	包含网格节点数	角度差区间/(°)	包含网格节点数
(0.00, 0.14)	632	(0.00, 0.31)	30
(0.14, 0.27)	347	(0.31, 0.62)	33
(0.27, 0.41)	211	(0.62, 0.92)	8
(0.41, 0.55)	136	(0.92, 1.23)	6
(0.55, 0.69)	79	(1.23, 1.54)	6
(0.69, 0.83)	48	(1.54, 1.85)	3
(0.83, 0.96)	30	(1.85, 2.16)	29
(0.96, 1.10)	21	(2.16, 2.47)	37
(1.10, 1.23)	13	(2.47, 2.77)	2
(1.23, 1.37)	4	(2.77, 3.08)	2
内场网格点总数:1521		边界上网格点总数:156	
$\|\Delta\theta\|_{max}^{in}=1.37°$,　$\|\Delta\theta\|_{ave}^{in}=0.26°$		$\|\Delta\theta\|_{max}^{b}=3.08°$,　$\|\Delta\theta\|_{ave}^{b}=1.28°$	

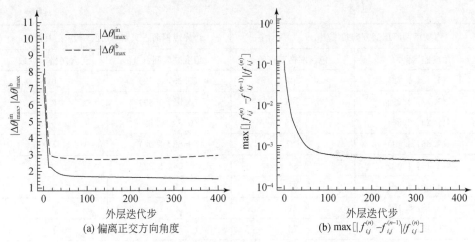

(a) 偏离正交方向角度　　(b) $\max\left[\left|f_{i,j}^{(n)}-f_{i,j}^{(n-1)}\right|/\left|f_{i,j}^{(n)}\right|\right]$

图 7.6　Eca 方法两个半圆所围区域网格正交性和网格长宽比收敛史

对于这一几何外形，Hilgenstock 方法也能生成网格(图 7.7)，其质量与 Eca 方法生成的几乎相同。与 Eca 方法相比，Hilgenstock 方法生成的网格内部的正交性稍微差一点，边界的正交性稍微好一点($\left|\Delta\theta\right|_{\max}^{in}=5.72°$，$\left|\Delta\theta\right|_{\max}^{b}=1.74°$，图 7.8，表 7.2)。

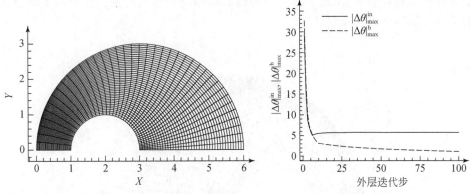

图 7.7　Hilgenstock 方法 50 步外层迭代步　　　图 7.8　Hilgenstock 方法网格
　　生成的两个半圆所围区域内的网格　　　　　　　　正交性收敛史

表 7.2　Hilgenstock 方法 50 步外层迭代步生成的两半圆所围区域网格偏离正交方向角度统计

内场点偏离正交方向角度($\left|\Delta\theta\right|^{in}$)统计		边界点偏离正交方向角度($\left|\Delta\theta\right|^{b}$)统计	
角度差区间/(°)	包含网格节点数	角度差区间/(°)	包含网格节点数
(0.00, 0.57)	217	(0.00, 0.17)	147
(0.57, 1.14)	199	(0.17, 0.35)	4

续表

内场点偏离正交方向角度($\lvert \Delta\theta \rvert^{\text{in}}$)统计		边界点偏离正交方向角度($\lvert \Delta\theta \rvert^{\text{b}}$)统计	
角度差区间/(°)	包含网格节点数	角度差区间/(°)	包含网格节点数
(1.14, 1.72)	207	(0.35, 0.52)	0
(1.72, 2.29)	229	(0.52, 0.69)	2
(2.29, 2.86)	218	(0.69, 0.88)	0
(2.86, 3.43)	127	(0.88, 1.04)	1
(3.43, 4.00)	84	(1.04, 1.22)	0
(4.00, 4.58)	85	(1.22, 1.39)	1
(4.58, 5.15)	77	(1.39, 1.56)	0
(5.15, 5.72)	78	(1.56, 1.74)	1
内场网格点总数:1521		边界上网格点总数:156	
$\lvert \Delta\theta \rvert^{\text{in}}_{\max}=5.72°$,　$\lvert \Delta\theta \rvert^{\text{in}}_{\text{ave}}=2.25°$		$\lvert \Delta\theta \rvert^{\text{b}}_{\max}=1.74°$,　$\lvert \Delta\theta \rvert^{\text{b}}_{\text{ave}}=0.07°$	

在图 7.5 和图 7.7 所示网格中,外圆上的网格点是等间距的,而内圆上的网格点由左向右(顺时针方向)是逐渐加密的。如果内圆上的网格点也是等间距分布的,Eca 方法将给出一个如图 7.9 所示的高度扭曲的网格,图中的网格是 100 步外层迭代的结果,网格中出现了若干条网格线塌缩到一起的现象。这表明 Eca 方法对边界上的网格点分布很敏感。

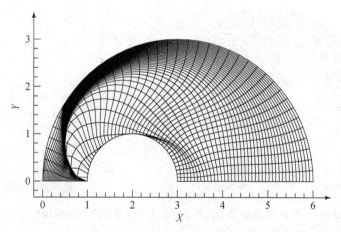

图 7.9　Eca 方法 100 步外层迭代步生成的网格(内半圆边界网格点等距分布)

然而,对这个 Eca 方法无法生成正常网格的内边界网格点分布,Hilgenstock 方法却可以生成具有良好边界正交性的网格($\lvert \Delta\theta \rvert^{\text{b}}_{\max}=1.56°$,图 7.10,图 7.11)。边界上网格线夹角与 90°偏差如此之小,导致在这个有特殊边界点分布的几何域的

内部区域的正交性不那么令人满意($|\Delta\theta|^{in}_{max}=42.9°$，图 7.11）。从另一个角度看,内部正交性变差是在这一特殊几何条件下为获得好的边界正交性必须付出的代价。以边界上的正交性为目标而不考虑(也无能力考虑)内部正交性是 Hilgenstock 方法的特色。由图 7.11 可以看出,在 60 步外层迭代后,$|\Delta\theta|^{in}_{max}$ 和 $|\Delta\theta|^{b}_{max}$ 都趋于稳定。换句话说,对于这个几何域,60 步外层迭代就可以获得最终网格。

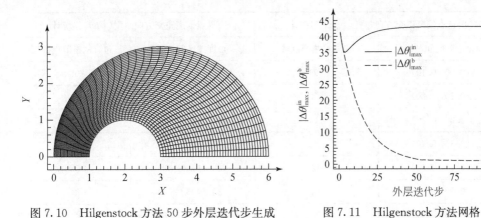

图 7.10　Hilgenstock 方法 50 步外层迭代步生成　　　图 7.11　Hilgenstock 方法网格
　　的网格(内半圆边界网络点等距分布)　　　　　　　　正交性收敛史

　　图 7.12 是用四个直径为 1 的半圆分别接在单位正方形四条边上所围成的几何域内的网格,由 Eca 方法经过 200 步外层迭代生成。该网格的 $|\Delta\theta|^{in}_{max}=1.01°$,

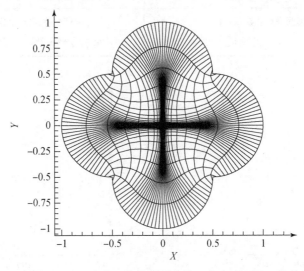

图 7.12　Eca 方法 200 步外层迭代步生成的四个半圆所围区域内的网格

$|\Delta\theta|^{b}_{max}=66.78°$(表 7.3,图 7.13)。如果进行 400 步外层迭代,$|\Delta\theta|^{b}_{max}$可进一步减小到 66°(图 7.13(b)),而不引起 $|\Delta\theta|^{in}_{max}$太大的增加(图 7.13(a))。然而,边界正交性获得的改善是很有限的。另一方面,在 300 步外层迭代后,参数 $max[\,|\,f^{(n)}_{i,j}-f^{(n-1)}_{i,j}\,|/f^{(n)}_{i,j}]$趋近于常数(图 7.13(c))。于是可以推断出,在 300~400 步外层迭代后网格将趋于稳定。

表 7.3　Eca 方法 200 外层迭代步生成的四半圆所围区域内网格偏离正交方向角度统计

内场点偏离正交方向角度($|\Delta\theta|^{in}$)统计		边界点偏离正交方向角度($|\Delta\theta|^{b}$)统计	
角度差区间/(°)	包含网格节点数	角度差区间/(°)	包含网格节点数
(0.00, 0.10)	994	(0.00, 6.68)	108
(0.10, 0.20)	222	(6.68, 13.36)	16
(0.20, 0.30)	111	(13.36, 20.04)	8
(0.30, 0.40)	42	(20.04, 26.71)	8
(0.40, 0.50)	30	(26.71, 33.39)	0
(0.50, 0.60)	18	(33.39, 40.07)	8
(0.60, 0.71)	28	(40.07, 46.75)	0
(0.71, 0.81)	34	(46.75, 53.43)	0
(0.81, 0.91)	26	(53.43, 60.11)	0
(0.91, 1.01)	16	(60.11, 66.78)	8
内场网格点总数:1521		边界上网格点总数:156	
$|\Delta\theta|^{in}_{max}=1.01°$, $|\Delta\theta|^{in}_{ave}=0.14°$		$|\Delta\theta|^{b}_{max}=66.78°$, $|\Delta\theta|^{b}_{ave}=10.05°$	

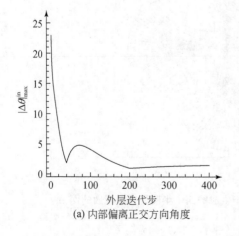

(a) 内部偏离正交方向角度

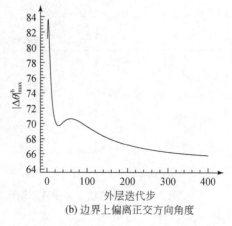

(b) 边界上偏离正交方向角度

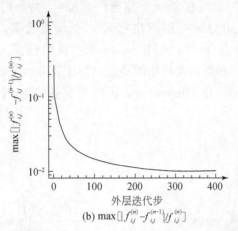

(b) $\max\left[\left|f_{ij}^{(n)}-f_{ij}^{(n-1)}\right|/\left|f_{ij}^{(n)}\right|\right]$

图 7.13　Eca 方法四半圆所围区域网格正交性和网格长宽比收敛史

图 7.14 是用 Hilgenstock 方法经 10 步外层迭代后生成的该几何区域内的网格。该网格质量比 Eca 方法生成的网格质量差,因为其 $\left|\Delta\theta\right|_{\max}^{\text{in}}=13.27°$,$\left|\Delta\theta\right|_{\max}^{\text{b}}=77.8°$(图 7.15),都比 Eca 网格的值(分别为 $1.01°$ 和 $66.78°$)大,并且其离开边界的第一层网格的间距大于 Eca 网格。图 7.15 显示,在第 10 外层迭代步,Hilgenstock 网格达到了 $\left|\Delta\theta\right|_{\max}^{\text{in}}$ 的最小值。从总体网格质量来看,该网格或许是 Hilgenstock 网格中最佳的。尽管继续迭代,$\left|\Delta\theta\right|_{\max}^{\text{b}}$ 可能进一步减小(在 39 步外层迭代步达到最小值 $47.77°$),但同时 $\left|\Delta\theta\right|_{\max}^{\text{in}}$ 却在增长。例如,在 15 步外层迭代步时,$\left|\Delta\theta\right|_{\max}^{\text{b}}$ 减小到了 $66.64°$,而 $\left|\Delta\theta\right|_{\max}^{\text{in}}$ 却增加到 $22.24°$(图 7.15),并且离开边界的第一层网

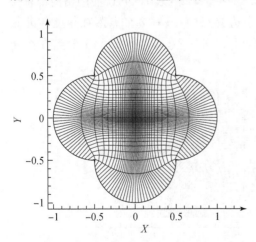

图 7.14　Hilgenstock 方法 10 步外层迭代步生成的四半圆所围区域网络

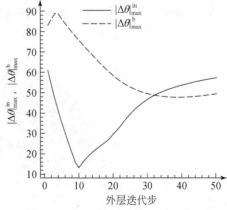

图 7.15　Hilgenstock 方法四半圆所围区域网格正交性收敛史

格点离边界更远(图 7.16);在 30 步外层迭代,$|\Delta\theta|_{max}^{b}$ 减小到 49.52°,$|\Delta\theta|_{max}^{in}$ 增加到 46.7°(图 7.15),边界第一层网格点进一步远离边界,网格变得不可接受(图 7.17)。这一过程充分说明了 Hilgenstock 方法的特征,即它只以改善边界正交性为追求目标,而不理睬内部网格的质量。对于该几何域,Eca 网格质量比 Hilgenstock 网格质量要好(比 Hilgenstock 第 10 外层迭代步时的最佳网格都好)。

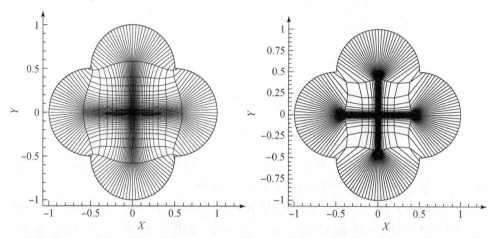

图 7.16　Hilgenstock 方法 15 步外层迭代步生成的四半圆所围区域网格　　图 7.17　Hilgenstock 方法 30 步外层迭代步生成的四半圆所围区域网格

图 7.18 是在一个半圆和一条直线段所围区域内用 Eca 方法经 400 步外层迭代后生成的网格,其 $|\Delta\theta|_{max}^{in}=3.14°$,$|\Delta\theta|_{max}^{b}=39.31°$(表 7.4),说明网格内部正交性很好。事实上,对于边界正交性,156 个边界点中,只有 2 个点落在角度偏差最大的 35.38°~39.31°区间,8 个点在区间 11.79°~27.52°,其余 146 个点在小于

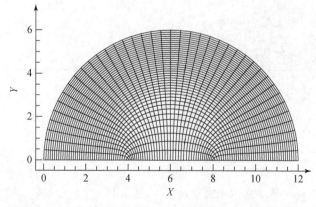

图 7.18　Eca 方法 400 步外层迭代步生成的一个半圆和一段直线所围区域内的网格

11.79°的范围内(表 7.4)。图 7.19 所示的网格质量判据参数演变历程显示，$|\Delta\theta|^{in}_{max}$ 和 $|\Delta\theta|^{b}_{max}$在 400 步外层迭代步后基本不再变化，而 $\max[|f^{(n)}_{i,j} - f^{(n-1)}_{i,j}| / f^{(n)}_{i,j}]$ 在 750 外层迭代步后也基本趋于恒定，所以 400 步以后正交性不会再有太大改善，750 步以后网格的变化也很小。由于 400 步以后 $\max[|f^{(n)}_{i,j} - f^{(n-1)}_{i,j}| / f^{(n)}_{i,j}]$ 已经小于 10^{-3}，所以其实 400 步的网格和 1000 步的网格差别也很小。

表 7.4 Eca 方法 400 步外层迭代生成半圆直线所围区域网格偏离正交方向角度统计

内场点偏离正交方向角度($|\Delta\theta|^{in}$)统计		边界点偏离正交方向角度($|\Delta\theta|^{b}$)统计	
角度差区间/(°)	包含网格节点数	角度差区间/(°)	包含网格节点数
(0.00, 0.31)	1513	(0.00, 3.93)	126
(0.31, 0.63)	3	(3.93, 7.86)	14
(0.63, 0.94)	3	(7.86, 11.79)	6
(0.94, 1.26)	0	(11.79, 15.72)	4
(1.26, 1.57)	0	(15.72, 19.66)	0
(1.57, 1.89)	0	(19.66, 23.59)	2
(1.89, 2.20)	0	(23.59, 27.52)	2
(2.20, 2.51)	0	(27.52, 31.45)	0
(2.51, 2.83)	0	(31.45, 35.38)	0
(2.83, 3.14)	2	(35.38, 39.31)	2
内场网格点总数:1521		边界上网格点总数:156	
$|\Delta\theta|^{in}_{max} = 3.14°$, $|\Delta\theta|^{in}_{ave} = 0.07°$		$|\Delta\theta|^{b}_{max} = 39.31°$, $|\Delta\theta|^{b}_{ave} = 3.41°$	

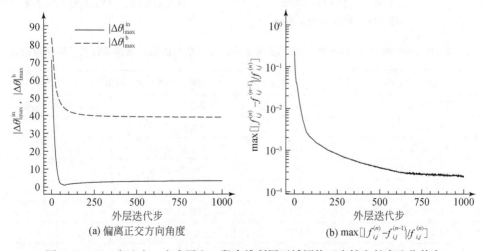

(a) 偏离正交方向角度　　　　　(b) $\max[|f^{(n)}_{ij} - f^{(n-1)}_{ij}|/f^{(n)}_{ij}]$

图 7.19 Eca 方法在一个半圆和一段直线所围区域网格正交性和长宽比收敛史

对同一个几何域,图 7.20 给出了用 Hilgenstock 方法经 12 步外层迭代后生成的网格,其中,$|\Delta\theta|_{max}^{in}$ 达到了最小值 8.16°,同时 $|\Delta\theta|_{max}^{b}$ 为 46.09°(图 7.21 和表 7.5)。该网格质量略差于、但接近于 Eca 网格。事实上,该网格的 $|\Delta\theta|_{max}^{b}$ 还可以进一步减小(如在 200 步外层迭代步时达到 5.11°,图 7.21),但是不幸的是,随着 $|\Delta\theta|_{max}^{b}$ 的减小,$|\Delta\theta|_{max}^{in}$ 逐渐增大。例如,在 50 步外层迭代步时,$|\Delta\theta|_{max}^{b}$ 减小到 18.98°,而 $|\Delta\theta|_{max}^{in}$ 却增加到 37.74°(图 7.21),并且与直线边界(即 x 轴)相邻的第一层网格点被推离边界(图 7.22)。在这种情况下,内部正交性变得较差,网格整体质量下降。如果外层迭代进一步推进到 100 步,则 $|\Delta\theta|_{max}^{b}$ 将减小到 9.92°,而 $|\Delta\theta|_{max}^{in}$ 将增加到 53.75°,网格更加远离直线边界,其可用性大大降低(图 7.23)。200 步外层迭代步,$|\Delta\theta|_{max}^{in}$ 增加到 66.3°。这些再次表明 Hilgenstock 方法的特点,即它只追求边界上的正交性而对内部正交性没有任何控制手段。

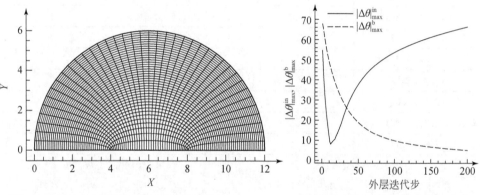

图 7.20　Hilgenstock 方法 12 步外层
迭代步生成的一个半圆和
一段直线所围区域内的网格

图 7.21　Hilgenstock 方法半圆和
直线段所围区域网格正交性收敛史

表 7.5　Hilgenstock 方法 12 步外层迭代步生成半圆直线所围区域网格偏离正交方向角度统计

内场点偏离正交方向角度($|\Delta\theta|^{in}$)统计		边界点偏离正交方向角度($|\Delta\theta|^{b}$)统计	
角度差区间/(°)	包含网格节点数	角度差区间/(°)	包含网格节点数
(0.00, 0.82)	197	(0.00, 4.61)	120
(0.82, 1.63)	178	(4.61, 9.22)	22
(1.63, 2.45)	163	(9.22, 13.83)	4
(2.45, 3.26)	161	(13.83, 18.44)	2
(3.26, 4.08)	128	(18.44, 23.05)	2
(4.08, 4.89)	130	(23.05, 27.66)	2
(4.89, 5.71)	142	(27.66, 32.26)	0

内场点偏离正交方向角度($\mid \Delta\theta \mid^{in}$)统计		边界点偏离正交方向角度($\mid \Delta\theta \mid^{b}$)统计	
角度差区间/(°)	包含网格节点数	角度差区间/(°)	包含网格节点数
(5.71, 6.52)	130	(32.26, 36.87)	2
(6.52, 7.34)	140	(36.87, 41.48)	0
(7.34, 8.16)	152	(41.48, 46.09)	2
内场网格点总数:1521		边界上网格点总数:156	
$\mid \Delta\theta \mid^{in}_{max}=8.16°$, $\mid \Delta\theta \mid^{in}_{ave}=3.84°$		$\mid \Delta\theta \mid^{b}_{max}=46.09°$, $\mid \Delta\theta \mid^{b}_{ave}=3.79°$	

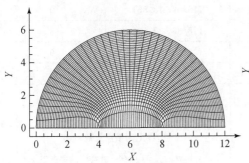

图 7.22 Hilgenstock 方法 50 步
外层迭代步生成的半圆和直线
段所围区域内的网格

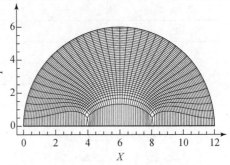

图 7.23 Hilgenstock 方法 100 步
外层迭代步生成的半圆和直线
段所围区域内的网格

图 7.24 是用 Eca 方法经 900 步外层迭代在单位圆(半径＝1)内生成的 H 型网格。网格的质量指标 $\mid \Delta\theta \mid^{in}_{max} = 5.25°$, $\mid \Delta\theta \mid^{b}_{max} = 37.72°$(表 7.6),故其内部正交性很好。事实上在边界上只有四个点落到了正交性偏差最大的区间 (33.95°, 37.72°),大多数点(196 中的 184 个)的 $\mid \Delta\theta \mid^{b}_{max}$ 都小于 15.09°。因此这个网格的质量是可以接受的。从图 7.25 的网格质量判据参数收敛史可以看出,600 步外层迭代以后, $\mid \Delta\theta \mid^{in}_{max}$ 和 $\mid \Delta\theta \mid^{b}_{max}$ 趋于常数,正交性不会再有大的改进,750 步外层迭代以

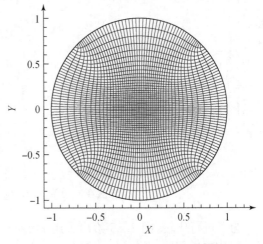

图 7.24 Eca 方法 900 步外层迭代步生成
的一个单位圆内的网格

后，$\max\left[\left|f_{i,j}^{(n)}-f_{i,j}^{(n-1)}\right|\big/f_{i,j}^{(n)}\right]$ 趋于恒定，网格已不会再有太大变化。

表 7.6　Eca 方法 900 步外层迭代步生成单位圆内网格偏离正交方向角度统计

内场点偏离正交方向角度（$\left|\Delta\theta\right|^{\text{in}}$）统计		边界点偏离正交方向角度（$\left|\Delta\theta\right|^{\text{b}}$）统计	
角度差区间/(°)	包含网格节点数	角度差区间/(°)	包含网格节点数
(0.00, 0.53)	2353	(0.00, 3.77)	154
(0.53, 1.05)	32	(3.77, 7.54)	22
(1.05, 1.57)	8	(7.54, 11.32)	0
(1.57, 2.10)	0	(11.32, 15.09)	8
(2.10, 2.62)	4	(15.09, 18.86)	0
(2.62, 3.15)	0	(18.86, 22.63)	8
(3.15, 3.67)	0	(22.63, 26.40)	0
(3.67, 4.20)	0	(26.40, 30.18)	0
(4.20, 4.72)	0	(30.18, 33.95)	0
(4.72, 5.25)	4	(33.95, 37.72)	4
内场网格点总数：2401		边界上网格点总数：196	
$\left.\left|\Delta\theta\right|\right.^{\text{in}}_{\max}=5.25°$,　$\left.\left|\Delta\theta\right|\right.^{\text{in}}_{\text{ave}}=0.07°$		$\left.\left|\Delta\theta\right|\right.^{\text{b}}_{\max}=37.72°$,　$\left.\left|\Delta\theta\right|\right.^{\text{b}}_{\text{ave}}=3.56°$	

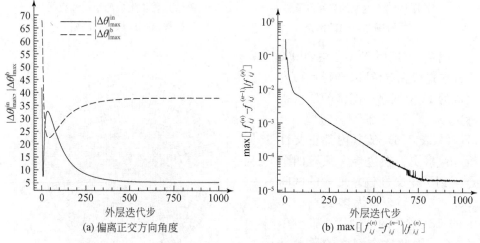

(a) 偏离正交方向角度　　　　　　(b) $\max\left[\left|f_{i,j}^{(n)}-f_{i,j}^{(n-1)}\right|\big/f_{i,j}^{(n)}\right]$

图 7.25　Eca 方法在一个单位圆内网格正交性和长宽比收敛史

　　为了进行比较，图 7.26 给出了用 Hilgenstock 方法经 5 步外层迭代生成的该几何域的网格，其中 $\left|\Delta\theta\right|^{\text{in}}_{\max}=28.55°$，$\left|\Delta\theta\right|^{\text{b}}_{\max}=59.98°$（图 7.27 和表 7.7），都比 Eca 网格的 $\left|\Delta\theta\right|^{\text{in}}_{\max}=5.25°$，$\left|\Delta\theta\right|^{\text{b}}_{\max}=37.72°$（900 步外层迭代结果）要差。即使在 Hilgenstock 网格的 $\left|\Delta\theta\right|^{\text{in}}_{\max}$ 达到了最小值 8.63° 的第 11 外层迭代步（此时，

$|\Delta\theta|_{max}^{b} = 47.77°$）（图 7.27），此二参数仍然比 Eca 网格的大，并且距离边界的第一层间距也要大些（图 7.28）。尽管 Hilgenstock 方法可以使 $|\Delta\theta|_{max}^{b}$ 充分地减小（例如，200 步外层迭代步时 $|\Delta\theta|_{max}^{b}$ 减小至 4.07°，图 7.27），但同时导致 $|\Delta\theta|_{max}^{in}$ 在增加。例如，在 40 步外层迭代步，$|\Delta\theta|_{max}^{b}$ 减小到 21.7°，而 $|\Delta\theta|_{max}^{in}$ 增加到了 34.85°（图 7.27），并且离开边界的第一层网格距边界的间距变得太大，网格的可用性降低（图 7.29）。如果继续迭代至更多步数，网格中这些不好的现象还会进一步加剧（200 步外层迭代步时 $|\Delta\theta|_{max}^{in}$ 增加至 70°，图 7.27）。此处反映的仍然是 Hilgenstock 方法的基本特征，即它只追求边界上的正交性，而不能顾及内场区域的正交性。对于该几何域，即使是 Hilgenstock 方法得到的最好的网格（如 5 步或 11 步外层迭代步的结果）也不如 Eca 网格的质量好。

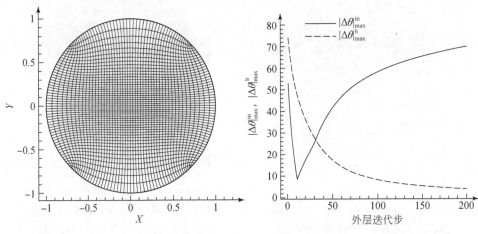

图 7.26　Hilgenstock 方法 5 步外层
迭代步生成的一个单位圆内的网格

图 7.27　Hilgenstock 方法在一个单
位圆内网格正交性和长宽比收敛史

表 7.7　Hilgenstock 方法 5 个外层迭代步生成单位圆内网格偏离正交方向角度统计

内场点偏离正交方向角度（$|\Delta\theta|^{in}$）统计		边界点偏离正交方向角度（$|\Delta\theta|^{b}$）统计	
角度差区间/(°)	包含网格节点数	角度差区间/(°)	包含网格节点数
(0.00, 2.86)	1781	(0.00, 6.00)	116
(2.86, 5.71)	344	(6.00, 12.00)	32
(5.71, 8.57)	120	(12.00, 17.99)	12
(8.57, 11.42)	68	(17.99, 23.99)	12
(11.42, 14.28)	32	(23.99, 29.99)	4
(14.28, 17.13)	24	(29.99, 35.99)	8
(17.13, 19.98)	12	(35.99, 41.98)	0

内场点偏离正交方向角度($\mid\Delta\theta\mid^{in}$)统计		边界点偏离正交方向角度($\mid\Delta\theta\mid^{b}$)统计	
角度差区间/(°)	包含网格节点数	角度差区间/(°)	包含网格节点数
(19.98, 22.84)	8	(41.98, 47.98)	8
(22.84, 25.69)	8	(47.98, 53.98)	0
(25.69, 28.55)	4	(53.98, 59.98)	4
内场网格点总数:2401		边界上网格点总数:196	
$\mid\Delta\theta\mid^{in}_{max}=28.55°$, $\mid\Delta\theta\mid^{in}_{ave}=2.49°$		$\mid\Delta\theta\mid^{b}_{max}=59.98°$, $\mid\Delta\theta\mid^{b}_{ave}=9.52°$	

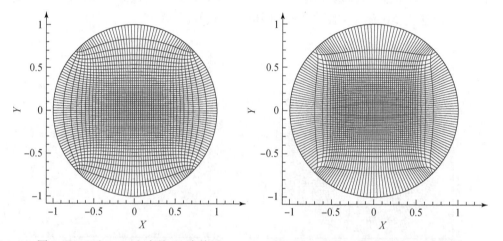

图 7.28　Hilgenstock 方法 11 步外层
迭代步生成的一个单位圆内的网格

图 7.29　Hilgenstock 方法 40 步外层
迭代步生成的一个单位圆内的网格

从以上的讨论,可以对 Eca 方法及与 Hilgenstock 方法的比较做出一些总结。

(1) 除一些边界网格点分布不恰当的情形,对于大部分几何域,Eca 方法可以生成总体上高质量的网格,其网格在内部和边界上都是近似正交的。

(2) 对于 Eca 方法可以生成接近正交网格的大部分几何域,Hilgenstock 方法也可生成总体质量能与 Eca 方法相当的网格。

(3) 对于一些复杂的几何区域,如有尖角的几何域,Eca 方法可以生成质量较好的网格,而 Hilgenstock 方法所生成的网格要比 Eca 方法生成的网格略微差一些。

(4) Eca 方法有一个致命的缺陷,就是它对边界上的网格点分布过于敏感。也就是在一些几何外形中,如果边界上的网格点分布不恰当,Eca 方法甚至不能生成正常的网格。然而,对这种边界网格点分布不恰当,Eca 方法不能生成正常网格的情形,Hilgenstock 方法却可以生成一个可接受的网格。

(5) Hilgenstock 方法也有不足之处,它只能调节边界上正交性,而对内场区域的正交性没有任何干预手段,因而在某些复杂几何条件下,如果过度追求边界上的正交性,反而会破坏内场区域的正交性和网格质量。

总而言之,在大多数情况下,Eca方法可以自动地、自然地生成整体光滑的、接近正交的网格;而 Hilgenstock 方法只能保证边界上的正交性,甚至可以生成在边界上严格正交的网格(假如边界几何条件允许的话)。两种方法都各有优缺点,在网格生成时,可以根据具体几何条件扬长避短,交替使用。

作业

1. 试说明用椭圆型方程生成网格的 Hilgenstock 方法和用协变拉普拉斯方程生成网格的 Eca 方法有什么异同,各有什么优缺点?

2. 试说明将 Eca 方法推广到三维的可行性,可能会产生哪些问题?

3. 试编制 Eca 方法的 FORTRAN 程序生成几种二维域内的网格。

参 考 文 献

[1] Sonar T. Grid generation using elliptic partial differential equations[R]. Institut für Entwurfsaerodynaik, Deutsche Forschungs-und Versuchsanstalt für Luft-und Raumfahrt(DFVLR) Braunschweig, Deutsche (Germany), DFVLR-FB89-15, 1989.

[2] White J A. Elliptic grid generation with orthogonality and spacing control on an arbitrary number of boundaries[C]. 21st AIAA Fluid Dynamics, Plasma Dynamics and Lasers Conference, Seattle, USA, 1990, AIAA Paper 1990-1568.

[3] Hilgenstock A. A method for the elliptic generation of three-dimensional grids with full boundary control [R]. Deutsche Forschungs-und Versuchsanstalt für Luft- und Raumfahrt (DFVLR), Braunschweig, Deutsche (Germany), DFVLR-IB 221-87 A 09, 1987.

[4] Hilgenstock A. A fast method for the elliptic generation of three-dimensional grids with full boundary control[C]. Proceedings of the Second Conference on Grid Generation in Computational Fluid Dynamics: Numerical Grid Generation in Computational Fluid Mechanics' 88, Swansea, United Kingdom, 1988.

[5] Eça L. 2D orthogonal grid generation with boundary point distribution control[J]. Journal of Computational Physics, 1996, 125(2): 440-453.

[6] Zhang Z K, Tsai H M. Comparison of Eça's Method with Hilgenstock's Method in 2D Grid Generation[C]. 10th ISGG Conference on Numerical Grid Generation, Crete, Greece, 2007.

第8章 双曲型方程网格生成方法

8.1 引 言

生成结构网格最常用的两种方法是代数方法和偏微分方程(partial differential equation，PDE)方法。PDE 方法可以分为三种类型：椭圆型、抛物型和双曲型。本章将重点讨论用双曲型偏微分方程生成结构化表面网格和内场网格的方法。

在双曲型方程网格生成方法中，网格是从给定的初始状态出发，由已知的一层网格点沿法线方向推进到新的一层网格点而生成的。对于二维内场网格生成以及表面网格生成来说，初始状态是一条曲线；而对于三维内场网格生成，初始状态是一个表面。控制方程通常是由网格线夹角(或正交性)和网格单元尺寸两种约束条件导出的。对这些方程进行局部线化，就可由一个已知状态推进到下一状态来生成网格。从初始状态开始的总推进距离以及每一层的推进步长可根据具体应用的要求来确定[1]。

当使用代数插值或椭圆型方程方法来生成二维内场网格时，在生成非周期网格的内部网格点前必须提前指定所有四条边界上的网格点。因此，对网格边界的精确控制是这种方法的固有特点。当使用双曲型方法时，因为采用的计算格式是这种一次性扫过的推进格式，所以只有初始状态作为网格的一个边界可予以精确指定，侧边界和外边界是不可能精确指定的，但可以做到有限控制。当不需要对所有边界都精确控制，只需要指定一条边界而非四条时，使用双曲型方法的工作量较小。工作量减小的情况在三维内场网格生成中更为显著，因为双曲型方法只要给定一个初始面，而不像用代数插值或椭圆型方程方法生成非周期网格那样需要给定六个边界面。双曲型方程方法天然提供了极好的正交性和拉近性。由于使用了推进格式，网格生成速度要比典型的椭圆型方法快一到两个量级[1]。

用结构网格对复杂外形进行流场模拟的时候，通常将复杂的区域划分为若干个子区域，在每一个子区域上都生成一块网格，各子区域之间的通信由一个区域连接性程序来管理。将复杂区域划分为子区域的做法主要有两种：分块网格法[2,3]和重叠网格法[4]。分块网格法要求相邻的网格块相接。因为需要精确给定所有网格边界，所以代数方法和椭圆型方程网格生成方法最适合给分块网格这种布块策略生成网格。重叠网格这种分区策略允许相邻网格块彼此重叠，双曲型网格生成方法很适合为其提供网格。因此，用双曲型方法生成的网格大量应用在对复杂几何体的重叠网格计算中。

用双曲型方程生成二维内场网格的方法由 Starius[5]，Steger 和 Chaussee[6] 提出。笛卡儿 xy 平面中的二维内场网格可以通过从一个初始的曲线开始推进而生成(图 8.1)。Steger 和 Rizk[7] 将双曲型方程生成网格的方法推广到了三维。通过从初始曲面网格向外推进可以得到三维空间网格(图 8.2)。Chan 和 Steger[8] 进行了内场网格生成基本格式稳定性增强的研究。Nakamura[9]，Steger[10]，Takanashi 和 Takemoto[11] 使用了将双曲型方程与抛物型、椭圆型方程进行混合后形成的杂交混合格式。

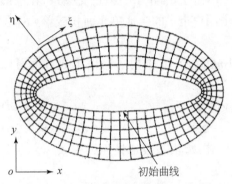
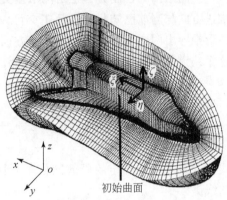

图 8.1　二维双曲内场网格(翼型 O 型网格)　　图 8.2　三维双曲内场网格(简化的轨道器)

用双曲型方程生成表面网格的方法是由 Steger[12] 引入的，在该方法中，表面网格是在一个参考表面上从初始曲线出发向前推进而生成的(图 8.3)。

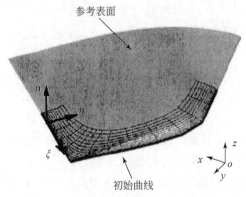

图 8.3　双曲表面网格生成示意图

机翼翼梢，$\xi, \eta, \vec{n}$ 分别代表当地初始曲线、推进、曲面法线方向

8.2　双曲型内场网格生成

在双曲内场网格生成中，内场网格是由指定的初始状态推进生成的。在每一

推进步,对控制方程就当前已知层进行线性化处理,然后求解生成新一层网格。在二维情形,初始状态是笛卡儿平面坐标系中的一条曲线。在三维情形,初始状态是三维空间中的一个曲面。在实际应用中,初始状态一般选择与外形表面相一致来生成贴体网格。

8.2.1　双曲内场网格生成控制方程

　　下面给出的控制方程是由网格正交性和单元大小约束推导得出的。通过要求推进方向与当前已知状态(层)正交可以在二维情形推导出一个正交关系,在三维情形推导出两个正交关系。另一个方程是由用户指定的当地单元面积或单元体积这个约束条件得来的,以使方程组封闭。

　　在二维情形,考虑广义坐标 $\xi(x,y)$ 和 $\eta(x,y)$,二维内场网格生成方程可以写成

$$x_\xi x_\eta + y_\xi y_\eta = 0 \tag{8.2.1a}$$

$$x_\xi y_\eta - y_\xi x_\eta = \Delta A \tag{8.2.1b}$$

式中,ΔA 是用户指定的局部网格单元面积。初始状态被选择为第一条 $\eta = \text{const}$ 曲线。

　　在三维情形,考虑广义坐标 $\xi(x,y,z)$,$\eta(x,y,z)$ 和 $\zeta(x,y,z)$,分别对应于网格下标 i,j 和 k。三维内场网格生成方程可以写为

$$\vec{r}_\xi \cdot \vec{r}_\zeta = x_\xi x_\zeta + y_\xi y_\zeta + z_\xi z_\zeta = 0 \tag{8.2.2a}$$

$$\vec{r}_\eta \cdot \vec{r}_\zeta = x_\eta x_\zeta + y_\eta y_\zeta + z_\eta z_\zeta = 0 \tag{8.2.2b}$$

$$\vec{r}_\zeta \cdot (\vec{r}_\xi \times \vec{r}_\eta) = x_\xi y_\eta z_\zeta + x_\zeta y_\xi z_\eta + x_\eta y_\zeta z_\xi - x_\xi y_\zeta z_\eta - x_\eta y_\xi z_\zeta - x_\zeta y_\eta z_\xi = \Delta V \tag{8.2.2c}$$

其中,$\vec{r} = (x,y,z)^{\mathrm{T}}$,$\Delta V$ 是用户指定的当地网格单元体积。初始状态选为第一个 $\zeta = \text{const}$ 面。

　　将式(8.2.1)和式(8.2.2)进行局部线化,就分别得到二维和三维网格生成方程组。这个方程组已被证明在二维沿 η 方向,在三维沿 ζ 方向推进是双曲型的,可以用非迭代的隐式有限差分格式进行推进求解。

　　二维情形在 ξ 方向,三维情形在 ξ 和 η 方向采用二阶中心差分格式。在这些方向,需要采用适当的数值边界条件,并加入光顺项来提高数值稳定性。沿推进求解方向采用一阶隐式格式。无条件稳定的隐式格式的优点是在选择推进步长时只需考虑网格精度。在每一推进步,都相对于前一个推进步进行线化处理。

8.2.2　二维双曲内场网格生成方程线性化

　　将式(8.2.1)针对已知状态 0 进行当地线化处理(图 8.4),即将式(8.2.1a)的

正交条件 $\vec{r}_\xi \cdot \vec{r}_\eta = 0$ 近似写成

$$\vec{r}_\xi \cdot \vec{r}_{\eta 0} + \vec{r}_{\xi 0} \cdot \vec{r}_\eta = 0$$

即

$$x_\xi x_{\eta 0} + y_\xi y_{\eta 0} + x_{\xi 0} x_\eta + y_{\xi 0} y_\eta = 0$$

$$(8.2.3a)$$

将式 (8.2.1b) 的单元面积约束条件 $\vec{r}_\xi \times$

$\vec{r}_\eta = \Delta A \vec{k}$ 近似写成

$$\vec{r}_\xi \times \vec{r}_{\eta 0} + \vec{r}_{\xi 0} \times \vec{r}_\eta = \Delta A_0 \vec{k} + \Delta A \vec{k}$$

即

$$x_\xi y_{\eta 0} - y_\xi x_{\eta 0} + x_{\xi 0} y_\eta - y_{\xi 0} x_\eta = \Delta A_0 + \Delta A$$

$$(8.2.3b)$$

将式 (8.2.3a) 和式 (8.2.3b) 合起来写成矩
阵形式

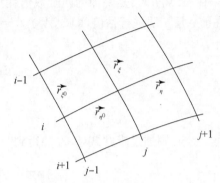

图 8.4　方程局部线化示意图

$$\begin{bmatrix} x_{\eta 0} & y_{\eta 0} \\ y_{\eta 0} & -x_{\eta 0} \end{bmatrix} \begin{bmatrix} x_\xi \\ y_\xi \end{bmatrix} + \begin{bmatrix} x_{\xi 0} & y_{\xi 0} \\ -y_{\xi 0} & x_{\xi 0} \end{bmatrix} \begin{bmatrix} x_\eta \\ y_\eta \end{bmatrix} = \begin{bmatrix} 0 \\ \Delta A_0 + \Delta A \end{bmatrix} \qquad (8.2.4)$$

即得到网格生成需要的方程组

$$A_0 \vec{r}_\xi + B_0 \vec{r}_\eta = \vec{f} \qquad (8.2.5)$$

式 (8.2.5) 中下标 0 表示在已知状态 0 进行的估算 ($\vec{r}_\xi, \vec{r}_\eta$ 看作列向量),并且

$$A = \begin{bmatrix} x_\eta & y_\eta \\ y_\eta & -x_\eta \end{bmatrix}, \quad B = \begin{bmatrix} x_\xi & y_\xi \\ -y_\xi & x_\xi \end{bmatrix}, \quad \vec{f} = \begin{bmatrix} 0 \\ \Delta A + \Delta A_0 \end{bmatrix} \qquad (8.2.6)$$

一般来讲 $x_\xi^2 + y_\xi^2 \neq 0$,故矩阵 B_0 的逆矩阵 B_0^{-1} 存在,方程 (8.2.5) 可以写成

$$B_0^{-1} A_0 \vec{r}_\xi + \vec{r}_\eta = B_0^{-1} \vec{f} \qquad (8.2.7)$$

而且,$B_0^{-1} A_0$ 是一个对称矩阵

$$B_0^{-1} A_0 = \frac{1}{\det(B_0)} \begin{bmatrix} x_{\xi 0} x_{\eta 0} - y_{\xi 0} y_{\eta 0} & x_{\xi 0} y_{\eta 0} + y_{\xi 0} x_{\eta 0} \\ x_{\xi 0} y_{\eta 0} + y_{\xi 0} x_{\eta 0} & y_{\xi 0} y_{\eta 0} - x_{\xi 0} x_{\eta 0} \end{bmatrix}$$

有相异实特征值

$$\lambda_{1,2} = \pm \frac{1}{\det(B_0)} \sqrt{(x_{\xi 0} x_{\eta 0} - y_{\xi 0} y_{\eta 0})^2 + (x_{\xi 0} y_{\eta 0} + y_{\xi 0} x_{\eta 0})^2}$$

说明方程组是双曲型的,可以沿 η 方向推进求解。其中,$\det(B_0) = x_{\xi 0}^2 + y_{\xi 0}^2$ [13]。

　　采用非迭代的隐式格式求解式 (8.2.5),在 ξ 方向采用中心差分,在 η 方向采
用一阶精度的一侧向后差分。由于隐式格式无条件稳定,故在 η 推进方向间距增
量的选取只要满足精度要求即可。令 $\Delta \xi = \Delta \eta = 1$,式 (8.2.5) 差分离散为

$$(\vec{r}_{i,j+1} - \vec{r}_{i,j}) + B^{-1}A\,\frac{(\vec{r}_{i+1,j+1} - \vec{r}_{i-1,j+1})}{2} = B^{-1}\vec{f}_{i,j+1} + \varepsilon_e\,(\Delta_i\nabla_i)^2\vec{r}_{i,j}$$

$$(8.2.8)$$

其中,$(\Delta_i\nabla_i)^2\vec{r}_{i,j}$是附加的四阶数值耗散项,矩阵中的系数 $x_{\xi 0}$,$y_{\xi 0}$,$x_{\eta 0}$,$y_{\eta 0}$ 和 ΔA_0 在前一层 j 层进行估值,即$(\Delta A_0)_{j+1} = \Delta A_j$,$x_{\xi 0}$,$y_{\xi 0}$ 在已知的 j 层由中心差分进行计算[6]

$$x_{\xi 0} = \frac{x_{i+1,j} - x_{i-1,j}}{2} \tag{8.2.9a}$$

$$y_{\xi 0} = \frac{y_{i+1,j} - y_{i-1,j}}{2} \tag{8.2.9b}$$

而 $x_{\eta 0}$,$y_{\eta 0}$ 则通过求解式(8.2.1)得到[6]

$$x_{\eta 0} = -\frac{y_{\xi 0}\Delta A_0}{(x_{\xi 0})^2 + (y_{\xi 0})^2} \tag{8.2.10a}$$

$$y_{\eta 0} = \frac{x_{\xi 0}\Delta A_0}{(x_{\xi 0})^2 + (y_{\xi 0})^2} \tag{8.2.10b}$$

也可以将式(8.2.8)改成如下格式[13]

$$(I + B^{-1}A\delta_\xi)\vec{r}_{i,j+1} = \vec{r}_{i,j} + B^{-1}\vec{f}_{i,j+1} + \varepsilon_e\,(\Delta_i\nabla_i)^2\vec{r}_{i,j} \tag{8.2.11}$$

当物面在几何上有斜率不连续和内凹区时,基于式(8.2.8)和式(8.2.11)这些方程的解法会出现困难,不连续性会传播到网格内区,带来不期望的结果。可以小心地引入其他形式的耗散来克服这些困难,而又不在网格正交性上做出显著的牺牲[13]。这些做法在二维和三维都是类似的,统一在三维方程组的求解中进行叙述。下面详述三维方程组的求解。

8.2.3　三维双曲内场网格生成方程线性化及求解

对方程(8.2.2)关于已知 0 状态进行局部线性化处理。线性化式(8.2.2)可以写成

$$\vec{r}_\xi \cdot \vec{r}_{\xi 0} + \vec{r}_{\xi 0} \cdot \vec{r}_\zeta = 0 \tag{8.2.12a}$$

$$\vec{r}_\eta \cdot \vec{r}_{\xi 0} + \vec{r}_{\eta 0} \cdot \vec{r}_\zeta = 0 \tag{8.2.12b}$$

$$\vec{r}_{\xi 0} \cdot (\vec{r}_\xi \times \vec{r}_{\eta 0}) + \vec{r}_{\xi 0} \cdot (\vec{r}_{\xi 0} \times \vec{r}_\eta) + \vec{r}_\zeta \cdot (\vec{r}_{\xi 0} \times \vec{r}_{\eta 0}) = \Delta V + 2\Delta V_0$$

$$(8.2.12c)$$

式(8.2.12a)和式(8.2.12b)可展开为

$$x_\xi x_{\xi 0} + y_\xi y_{\xi 0} + z_\xi z_{\xi 0} + 0 \times x_\eta + 0 \times y_\eta + 0 \times z_\eta + x_{\xi 0}x_\zeta + y_{\xi 0}y_\zeta + z_{\xi 0}z_\zeta = 0$$

$$(8.2.13a)$$

$$0 \times x_\xi + 0 \times y_\xi + 0 \times z_\xi + x_\eta x_{\xi 0} + y_\eta y_{\xi 0} + z_\eta z_{\xi 0} + x_{\eta 0}x_\zeta + y_{\eta 0}y_\zeta + z_{\eta 0}z_\zeta = 0$$

$$(8.2.13b)$$

再注意到混合积写成行列式形式后行可以按顺序移动的性质,则有

$$\vec{r}_\zeta \cdot (\vec{r}_\xi \times \vec{r}_\eta) = \vec{r}_\xi \cdot (\vec{r}_\eta \times \vec{r}_\zeta) = \vec{r}_\eta \cdot (\vec{r}_\zeta \times \vec{r}_\xi)$$

于是式(8.2.12c)可以写成

$$\vec{r}_\xi \cdot (\vec{r}_{\eta 0} \times \vec{r}_{\zeta 0}) + \vec{r}_\eta \cdot (\vec{r}_{\zeta 0} \times \vec{r}_{\xi 0}) + \vec{r}_\zeta \cdot (\vec{r}_{\xi 0} \times \vec{r}_{\eta 0}) = \Delta V + 2\Delta V_0$$

即

$$x_\xi(y_{\eta 0}z_{\zeta 0} - y_{\zeta 0}z_{\eta 0}) + y_\xi(z_{\eta 0}x_{\zeta 0} - z_{\zeta 0}x_{\eta 0}) + z_\xi(x_{\eta 0}y_{\zeta 0} - x_{\zeta 0}y_{\eta 0})$$
$$+ x_\eta(y_{\zeta 0}z_{\xi 0} - y_{\xi 0}z_{\zeta 0}) + y_\eta(z_{\zeta 0}x_{\xi 0} - z_{\xi 0}x_{\zeta 0}) + z_\eta(x_{\zeta 0}y_{\xi 0} - x_{\xi 0}y_{\zeta 0})$$
$$+ x_\zeta(y_{\xi 0}z_{\eta 0} - y_{\eta 0}z_{\xi 0}) + y_\zeta(z_{\xi 0}x_{\eta 0} - z_{\eta 0}x_{\xi 0}) + z_\zeta(x_{\xi 0}y_{\eta 0} - x_{\eta 0}y_{\xi 0})$$
$$= \Delta V + 2\Delta V_0 \tag{8.2.13c}$$

将式(8.2.13a),式(8.2.13b)和式(8.2.13c)合起来可写成如下矩阵形式的方程组

$$A_0 \vec{r}_\xi + B_0 \vec{r}_\eta + C_0 \vec{r}_\zeta = \vec{e} \tag{8.2.14}$$

其中,$\vec{r}_\xi, \vec{r}_\eta, \vec{r}_\zeta, \vec{e}$ 都代表列向量,并且,三个系数矩阵为

$$A = \begin{bmatrix} \vec{r}_\zeta \\ 0 \\ \vec{r}_\eta \times \vec{r}_\zeta \end{bmatrix} = \begin{bmatrix} x_\zeta & y_\zeta & z_\zeta \\ 0 & 0 & 0 \\ (y_\eta z_\zeta - y_\zeta z_\eta) & (x_\zeta z_\eta - x_\eta z_\zeta) & (x_\eta y_\zeta - x_\zeta y_\eta) \end{bmatrix} \tag{8.2.15a}$$

$$B = \begin{bmatrix} 0 \\ \vec{r}_\zeta \\ \vec{r}_\zeta \times \vec{r}_\xi \end{bmatrix} = \begin{bmatrix} 0 & 0 & 0 \\ x_\zeta & y_\zeta & z_\zeta \\ (y_\zeta z_\xi - y_\xi z_\zeta) & (x_\xi z_\zeta - x_\zeta z_\xi) & (x_\zeta y_\xi - x_\xi y_\zeta) \end{bmatrix} \tag{8.2.15b}$$

$$C = \begin{bmatrix} \vec{r}_\xi \\ \vec{r}_\eta \\ \vec{r}_\xi \times \vec{r}_\eta \end{bmatrix} = \begin{bmatrix} x_\xi & y_\xi & z_\xi \\ x_\eta & y_\eta & z_\eta \\ (y_\xi z_\eta - y_\eta z_\xi) & (x_\eta z_\xi - x_\xi z_\eta) & (x_\xi y_\eta - x_\eta y_\xi) \end{bmatrix} \tag{8.2.15c}$$

$$\vec{e} = \begin{bmatrix} 0 \\ 0 \\ \Delta V + 2[(\vec{r}_\xi \times \vec{r}_\eta) \cdot \vec{r}_\zeta]_0 \end{bmatrix} = \begin{bmatrix} 0 \\ 0 \\ \Delta V + 2\Delta V_0 \end{bmatrix}, \quad \vec{r} = \begin{bmatrix} x \\ y \\ z \end{bmatrix} \tag{8.2.15d}$$

一般来讲,$\Delta V_0 \neq 0$(网格单元体积不为零)或 $\vec{r}_\xi \times \vec{r}_\eta \neq 0$(推进面上网格单元面积不为零),从而矩阵 C_0^{-1} 存在,故式(8.2.14)可写成[7]

$$C_0^{-1}A_0 \vec{r}_\xi + C_0^{-1}B_0 \vec{r}_\eta + \vec{r}_\zeta = C_0^{-1}\vec{e} \tag{8.2.16}$$

如果令

$$\vec{r}_\xi \times \vec{r}_\eta = (\sigma_x, \sigma_y, \sigma_z) = (y_\xi z_\eta - y_\eta z_\xi, x_\eta z_\xi - x_\xi z_\eta, x_\xi y_\eta - x_\eta y_\xi)$$

$$\vec{r}_\eta \times \vec{r}_\zeta = (\tau_x, \tau_y, \tau_z) = (y_\eta z_\zeta - y_\zeta z_\eta, x_\zeta z_\eta - x_\eta z_\zeta, x_\eta y_\zeta - x_\zeta y_\eta)$$

$$\vec{r}_\zeta \times \vec{r}_\xi = (\omega_x, \omega_y, \omega_z) = (y_\zeta z_\xi - y_\xi z_\zeta, x_\xi z_\zeta - x_\zeta z_\xi, x_\zeta y_\xi - x_\xi y_\zeta)$$

则

$$A = \begin{bmatrix} \vec{r}_\zeta \\ 0 \\ \vec{r}_\eta \times \vec{r}_\zeta \end{bmatrix} = \begin{bmatrix} x_\zeta & y_\zeta & z_\zeta \\ 0 & 0 & 0 \\ \tau_x & \tau_y & \tau_z \end{bmatrix}$$

$$B = \begin{bmatrix} 0 \\ \vec{r}_\zeta \\ \vec{r}_\zeta \times \vec{r}_\xi \end{bmatrix} = \begin{bmatrix} 0 & 0 & 0 \\ x_\zeta & y_\zeta & z_\zeta \\ \omega_x & \omega_y & \omega_z \end{bmatrix}$$

$$C = \begin{bmatrix} \vec{r}_\xi \\ \vec{r}_\eta \\ \vec{r}_\xi \times \vec{r}_\eta \end{bmatrix} = \begin{bmatrix} x_\xi & y_\xi & z_\xi \\ x_\eta & y_\eta & z_\eta \\ \sigma_x & \sigma_y & \sigma_z \end{bmatrix}$$

并且

$$\det(C) = |C| = |\vec{r}_\xi \times \vec{r}_\eta|^2 = \sigma_x^2 + \sigma_y^2 + \sigma_z^2$$

$$= (y_\xi z_\eta - y_\eta z_\xi)^2 + (x_\eta z_\xi - x_\xi z_\eta)^2 + (x_\xi y_\eta - x_\eta y_\xi)^2$$

$$C^{-1} = \frac{1}{|C|} \begin{bmatrix} y_\eta \sigma_z - z_\eta \sigma_y & z_\xi \sigma_y - y_\xi \sigma_z & \sigma_x \\ z_\eta \sigma_x - x_\eta \sigma_z & x_\xi \sigma_z - z_\xi \sigma_x & \sigma_y \\ x_\eta \sigma_y - y_\eta \sigma_x & y_\xi \sigma_x - x_\xi \sigma_y & \sigma_z \end{bmatrix}$$

$$\tilde{A} = C^{-1} A$$

$$= \frac{1}{|C|} \begin{bmatrix} \tau_x \sigma_x - x_\zeta z_\eta \sigma_y + x_\zeta y_\eta \sigma_z & \tau_y \sigma_x - y_\zeta z_\eta \sigma_y + y_\zeta y_\eta \sigma_z & \tau_z \sigma_x - z_\zeta z_\eta \sigma_y + z_\zeta y_\eta \sigma_z \\ x_\zeta z_\eta \sigma_x + \tau_x \sigma_y - x_\zeta x_\eta \sigma_z & y_\zeta z_\eta \sigma_x + \tau_y \sigma_y - y_\zeta x_\eta \sigma_z & z_\zeta z_\eta \sigma_x + \tau_z \sigma_y - z_\zeta x_\eta \sigma_z \\ -x_\zeta y_\eta \sigma_x + x_\zeta x_\eta \sigma_y + \tau_x \sigma_z & -y_\zeta y_\eta \sigma_x + y_\zeta x_\eta \sigma_y + \tau_y \sigma_z & -z_\zeta y_\eta \sigma_x + z_\zeta x_\eta \sigma_y + \tau_z \sigma_z \end{bmatrix}$$

$$\tilde{B} = C^{-1} B$$

$$= \frac{1}{|C|} \begin{bmatrix} \omega_x \sigma_x + x_\zeta z_\eta \sigma_y - x_\zeta y_\eta \sigma_z & \omega_y \sigma_x + y_\zeta z_\eta \sigma_y - y_\zeta y_\eta \sigma_z & \omega_z \sigma_x + z_\zeta z_\eta \sigma_y - z_\zeta y_\eta \sigma_z \\ -x_\zeta z_\eta \sigma_x + \omega_x \sigma_y + x_\zeta x_\eta \sigma_z & -y_\zeta z_\eta \sigma_x + \omega_y \sigma_y + y_\zeta x_\eta \sigma_z & -z_\zeta z_\eta \sigma_x + \omega_z \sigma_y + z_\zeta x_\eta \sigma_z \\ x_\zeta y_\eta \sigma_x - x_\zeta x_\eta \sigma_y + \omega_x \sigma_z & y_\zeta y_\eta \sigma_x - y_\zeta x_\eta \sigma_y + \omega_y \sigma_z & z_\zeta y_\eta \sigma_x - z_\zeta x_\eta \sigma_y + \omega_z \sigma_z \end{bmatrix}$$

展开后可知 $\tilde{A}$ 和 $\tilde{B}$ 均为对称矩阵,可统一写成

$$\tilde{Q} = \frac{1}{|C|} \begin{bmatrix} d_1 & a & b \\ a & d_2 & c \\ b & c & d_3 \end{bmatrix}$$

它有三个相异的特征值

$$\lambda_{1,2} = \pm \sqrt{a^2 + b^2 + c^2 - d_1 d_2 - d_2 d_3 - d_3 d_1}, \quad \lambda_3 = 0 \qquad (8.2.17)$$

故式(8.2.16)对于 ζ 是双曲型的,可沿该方向推进求解[14]。

令 $\Delta\xi=\Delta\eta=\Delta\zeta=1$,在 ξ,η 方向用中心差分,在 ζ 方向用两点向后差分,式(8.2.14)离散为

$$A_k\delta_\xi\vec{r}_{k+1}+B_k\delta_\eta\vec{r}_{k+1}+C_k\,\nabla_\zeta\vec{r}_{k+1}=\vec{e}_{k+1}=\begin{bmatrix}0\\0\\\Delta V_{k+1}+2\Delta V_k\end{bmatrix} \tag{8.2.18a}$$

根据式(8.2.14)的来历,知其前两个方程,即式(8.2.13a)和式(8.2.13b)等号左端的前三项之和、中间三项之和、最后三项之和都等于零,第三个方程,即式(8.2.13c)等号左端的前三项这和、中间三项之和、最后三项之和都等于一个 ΔV_0 或 ΔV,从而有

$$A_k\delta_\xi\vec{r}_k+B_k\delta_\eta\vec{r}_k=\begin{bmatrix}0\\0\\2\Delta V_k\end{bmatrix} \tag{8.2.18b}$$

从式(8.2.18a)减去式(8.2.18b)就得到

$$A_k\delta_\xi(\vec{r}_{k+1}-\vec{r}_k)+B_k\delta_\eta(\vec{r}_{k+1}-\vec{r}_k)+C_k\nabla_\zeta\vec{r}_{k+1}=\vec{g}_{k+1} \tag{8.2.19}$$

其中

$$\delta_\xi\vec{r}_i=\frac{\vec{r}_{i+1}-\vec{r}_{i-1}}{2},\quad \delta_\eta\vec{r}_j=\frac{\vec{r}_{j+1}-\vec{r}_{j-1}}{2},\ \nabla_\zeta\vec{r}_{k+1}=\vec{r}_{k+1}-\vec{r}_k,\ \vec{g}_{k+1}=\begin{bmatrix}0\\0\\\Delta V_{k+1}\end{bmatrix}$$

注意,方程中只标出来了变化的下标,如 $\vec{r}_{k+1}$ 指 $\vec{r}_{i,j,k+1}$,$\vec{r}_{k-1}$ 指 $\vec{r}_{i,j,k-1}$ 等。

给方程(8.2.19)通乘以 C_k^{-1} 可得

$$C_k^{-1}A_k\delta_\xi(\vec{r}_{k+1}-\vec{r}_k)+C_k^{-1}B_k\delta_\eta(\vec{r}_{k+1}-\vec{r}_k)+I(\vec{r}_{k+1}-\vec{r}_k)=C_k^{-1}\vec{g}_{k+1}$$
$$\tag{8.2.20}$$

其中,I 是单位矩阵。为了减小求逆成本,对式(8.2.20)进行近似因子分解后变为

$$(I+C_k^{-1}B_k\delta_\eta)(I+C_k^{-1}A_k\delta_\xi)(\vec{r}_{k+1}-\vec{r}_k)=C_k^{-1}\vec{g}_{k+1} \tag{8.2.21}$$

这样,$\vec{r}_{k+1}$ 可通过求解一系列类似一维的块三对角方程组而得到

$$(I+C_k^{-1}B_k\delta_\eta)\tilde{\vec{g}}_{k+1}=C_k^{-1}\vec{g}_{k+1} \tag{8.2.22a}$$

$$(I+C_k^{-1}A_k\delta_\xi)\nabla_\zeta\vec{r}_{k+1}=\tilde{\vec{g}}_{k+1} \tag{8.2.22b}$$

$$\vec{r}_{k+1}=\vec{r}_k+\nabla_\zeta\vec{r}_{k+1} \tag{8.2.22c}$$

实践中,在 ξ,η 方向要加数值耗散项。典型的做法是加四阶和二阶差分的组合,它们被包含到基本算法里,即

$$[I+C_k^{-1}B_k\delta_\eta-\varepsilon_{i\eta}(\Delta\nabla)_\eta][I+C_k^{-1}A_k\delta_\xi-\varepsilon_{i\xi}(\Delta\nabla)_\xi](\vec{r}_{k+1}-\vec{r}_k)$$

$$=C_k^{-1}\vec{g}_{k+1}-[\varepsilon_{e\xi}(\Delta\nabla)_\xi^2+\varepsilon_{e\eta}(\Delta\nabla)_\eta^2]\vec{r}_k \tag{8.2.23}$$

其中,二阶和四阶数值耗散为

$$(\Delta\nabla)_\eta \vec{r} = \vec{r}_{j+1} - 2\vec{r}_j + \vec{r}_{j-1}$$

$$(\Delta\nabla)_\xi^2 \vec{r} = \vec{r}_{i+2} - 4\vec{r}_{i+1} + 6\vec{r}_i - 4\vec{r}_{i-1} + \vec{r}_{i-2}$$

耗散系数的值与当地网格相关联,即 $\varepsilon_\xi = 0.5 \parallel C^{-1}A \parallel$,$\varepsilon_\eta = 0.5 \parallel C^{-1}B \parallel$,$\varepsilon_i = 3\varepsilon_e$[7]。为了简单起见,数值耗散也可以只采用二阶的

$$[I + C_k^{-1}B_k\delta_\eta - \varepsilon_{i\eta}(\Delta\nabla)_\eta][I + C_k^{-1}A_k\delta_\xi - \varepsilon_{i\xi}(\Delta\nabla)_\xi](\vec{r}_{k+1} - \vec{r}_k)$$

$$= C_k^{-1}\vec{g}_{k+1} - [\varepsilon_\xi(\Delta\nabla)_\xi + \varepsilon_\eta(\Delta\nabla)_\eta]\vec{r}_k \tag{8.2.24}$$

其中,$\varepsilon_{i\xi} = 2\varepsilon_\xi$,$\varepsilon_{i\eta} = 2\varepsilon_\eta$。

还可以通过将 $\nabla_\zeta \vec{r} = \partial\vec{r}/\partial\zeta$ 差分为 $\vec{r}_{k+1} - \vec{r}_k = (1+\theta)(\partial\vec{r}/\partial\zeta)_{k+1} - \theta(\partial\vec{r}/\partial\zeta)_k$ 加入到算法中来进一步增加光顺特性与隐式特性,其中,$0 < \theta < 4$[13],方程(8.2.24)变为

$$[I + (1+\theta_\eta)C_k^{-1}B_k\delta_\eta - \varepsilon_{i\eta}(\Delta\nabla)_\eta][I + (1+\theta_\xi)C_k^{-1}A_k\delta_\xi - \varepsilon_{i\xi}(\Delta\nabla)_\xi](\vec{r}_{k+1} - \vec{r}_k)$$

$$= C_k^{-1}\vec{g}_{k+1} - [\varepsilon_\xi(\Delta\nabla)_\xi + \varepsilon_\eta(\Delta\nabla)_\eta]\vec{r}_k \tag{8.2.25}$$

θ_ξ,θ_η 通常可以保持为零,除非物面在 ξ 或 η 方向出现严重内凹形状。当物面出现内凹时,处于 $0 < \theta < 4$ 的 θ 值可以有效防止同族网格线的相交[15]。

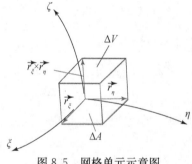

图 8.5　网格单元示意图

系数矩阵 A_k,B_k 和 C_k 包含了对 ξ,η,ζ 的导数,对 ξ 和 η 的导数可在当前已知层由中心差分计算,而对 ζ 的导数 $\vec{r}_\zeta$ 可假设推进方向沿当前层法向,而从对 ξ 和 η 的导数 $\vec{r}_\zeta$ 和 $\vec{r}_\eta$ 的组合得到(图 8.5)

$$\vec{r}_\zeta = |\vec{r}_\zeta| \vec{n}_{on\zeta=const} = |\vec{r}_\zeta| \frac{(\vec{r}_\xi \times \vec{r}_\eta)}{|\vec{r}_\xi \times \vec{r}_\eta|} = \frac{(\vec{r}_\xi \times \vec{r}_\eta)}{|\vec{r}_\xi \times \vec{r}_\eta|} \frac{|\vec{r}_\xi \times \vec{r}_\eta|}{|\vec{r}_\xi \times \vec{r}_\eta|} |\vec{r}_\zeta| = \frac{\Delta V}{|\vec{r}_\xi \times \vec{r}_\eta|^2}(\vec{r}_\xi \times \vec{r}_\eta)$$

注意到 $\det(C) = |\vec{r}_\xi \times \vec{r}_\eta|^2 = (y_\xi z_\eta - y_\eta z_\xi)^2 + (x_\eta z_\xi - x_\xi z_\eta)^2 + (x_\xi y_\eta - x_\eta y_\xi)^2 = \sigma_x^2 + \sigma_y^2 + \sigma_z^2$ 代表 $\zeta = const$ 网格面网格单元面积的平方,则有

$$\begin{Bmatrix} x_\zeta \\ y_\zeta \\ z_\zeta \end{Bmatrix} = \frac{\Delta V}{|C|} \begin{Bmatrix} \sigma_x \\ \sigma_y \\ \sigma_z \end{Bmatrix} = \frac{\Delta V}{\det(C)} \begin{Bmatrix} y_\xi z_\eta - y_\eta z_\xi \\ x_\eta z_\xi - x_\xi z_\eta \\ x_\xi y_\eta - x_\eta y_\xi \end{Bmatrix} = C^{-1}\vec{g} \tag{8.2.26}$$

通过要求在尖锐外凸拐角处的步进增量 $\Delta\vec{r}_k = \vec{r}_{k+1} - \vec{r}_k$ 为其相邻点增量的平均值,能够获得格式在尖角处额外的稳定性。在尖角处求解如下的平均方程就能实现

$$\Delta\vec{r}_{i,j} = \frac{1}{2}(\mu_\xi + \mu_\eta)\Delta\vec{r}_{i,j} \tag{8.2.27}$$

其中

$$\mu_\xi \Delta \vec{r}_{i,j} = \frac{1}{2}(\Delta \vec{r}_{i+1,j} + \Delta \vec{r}_{i-1,j}), \quad \mu_\eta \Delta \vec{r}_{i,j} = \frac{1}{2}(\Delta \vec{r}_{i,j+1} + \Delta \vec{r}_{i,j-1})$$

$$(8.2.28)$$

对式(8.2.27)作近似因子分解得到

$$\left(I - \frac{1}{2}\mu_\xi\right)\left(I - \frac{1}{2}\mu_\eta\right)\Delta \vec{r} = 0 \tag{8.2.29}$$

式(8.2.29)与双曲型方程的块三对角矩阵中的因式分解的因子具有相同的形式。无论在 ξ 还是 η 方向存在尖锐的外凸拐角,就开启方程(8.2.29)运算一次。例如,如果拐角的外角大于 $240°$,就可以进行这样的运算。如果拐角两侧的表面网格间距相等,则上述起平均作用的方程的处理效果就特别好[1]。

8.2.4　网格单元尺寸的确定

当网格从初始状态推进时,在每一层网格的每一网格节点上,当地网格单元尺寸(二维用面积 ΔA 表示,三维用体积 ΔV 表示)必须指定。指定网格单元尺寸的方法不是唯一的,但下面给出的是一个很方便的方法。在文献[6]和[7]还可以发现其他一些指定网格单元尺寸的方法。

对于二维和三维情形,在推进方向上的一维(一元)拉伸函数由用户指定。该拉伸函数给出了推进方向上每层网格要使用的步长大小。对于二维情况,ΔA 由当地弧长和当前网格层的推进步长的乘积来计算。对于三维情况,ΔV 由当地网格单元面积和当前网格层的推进步长的乘积计算。由拉伸函数给出的网格步长在初始状态附近提供了良好的网格加密(拉近性)控制,而这个初始状态在流体流动计算中通常选为固体表面,这种拉近性控制对黏性计算特别重要。

尽管可以采用任意的拉伸函数,不过最普遍采用的还是几何正切函数和双曲正切函数,这两类函数沿推进方向总的推进距离和使用的总点数都应当指定。几何正切函数只允许在域的一端(通常在初始状态上)指定网格间距。双曲正切函数允许在域的一端或两端都可指定网格间距,当需要控制外边界处的网格间距时,这一特性会带来方便。这种情况经常出现在重叠网格体系中,此时期望本块网格在相邻块网格的边界处具有可比的(同量级的)网格间距。

典型的应用情形是,在初始状态(初始边界)的所有网格点上采用相同的初始间距(步长)/最终间距(步长)和推进距离。然而,在某些应用中,初始边界上的不同点要求采用不同的初始/最终间距和不同的推进距离(如三段翼型情形)。确定这种可变网格间距和可变推进距离的一种方便方法是在初始边界上的关键控制点上指定这些参数,而在其余点上用插值的方法来获得它们的值。

通过在指定的网格尺寸上实施光顺处理步骤,可以在一定程度上增强网格的光顺性。这样可以使网格尺寸更加均匀,这通常是远场区域的网格所期望的一个特性。例如,三维情形中被光顺过的网格单元的体积 $\Delta \overline{V}_{i,j,k}$ 可以计算如下[1]

$$\Delta \overline{V}_{i,j,k} = (1-v_a)\Delta V_{i,j,k} + \frac{v_a}{4}(\Delta V_{i+1,j,k} + \Delta V_{i-1,j,k} + \Delta V_{i,j+1,k} + \Delta V_{i,j-1,k})$$

(8.2.30)

其中,v_a 是一个加权因子。在每一个推进步,式(8.2.30)可以应用一次或者多次。应用过的 v_a 的一个典型值是 0.16。

8.2.5 边界条件

二维必须在 ξ 方向,三维必须在 ξ 和 η 方向提供数值边界条件。所使用的边界条件要么是由指定的初始状态的拓扑结构来决定,要么是以正在生成的网格所期望的边界特性来决定。例如,二维情形中,周期性的初始曲线要求在 ξ 方向使用周期性边界条件。而对二维情形的非周期性初始曲线,用户有好几种选择来影响从这个初始曲线两端点出发的网格侧边边界的性态。侧边边界被允许自由浮动、向外倾斜,或者是笛卡儿坐标系的一个坐标平面(意指笛卡儿坐标=const 的平面)(图 8.6)。

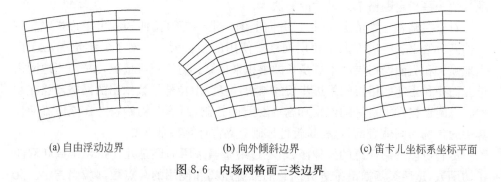

(a) 自由浮动边界　　　　　(b) 向外倾斜边界　　　　　(c) 笛卡儿坐标系坐标平面

图 8.6　内场网格面三类边界

上述边界条件可以用一个隐式边界格式来实施。用零阶和一阶混合外插格式来实现自由浮动边界条件和向外倾斜边界条件。例如,可以使因变量 $\Delta \vec{r} = (\Delta x, \Delta y, \Delta z)^{\mathrm{T}} = \vec{r}_{k+1} - \vec{r}_k$ 在 $i=1$ 的边界上满足

$$(\Delta \vec{r})_{i=1} = (\Delta \vec{r})_{i=2} + \varepsilon_x\left[(\Delta \vec{r})_{i=2} - (\Delta \vec{r})_{i=3}\right]$$

(8.2.31)

其中,$0 \leqslant \varepsilon_x \leqslant 1$ 是外插因子。方程(8.2.25)等号左边块三对角矩阵中在端点处的适当元素用方程(8.2.31)进行修改。设置 $\varepsilon_x=0$ 可以实现自由浮动条件;ε_x 从 0 开始增大有使边界网格偏离内场网格向外倾斜的作用;仅仅将 $\Delta \vec{r}$ 的适当分量设置为 0 就可以施加 x,y 或 z 方向上的常值平面条件。例如,在 $i=1$ 边界上的 $\xi=$ const 平面条件可以通过施加 $(\Delta x, \Delta y, \Delta z)_{i=1}^{\mathrm{T}} = (0, \Delta y, \Delta z)_{i=2}^{\mathrm{T}}$ 来设定[1]。

在三维情形,以一个曲面作为初始状态,拓扑结构可能更加复杂。初始曲面可能是

(1)在 ξ 和 η 方向上都是非周期的;

(2)在一个方向上是周期的,在另外一个方向是非周期的(柱形面拓扑);

(3)在两个方向上都是周期性的(圆环面拓扑)。

在非周期性边界上,可以采用和二维情形相同的非周期边界格式(图 8.6)。此外,奇点可能出现在表面网格的边界线上,如奇性轴点或塌缩边缘。在这些边界上需要做特殊的数值边界处理,奇性轴点是所有某族表面网格上的一条边界线,而这条线缩成了一个点。相应的空间网格包含一根从表面网格的轴点出发的极轴(极轴是空间网格的某边界面缩成的一根线)(图 8.7)。在 C 网格或 O 网格拓扑中,翼梢处有时用一个塌缩边缘条件,此时机翼表面的 C 网格或 O 网格的网格线在机翼翼梢处厚度塌缩为零形成一个塌缩边缘。图 8.8 展示了一个机翼 C 网格在翼梢处的塌缩边缘情形。从翼梢塌缩边缘发出的空间网格的那个网格面形成了一个奇性面(图 8.8 中 $j=j_{\max}$ 面)。

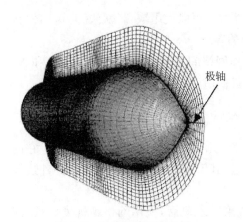 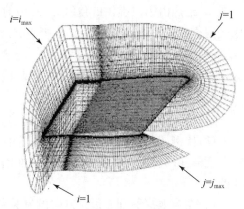

图 8.7　奇性轴点和奇性轴　　　　　图 8.8　机翼 C 网格的翼梢塌缩边缘

8.2.6　网格光顺机理

可以通过三种机理对前述双曲型网格生成格式,即式(8.2.25)所生的网格进行光顺,而这三种机理都可由用户进行控制。第一种机理是通过方程(8.2.25)中的隐性因子 θ_ξ 和 θ_η 来实现的,取值在 $1\sim4$ 的这两个参数对分别防止 ξ 和 η 方向的凹角区的同族网格线相交有轻微效果。第二种机理是通过对指定单元的面积/体积进行多次光顺,以达到光顺效果的方法(8.2.4 小节介绍的方法),这一光顺机理有使向一起聚拢的网格线分散开来的效果,从而使网格单元尺寸随着光顺步数的增加趋向于均匀分布。最强有力和最重要的是由方程(8.2.25)中的二阶光顺系数

主宰的第三种光顺机理。下面对第三种光顺机理进行详细讨论。

方程(8.2.25)中的二阶光顺项有为中心差分格式提供数值耗散的作用。该光顺项的一个直接效果就是增强网格的光顺性,但同时也减弱了网格的正交性。对于一个复杂的几何外形,很显然内场网格的不同区域需要附加不同强度的数值光顺。强调网格正交性的区域希望进行较少的光顺,这一般出现在物面附近的区域和几何体曲率较小的区域。在物面内凹的区域需要较多的光顺来防止同族网格线的相交。基于以上属性设计出来一种在空间变化的耗散系数,在各种各样的情形下表现良好[8]。下面将讨论耗散模型最精髓的部分。

令 D_e 代表方程(8.2.25)等号右边的显式二阶耗散项

$$D_e = -\left[\varepsilon_{e\xi}(\Delta\nabla)_\xi + \varepsilon_{e\eta}(\Delta\nabla)_\eta\right]\vec{r}_k \tag{8.2.32}$$

其中,系数 $\varepsilon_{e\xi}$ 和 $\varepsilon_{e\eta}$ 设计与五个量有依赖关系:

$$\varepsilon_{e\xi} = \varepsilon_c N_\xi S_k d_\xi a_\xi, \quad \varepsilon_{e\eta} = \varepsilon_c N_\eta S_k d_\eta a_\eta \tag{8.2.33}$$

其中,唯一由用户调节的参数是 ε_c。方程(8.2.33)中所有其他量都由格式自动计算得到。

(1) ε_c 是由用户提供的量级为 $O(1)$ 的常数。可以使用缺省(默认)值 0.5,但在比较困难的情形可以通过改变 ε_c 提高光顺的等级。

(2)通过参数 N_ξ 和 N_η 使 $\varepsilon_{e\xi}$,$\varepsilon_{e\eta}$ 与当地网格间距构成比例关系,而 N_ξ 和 N_η 分别是矩阵范数 $\|C^{-1}A\|$ 和 $\|C^{-1}B\|$ 的近似值,分别由下式给出

$$N_\xi = \sqrt{\frac{x_\xi^2 + y_\xi^2 + z_\xi^2}{x_\xi^2 + y_\xi^2 + z_\xi^2}}, \quad N_\eta = \sqrt{\frac{x_\xi^2 + y_\xi^2 + z_\xi^2}{x_\eta^2 + y_\eta^2 + z_\eta^2}} \tag{8.2.34}$$

(3)比例调节函数 S_k 作为物面法向距离的函数,用来控制光顺的级别。它的构造使得在网格正交性要求较高的物面附近,其值接近于 0,并逐渐增大到外边界处的 1。

(4)在当地探测到 ξ 和 η 方向的网格线聚拢现象后,就用网格聚拢度(一簇同族网格线逐渐向一起聚拢的趋势)感受器函数 d_ξ 和 d_η 来增强当地的网格光顺性。构造的 d_ξ 函数依赖于在 $k-1$ 层上 ξ 方向相邻网格点之间的平均距离与 k 层上 ξ 方向相邻网格点之间的平均距离的比值。在内凹区域,网格线趋向于聚拢,这一比值就比较高,因此这里需要更多的耗散。在平坦或外凸的区域,需要的耗散较小,这一比值具有 1 或更小的量级。为了防止 d_ξ 函数值在外凸区变得太小,可以采用一个限制器。d_η 函数在 η 方向具有类似的性质。

(5)网格夹角函数 a_ξ 和 a_η 用来在严重内凹的拐角点处分别在 ξ 和 η 方向增加当地的网格光顺性。除了在严重内凹拐角点外,a_ξ 和 a_η 都设计成具有 1 的值。相比于 d_ξ 和 d_η 在整个内凹区都提供影响,由 a_ξ,a_η 提供的额外光顺仅仅在内凹尖角点处才予以加入。用这一方案曾经在内凹尖角低至 5° 情形生成了网格[1]。

8.3　双曲表面网格生成

在双曲表面网格生成中,表面网格是从一个给定几何形状表面(参考表面)上一个指定的初始曲线开始推进生成的。类似于在双曲内场网格生成中那样,新的一层网格是通过在已知的当前层网格对控制方程进行线性化并求解而生成的。在每一个推进步后至下一个推进步开始之前,新一组点被投影到参考表面上。本节叙述的格式与参考表面的具体形式无关。

8.3.1　双曲表面网格生成的控制方程

考虑通用的广义坐标 $\xi(x,y,z)$ 和 $\eta(x,y,z)$,并令 $\vec{n}=(n_1,n_2,n_3)^{\mathrm{T}}$ 为当地曲面单位法向矢量。通过要求当地的推进方向 η 与当前已知状态的当地曲线方向 ξ 正交可推导出正交关系。网格单元面积约束和推进方向与表面相切的条件提供的另外两个方程构成了封闭求解系统。这样控制方程可写成如下形式

$$\vec{r}_\xi \cdot \vec{r}_\eta = x_\xi x_\eta + y_\xi y_\eta + z_\xi z_\eta = 0 \tag{8.3.1a}$$

$$\vec{n} \cdot (\vec{r}_\xi \times \vec{r}_\eta) = n_1(y_\xi z_\eta - z_\xi y_\eta) + n_2(z_\xi x_\eta - x_\xi z_\eta) + n_3(x_\xi y_\eta - y_\xi x_\eta) = \Delta S \tag{8.3.1b}$$

$$\vec{n} \cdot \vec{r}_\eta = n_1 x_\eta + n_2 y_\eta + n_3 z_\eta = 0 \tag{8.3.1c}$$

其中,$\vec{r} = (x,y,z)^{\mathrm{T}}$;$\Delta S$ 为用户指定的表面网格单元的面积,该面积可以用类似于 8.2.4 小节中描述的计算 ΔA 的方法来确定。

8.3.2　双曲表面网格生成方程的数值求解

在已知状态 0 下对方程(8.3.1)进行局部线性化处理,可以得到网格生成方程组

$$A_0 \vec{r}_\xi + B_0 \vec{r}_\eta = \vec{f} \tag{8.3.2}$$

其中

$$A = \begin{bmatrix} x_\eta & y_\eta & z_\eta \\ n_3 y_\eta - n_2 z_\eta & n_1 z_\eta - n_3 x_\eta & n_2 x_\eta - n_1 y_\eta \\ 0 & 0 & 0 \end{bmatrix} \tag{8.3.3a}$$

$$B = \begin{bmatrix} x_\xi & y_\xi & z_\xi \\ n_2 z_\xi - n_3 y_\xi & n_3 x_\xi - n_1 z_\xi & n_1 y_\xi - n_2 x_\xi \\ n_1 & n_2 & n_3 \end{bmatrix} \tag{8.3.3b}$$

$$\vec{f} = \begin{bmatrix} 0 \\ \Delta S + \Delta S_0 \\ 0 \end{bmatrix} \tag{8.3.3c}$$

一般来讲矩阵 B_0^{-1} 存在,除非 ξ 方向的弧长为零,并且 $B_0^{-1}A_0$ 是对称矩阵,方程组在 η 方向上推进是双曲型的[12]。在 η 方向上推进的当地单位矢量可以通过当地表面单位法向矢量 $\vec{n}$ 与 ξ 方向上的当地单位矢量叉乘得到。

方程(8.3.2)可以在 η 方向上以非迭代的隐式推进格式进行数值求解,类似于 8.2.2 小节和 8.2.3 小节描述的求解内场网格生成方程所用的格式。附近的已知状态 0 取自前一个推进步。在 ξ 方向上使用带有显式和隐式二阶光顺的中心差分,而在 η 方向上使用两点向后差分。数值格式可以写成

$$[I+(1+\theta)B_j^{-1}A_j\delta_\xi-\varepsilon_i(\Delta\nabla)_\xi](\vec{r}_{j+1}-\vec{r}_j)=B_j^{-1}\vec{g}_{j+1}-[\varepsilon_e(\Delta\nabla)_\xi]\vec{r}_j$$
(8.3.4)

其中

$$\delta_\xi\vec{r}_i=\frac{\vec{r}_{i+1}-\vec{r}_{i-1}}{2},\quad (\Delta\nabla)_\xi\vec{r}_i=\vec{r}_{i+1}-2\vec{r}_i+\vec{r}_{i-1},\quad \vec{g}_{j+1}=(0,\Delta S_{j+1},0)^{\mathrm{T}}$$
(8.3.5)

还有,I 是单位矩阵;i,j 分别是 ξ 和 η 方向上的网格节点序号;θ 是像方程(8.2.25)引进的隐性因子;ε_e 和 ε_i 分别是显式和隐式光顺系数,$\varepsilon_i\approx2\varepsilon_e$。如在 8.2.6 小节所述,这些参数可设定为在空间是变化的,只有变化的指标(即上下标)才在式(8.3.4)和式(8.3.5)中显示出来,即 $\vec{r}_{i+1}\equiv\vec{r}_{i+1,j}$ 等。

矩阵 A 的元素含有对 η 的导数,这些导数借助于方程(8.3.1)用对 ξ 的导数表示出来,并计算如下

$$\begin{bmatrix}x_\eta\\y_\eta\\z_\eta\end{bmatrix}=B^{-1}\vec{g}=\frac{1}{\beta}\begin{bmatrix}x_\xi-n_1w & n_2z_\xi-n_3y_\xi & n_1s_\xi^2-x_\xi w\\y_\xi-n_2w & n_3x_\xi-n_1z_\xi & n_2s_\xi^2-y_\xi w\\z_\xi-n_3w & n_1y_\xi-n_2x_\xi & n_3s_\xi^2-z_\xi w\end{bmatrix}\vec{g}$$
(8.3.6)

其中

$$w=\vec{n}\cdot\vec{r}_\xi=n_1x_\xi+n_2y_\xi+n_3z_\xi$$
(8.3.7a)

$$s_\xi^2=\vec{r}_\xi\cdot\vec{r}_\xi=x_\xi^2+y_\xi^2+z_\xi^2$$
(8.3.7b)

$$\beta=\det(B)=s_\xi^2-w^2$$
(8.3.7c)

8.3.3 与参考表面的通讯

在每一个推进步的开始,必须计算当前已知状态(已知线)上每一点当地曲面单位法向矢量。在把网格生成方程向前推进时,方程的矩阵里需要这些法向矢量。在每一个推进步后,新生成的点必须被投影回参考表面上。对于一个高质量的网格,当地网格步长相对于曲面的当地曲率要小,这就确保了因投影而使网格点移动的距离比较小,从而保证了在推进方向上的最终网格间距接近于最初指定的步长大小。

每一个双曲推进步的实施都是独立于该步之前的表面法向矢量估算和该步之后的点的投影。这就隐含地说明,如果例行的程序能完成下列两项工作:①在参考

表面上的给定点计算表面法向矢量;②把给定点投影到参考表面上,那么参考表面的不同表述方式就可以很容易地被代入。

8.4　网格举例

8.4.1　二维双曲内场网格

在内场网格生成中,双曲方法经常被用于生成贴体网格,即初始状态选择在飞行器外形的表面。网格外边界在无穷远处的单块网格的生成也经常采用这种方法。图 8.9 是用二维双曲型内场网格生成方法生成的用于无黏流计算的一个大弯度翼型(或涡轮叶片)O 型网格,图 8.10 是同一个翼型用二维双曲型方法生成的用于黏性流计算的网格[6]。这两个网格显示,离开物面的网格线总是沿垂直的方向向外推进,这就是双曲型方法的特点。

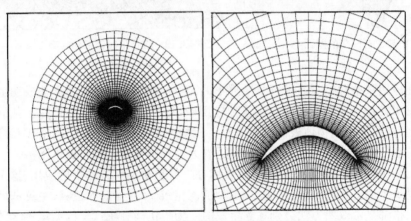

图 8.9　大弯度翼型无黏流计算 O 型网格

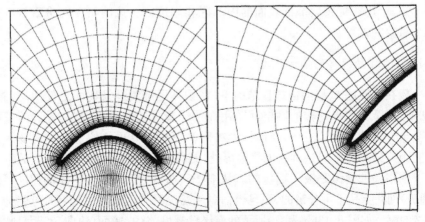

图 8.10　大弯度翼型黏性流计算 O 型网格

　　图 8.11 是用二维双曲型内场网格生成方法生成的一个有凹隐和凸起包的壁面上的网格。图 8.12 是用二维双曲方法生成的一个带格尼（Gurney）扰流片的翼型的网格[14]。网格显示，离开物面的网格线总是和物面正交。

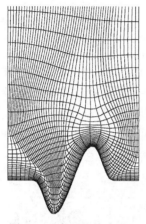

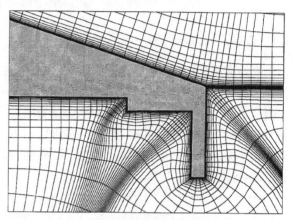

图 8.11　有凹凸的壁面上　　　　　图 8.12　带格尼扰流片的翼型
　　　　　的网格　　　　　　　　　　　　　　的网格（后缘局部）

　　在应用重叠网格策略求解复杂外形时，双曲网格生成方法同样被成功地用于生成其中的每一块贴体网格。在这种应用中，每单个网格一般都是相互独立生成的，并且外边界距离物体表面都不太远。重叠网格方法允许相邻网格相互自由重叠的特点使得双曲网格生成方法特别适合为这种网格布局策略提供网格。

　　图 8.13 就是二维双曲网格生成技术在二维重叠网格方法中的应用，这个重叠网格是一个由五块网格组成的三段翼型的网格[16]。围绕前缘缝翼、主翼和后缘襟翼的网格都是由双曲方法分别独立生成的。为了正确分辨这个构型尾迹区的剪切层，还需要两个专门剪裁出来的代数网格。一个用在襟翼的有限厚度后缘区域的下游，另一个用在主翼后部下表面的内凹区和尾迹区。该网格在网格重叠区进行了两个重要的处理。

1. 前缘缝翼网格的扇形尾迹

　　一般在标准的 C 型网格拓扑结构下，在物体尾迹割缝及物面上使用均匀黏性壁（法向）间距。如果这样的网格间距用在前缘缝翼的网格上，则其尾迹的下游边界将会包含黏性间距。然而，与前缘缝翼网格下游边界重叠的主翼区内场网格的网格间距要稀疏得多。这种在网格边界处相邻网格之间在网格分辨率上的巨大差异对于网格间的通讯是极不期望的。从细（密）网格上计算得到的流动特征可能在粗（稀疏）网格上是不可分辨的，而且当信息从稀疏网格插值到密网格时可能会污染密网格的解。如图 8.13(b)和(c)所示的前缘缝翼网格中，壁面（法向）间距沿物面保

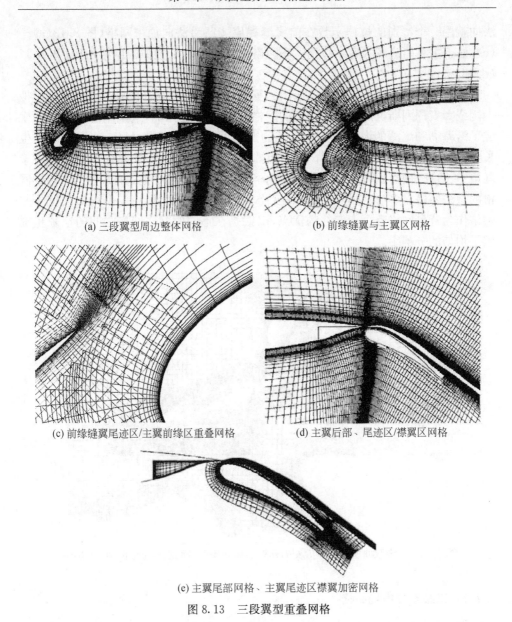

(a) 三段翼型周边整体网格　　　　　　　　(b) 前缘缝翼与主翼区网格

(c) 前缘缝翼尾迹区/主翼前缘区重叠网格　　　(d) 主翼后部、尾迹区/襟翼区网格

(e) 主翼尾部网格、主翼尾迹区襟翼加密网格

图 8.13　三段翼型重叠网格

持不变,但是从后缘开始向下游沿着尾迹割缝逐渐增大。前缘缝翼下游尾迹边界处网格间距的稀疏化提供了前缘缝翼网格与主翼网格之间一个更高质量的通讯。

2. 主翼网格中的加密区

在多段翼型构型中,每一段翼型的尾迹区的流动必须被其下游的那段翼型的内场网格充分分辨。例如,前缘缝翼网格的尾迹融入主翼的内场网格,那么在主翼法向就用一个特别的拉伸函数在前缘缝翼尾迹区沿法向加密网格(图 8.13(a)~(c));处于主翼尾迹区的后缘襟翼内场网格也设置了一个类似的网格加密(图 8.13(d)和(e))。

　　另一个二维双曲型内场网格应用到重叠网格方法的例子是从地球物理学模拟中围绕大安的列斯群岛和墨西哥湾的网格[17]中抽取出来的,这里用双曲型方程生成了沿海岛和海湾的海岸线向外生长的贴体网格(图 8.14)。每一个网格向外生长到距初始状态不太远的距离。这一组曲线网格被嵌入到一个均匀的笛卡儿背景网格中。这样做要比将其中一个贴体网格从固壁向外生长很大距离也用作背景网格的做法容易得多(使贴体网格生成变得容易得多)。而且,用一个均匀的笛卡儿网格作为背景网格有令人向往的优点,那就是在不同的贴体网格之间的空隙里提供了均匀的分辨率。

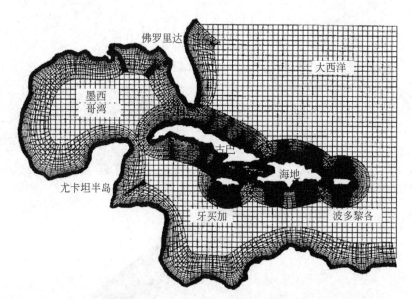

图 8.14　二维双曲型网格在大安的列斯群岛和墨西哥湾水域重叠网格中的应用

8.4.2　三维双曲内场网格

　　图 8.15 是用三维双曲方法生成的波形壁面上的网格,图 8.16 是围绕某 L 型物体生成的三维双曲网格。显而易见,两个网格都能与初始表面(物面)正交[14]。

　　图 8.17 是用三维双曲方法生成的简化的航天飞机轨道器网格[7]。图 8.18 是航天飞机轨道器双曲网格立体视图[10,18]。

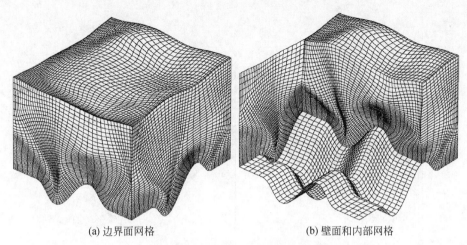

(a) 边界面网格　　　　　　　　　　(b) 壁面和内部网格

图 8.15　波形壁面上生成的三维双曲网格

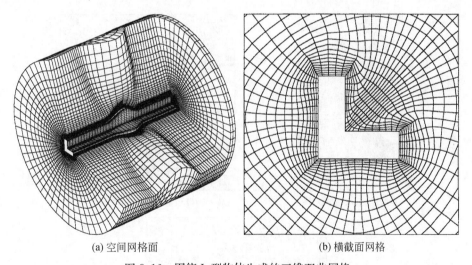

(a) 空间网格面　　　　　　　　　　(b) 横截面网格

图 8.16　围绕 L 型物体生成的三维双曲网格

　　图 8.19 和图 8.20 是用双曲型方法生成的单体网格在航天飞机运载发射多体拼合系统重叠网格中的应用[18]。图 8.19 显示了多体系统三个部件各自对称面内的贴体网格。轨道器(orbiter)和固发助推器(solid rocket booster, SRB)的网格都与延伸到远场的外燃料箱(external tank, ET)的网格相重叠。图 8.20 给出了外燃料箱网格、轨道器网格、固发助推器网格的横截面网格,每当一个网格(如网格 1)中的点落到另一个网格(如网格 2)的物体边界内时,网格 1 的这些点就被裁掉,从而在网格 1 里就形成一个洞。网格 1 的洞边界数据就由网格 2 提供[18]。

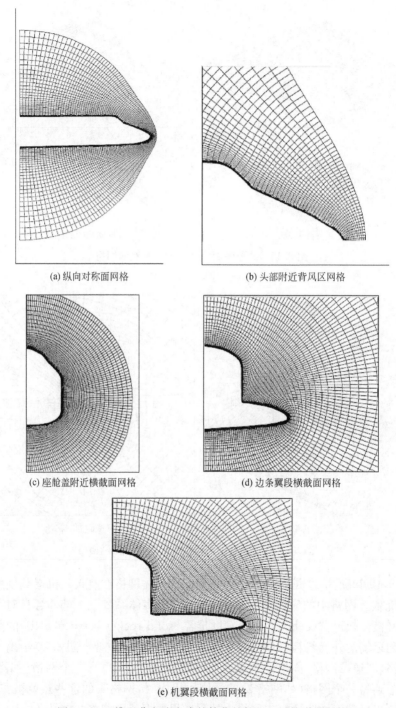

(a) 纵向对称面网格　　　　　　　　　　　(b) 头部附近背风区网格

(c) 座舱盖附近横截面网格　　　　　　　　　(d) 边条翼段横截面网格

(e) 机翼段横截面网格

图8.17　三维双曲方法生成的简化的航天飞机轨道器网格

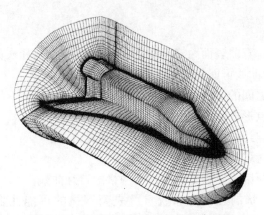

图 8.18　航天飞机轨道器三维双曲网格

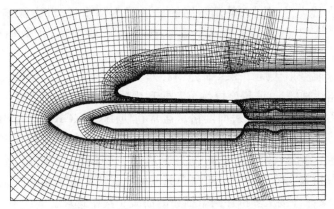

图 8.19　航天飞机多体拼合系统重叠网格(各体对称面网格)

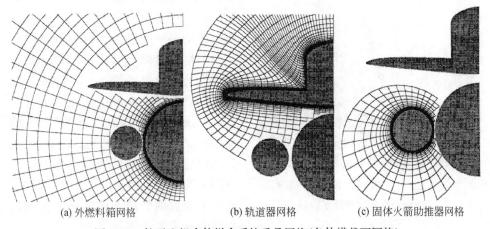

(a) 外燃料箱网格　　　　　　(b) 轨道器网格　　　　　　(c) 固体火箭助推器网格

图 8.20　航天飞机多体拼合系统重叠网格(各体横截面网格)

8.4.3　双曲表面网格

在实际应用中,双曲表面网格生成的初始状态一般选择表面几何形状上的控制曲线。这些控制曲线可能是下列几种类型之一:

(1)表面部件之间的交线,如机翼和机身间的交线;

(2)表面间断点形成的曲线;

(3)高曲率点连线的曲线,如沿机翼前缘和翼稍;

(4)某个表面区域的边界线;

(5)因非几何原因需要在其近旁加密网格的特殊曲线。

在复杂几何形状的表面上布置重叠表面网格的可能性是由 Steger[19] 提出的,这样的表面网格可以很方便地用双曲方法和代数方法生成。对于以一条控制曲线为边界的网格,双曲推进或代数推进格式是生成该网格最方便的方法。通常对初始曲线上的不同点采用不同的推进距离和步长,以确保相邻网格间有充分的重叠。对于以两条或更多控制曲线为边界的网格,代数插值方法更加合适。

美国国家航空航天局 Ames 研究中心开发的 SURGRD 程序软件包可以进行双曲表面网格生成[20]。该程序提供了双曲和代数推进选项,用于在一个由多拼片网络组成的参考表面上生成表面网格。通常在使用 SURGRD 之前,由 CAD 数据(如非均匀有理 B 样条 NURBS 表面)导出的表面描述要转化成高保真度的多拼片网络描述。这一数据转换通常要借助于其他一些网格生成软件包来进行,如 GRIDGEN[21]和 ICEMCFD[22]。双曲表面网格生成所需的初始曲线也可以由这些软件包生成,或者直接从多拼片网络描述的曲线子集中选取。

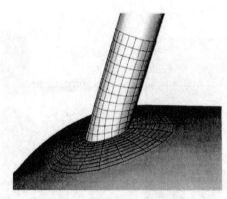

图 8.21　用双曲方法生成的管道和
曲面相交区域的颈圈网格

当把重叠网格方法应用到两个相交的几何部件时,这两个部件的网格(表面和空间网格)通常是各自相互独立生成的。一个被称为颈圈网格的第三个网格通常用在相交区域以分辨两个部件的当地几何特征[23]。双曲表面网格生成最早的实际应用之一就是生成一个颈圈表面网格,两个部件的交线被用作双曲推进格式的初始曲线,由此共用初始曲线生成的两个部件上的表面网格就被衔接起来。图 8.21 为用双曲方法生成的管道和曲面相交区域的颈圈表面网格。

在 Meakin[24] 对 V-22 倾转旋翼构型进行流场计算时,其表面的几何特征由 22 块拼片网络描述。由于当时还没有双曲表面网格生成器,数值模拟用的所有表面网格均由 GRIDGEN 软件包的代数方法生成。图 8.22 为用 SURGRD 代码生成的倾转旋翼的机身、机翼、短舱的表面网格,以展示双曲表面网格生成的能力。除了翼身交接处颈圈网格的机翼段网格和机翼/短舱交接处颈圈网格的机翼段网格这两个网格是由代数推进法生成的外,所有表面网格都是由双曲方法生成的。

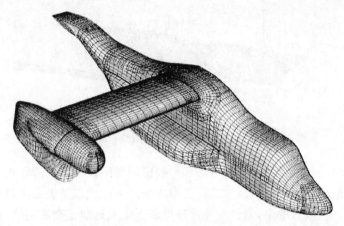

图 8.22　双曲方法生成的 V-22 倾转旋翼机身、机翼、短舱的表面网格

图 8.23 为航天飞机轨道器的重叠表面网格,除了将轨道器机动系统舱 (orbital maneuvering system pod, OMS) 和主机身分开的接缝线两边的网格是由 SURGRD 的代数选项生成的外,所有网格都是双曲方法生成的[20]。

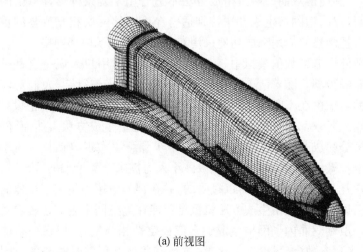

(a) 前视图

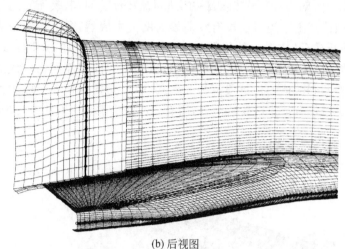

(b) 后视图

图 8.23　航天飞机轨道器重叠表面网格

　　本章给出了双曲型网格生成方法和一些应用举例。该方法需要求解一个非线性双曲型偏微分方程组,并且对二维、三维内场网格生成以及表面网格生成都可以列出求解式。在该方法中,通过快速推进生成正交或近似正交的网格,以及一维拉伸函数指定单元尺寸自然实现网格向边界的拉近加密。对于不同的边界条件可以产生出各种不同的网格拓扑。格式的稳定性可以通过采用在空间变化的光顺系数以及恰当地处理外凸拐角来实现。

　　在双曲型方程一次性扫过的推进格式中,侧面边界和外边界是不允许精确指定的,这种限制使得双曲型网格生成方法不适合用于复杂外形计算中的分块网格策略。然而,双曲型网格生成方法特别适合允许相邻网格相互重叠的重叠网格策略。无数重叠网格的应用都成功地采用双曲方法生成了内场网格。

　　在复杂外形流场数值模拟中,其结构网格生成对用户来说一直都是一个典型的高度费时的步骤。随着所关注的几何外形变得越来越复杂,人们对网格生成过程自动化的需求也在不断增长。现在还不是很清楚能否用重叠网格设计出一种对用户一点输入要求都没有的完全"黑匣子"式的网格生成方法。然而,网格生成的流程可以被分解成若干子步骤,其中有些子步骤可以实现自动化。对于难以实现自动化的子步骤,可以发展一些格式以减小人力需求。无论如何,最后可能还会需要一些用户互动,但可能仍是可以接受的,并在很多应用中是相当快速的。

　　本章已讨论双曲网格生成方法将极有可能在重叠网格生成过程自动化中发挥关键作用。虽然双曲内场网格生成的数值稳定性相当地好,但在一些非常复杂的情形下,对光顺参数(参见 8.2.6 小节)进行一些调节仍然是需要的。因为格式计算速度很快,所以这些迭代通常不会花费太多时间。然而,光顺机理仍有可能被改进到不需要任何调节的水平。

作业题

　　用双曲型方程生成网格和用椭圆型方程生成网格有什么异同？各有什么优缺点？

参 考 文 献

[1] Chan W M. Hyperbolic methods for surface and field grid generation[M]//Thompson J F, Soni B K, Weatherill N P. Handbook of Grid Generation. Boca Raton: CRC Press, 1999.

[2] Rai M M. A conservative treatment of zonal boundaries for Euler equation calculations[J]. Journal of Computational Physics, 1986, 62(2): 472-503.

[3] Thompson J F. Composite grid generation code for general 3-D regions——the Eagle code[J]. AIAA Journal, 1988, 26(3): 271-272.

[4] Steger J L, Dougherty F C, Benek J A. A Chimera grid scheme[C]. Applied Mechanics, Bioengineering, and Fluids Engineering Conference, Houston, USA, 1983.

[5] Starius G. Constructing orthogonal curvilinear meshes by solving initial value problems[J]. Numerische Mathematik, 1977, 28(1): 25-48.

[6] Steger J L, Chaussee D S. Generation of body-fitted coordinates using hyperbolic partial differential equations[J]. SIAM Journal on Scientific and Statistical Computing, 1980, 1(4): 431-437.

[7] Steger J L, Rizk Y M. Generation of three-dimensional body-fitted coordinates using hyperbolic partial differential equations[R]. NASA Ames Research Center, Moffett Field, Mountain view, California, USA, NASA TM 86753, 1985.

[8] Chan W M, Steger J L. Enhancements of a three- dimensional hyperbolic grid generation scheme[J]. Applied Mathematics and Computation, 1992, 51(2/3): 181-205.

[9] Nakamura S, Suzuki M. Noniterative three-dimensional grid generation using a parabolic-hyperbolic hybrid scheme [C]. 25th AIAA Aerospace Sciences Meeting, Reno, USA, 1987, AIAA Paper 1987-0277.

[10] Steger J L. Generation of three- dimensional body- fitted grids by solving hyperbolic partial differential equations[R]. NASA Ames Research Center, Moffett Field, Mountain View, California, USA, NASA TM 101069, 1989.

[11] Takanashi S, Takemoto M. Block-structured grid for parallel computing[C]. Proceedings of the 5th International Symposium on Computational Fluid Dynamics, Sendai, Japan 1993.

[12] Steger J L. Notes on surface grid generation using hyperbolic partial differential equations [R]. Department of Mechanical, Aeronautical and Materials Engineering, University of California Davis, Sacramento, Internal Report TM CFD/UCD 89-101, 1989.

[13] Kinsey D W, Barth T J. Description of a hyperbolic grid generating procedure for arbitrary two-dimensional bodies[R]. Air Force Wright Aeronautical Labs, Greene and Moutgomery Counties, Ohio, TM 84-191-FIMM, 1984.

[14] Matsuno K. High-order upwind method for hyperbolic grid generation[J]. Computers and Fluids,

1999, 28(7): 825-851.

[15] Chan W M, Steger J L. A generalized scheme for three-dimensional hyperbolic grid generation[C]. 10th AIAA Computational Fluid Dynamics Conference, Honolulu, USA, 1991, AIAA Paper 1991-1588-CP.

[16] Rogers S E. Progress in high-lift aerodynamic calculations[J]. Journal of Aircraft, 1994, 31(6): 1244-1251.

[17] Barnette D W, Ober C C. Progress report on a method for parallelizing the overset grid approach[C]. Proceedings of the 6th International Symposium on Computational Fluid Dynamics, Lake Tahoe, USA, 1995.

[18] Buning P G, Chiu I T, Obayashi S, et al. Numerical simulation of the integrated space shuttle vehicle in ascent[C]. 15th AIAA Atmospheric Flight Mechanics Conference, Minneapolis, USA, 1988, AIAA Paper 1988-4359-CP.

[19] Steger J L. Grid generation with hyperbolic partial differential equations for application to complex configurations[C]. Proceedings of the Third International Conference on Numerical Grid Generation in Computational Fluid Dynamics and Related Fields, New York, USA, 1991.

[20] Chan W M, Buning P G. Surface grid generation methods for overset grids[J]. Computers and Fluids, 1995, 24(5): 509-522.

[21] Chawner J R, Steinbrenner J P. Automatic structured grid generation using GRIDGEN (some restrictions apply)[C]. Proceedings of NASA Workshop on Surface Modeling, Grid Generation, and Related Issues in Computational Fluid Dynamics(CFD) Solutions, Cleveland, USA, 1995.

[22] Wulf A, Akdag V. Tuned grid generation with ICEM CFD[C]. Proceedings of NASA Workshop on Surface Modeling, Grid Generation, and Related Issues in Computational Fluid Dynamics (CFD) Solutions, Cleveland, USA, 1995.

[23] Parks S J, Buning P G, Chan W M, et al. Collar grids for intersecting geometric components within the Chimera overlapped grid scheme [C]. 10th AIAA Computational Fluid Dynamics Conference, Honolulu, USA, 1991, AIAA Paper 1991-1587-CP.

[24] Meakin R L. Moving body overset grid methods for complete aircraft tiltrotor simulations[C]. Proceedings of the 11th AIAA Computational Fluid Dynamics Conference, Orlando, USA, 1993, AIAA Paper 1993-3550.

第9章 抛物型方程网格生成方法

9.1 引 言

在诸如气动优化设计、流固耦合及气动弹性等许多问题的研究中,流动边界变形并且计算网格在每个设计步或耦合步中要进行修改或重新生成是很常见的,从而需要快速生成网格的方法。Thompson 等[1]提出的基于拉普拉斯方程或泊松方程的椭圆型方程网格生成方法不能满足这种需求,因为它需要指定所有边界,且数值求解方程的迭代求解方式非常耗时,而双曲型或抛物型网格生成方法则可能适用于上述问题的需求,这是因为它的非迭代推进求解方式更快速。双曲型或抛物型方法生成网格比椭圆型方法要快得多,这是因为它不需要迭代求解,而是沿着某个曲线坐标方向从内边界(如机翼表面或机身表面)向外边界(远场边界)(二维情形下此二边界为曲线,三维情形下为曲面)推进求解偏微分方程(PDE),一层一层生成网格,所以求解时间差不多等于椭圆型方程生成网格的迭代格式中一个迭代步的时间。

Starius[2],Steger 和 Chaussee[3,4]提出的双曲型网格生成方法采用的方程是双曲型方程,其方程通常由正交关系和指定雅可比行列式的值得到,因此该方法通常能获得一个正交网格。然而,双曲型网格生成方法也有其自身的问题:①其边界条件中的奇点(如边界上的不连续性)经常会随着向外推进求解传播到内场;②如果不在方程中充分地加入"人工黏性"项,求解过程可能会变得不稳定;③外边界上的边界条件不能指定[5]。

可以通过对椭圆型方法的方程进行改造使某一个坐标方向不出现二阶导数,构造出抛物型网格生成方法。使用抛物型偏微分方程的优点有:①抛物型方程描述的是初值问题,因此网格可以像双曲型方法一样由推进算法生成,网格生成速度快;②抛物型偏微分方程具有椭圆型方程的大部分特性,特别是其扩散效应可以光顺内边界上的任何奇点(如果有的话),使其不能传入内场;③可以指定外边界上的边界条件[5]。这样抛物型方法中的求解就可以采取双曲型方程的方式从某个内边界向外推进进行。然而,不同于双曲型方法,抛物型方法推进所趋向的另一个边界(即外边界)上的一些影响保留在了方程中。

Nakamura[5,6],Edwards[7],Noack[8]在发展抛物型网格生成方法方面做了开创性的工作。Nakamura[5,6]对使用抛物型偏微分方程生成网格的可行性进行了首次探索,并应用于二维情形。在他的实践中,通过沿任一包围内边界(如物面)的周向环线(当前层)离散方程,形成三对角方程,解该三对角方程,然后一层一层推进到外边界。在 Nakamura 的算法中,当前层网格点向内边界的拉近是通过把以代数方式拉近的网格坐标代入到离散化的网格生成方程里来实现的。物面附近正交性条件的施加也是以代数方式引入的[5]。后来 Nakamura[6]把该方法拓展到一个翼-身组合体构型的三维应用中。Edwards[7]对 Nakamura 的三维算法进行了扩展,并且使得差分方程的表述更加清晰易懂,Edwards 用当前层前一层坐标与外边界坐标的差来计算偏导数,以避免用到未知层。Noack[8]在二维情形下创造性地通过事先用代数方法预估当前层的下一层网格坐标来计算推进方向的偏导数,实现了在内边界(物面)处的正交性、拉近性与向外边界平稳过渡之间的巧妙融合。网格的代数预测步是保证抛物型网格成功生成以及最终网格质量的关键一步。

然而,在代数预测步中使用 Noack 的拉近因子公式和切换因子公式生成正常网格时会遇到困难,因此有必要对 Noack 方法进行修改和扩展。文献[9]最新开发的适用于二维和三维情形的关于拉近因子和切换因子的公式,在生成拉近物面且与物面近似正交的规则网格中表现良好。

9.2　抛物型方程的数值解法

考虑包含一个空间变量 x 和时间变量 t 的抛物型方程,即最简单的模型问题,一维杆的热传导(扩散)方程[10,11]。杆的温度 u 是杆轴向坐标 x 和时间 t 的函数,$u(x,t)$ 满足抛物型方程

$$u_t = a^2 u_{xx}, \quad 0 < x < 1, t > 0 \tag{9.2.1a}$$

边界条件和初始条件分别是

$$u(x,0) = f(x), \quad 0 < x < 1 \tag{9.2.1b}$$

$$u(0,t) = \alpha(t), \quad u(1,t) = \beta(t), t \geqslant 0 \tag{9.2.1c}$$

其中,$f(x)$ 以某常数 M 为一致有界,即对于所有的 x,均有 $|f(x)| < M$,并且 $f(0) = \alpha(0)$,$f(1) = \beta(0)$。上述问题的求解要求在 $t > 0, 0 < x < 1$ 范围满足方程(9.2.1a)。

用有限差分来近似导数。令时间步长 Δt,网格间距 Δx 为很小的正数,利用导数的定义(图 9.1)

$$u_x = \frac{\partial u}{\partial x} = \lim_{\Delta x \to 0} \frac{u(x + \Delta x, t) - u(x, t)}{\Delta x} = \lim_{\Delta x \to 0} \frac{u(x, t) - u(x - \Delta x, t)}{\Delta x}$$

可得到导数 u_x 在 (x,t) 点处的两个近似值

$$u_x \approx \frac{u(x + \Delta x, t) - u(x, t)}{\Delta x} \tag{9.2.2a}$$

$$u_x \approx \frac{u(x,t)-u(x-\Delta x,t)}{\Delta x}$$

$$(9.2.2b)$$

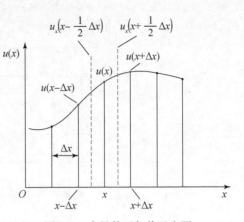

其中,式(9.2.2a)称为向前差分,式(9.2.2b)称为向后差分,它们都具有一阶精度。

同样,对于 u_t 在 (x,t) 点也有一阶精度的向前差分式

$$u_t \approx \frac{u(x,t+\Delta t)-u(x,t)}{\Delta t}$$

$$(9.2.3)$$

事实上, u_x 在 (x,t) 点可以有下面的以 (x,t) 为中心的二阶精度中心差分式

图 9.1　求导数近似值示意图

$$u_x \approx \frac{u(x+\Delta x,t)-u(x-\Delta x,t)}{2\Delta x} \qquad (9.2.4a)$$

$$u_x \approx \frac{u\left(x+\frac{1}{2}\Delta x,t\right)-u\left(x-\frac{1}{2}\Delta x,t\right)}{\Delta x} \qquad (9.2.4b)$$

至于二阶导数 u_{xx} ,利用上述 u_x 的二阶中心差分式(9.2.4b)(图 9.1),有

$$\begin{aligned}
u_{xx} = \frac{\partial}{\partial x}\left(\frac{\partial u}{\partial x}\right) &\approx \frac{u_x\left(x+\frac{1}{2}\Delta x,t\right)-u_x\left(x-\frac{1}{2}\Delta x,t\right)}{\Delta x} \\
&= \frac{\dfrac{u(x+\Delta x,t)-u(x,t)}{\Delta x}-\dfrac{u(x,t)-u(x-\Delta x,t)}{\Delta x}}{\Delta x} \\
&= \frac{u(x+\Delta x,t)-2u(x,t)+u(x-\Delta x,t)}{(\Delta x)^2}
\end{aligned} \qquad (9.2.5)$$

式(9.2.5)就是二阶导数 u_{xx} 在 (x,t) 点的差分式,它具有二阶精度。

9.2.1　显式格式

分别给网格节点和时间步节点编号为 $x_i = i\Delta x$, $t_n = n\Delta t$,其中, i 和 n 为非负整数 $(i=0,1,\cdots,N;n=0,1,\cdots)$ 。令 $u(x_i,t_n)$ 表示函数 $u(x,t)$ 在点 (x_i,t_n) 处的精确解, u_i^n 表示 $u(x,t)$ 在点 (x_i,t_n) 处的近似网格函数,即 $u_i^n \approx u(x_i,t_n)$ 。那么,函数 $u(x,t)$ 在点 (x_i,t_n) 处的导数可以近似如下(图 9.2)。

空间一阶向前差分

$$(u_x)_i^n \approx \frac{u(x_{i+1},t_n)-u(x_i,t_n)}{\Delta x} \approx \frac{u_{i+1}^n-u_i^n}{\Delta x} \qquad (9.2.6a)$$

空间一阶向后差分

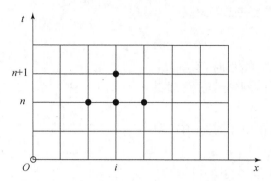

图 9.2 在第 n 层 (x_i, t_n) 点计算差分并离散方程

$$(u_x)_i^n \approx \frac{u(x_i, t_n) - u(x_{i-1}, t_n)}{\Delta x} \approx \frac{u_i^n - u_{i-1}^n}{\Delta x} \qquad (9.2.6b)$$

时间一阶向前差分

$$(u_t)_i^n \approx \frac{u(x_i, t_{n+1}) - u(x_i, t_n)}{\Delta t} \approx \frac{u_i^{n+1} - u_i^n}{\Delta t} \qquad (9.2.6c)$$

空间二阶中心差分

$$(u_{xx})_i^n \approx \frac{u(x_{i+1}, t_n) - 2u(x_i, t_n) + u(x_{i-1}, t_n)}{(\Delta x)^2} \approx \frac{u_{i+1}^n - 2u_i^n + u_{i-1}^n}{(\Delta x)^2} \quad (9.2.6d)$$

用 t_n 时间层和 x_i 节点处的有限差分来表征方程(9.2.1a)中的导数,就得到如下的有限差分方程(图 9.2)

$$\frac{u_i^{n+1} - u_i^n}{\Delta t} = a^2 \frac{u_{i+1}^n - 2u_i^n + u_{i-1}^n}{(\Delta x)^2}, \quad n > 0 \qquad (9.2.7a)$$

离散化的初始条件为

$$u_i^0 = f(x_i) = f(i\Delta x), \quad n = 0 \qquad (9.2.7b)$$

边界条件为

$$u_0^n = \alpha(t_n) = \alpha(n\Delta t), \quad u_N^n = \beta(t_n) = \beta(n\Delta t) \qquad (9.2.7c)$$

有限差分方程(9.2.7a)将定义在 $t > 0, 0 < x < 1$ 上的连续问题转换成了定义在离散点 $t_n = n\Delta t, x_i = i\Delta x$ 的离散问题。该有限差分方程可以进行显式求解,解出用 u_{i-1}^n, u_i^n 和 u_{i+1}^n 表示的 u_i^{n+1}

$$u_i^{n+1} = u_i^n + \frac{a^2 \Delta t}{(\Delta x)^2}(u_{i+1}^n - 2u_i^n + u_{i-1}^n)$$

或

$$u_i^{n+1} = \lambda u_{i+1}^n + (1 - 2\lambda)u_i^n + \lambda u_{i-1}^n \qquad (9.2.8)$$

其中,$\lambda = a^2 \Delta t / (\Delta x)^2$。式(9.2.8)将解从 $t_n = n\Delta t$ 时间层推进到了 $t_{n+1} = (n+1)\Delta t$ 时间层。在 t_{n+1} 时间层的解是前一时间层 t_n 上三个点的解的平均值。在初始时间层($n=0$)的初始数据 $u_i^0 = f(x_i) = f(i\Delta x)$ 已知的情况下,求解过程将从 $n=1$ 时间

层开始一层一层推进获得。这个格式具有 $O(\Delta t) + O(\Delta x^2)$ 的精度,并且当 $\lambda \leqslant 1/2$ 时是稳定的[10,11]。

有限差分方法可以分为两类,一类是在前进层 $t_{n+1} = (n+1)\Delta t$ 只包含一个网格点的显式方法;另一类是在前进层 t_{n+1} 包含多于一个网格点的隐式方法。

式(9.2.8)的有限差分法是显式有限差分方法的一个例子,因为在新时间层 $t_{n+1} = (n+1)\Delta t$ 上只有一个网格点 $x_i = i\Delta x$。这种方法的优点在于它易于编程且每一个网格点的运算次数很低。然而,该方法也有缺点,并且在很多问题上缺点压倒了优点,其稳定性要求 $\lambda = a^2 \Delta t/(\Delta x)^2 \leqslant 1/2$ 对时间步长构成了非常严重的限制,这意味着要在相对比较大的时间区间内追踪解随时间的变化就需要非常多的时间步数。此外,如果为了提高解的精度需要减小 Δx,由于此时 $\Delta t (\leqslant (1/2)(\Delta x)^2/a^2)$ 也要减小,那么所涉及的工作量就会飙升。这一点可由隐式方法予以改进,隐式方法中的向后时间差分给出的差分格式避免了这一限制,但代价是计算变得稍微复杂了一些[10,11]。

9.2.2　隐式格式

在隐式方法中,有限差分是在 t_{n+1} 时间层,也就是在点 (x_i, t_{n+1}) 处进行估值的,从而要使用向后差分来计算时间导数(图 9.3)

$$(u_t)_i^{n+1} \approx \frac{u(x_i, t_n + \Delta t) - u(x_i, t_n)}{\Delta t} \approx \frac{u_i^{n+1} - u_i^n}{\Delta t} \tag{9.2.9a}$$

$$(u_{xx})_i^{n+1} \approx \frac{u(x_{i+1}, t_{n+1}) - 2u(x_i, t_{n+1}) + u(x_{i-1}, t_{n+1})}{(\Delta x)^2} \approx \frac{u_{i+1}^{n+1} - 2u_i^{n+1} + u_{i-1}^{n+1}}{(\Delta x)^2}$$

$$\tag{9.2.9b}$$

然后将上述有限差分代入方程(9.2.1a)作为对该方程在点 (x_i, t_{n+1}) 处的近似,这样会得到一个不同的有限差分方程(图 9.3)

$$\frac{u_i^{n+1} - u_i^n}{\Delta t} = a^2 \frac{u_{i+1}^{n+1} - 2u_i^{n+1} + u_{i-1}^{n+1}}{(\Delta x)^2} \tag{9.2.10}$$

仍令 $a^2 \Delta t/(\Delta x)^2 = \lambda$,则以上方程可以写成如下的形式

$$-\lambda u_{i+1}^{n+1} + (1+2\lambda) u_i^{n+1} - \lambda u_{i-1}^{n+1} = u_i^n \tag{9.2.11a}$$

由于在方程(9.2.11a)中的新时间层 $t_{n+1} = (n+1)\Delta t$ 上有三个网格点 x_{i-1}, x_i 和 x_{i+1},因此该方法是一种隐式方法。它具有 $O(\Delta t) + O(\Delta x^2)$ 的精度,且无条件稳定[10,11]。

初始和边界条件为

$$u_i^0 = f(x_i) = f(i\Delta x) \tag{9.2.11b}$$

$$u_0^n = \alpha(t_n) = \alpha(n\Delta t), \quad u_N^n = \beta(t_n) = \beta(n\Delta t) \tag{9.2.11c}$$

对于 $i = 1$ 到 $N-1$,写出式(9.2.11a),就得到有 $N+1$ 个未知量的 $N-1$ 个方程

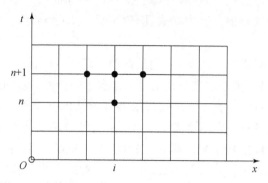

图 9.3　在第 $n+1$ 层 (x_i, t_{n+1}) 点计算差分并离散方程

$$
\begin{cases}
i=1 & -\lambda u_0^{n+1} + (1+2\lambda)u_1^{n+1} - \lambda u_2^{n+1} & = u_1^n \\
i=2 & -\lambda u_1^{n+1} + (1+2\lambda)u_2^{n+1} - \lambda u_3^{n+1} & = u_2^n \\
\vdots & \quad\ddots\qquad\ddots\qquad\ddots & \\
i=i & -\lambda u_{i-1}^{n+1} + (1+2\lambda)u_i^{n+1} - \lambda u_{i+1}^{n+1} & = u_i^n \\
\vdots & \quad\ddots\qquad\ddots\qquad\ddots & \\
i=N-1 & -\lambda u_{N-2}^{n+1} + (1+2\lambda)u_{N-1}^{n+1} - \lambda u_N^{n+1} & = u_{N-1}^n
\end{cases}
$$

在隐式方法中需要某种形式的边界条件来封闭方程组。在这个方程组中,第 $i=1$ 个方程中的 $-\lambda u_0^{n+1}$ 和第 $i=N-1$ 个方程中的 $-\lambda u_N^{n+1}$ 为边界值,是已知的。所以这两项可以移到方程的另一边(右边),从而得到有 $N-1$ 个未知量的 $N-1$ 个方程构成的方程组

$$
\begin{cases}
i=1 & (1+2\lambda)u_1^{n+1} - \lambda u_2^{n+1} & = u_1^n + \lambda u_0^{n+1} \\
i=2 & -\lambda u_1^{n+1} + (1+2\lambda)u_2^{n+1} - \lambda u_3^{n+1} & = u_2^n \\
\vdots & \quad\ddots\qquad\ddots\qquad\ddots & \\
i=i & -\lambda u_{i-1}^{n+1} + (1+2\lambda)u_i^{n+1} - \lambda u_{i+1}^{n+1} & = u_i^n \\
\vdots & \quad\ddots\qquad\ddots\qquad\ddots & \\
i=N-1 & -\lambda u_{N-2}^{n+1} + (1+2\lambda)u_{N-1}^{n+1} & = u_{N-1}^n + \lambda u_N^{n+1}
\end{cases}
$$

$$(9.2.12)$$

这是一个三对角方程,它可以写成矩阵形式

$$
AU^{n+1} = D^n
$$

其中,A 是一个 $(N-1)\times(N-1)$ 的三对角矩阵

$$
A = \begin{bmatrix}
(1+2\lambda) & -\lambda & & & \\
-\lambda & (1+2\lambda) & -\lambda & & \\
& \ddots & \ddots & \ddots & \\
& & -\lambda & (1+2\lambda) & -\lambda \\
& & & -\lambda & (1+2\lambda)
\end{bmatrix}
$$

且 U^{n+1} 和 D^n 是 $(N-1) \times 1$ 向量

$$U^{n+1} = \begin{bmatrix} u_1^{n+1} \\ u_2^{n+1} \\ \vdots \\ u_i^{n+1} \\ \vdots \\ u_{N-2}^{n+1} \\ u_{N-1}^{n+1} \end{bmatrix}, \quad D^n = \begin{bmatrix} u_1^n + \lambda u_0^{n+1} \\ u_2^n \\ \vdots \\ u_i^n \\ \vdots \\ u_{N-2}^n \\ u_{N-1}^n + \lambda u_N^{n+1} \end{bmatrix}$$

对于三对角矩阵 A 的每一行,矩阵对角元素的绝对值大于非对角元素绝对值之和,所以矩阵 A 是对角占优的,故对方程(9.2.12)进行高斯消元法求解时,不需进行主元搜索。

在初始时间层已知的情况下,这种方法将从第一时间层开始,一个时间层接着一个时间层地求解。

9.3 二维抛物型网格生成

9.3.1 方程离散与求解

抛物型网格生成所用的方程并不是真正的抛物型偏微分方程,而是从椭圆型网格生成方程,准确地说,是从拉普拉斯方程改造来的。与椭圆型网格生成方法唯一不同的是,方程的求解是以抛物型方式进行的[5-8]。将具有坐标 (x, y) 的笛卡儿物理域转化为具有坐标 (ξ, η) 的矩形计算域的最简单的椭圆方程是拉普拉斯方程

$$\begin{cases} \xi_{xx} + \xi_{yy} = 0 \\ \eta_{xx} + \eta_{yy} = 0 \end{cases} \tag{9.3.1}$$

经过反演变换以后,在计算域内以 (ξ, η) 坐标为自变量的等价方程为

$$\alpha f_{\xi\xi} - 2\beta f_{\xi\eta} + \gamma f_{\eta\eta} = 0 \tag{9.3.2}$$

其中,$f = x$ 或 y,且

$$\begin{cases} \alpha = g_{22} = |\vec{r}_\eta|^2 = x_\eta^2 + y_\eta^2 = J^2(\xi_x^2 + \xi_y^2) = J^2 g^{11} \\ \beta = g_{12} = \vec{r}_\xi \cdot \vec{r}_\eta = x_\xi x_\eta + y_\xi y_\eta = -J^2(\xi_x \eta_x + \xi_y \eta_y) = -J^2 g^{12} \\ \gamma = g_{11} = |\vec{r}_\xi|^2 = x_\xi^2 + y_\xi^2 = J^2(\eta_x^2 + \eta_y^2) = J^2 g^{22} \\ J = \partial(x, y)/\partial(\xi, \eta) = x_\xi y_\eta - x_\eta y_\xi \\ \vec{r} = x\vec{i} + y\vec{j} \end{cases} \tag{9.3.3}$$

不失一般性,假设 $\Delta\xi = \Delta\eta = 1$,所有导数都用中心差分来近似

$$
\begin{cases}
f_{\xi} = (f_{i+1,j} - f_{i-1,j})/2 \\
f_{\eta} = (f_{i,j+1} - f_{i,j-1})/2 \\
f_{\xi\xi} = f_{i+1,j} - 2f_{i,j} + f_{i-1,j} \\
f_{\eta\eta} = f_{i,j+1} - 2f_{i,j} + f_{i,j-1} \\
f_{\xi\eta} = (f_{i+1,j+1} - f_{i+1,j-1} - f_{i-1,j+1} + f_{i-1,j-1})/4
\end{cases}
\tag{9.3.4}
$$

　　将式(9.3.4)的差分代入偏微分方程(9.3.2)，即得到一组有限差分方程。如果这些差分方程在预先给定初始网格的情况下，按传统做法使用标准技术进行迭代求解，这样的求解方式就是椭圆型网格生成方法。

　　事实上，所得到的差分方程也可以用抛物型方式(即非迭代的空间推进方式)进行求解，这样就构成了抛物型网格生成方法。在这种情况下，必须选择一个曲线坐标(或网格占序号下标)作为推进方向。通常在二维情形下，坐标 η(由下标 j 来表示)从内边界(即物面)起始，其值随着向外边界的推进而增加，从而被选为推进方向。如果用 j 表示的当前层($\eta=$const 线)是推进刚刚扫到的待生成网格的未知线(层)，那么在 η 方向上下标比 j 小的各层都是已知层，下标比 j 大的各层(除了外边界)都是未知层。因此，在当前层，在推进求解能够进行之前最首要的任务，是预估出 $j+1$ 层的网格点坐标 $f_{i,j+1}$(即 $x_{i,j+1}$，$y_{i,j+1}$)，$j+1$ 层的坐标是计算出现在差分方程中的导数 f_{η}，$f_{\eta\eta}$，$f_{\xi\eta}$ 及系数(即 $\alpha_{i,j}$，$\beta_{i,j}$)所必需的。Nakamura[5] 没有具体提及 $j+1$ 层网格点坐标如何预估，以及与 η 坐标相关的导数如何计算。Edwards[7] 用外边界的坐标值代替 $j+1$ 层的网格点坐标来计算 f_{η}，$f_{\eta\eta}$，$f_{\xi\eta}$，所以不需要代数预估 $j+1$ 层。Noack[8] 创造性地提出了用代数方法预估出第 $j+1$ 层

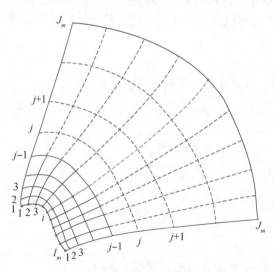

网格点坐标值的方法，并且实现了网格在物面的正交性、拉近性与光滑过渡到外边界的巧妙融合(图9.4)。用这样一种特殊方式获得 $j+1$ 层的网格点坐标使得网格生成方程可以以非迭代的抛物型方法沿 j 方向(η 方向)进行推进求解。式(9.3.3)中的系数可以用代数预测的 $j+1$ 层网格点坐标和已知的 $j-1$ 层网格点坐标来计算。事实上，在代数预估 $j+1$ 层的同时，顺便可以获得第 j 层网格节点坐标的预估值，这样 j 层的 f_{ξ}，从而 $\gamma_{i,j}=(x_{\xi}^2+y_{\xi}^2)_{i,j}$ 也就可以进行计算了。

图 9.4　二维抛物型方法示意图

　　用代数方法预估第 $j+1$ 层网格点坐标,甚至第 j 层网格点坐标,仅仅是为了使当前层(第 j 层)网格生成方程中出现的第 $j+1$ 的网格点坐标有值,也为了计算方程中的系数(这些系数的计算要用到第 $j+1$ 的网格点坐标),从而使该方程得以求解,生成第 j 层网格。代数预估的第 $j+1$ 层,甚至第 j 层网格点坐标并不是最终生成的网格,每一层最终生成的网格都是通过在该层离散求解方程(9.3.2)而获得的。

　　令 I_m 和 J_m 分别表示 i 和 j 方向网格节点的数目。那么方程(9.3.2)在节点 (i,j) 处离散化为

$$\alpha_{i,j}(f_{i-1,j}-2f_{i,j}+f_{i+1,j})+\gamma_{i,j}(f_{i,j-1}-2f_{i,j}+f_{i,j+1})$$
$$-2\beta_{i,j}(f_{i+1,j+1}-f_{i+1,j-1}-f_{i-1,j+1}+f_{i-1,j-1})/4=0 \qquad (9.3.5)$$

　　将第 j 层(即第 j 线)的 f(即 $f_{i-1,j},f_{i,j},f_{i+1,j}$)保留在方程的左边,把所有其他项都移到方程右边,就得到下列方程

$$\alpha_{i,j}f_{i-1,j}-2(\alpha_{i,j}+\gamma_{i,j})f_{i,j}+\alpha_{i,j}f_{i+1,j}$$
$$=-\gamma_{i,j}(f_{i,j-1}+f_{i,j+1})+2\beta_{i,j}(f_{\xi\eta})_{i,j} \quad (i=2,3,\cdots,I_m-1) \qquad (9.3.6)$$

它在当前 $j=$const 线上形成了沿 i 方向的由 I_m-2 个线性方程组成的三对角方程组,即

$$\begin{bmatrix} b_2 & c_2 & & & & & \\ a_3 & b_3 & c_3 & & & 0 & \\ & \ddots & \ddots & \ddots & & & \\ & & a_i & b_i & c_i & & \\ & & & \ddots & \ddots & \ddots & \\ 0 & & & & a_{I_m-2} & b_{I_m-2} & c_{I_m-2} \\ & & & & & a_{I_m-1} & b_{I_m-1} \end{bmatrix} \begin{bmatrix} f_2 \\ f_3 \\ \vdots \\ f_i \\ \vdots \\ f_{I_m-2} \\ f_{I_m-1} \end{bmatrix} = \begin{bmatrix} d_2 \\ d_3 \\ \vdots \\ d_i \\ \vdots \\ d_{I_m-2} \\ d_{I_m-1} \end{bmatrix} \qquad (9.3.7)$$

其中

$$a_i=\begin{cases} 0, & i=2 \\ \alpha_{i,j}, & i=3,4,\cdots,I_m-1 \end{cases}$$

$$b_i=-2(\alpha_{i,j}+\gamma_{i,j}), \quad i=2,3,\cdots,I_m-1$$

$$c_i=\begin{cases} \alpha_{i,j}, & i=2,3,\cdots,I_m-2 \\ 0, & i=I_m-1 \end{cases}$$

$$d_i=\begin{cases} D_i-\alpha_{i,j}f_{i-1,j}, & i=2 \\ D_i, & i=3,4,\cdots,I_m-2 \\ D_i-\alpha_{i,j}f_{i+1,j}, & i=I_m-1 \end{cases}$$

$$D_i=-\gamma_{i,j}(f_{i,j-1}+f_{i,j+1})+2\beta_{i,j}(f_{\xi\eta})_{i,j}, \quad i=2,3,\cdots,I_m-1$$

　　在方程(9.3.7)中,分别令 $f=x$ 和 $f=y$,在第 j 网格线(即 j 层)上的所有网

格点联立求解,可最终获得 j 层网格点坐标。求解从距内边界(物体表面)最近的 $j=2$ 开始,一直推进到指定的外边界内的 $j=J_m-1$ 层为止。这样,把所有下标为 $j-1$ 或者 $j+1$ 的项都移到方程右侧作为源项,就等效于数值求解了一个抛物型偏微分方程。在计算方程(9.3.6)中的系数(如 $\alpha_{i,j}$、$\beta_{i,j}$)和右端项所用到的第 $j+1$ 层网格点坐标已事先用代数方法预估出来了。

9.3.2 网格代数预测

在计算空间曲线坐标系求解流动主控方程时,为了增强边界条件有限差分近似的精度,通常期望网格线在边界附近(特别是在内边界,如物体表面)是近似正交的。Noack[8]用代数方法预测第 $j+1$ 层的网格坐标,同时可以获得内边界附近网格线的近似正交性和拉近性(加密特性)。代数预测的第 $j+1$ 层(线)上的点实际是两个点的融合(或加权平均)。其中,一个点是第 $j-1$ 层线上伸出来的法线(正交线)上处于 $j+1$ 层的点 (x_o,y_o);另一个点是连接 $j-1$ 层线上的第 i 点和外边界(J_m 线)上的第 i 点的直线上的处于 $j+1$ 层的点 (x_s,y_s)(图 9.5)。

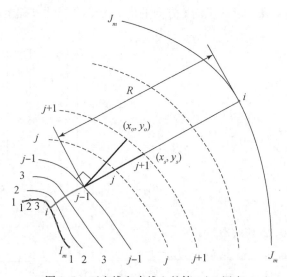

图 9.5　正交线和直线上的第 $j+1$ 层点

令 R 表示从 $j-1$ 层上第 i 点到外边界(J_m 线)上对应的第 i 点的距离,则

$$R=\sqrt{(x_{i,J_m}-x_{i,j-1})^2+(y_{i,J_m}-y_{i,j-1})^2} \tag{9.3.8}$$

假定 $\eta=\mathrm{const}(j=\mathrm{const})$ 网格线上的网格点是沿着顺时针方向进行编号(增大 ξ 或 i)的,那么,显然在 $j-1$ 线上的 $(i,j-1)$ 点处沿下标增加方向的单位切向矢量可近似为

$$\vec{t} = \frac{\Delta x\ \vec{i} + \Delta y\ \vec{j}}{\sqrt{\Delta x^2 + \Delta y^2}} \tag{9.3.9}$$

其中

$$\begin{cases} \Delta x = x_{i+1,j-1} - x_{i-1,j-1} \\ \Delta y = y_{i+1,j-1} - y_{i-1,j-1} \end{cases} \tag{9.3.10}$$

将切向矢量左旋 90° 就得到外法向（即推进方向，j 增加的方向）矢量，故可如下计算第一 $j-1$ 层网格线上点 $(i, j-1)$ 处的单位外法向矢量

$$\vec{n} = \frac{-\Delta y\ \vec{i} + \Delta x\ \vec{j}}{\sqrt{\Delta x^2 + \Delta y^2}} \tag{9.3.11}$$

那么，在这条法线上截取一个恰当的距离就可以得到位于该法线上的第 $j+1$ 层网格点 (x_o, y_o)（图 9.5），即

$$\vec{r}_o = \vec{r}_{i,j-1} + \vec{n}\varepsilon_c R \tag{9.3.12}$$

或者

$$x_o = x_{i,j-1} + n_x \varepsilon_c R$$
$$y_o = y_{i,j-1} + n_y \varepsilon_c R$$

其中，ε_c 称为拉近因子（clustering factor），它的值从在物面第二层（$j=2$）上的比较小的值变化到外边界内一层（对应于 $j=J_m-1$）上的 1[8]。

如果第 $j+1$ 层网格点只一味按照式 (9.3.12) 指引的方向，沿着内边界及每一个当前层（即 j 层）的前一层（即 $j-1$ 层）线的法线方向推进，则网格最终将很难或不可能与指定的外边界上的对应点相衔接。为此可以用另外一个点进行补救或矫正。

另外一个点 (x_s, y_s) 是在连接 $j-1$ 层上的 $(i, j-1)$ 点与 J_m 层线（即外边界）上的 (i, J_m) 点的直线上截取的第 $j+1$ 层点，并采用相同的拉近因子 ε_c 通过下列线性插值获得（图 9.5）

$$\begin{cases} x_s = x_{i,j-1} + \varepsilon_c (x_{i,J_m} - x_{i,j-1}) \\ y_s = y_{i,j-1} + \varepsilon_c (y_{i,J_m} - y_{i,j-1}) \end{cases} \tag{9.3.13}$$

然而，按照 Noack[8] 给出的 ε_c 的计算公式，当取翼型弦长为 1，取 O 型网格远场边界的半径为 8 倍弦长时，网格线会交织在一起，网格点远远跑出外边界，距翼型的距离达到 3×10^6 量级，根本不能获得一个正常网格。因此，Noack[8] 公式适应性不够好，需要寻求更好的公式。

实际上，考察式 (9.3.12) 会发现，拉近因子 ε_c 只不过就是在当前 j 层上，其前一层 $j-1$ 层到后一层 $j+1$ 层的距离与 $j-1$ 层到外边界的距离之比，即 $\varepsilon_c = |\vec{r}_{i,j+1} - \vec{r}_{i,j-1}|/R$。这启发我们可以考虑用两个侧边界（即 $i=1, i=I_m$ 边界，有时可能是内部的虚拟切缝，如在翼型 O 型网格中连接翼型后缘和外边界的那条线）上的 ε_c 作为参考值进行插值获得当前 i 位置处的 ε_c（图 9.6）[9]，即

$$
\begin{cases}
R_1 = \sqrt{(x_{1,J_m} - x_{1,j-1})^2 + (y_{1,J_m} - y_{1,j-1})^2} \\
\Delta r_1 = \sqrt{(x_{1,j+1} - x_{1,j-1})^2 + (y_{1,j+1} - y_{1,j-1})^2} \\
\varepsilon_{c1} = \Delta r_1 / R_1
\end{cases}
\tag{9.3.14a}
$$

$$
\begin{cases}
R_2 = \sqrt{(x_{I_m,J_m} - x_{I_m,j-1})^2 + (y_{I_m,J_m} - y_{I_m,j-1})^2} \\
\Delta r_2 = \sqrt{(x_{I_m,j+1} - x_{I_m,j-1})^2 + (y_{I_m,j+1} - y_{I_m,j-1})^2} \\
\varepsilon_{c2} = \Delta r_2 / R_2
\end{cases}
\tag{9.3.14b}
$$

$$
\begin{cases}
\xi = (i-1)/(I_m - 1) \\
\varepsilon_c = (1-\xi)\varepsilon_{c1} + \xi\varepsilon_{c2}
\end{cases}
\tag{9.3.14c}
$$

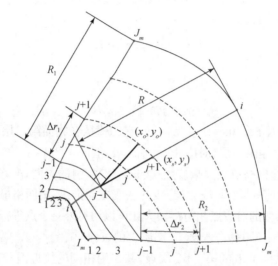

图 9.6　计算拉近因子的新方法

用代数法预估的第 $j+1$ 层上的网格点坐标就是上述两个点 (x_o, y_o) 与 (x_s, y_s) 的加权平均值或融合值[9]，即

$$
\begin{cases}
x_{i,j+1} = \varepsilon_s x_o + (1-\varepsilon_s) x_s \\
y_{i,j+1} = \varepsilon_s y_o + (1-\varepsilon_s) y_s
\end{cases}
\tag{9.3.15}
$$

式(9.3.15)把从内边界(物面)出发时沿着内边界法线方向的网格线逐渐矫正到到达外边界时和外边界对应点能光滑对接的方向上去了。其中，ε_s 仍称为切换因子或融合因子(switching or blending factor)，不过此处，它在物面第二层(对应 $j=2$)处的值为 1，到外边界内层(对应 $j=J_m-1$)处的值非常小(接近于零)，计算公式为[9]

$$
\begin{cases}
\varepsilon_s = e^{-a\eta} \\
\eta = (j-2)/[(J_m-1)-2]
\end{cases}
\tag{9.3.16}
$$

由式(9.3.16)知，在物面处(对应 $j-1=1, j=2$)有 $\eta=0$，$\varepsilon_s=1$，在外边界处(对应

$j=J_m-1,j+1=J_m)$,$\eta=1$,ε_s 是接近 0 的很小的值,而 a 是一个阻尼系数,且 $a=1.5$ 效果比较好。式(9.3.15)使得预测的第 $j+1$ 层网格在物面(内边界)附近取的是更接近正交网格 (x_o,y_o) 的坐标,在接近外边界时取的是与那条连接点 $(i,j-1)$ 和点 (i,J_m) 的直线上的点 (x_s,y_s) 更接近的坐标,有利于光滑衔接到外边界上的对应点[9]。

9.3.3　网格质量评估

为了定量评估网格质量,需要定义一些判据参数。正交性是检验网格质量最重要的指标,包括内部区域正交性和边界上的正交性。在内部区域,取网格节点处网格线的夹角与正交值(即 90°)的差(即网格线偏离正交方向的角度)的最大值 $|\Delta\theta|_{max}^{in}$ 和平均值 $|\Delta\theta|_{ave}^{in}$ 来作为评判内部区域正交性的两个参数

$$|\Delta\theta|_{max}^{in}=\max_{i,j}(|\theta-90|_{i,j}) \tag{9.3.17a}$$

$$|\Delta\theta|_{ave}^{in}=\frac{1}{(I_m-2)}\frac{1}{(J_m-2)}\sum_{j=2}^{J_m-1}\sum_{i=2}^{I_m-1}(|\theta-90|_{i,j}) \tag{9.3.17b}$$

其中,$\theta=\arccos[\vec{r}_\xi\cdot\vec{r}_\eta/(|\vec{r}_\xi||\vec{r}_\eta|)]_{i,j}$,$\vec{r}_\xi$,$\vec{r}_\eta$ 分别是 ξ,η 坐标方向的切向矢量。

在边界上,用网格线与边界的夹角与正交值(即 90°)的差(即穿出边界的网格线偏离正交方向的角度)的最大值 $|\Delta\theta|_{max}^{b}$ 和平均值 $|\Delta\theta|_{ave}^{b}$ 来作为评判网格在边界上的正交性的两个参数

$$|\Delta\theta|_{max}^{b}=\max\{\max_j(|\theta-90|)_{i=1},\max_j(|\theta-90|)_{i=I_m},$$
$$\max_i(|\theta-90|)_{j=1},\max_i(|\theta-90|)_{j=J_m}\} \tag{9.3.18a}$$

$$|\Delta\theta|_{ave}^{b}=\frac{1}{2(I_m-2)+2(J_m-2)}$$
$$\times\left\{\sum_{j=2}^{J_m-1}|\theta-90|_{i=1}+\sum_{j=2}^{J_m-1}|\theta-90|_{i=I_m}+\sum_{i=2}^{I_m-1}|\theta-90|_{j=1}+\sum_{i=2}^{I_m-1}|\theta-90|_{j=J_m}\right\}$$
$$\tag{9.3.18b}$$

其中,$\theta=\arccos[\vec{r}_\xi\cdot\vec{r}_\eta/(|\vec{r}_\xi||\vec{r}_\eta|)]_{boundaries}$,$\vec{r}_\xi$,$\vec{r}_\eta$ 分别是边界上 ξ,η 坐标方向的切向矢量。

9.3.4　二维网格举例

为了检验上述二维抛物型网格生成方法及其拉近因子新公式(9.3.14)、新融合公式(9.3.15)和切换因子新公式(9.3.16),选择几个几何特征鲜明的物体构形生成网格。

图 9.7 是用抛物型方法生成的 NACA - 0012 翼型 O 型网格,其外边界是半径为八倍弦长、圆心在弦线中点的圆,网格点数是 129×65。由图可以看出,翼型表面附近的正交性及网格向翼型的拉近特性都很好。表 9.1 中该网格的偏离正交方

向角度统计结果表明,边界上所有 380 个网格点中有 362 个点的角度偏差小于 21.09°,角度偏差较大的点应该是后缘割缝上靠近后缘的一些点,除过这些点外,其余边界点(包括全部物面边界点)正交性都很好。从表 9.1 还可以看出,网格内部区域 $|\Delta\theta|_{\max}^{\text{in}} \leqslant 24.78°$,正交性不算差。

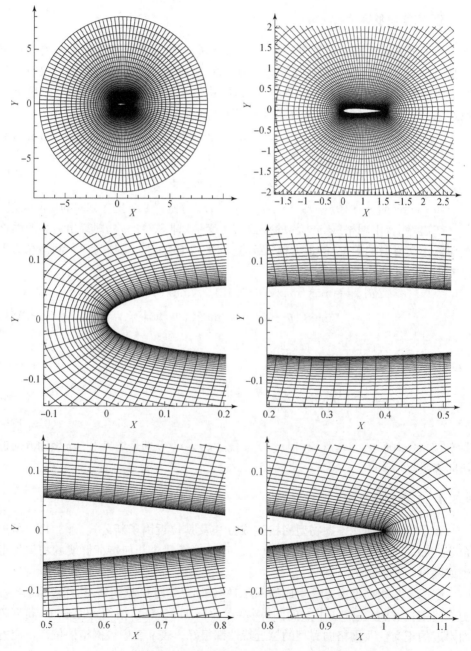

图 9.7　用抛物型方法生成的 NACA 0012 翼型 O 型网格

表 9.1　抛物型方法生成的 NACA 0012 翼型 O 型网格偏离正交方向角度统计

内场点偏离正交方向角度($\left\lvert \Delta\theta \right\rvert^{in}$)统计		边界点偏离正交方向角度($\left\lvert \Delta\theta \right\rvert^{b}$)统计	
角度差区间/(°)	包含网格节点数	角度差区间/(°)	包含网格节点数
(0.00, 2.48)	1922	(0.00, 4.22)	292
(2.48, 4.96)	1665	(4.22, 8.44)	22
(4.96, 7.44)	1120	(8.44, 12.65)	16
(7.44, 9.91)	957	(12.65, 16.87)	18
(9.91, 12.39)	781	(16.87, 21.09)	14
(12.39, 14.87)	722	(21.09, 25.31)	8
(14.87, 17.35)	516	(25.31, 29.52)	4
(17.35, 19.83)	174	(29.52, 33.74)	4
(19.83, 22.30)	72	(33.74, 37.96)	0
(22.30, 24.78)	72	(37.96, 42.18)	2
内场网格点总数:8001		边界上网格点总数:380	
$\left\lvert \Delta\theta \right\rvert^{in}_{max}=24.78°$,　$\left\lvert \Delta\theta \right\rvert^{in}_{ave}=7.09°$		$\left\lvert \Delta\theta \right\rvert^{b}_{max}=42.18°$,　$\left\lvert \Delta\theta \right\rvert^{b}_{ave}=4.45°$	

　　图 9.8 是抛物型方法生成的 RAE 2822 翼型 O 型网格,其外边界与 NACA 0012 翼型的相同,网格点数是 257×65。由图可以看出,翼型表面附近的正交性及网格向翼型的拉近特性都很好。从表 9.2 统计结果可以看出,边界上 636 个网格点中的 607 个点的角度偏差$\left\lvert \Delta\theta \right\rvert^{b}$小于 11.33°,说明边界上具有良好的正交性。表 9.2 还说明网格内部的正交性也不算差。

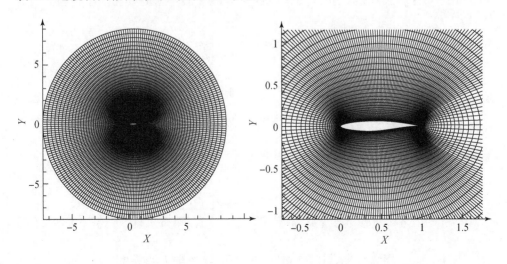

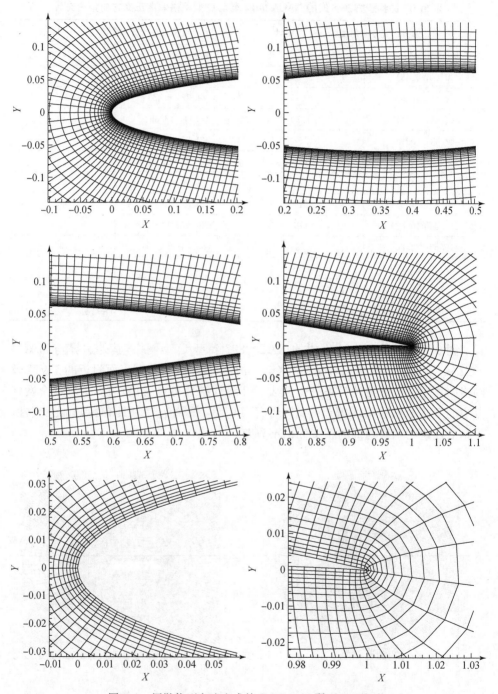

图 9.8　用抛物型方法生成的 RAE 2822 翼型 O 型网格

表 9.2　抛物型方法生成的 RAE 2822 翼型 O 型网格偏离正交方向角度统计

内场点偏离正交方向角度($\left|\Delta\theta\right|^{in}$)统计		边界点偏离正交方向角度($\left|\Delta\theta\right|^{b}$)统计	
角度差区间/(°)	包含网格节点数	角度差区间/(°)	包含网格节点数
(0.00, 2.45)	4624	(0.00, 3.78)	567
(2.45, 4.90)	4281	(3.78, 7.56)	26
(4.90, 7.36)	2795	(7.56, 11.33)	14
(7.36, 9.81)	1881	(11.33, 15.11)	11
(9.81, 12.26)	1192	(15.11, 18.89)	8
(12.26, 14.71)	669	(18.89, 22.66)	5
(14.71, 17.16)	324	(22.66, 26.44)	2
(17.16, 19.61)	153	(26.44, 30.22)	1
(19.61, 22.06)	83	(30.22, 34.00)	0
(22.06, 24.52)	63	(34.00, 37.77)	2
内场网格点总数:16065		边界上网格点总数:636	
$\left\|\Delta\theta\right\|^{in}_{max}=24.52°$,　$\left\|\Delta\theta\right\|^{in}_{ave}=5.41°$		$\left\|\Delta\theta\right\|^{b}_{max}=37.77°$,　$\left\|\Delta\theta\right\|^{b}_{ave}=2.29°$	

　　图 9.9 为用抛物型方法生成的弯度为 37.5%,具有尖前后缘的凸向一边的双圆弧翼型 O 型网格,其外边界与图 9.7 和图 9.8 二网格相同,网格点数为 257×65。图 9.9 显示,翼型表面网格的正交性和网格向翼面的拉近特性都很好。表 9.3 统计结果显示,全部四条边界上正交性偏离最大 $\left|\Delta\theta\right|^{b}_{max}$ 达到 48.40°,这些大的偏离都出现在后缘曲线割缝上。从表 9.3 还可以看出,网格内部区域正交性偏离最大 $\left|\Delta\theta\right|^{in}_{max}$ 达到 57.57°,这些比较大的偏差主要集中在离开前后缘下表面向外的局部区域,这是翼型的大弯度形状及边界上的正交性要求引发的。

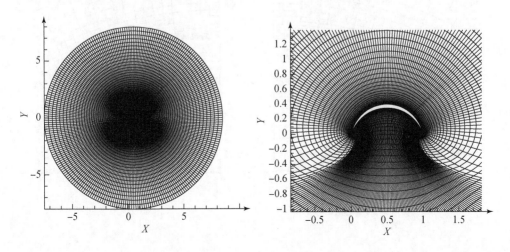

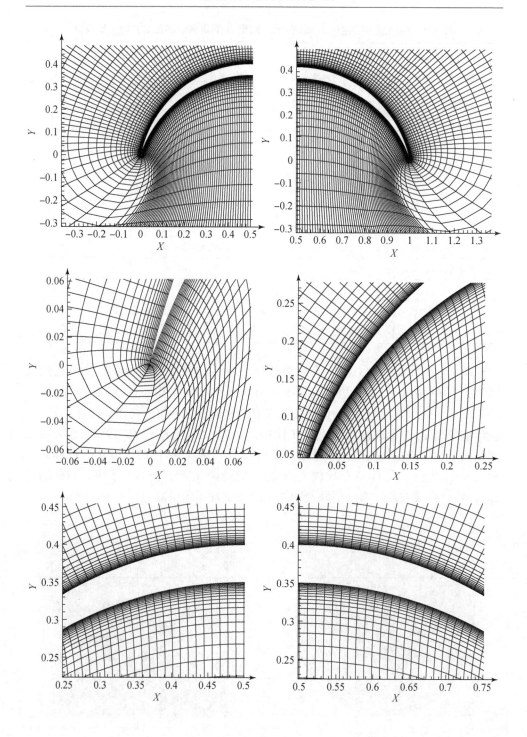

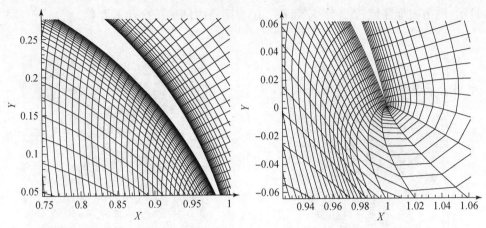

图 9.9　用抛物型方法生成的弯度为 37.5% 的双圆弧翼型 O 型网格

表 9.3　抛物型方法生成的弯度为 37.5% 的双圆弧翼型 O 型网格偏离正交方向角度统计

内场点偏离正交方向角度($|\Delta\theta|^{in}$)统计		边界点偏离正交方向角度($|\Delta\theta|^{b}$)统计	
角度差区间/(°)	包含网格节点数	角度差区间/(°)	包含网格节点数
(0.00, 5.76)	9840	(0.00, 4.84)	380
(5.70, 11.51)	2366	(4.84, 9.68)	50
(11.51, 17.27)	1688	(9.68, 14.52)	47
(17.27, 23.03)	896	(14.52, 19.36)	78
(23.03, 28.78)	510	(19.36, 24.20)	13
(28.78, 34.54)	341	(24.20, 29.04)	11
(34.54, 40.30)	184	(29.04, 33.88)	17
(40.30, 46.05)	123	(33.88, 38.72)	22
(46.05, 51.81)	81	(38.72, 43.56)	10
(51.81, 57.57)	36	(43.56, 48.40)	8
内场网格点总数:16065		边界上网格点总数:636	
$\|\Delta\theta\|^{in}_{max}=57.57°$,　$\|\Delta\theta\|^{in}_{ave}=7.17°$		$\|\Delta\theta\|^{b}_{max}=48.40°$,　$\|\Delta\theta\|^{b}_{ave}=8.08°$	

图 9.10 为用抛物型方法生成的四角星形物体 O 型网格,其外边界是圆心在星形体中心、半径为八倍星形体直径的圆,其网格点数为 257×65。图 9.10 显示在物面附近的正交性和网格向物面的拉近特性都很好。表 9.4 中统计结果显示,全部四个边界上 $|\Delta\theta|^{b}_{max}$ 达到 58.72°,而达到这个最大值的只有两个点,其余边界点都小于 41.10°。在四个边的 636 个边界点中,大于 23.49° 的点仅有 16 个,610 个点都小于 17.62°,偏离正交方向比较大的点应该都出现在后缘割缝上。表 9.4 还

显示,网格内部区域$|\Delta\theta|_{\max}^{in}\leqslant23.69°$,说明网格内部的正交性不算差。

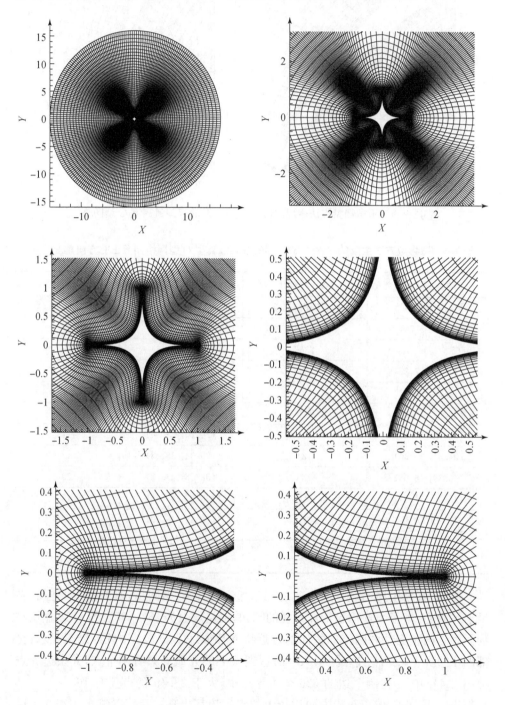

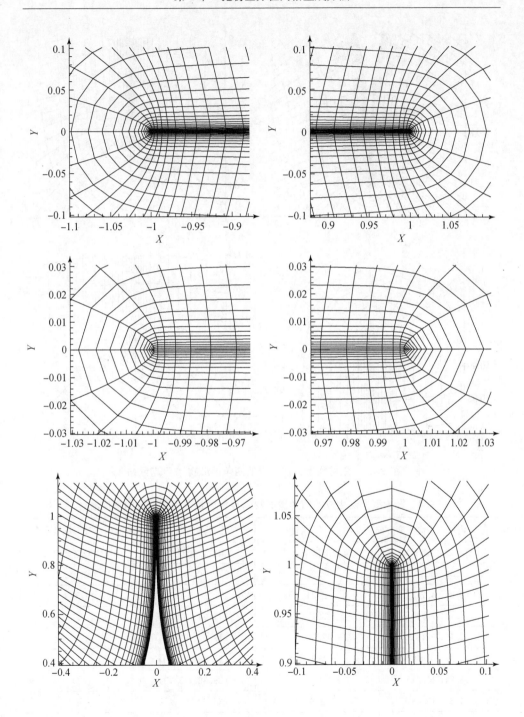

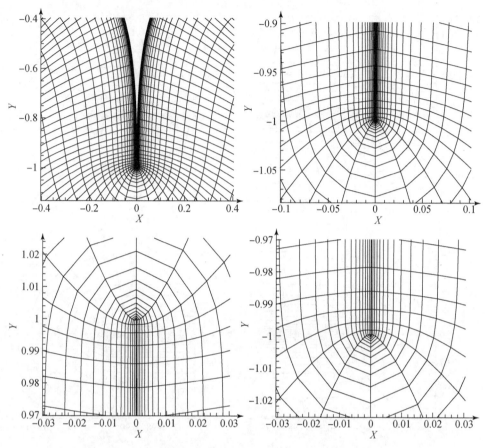

图 9.10　用抛物型方法生成的四角星形物体 O 型网格

表 9.4　抛物型方法生成的四角星形物体 O 型网格偏离正交方向角度统计

内场点偏离正交方向角度($\mid \Delta\theta \mid^{\text{in}}$)统计		边界点偏离正交方向角度($\mid \Delta\theta \mid^{\text{b}}$)统计	
角度差区间/(°)	包含网格节点数	角度差区间/(°)	包含网格节点数
(0.00, 2.37)	2503	(0.00, 5.87)	410
(2.37, 4.74)	2624	(5.87, 11.74)	174
(4.74, 7.11)	3017	(11.74, 17.62)	26
(7.11, 9.48)	2263	(17.62, 23.49)	10
(9.48, 11.84)	1705	(23.49, 29.36)	6
(11.84, 14.21)	1323	(29.36, 35.23)	4
(14.21, 16.58)	850	(35.23, 41.10)	4
(16.58, 18.95)	638	(41.10, 46.98)	0

续表

内场点偏离正交方向角度($\mid\Delta\theta\mid^{in}$)统计		边界点偏离正交方向角度($\mid\Delta\theta\mid^{b}$)统计	
角度差区间/(°)	包含网格节点数	角度差区间/(°)	包含网格节点数
(18.95, 21.32)	664	(46.98, 52.85)	0
(21.32, 23.69)	478	(52.85, 58.72)	2
内场网格点总数:16065		边界上网格点总数:636	
$\mid\Delta\theta\mid^{in}_{max}=23.69°$,　$\mid\Delta\theta\mid^{in}_{ave}=8.26°$		$\mid\Delta\theta\mid^{b}_{max}=58.72°$,　$\mid\Delta\theta\mid^{b}_{ave}=5.20°$	

　　图 9.11 为抛物型方法生成的导弹形物体横截面 O 型网格。其外边界是圆心在导弹形物体横截面中心,半径为 16 倍弹身横截面半径的圆。由图可见,在物面附近的正交性和网格向物面的拉近特性都很好。表 9.5 统计结果表明,边界上 636 个网格点中的 616 个点的角度偏差小于 $29.25°$,角度偏差较大的点应该是在物面几个拐角区域,物面其他点正交性都比较好。网格内部区域 $\mid\Delta\theta\mid^{in}_{max}$ 达到 $53.91°$,主要是从物面几个拐角区出发的网格线既要尽量和物面正交,又要在离开物面后迅速拐弯,以免彼此相交,从而导致这些区域正交性变差。

　　以上网格实例表明,新的代数网格预测方法中的计算拉近因子和切换因子的公式是实用、方便且成功的[9]。

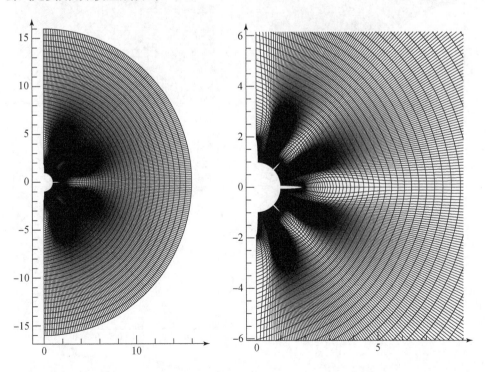

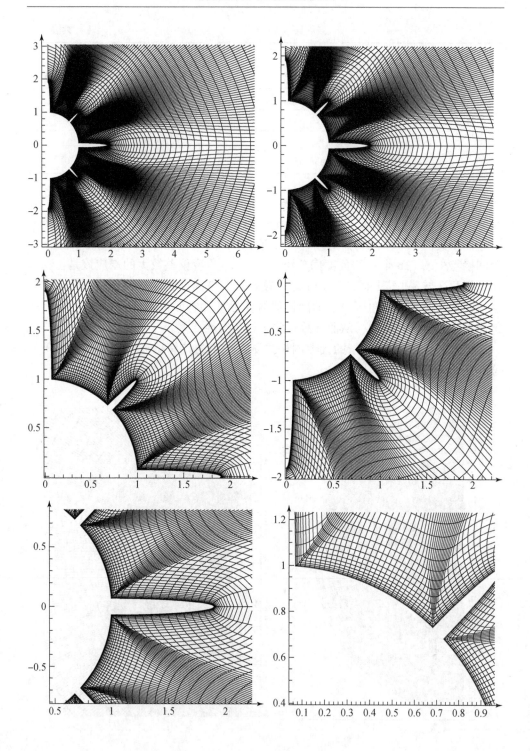

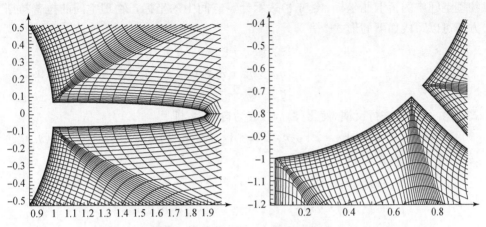

图 9.11 抛物型方法生成的导弹形物体横截面 O 型网格

表 9.5 抛物型方法生成的导弹形物体横截面 O 型网格偏离正交方向角度统计

内场点偏离正交方向角度($|\Delta\theta|^{in}$)统计		边界点偏离正交方向角度($|\Delta\theta|^{b}$)统计	
角度差区间/(°)	包含网格节点数	角度差区间/(°)	包含网格节点数
(0.00, 5.39)	7831	(0.00, 4.88)	522
(5.39, 10.78)	2413	(4.88, 9.75)	20
(10.78, 16.17)	1610	(9.75, 14.63)	12
(16.17, 21.56)	1137	(14.63, 19.50)	12
(21.56, 26.96)	886	(19.50, 24.38)	32
(26.96, 32.35)	687	(24.38, 29.25)	18
(32.35, 37.74)	588	(29.25, 34.13)	8
(37.74, 43.13)	431	(34.13, 39.00)	4
(43.13, 48.52)	304	(39.00, 43.88)	4
(48.52, 53.91)	178	(43.88, 48.75)	4
内场网格点总数:16065		边界上网格点总数:636	
$|\Delta\theta|^{in}_{max}=53.91°$, $|\Delta\theta|^{in}_{ave}=11.11°$		$|\Delta\theta|^{b}_{max}=48.75°$, $|\Delta\theta|^{b}_{ave}=4.78°$	

9.4 三维抛物型网格生成

9.4.1 控制方程离散与求解

与二维情形类似,用于三维抛物型网格生成的方程并不是真正的抛物型偏微分方程。相反,它们是源项为零的椭圆型方程,即拉普拉斯方程。令(x, y, z)表示物理空间中的笛卡儿坐标,(ξ,η,ζ)表示计算空间中的坐标。物理空间的拉普拉斯方程可以写成如下的形式[6,7]

$$\begin{cases} \xi_{xx}+\xi_{yy}+\xi_{zz}=0 \\ \eta_{xx}+\eta_{yy}+\eta_{zz}=0 \\ \zeta_{xx}+\zeta_{yy}+\zeta_{zz}=0 \end{cases} \tag{9.4.1}$$

式(9.4.1)可以进行反演,使得(ξ,η,ζ)成为自变量,即

$$\alpha_1 r_{\xi\xi}+\alpha_2 r_{\eta\eta}+\alpha_3 r_{\zeta\zeta}+2(\beta_{12}r_{\xi\eta}+\beta_{23}r_{\eta\zeta}+\beta_{31}r_{\zeta\xi})=0 \tag{9.4.2}$$

其中,$r=x,y$或者z,且

$$\begin{cases} \alpha_1=J^2(\nabla\xi\cdot\nabla\xi)=|\vec{r}_\eta|^2\,|\vec{r}_\zeta|^2-(\vec{r}_\eta\cdot\vec{r}_\zeta)^2 \\ \alpha_2=J^2(\nabla\eta\cdot\nabla\eta)=|\vec{r}_\zeta|^2\,|\vec{r}_\xi|^2-(\vec{r}_\zeta\cdot\vec{r}_\xi)^2 \\ \alpha_3=J^2(\nabla\zeta\cdot\nabla\zeta)=|\vec{r}_\xi|^2\,|\vec{r}_\eta|^2-(\vec{r}_\xi\cdot\vec{r}_\eta)^2 \\ \beta_{12}=J^2(\nabla\xi\cdot\nabla\eta)=(\vec{r}_\xi\cdot\vec{r}_\zeta)(\vec{r}_\zeta\cdot\vec{r}_\eta)-(\vec{r}_\xi\cdot\vec{r}_\eta)|\vec{r}_\zeta|^2 \\ \beta_{23}=J^2(\nabla\eta\cdot\nabla\zeta)=(\vec{r}_\eta\cdot\vec{r}_\xi)(\vec{r}_\xi\cdot\vec{r}_\zeta)-(\vec{r}_\eta\cdot\vec{r}_\zeta)|\vec{r}_\xi|^2 \\ \beta_{31}=J^2(\nabla\zeta\cdot\nabla\xi)=(\vec{r}_\zeta\cdot\vec{r}_\eta)(\vec{r}_\eta\cdot\vec{r}_\xi)-(\vec{r}_\zeta\cdot\vec{r}_\xi)|\vec{r}_\eta|^2 \\ \vec{r}=x\vec{i}+y\vec{j}+z\vec{k} \end{cases} \tag{9.4.3}$$

要从偏微分方程得到差分方程,椭圆型网格生成方法通常采用中心差分来近似所有导数

$$\begin{cases} r_\xi=(r_{i+1,j,k}-r_{i-1,j,k})/2 \\ r_\eta=(r_{i,j+1,k}-r_{i,j-1,k})/2 \\ r_\zeta=(r_{i,j,k+1}-r_{i,j,k-1})/2 \end{cases} \tag{9.4.4a}$$

$$\begin{cases} r_{\xi\xi}=r_{i+1,j,k}-2r_{i,j,k}+r_{i-1,j,k} \\ r_{\eta\eta}=r_{i,j+1,k}-2r_{i,j,k}+r_{i,j-1,k} \\ r_{\zeta\zeta}=r_{i,j,k+1}-2r_{i,j,k}+r_{i,j,k-1} \end{cases} \tag{9.4.4b}$$

$$\begin{cases} r_{\xi\eta}=(r_{i+1,j+1,k}-r_{i+1,j-1,k}-r_{i-1,j+1,k}+r_{i-1,j-1,k})/4 \\ r_{\eta\zeta}=(r_{i,j+1,k+1}-r_{i,j+1,k-1}-r_{i,j-1,k+1}+r_{i,j-1,k-1})/4 \\ r_{\zeta\xi}=(r_{i+1,j,k+1}-r_{i+1,j,k-1}-r_{i-1,j,k+1}+r_{i-1,j,k-1})/4 \end{cases} \tag{9.4.4c}$$

其中,隐含地意味着$\Delta\xi=\Delta\eta=\Delta\zeta=1$。将式(9.4.4a)~式(9.4.4c)代入网格生成方程(9.4.2)就得到差分方程。如果采用如 SOR,LSOR 或 ADI 等松弛格式,以迭代的方式求解得到的差分方程,直到满足某个收敛性判据,就形成了三维椭圆型网格生成方法。事实上,得到的差分方程也可以用非迭代的抛物型方式(即非迭代的空间推进方式)求解,就形成了三维抛物型网格生成方法[6,7]。

在抛物型求解方式中,通常必须先选择一个推进方向和一条"待求解的未知线",而且这个"待求解的未知线"还处于推进方向的某个"待求解的未知层(面)"上。例

如,不失一般性,可选曲线坐标 ζ(对应于节点标号 k)来代表从内边界(通常是物面)向外边界的推进方向,选 ξ 坐标线(对应于节点标号 i)作为"待求解的未知线",这条线就处于当前 $k=$const"待求解的未知层"内[也可以选择 η 坐标线(对应节点标号 j)作为"待求解的未知线"]。在这个设定中,整个 $k+1$ 层网格面的物理坐标可以用类似于二维的代数方法[8,9]全部预测出来(图9.12),同时整个 k 层网格的坐标可以由已知的 $k-1$ 层和代数预测出的 $k+1$ 层网格坐标进行平均得到。由于代数方法实际上把第 $k+1$ 层,第 k 层的坐标都事先预估出来了,所以在当前层(第 k 层)的 (i,j,k) 点处的 ξ,η,ζ 三个方向的偏导数都可以全部顺利计算出来。从而,网格生成方程中系数的计算有了保障,当前 k 层偏导数 $r_\zeta,r_{\zeta\zeta}$ 就可以按中心差分计算了。

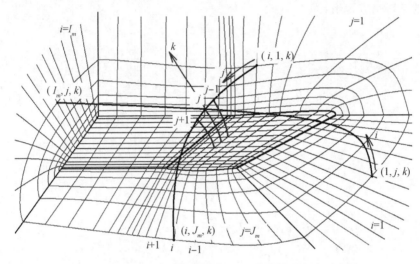

图 9.12　机翼 C-O 型网格拓扑下三维抛物型方法示意图

用代数方法预估第 $k+1$ 层网格点坐标,甚至第 k 层网格点坐标,仅仅是为了使当前层(第 k 层)网格生成方程中出现的第 $k+1$ 层的网格点坐标有值,也为了计算方程中的系数(这些系数的计算要用到第 $k+1$ 层的网格点坐标),从而使该方程得以求解,生成第 k 层网格。代数预估的第 $k+1$ 层,甚至第 k 层网格点坐标并不是最终生成的网格,每一层最终生成的网格都是通过在该层离散求解方程(9.4.2)而获得的。

用式(9.4.4)中的差分代替偏导数代入方程(9.4.2),在节点 (i,j,k) 离散方程(9.4.2),得到如下差分方程

$$\alpha_1(r_{i+1,j,k}-2r_{i,j,k}+r_{i-1,j,k})+\alpha_2(r_{i,j+1,k}-2r_{i,j,k}+r_{i,j-1,k})+\alpha_3(r_{i,j,k+1}-2r_{i,j,k}+r_{i,j,k-1})$$
$$+2\beta_{12}(r_{i+1,j+1,k}-r_{i-1,j+1,k}-r_{i+1,j-1,k}+r_{i-1,j-1,k})/4$$
$$+2\beta_{23}(r_{i,j+1,k+1}-r_{i,j-1,k+1}-r_{i,j+1,k-1}+r_{i,j-1,k-1})/4$$
$$+2\beta_{31}(r_{i+1,j,k+1}-r_{i+1,j,k-1}-r_{i-1,j,k+1}+r_{i-1,j,k-1})/4=0 \qquad (9.4.5)$$

式中,第 k 层的第 j 线(i 在变化的线)上的 $r_{i-1,j,k}$,$r_{i,j,k}$,$r_{i+1,j,k}$ 被看成是未知量,所有其他量可由边界网格、代数方法预测的网格或之前求解过的面、线上的网格得到,可看作已知量,这样,系数 α_1,α_2,α_3 与 β_{12},β_{23},β_{31} 相当于滞后一个 ζ 步以线性化方程。将方程(9.4.5)中 $(j,k)=$const 线上的项(即沿着 i 方向的 $r_{i-1,j,k}$,$r_{i,j,k}$,$r_{i+1,j,k}$)保留在方程左边,将其他项都移到方程右边,就得到如下方程

$$\alpha_1 r_{i-1,j,k} - 2(\alpha_1 + \alpha_2 + \alpha_3) r_{i,j,k} + \alpha_1 r_{i+1,j,k}$$
$$= -\alpha_2 (r_{i,j+1,k} + r_{i,j-1,k}) - \alpha_3 (r_{i,j,k+1} + r_{i,j,k-1})$$
$$- 2[\beta_{12}(r_{\xi\eta})_{i,j,k} + \beta_{23}(r_{\eta\zeta})_{i,j,k} + \beta_{31}(r_{\zeta\xi})_{i,j,k}] \tag{9.4.6}$$

这是一个沿着 i 方向的线(即 $k=$const 面上的 $j=$const 线),由 I_m-2 个线性方程构成的三对角方程组,即

$$
\begin{bmatrix}
b_2 & c_2 & & & & & \\
a_3 & b_3 & c_3 & & & & 0 \\
& \ddots & \ddots & \ddots & & & \\
& & a_i & b_i & c_i & & \\
& & & \ddots & \ddots & \ddots & \\
0 & & & & a_{I_m-2} & b_{I_m-2} & c_{I_m-2} \\
& & & & & a_{I_m-1} & b_{I_m-1}
\end{bmatrix}
\begin{bmatrix}
r_2 \\ r_3 \\ \vdots \\ r_i \\ \vdots \\ r_{I_m-2} \\ r_{I_m-1}
\end{bmatrix}
=
\begin{bmatrix}
d_2 \\ d_3 \\ \vdots \\ d_i \\ \vdots \\ d_{I_m-2} \\ d_{I_m-1}
\end{bmatrix}
\tag{9.4.7}
$$

其中

$$a_i = \begin{cases} 0, & i=2 \\ (\alpha_1)_{i,j,k}, & i=3,4,\cdots,I_m-1 \end{cases}$$

$$b_i = -2[(\alpha_1)_{i,j,k} + (\alpha_2)_{i,j,k} + (\alpha_3)_{i,j,k}], \quad i=2,3,\cdots,I_m-1$$

$$c_i = \begin{cases} (\alpha_1)_{i,j,k}, & i=2,3,\cdots,I_m-2 \\ 0, & i=I_m-1 \end{cases}$$

$$d_i = \begin{cases} D_i - (\alpha_1)_{i,j,k} r_{i-1,j,k}, & i=2 \\ D_i, & i=3,4,\cdots,I_m-2 \\ D_i - (\alpha_1)_{i,j,k} r_{i+1,j,k}, & i=I_m-1 \end{cases}$$

$$D_i = -\alpha_2(r_{i,j+1,k} + r_{i,j-1,k}) - \alpha_3(r_{i,j,k+1} + r_{i,j,k-1})$$
$$- 2[\beta_{12}(r_{\xi\eta})_{i,j,k} + \beta_{23}(r_{\eta\zeta})_{i,j,k} + \beta_{31}(r_{\zeta\xi})_{i,j,k}], \quad i=2,3,\cdots,I_m-1$$

这个沿着 i 线的方程组在 $k=$const 面上一条 $j=$const 线接着一条 $j=$const 线推进求解,然后一个面一个面($k=$const 面)沿 k 方向推进,直到完成第 K_m-1 面。将所有具有下标 $j-1$,$j+1$,$k-1$ 或 $k+1$ 的项移到方程右边作为源项这种处理方法,就相当于用隐式方法求解一个抛物型偏微分方程。当解推进到 $j=J_m-1$ 线时,解就触及了侧边界 $j=J_m$,而当解推进到 $k=K_m-1$ 面时,解就触及外边界 $k=K_m$。在上述求解过程中,立方体计算域的六个面都需要指定边界数据。

9.4.2　网格代数预测

通过模仿 Noack[8] 的二维代数预测方法,可以得到预测的第 $k+1$ 层网格点坐标[9]。类似地,令 R 表示第 $k-1$ 层网格面上的网格点到外边界(第 K_m 层网格面)上的对应点之间的距离,即

$$R=|\vec{r}_{i,j,K_m}-\vec{r}_{i,j,k-1}| \tag{9.4.8}$$

此外,$k-1$ 层网格面上的点 $(i,j,k-1)$ 处向外(即推进方向,k 增加的方向)的单位法向矢量 $\vec{n}$ 可如下计算

$$\vec{n}=\frac{(\vec{r}_\xi)_{i,j,k-1}\times(\vec{r}_\eta)_{i,j,k-1}}{|(\vec{r}_\xi)_{i,j,k-1}\times(\vec{r}_\eta)_{i,j,k-1}|} \tag{9.4.9}$$

其中,$\vec{r}_\xi=x_\xi\vec{i}+y_\xi\vec{j}+z_\xi\vec{k}$,$\vec{r}_\eta=x_\eta\vec{i}+y_\eta\vec{j}+z_\eta\vec{k}$,计算 $x_\xi,y_\xi,z_\xi,x_\eta,y_\eta,z_\eta$ 时将式(9.4.4)中的下标 k 换成 $k-1$ 即可。

那么,在从第 $k-1$ 层网格面上 $(i,j,k-1)$ 点出发的法线(正交方向)上截取的第 $k+1$ 层网格点为

$$\vec{r}_o=\vec{r}_{i,j,k-1}+\vec{n}\varepsilon_c R \tag{9.4.10}$$

或

$$\begin{cases} x_o=x_{i,j,k-1}+n_x\varepsilon_c R \\ y_o=y_{i,j,k-1}+n_y\varepsilon_c R \\ z_o=z_{i,j,k-1}+n_z\varepsilon_c R \end{cases}$$

其中,ε_c 是三维拉近因子,其值从内边界(物面第二层,对应 $k=2$)比较小的值变化到在外边界面内一层(对应 $k=K_m-1$)的 1。ε_c 的值代表了当前第 k 层的前一层(第 $k-1$ 层)到后一层(第 $k+1$ 层)的距离与第 $k-1$ 层到外边界的距离之比。在三维情形,可以把沿 ξ 方向插值得到的 ε_c 和沿 η 方向插值得到的 ε_c 进行平均获得 ε_c。与二维情形类似,ξ 方向 ε_c 的插值可以通过 ξ 方向上两个边界上的 ε_c 进行线性插值实现[9]。

$$\begin{cases} R_1=|\vec{r}_{1,j,K_m}-\vec{r}_{1,j,k-1}| \\ \Delta r_1=|\vec{r}_{1,j,k+1}-\vec{r}_{1,j,k-1}| \\ \varepsilon_{c1}=\Delta r_1/R_1 \end{cases} \tag{9.4.11a}$$

$$\begin{cases} R_2=|\vec{r}_{I_m,j,K_m}-\vec{r}_{I_m,j,k-1}| \\ \Delta r_2=|\vec{r}_{I_m,j,k+1}-\vec{r}_{I_m,j,k-1}| \\ \varepsilon_{c2}=\Delta r_2/R_2 \end{cases} \tag{9.4.11b}$$

$$\begin{cases} \xi=(i-1)/(I_m-1) \\ \varepsilon_{c,\xi}=(1-\xi)\varepsilon_{c1}+\xi\varepsilon_{c2} \end{cases} \tag{9.4.11c}$$

类似地，η 方向 ε_c 的插值可以通过 η 方向上两个边界上的 ε_c 线性插值得到

$$
\begin{cases}
R_1 = |\vec{r}_{i,1,K_m} - \vec{r}_{i,1,k-1}| \\
\Delta r_1 = |\vec{r}_{i,1,k+1} - \vec{r}_{i,1,k-1}| \\
\varepsilon_{c1} = \Delta r_1 / R_1
\end{cases}
\tag{9.4.12a}
$$

$$
\begin{cases}
R_2 = |\vec{r}_{i,J_m,K_m} - \vec{r}_{i,J_m,k-1}| \\
\Delta r_2 = |\vec{r}_{i,J_m,k+1} - \vec{r}_{i,J_m,k-1}| \\
\varepsilon_{c2} = \Delta r_2 / R_2
\end{cases}
\tag{9.4.12b}
$$

$$
\begin{cases}
\eta = (j-1)/(J_m - 1) \\
\varepsilon_{c,\eta} = (1-\eta)\varepsilon_{c1} + \eta\varepsilon_{c2}
\end{cases}
\tag{9.4.12c}
$$

最后，点 (i,j,k) 处 ε_c 的值由上述两个值平均得到，即

$$
\varepsilon_c = (\varepsilon_{c,\xi} + \varepsilon_{c,\eta})/2
\tag{9.4.13}
$$

如果第 $k+1$ 层网格点只一味按照式(9.4.10)指引的方向，沿着内边界或每一个当前的第 $k-1$ 层网格面的法线方向推进，则网格最终将很难或不可能与指定的外边界上的对应点光滑衔接。为此，可以用另外一个点进行补救或矫正。

另外一个点是连接第 $k-1$ 层网格面上的 $(i,j,k-1)$ 点与第 K_m 层网格面（即外边界）上的 (i,j,K_m) 点的直线上的处于 $k+1$ 层的点，并采用相同的拉近因子 ε_c 通过下列线性插值获得

$$
\begin{cases}
x_s = x_{i,j,k-1} + \varepsilon_c(x_{i,j,K_m} - x_{i,j,k-1}) \\
y_s = y_{i,j,k-1} + \varepsilon_c(y_{i,j,K_m} - y_{i,j,k-1}) \\
z_s = z_{i,j,k-1} + \varepsilon_c(z_{i,j,K_m} - z_{i,j,k-1})
\end{cases}
\tag{9.4.14}
$$

然后将上面两个点 (x_o,y_o,z_o) 和 (x_s,y_s,z_s) 进行加权平均（或称融合，切换），即在物面第二层（对应 $k=2, k+1=3$）时，融合的点就是 (x_o,y_o,z_o)，随着向外边界推进，融合点不断从 (x_o,y_o,z_o) 向 (x_s,y_s,z_s) 靠拢，到外边界时，靠拢到点 (x_s,y_s,z_s) 上。实现这一融合的加权平均可如下构造，由此获得第 $k+1$ 层网格面上预测的网格点坐标[9]

$$
\begin{cases}
x_{i,j,k+1} = \varepsilon_s x_o + (1-\varepsilon_s)x_s \\
y_{i,j,k+1} = \varepsilon_s y_o + (1-\varepsilon_s)y_s \\
z_{i,j,k+1} = \varepsilon_s z_o + (1-\varepsilon_s)z_s
\end{cases}
\tag{9.4.15}
$$

其中，ε_s 是三维切换或融合因子，其值从物面第二层（对应 $k=2$）处的 1 变化到外边界内层（对应 $k=K_m-1$）的接近于零的一个很小的值，其计算方法类似于二维情形[9]

$$
\begin{cases}
\varepsilon_s = e^{-\alpha\zeta} \\
\zeta = (k-2)/[(K_m-1)-2]
\end{cases}
\tag{9.4.16}
$$

其中，a 是阻尼因子，取值为 5 时效果良好。由式(9.4.16)知，在内边界(物面)处 $(k-1=1, k=2)$，$\zeta=0$，$\varepsilon_s=1$，在外边界处 ε_s 是很小的值。这样式(9.4.10)，式(9.4.14)和式(9.4.15)就使得预测的网格在物面(内边界)附近取的是更接近正交网格(x_o, y_o, z_o)的坐标，在接近外边界时取的是与那条连接点(i, j, k_{-1})和点(i, j, K_m)的直线上的点(x_s, y_s, z_s)更接近的坐标，有利于光滑衔接到外边界上的对应点[9]。

9.4.3　待求未知线替换

事实上，也可以选 η 方向作为"待求未知线"。在这种情形，将方程(9.4.4)代入到方程(9.4.2)，可得到在点(i, j, k)处式(9.4.2)离散后的差分方程如下[与式(9.4.5)同]

$$\alpha_1(r_{i+1,j,k}-2r_{i,j,k}+r_{i-1,j,k})+\alpha_2(r_{i,j+1,k}-2r_{i,j,k}+r_{i,j-1,k})$$
$$+\alpha_3(r_{i,j,k+1}-2r_{i,j,k}+r_{i,j,k-1})+2\beta_{12}(r_{\xi\eta})_{i,j,k}$$
$$+2\beta_{23}(r_{\eta\zeta})_{i,j,k}+2\beta_{31}(r_{\zeta\xi})_{i,j,k}=0 \tag{9.4.17}$$

此时，将方程(9.4.17)中的 $r_{i,j-1,k}, r_{i,j,k}, r_{i,j+1,k}$ 看作未知量。所有其他量可由边界网格、代数方法预测的网格或之前求解过的面、线上的网格得到，可看作已知量，这样，系数 $\alpha_1, \alpha_2, \alpha_3$ 与 $\beta_{12}, \beta_{23}, \beta_{31}$ 相当于滞后一个 ζ 步以线性化方程。将方程(9.4.17)中$(i, k)=$const 线上的项(即沿着 j 方向的 $r_{i,j-1,k}, r_{i,j,k}, r_{i,j+1,k}$)保留在方程左边，将其他项都移到方程右边，就得到如下方程

$$\alpha_2 r_{i,j-1,k}-2(\alpha_1+\alpha_2+\alpha_3)r_{i,j,k}+\alpha_2 r_{i,j+1,k}$$
$$=-\alpha_1(r_{i+1,j,k}+r_{i-1,j,k})-\alpha_3(r_{i,j,k+1}+r_{i,j,k-1})$$
$$-2[\beta_{12}(r_{\xi\eta})_{i,j,k}+\beta_{23}(r_{\eta\zeta})_{i,j,k}+\beta_{31}(r_{\zeta\xi})_{i,j,k}] \tag{9.4.18}$$

这是一个沿着 j 方向的线(即 $k=$const 面上的 $i=$const 线)由 J_m-2 个线性方程组成的三对角方程组，即

$$\begin{bmatrix} b_2 & c_2 \\ a_3 & b_3 & c_3 & & & & 0 \\ & \ddots & \ddots & \ddots \\ & & a_j & b_j & c_j \\ & & & \ddots & \ddots & \ddots \\ 0 & & & & a_{J_m-2} & b_{J_m-2} & c_{J_m-2} \\ & & & & & a_{J_m-1} & b_{J_m-1} \end{bmatrix} \begin{bmatrix} r_2 \\ r_3 \\ \vdots \\ r_j \\ \vdots \\ r_{J_m-2} \\ r_{J_m-1} \end{bmatrix} = \begin{bmatrix} d_2 \\ d_3 \\ \vdots \\ d_j \\ \vdots \\ d_{J_m-2} \\ d_{J_m-1} \end{bmatrix} \tag{9.4.19}$$

其中

$$a_j=\begin{cases} 0, & j=2 \\ (\alpha_2)_{i,j,k}, & j=3,4,\cdots,J_m-1 \end{cases}$$

$$b_j=-2[(\alpha_1)_{i,j,k}+(\alpha_2)_{i,j,k}+(\alpha_3)_{i,j,k}], \quad j=2,3,\cdots,J_m-1$$

$$c_j = \begin{cases} (\alpha_2)_{i,j,k}, & j=2,3,\cdots,J_m-2 \\ 0, & j=J_m-1 \end{cases}$$

$$d_j = \begin{cases} D_j - (\alpha_2)_{i,j,k} r_{i,j-1,k}, & j=2 \\ D_j, & j=3,4,\cdots,J_m-2 \\ D_j - (\alpha_2)_{i,j,k} r_{i,j+1,k}, & j=J_m-1 \end{cases}$$

$$D_j = -\alpha_1 (r_{i+1,j,k} + r_{i-1,j,k}) - \alpha_3 (r_{i,j,k+1} + r_{i,j,k-1})$$
$$-2[\beta_{12}(r_{\xi\eta})_{i,j,k} + \beta_{23}(r_{\eta\zeta})_{i,j,k} + \beta_{31}(r_{\zeta\xi})_{i,j,k}], \quad j=2,3,\cdots,J_m-1$$

这个沿 j 线的方程组在 $k=$const 面上一条 $i=$const 线接着一条 $i=$const 线求解,然后一个面一个面($k=$const 面)沿 k 方向推进,直到完成第 K_m-1 面。将所有具有下标 $i-1$, $i+1$, $k-1$ 或 $k+1$ 的项移到方程右边作为源项这种处理方法,就相当于用隐式方法求解一个抛物型偏微分方程。当解推进到 $i=I_m-1$ 线时,解就触及了侧边界 $i=I_m$,而当解推进到 $k=K_m-1$ 面时,解就触及外边界 $k=K_m$。在上述求解过程中,立方体计算域的六个面都需要指定边界数据。

9.4.4　三维网格举例

图 9.13 给出了用三维抛物型方法生成的 ONRERA M6 机翼 C-O 型网格,网格数为 $257 \times 81 \times 65$,其中,机翼表面(含上下表面)网格点数为 129×81,机翼下游延伸面(含上下表面)网格点数也是 129×81。表 9.6 中该网格偏离正交方向角度统计结果显示,穿出机翼表面的网格线偏离正交方向的最大偏差为 $6.57°$,说明翼面正交性很好。从图 9.13 中可以看出网格向翼面的拉近特性良好。

图 9.14 给出了用三维抛物型方法生成的 ONRERA M6 机翼 O-O 型网格,网格数为 $121 \times 81 \times 65$,其中,机翼表面(含上下表面)网格点数为 121×81。表 9.7 中该网格偏离正交方向角度统计结果显示,穿出机翼表面的网格线偏离正交方向的最大偏差为 $13.20°$,说明网格与翼面的正交性良好。从图 9.14 中可以看出网格向翼面的拉近特性良好。

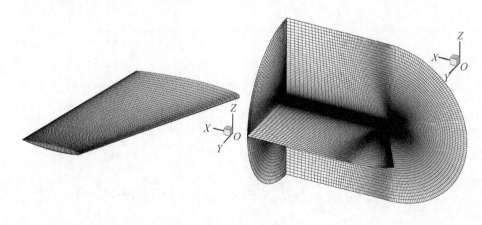

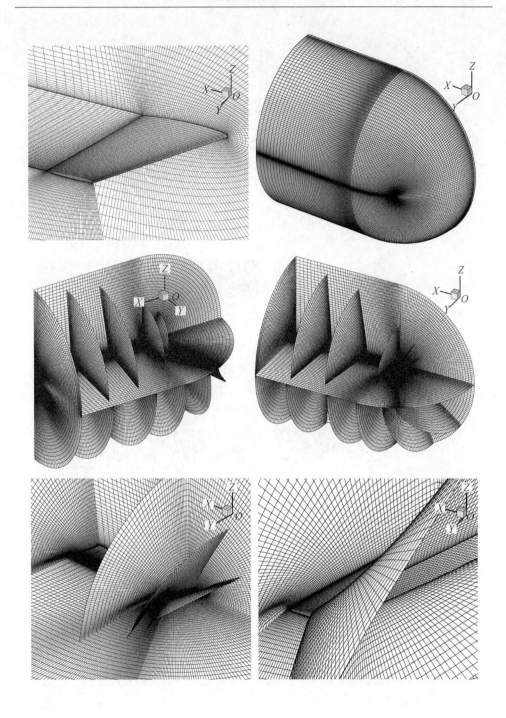

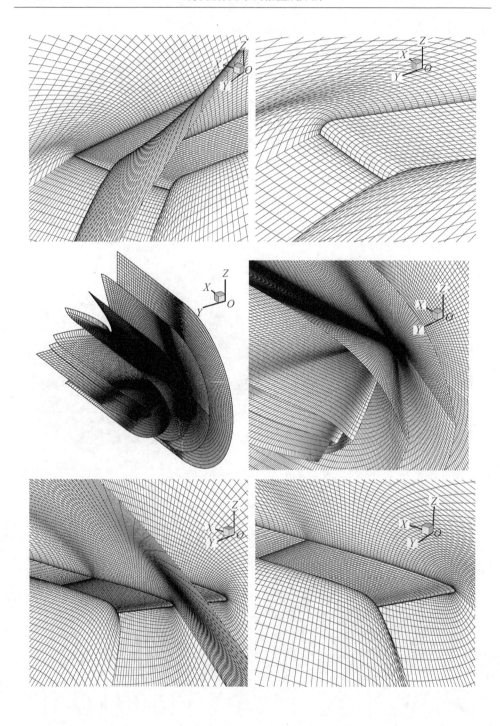

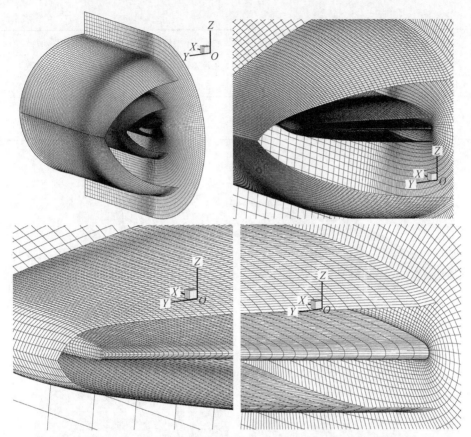

图 9.13 用三维抛物型方法生成的 ONRERA M6 机翼 C-O 型网格

表 9.6 抛物型方法生成的 ONRERA M6 机翼 C-O 型网格偏离正交方向角度统计

内场网格点偏离正交方向角度($\mid\Delta\theta\mid^{in}$)统计		机翼表面及下游延伸面上偏离正交方向角度 $\mid\Delta\theta\mid^{b}$ 统计	
角度差区间/(°)	包含网格节点数	角度差区间/(°)	包含网格节点数
(0.00, 6.16)	230094	(0.00, 0.66)	837
(6.16, 12.31)	365560	(0.66, 1.31)	1627
(12.31, 18.47)	204030	(1.31, 1.97)	1485
(18.47, 24.63)	166409	(1.97, 2.63)	3660
(24.63, 30.79)	145528	(2.63, 3.28)	4278
(30.79, 36.94)	80282	(3.28, 3.94)	3532
(36.94, 43.10)	40280	(3.94, 4.60)	4408
(43.10, 49.26)	25708	(4.60, 5.25)	132
(49.26, 55.42)	10522	(5.25, 5.91)	102

续表

内场网格点偏离正交方向角度（$\left|\Delta\theta\right|^{in}$）统计		机翼表面及下游延伸面上偏离正交方向角度$\left|\Delta\theta\right|^{b}$统计	
角度差区间/(°)	包含网格节点数	角度差区间/(°)	包含网格节点数
(55.42, 61.57)	722	(5.91, 6.57)	84
内场网格点总数：1269135		边界上（机翼表面）网格点总数：20145	
$\left|\Delta\theta\right|^{in}_{max}=61.57°$,　$\left|\Delta\theta\right|^{in}_{ave}=16.54°$		$\left|\Delta\theta\right|^{b}_{max}=6.57°$,　$\left|\Delta\theta\right|^{b}_{ave}=2.92°$	

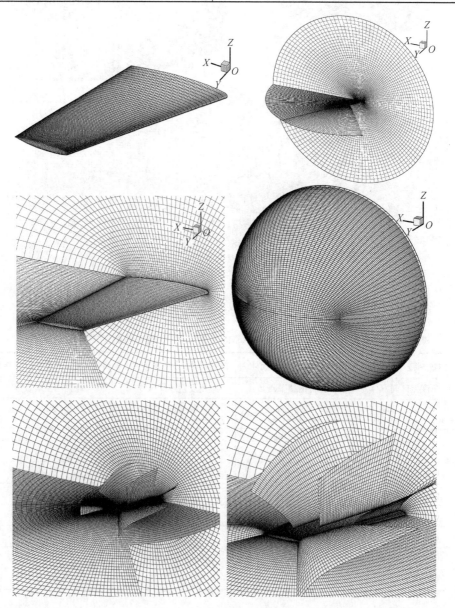

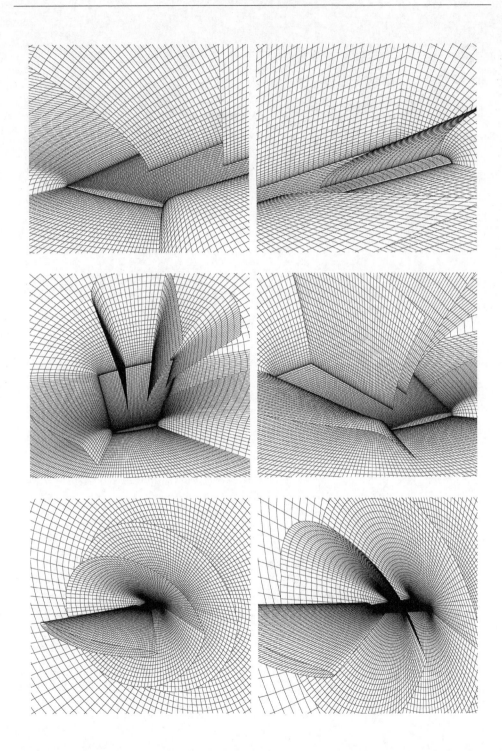

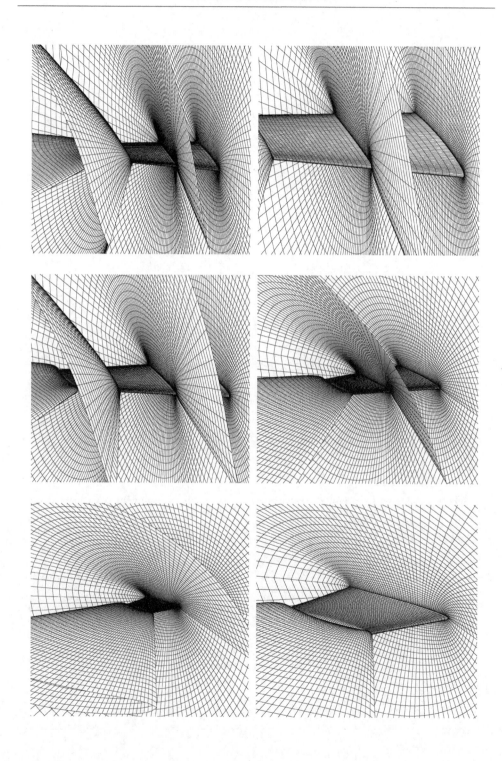

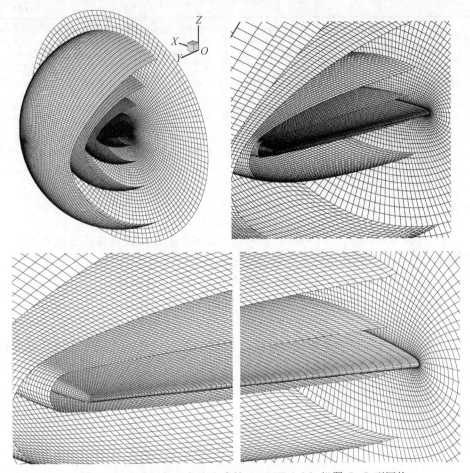

图 9.14 用三维抛物型方法生成的 ONRERA M6 机翼 O-O 型网格

表 9.7 抛物型方法生成的 ONRERA M6 机翼 O-O 型网格偏离正交方向角度统计

内场网格点偏离正交方向角度($\|\Delta\theta\|^{in}$)统计		机翼表面点偏离正交方向角度 $\|\Delta\theta\|^{b}$ 统计	
角度差区间/(°)	包含网格节点数	角度差区间/(°)	包含网格节点数
(0.00, 5.55)	48932	(0.00, 1.32)	725
(5.55, 11.11)	70775	(1.32, 2.64)	3640
(11.11, 16.11)	95451	(2.64, 3.96)	3986
(16.66, 22.21)	107072	(3.96, 5.28)	834
(22.21, 27.76)	106635	(5.28, 6.60)	146
(27.76, 33.32)	89954	(6.60, 7.92)	24
(33.32, 38.87)	45962	(7.92, 9.24)	16

续表

内场网格点偏离正交方向角度($\mid \Delta\theta \mid^{in}$)统计		机翼表面点偏离正交方向角度$\mid \Delta\theta \mid^{b}$统计	
角度差区间/(°)	包含网格节点数	角度差区间/(°)	包含网格节点数
(38.87, 44.42)	18052	(9.24, 10.56)	26
(44.42, 49.98)	7948	(10.56, 11.88)	2
(49.98, 55.53)	1482	(11.88, 13.20)	2
内场网格点总数:592263		边界上(机翼表面)网格点总数:9401	
$\mid \Delta\theta \mid^{in}_{max} = 55.53°$, $\mid \Delta\theta \mid^{in}_{ave} = 20.97°$		$\mid \Delta\theta \mid^{b}_{max} = 13.20°$, $\mid \Delta\theta \mid^{b}_{ave} = 2.78°$	

作业

1. 试说明用抛物型方程生成网格与用双曲型方程生成网格有什么异同? 与用椭圆型方程生成网格有什么异同。

2. 试说明代数预测方法在抛物型网格生成中的作用和意义。

3. 试将二维椭圆型方程生成网格的 FORTRAN 程序改造成二维抛物型方程生成网格的程序。

4. 试将三维椭圆型方程生成网格的 FORTRAN 程序改造成三维抛物型方程生成网格的程序。

参 考 文 献

[1] Thompson J F, Thames F C, Mastin C W. Automatic numerical generation of body-fitted curvilinear coordinate system for field containing any number of arbitrary two dimensional bodies[J]. Journal of Computational Physics, 1974, 15(3): 299-319.

[2] Starius G. Constructing orthogonal curvilinear meshes by solving initial value problems[J]. Numerische Mathematik, 1977, 28(1): 25-48.

[3] Steger J L, Chaussee D S. Generation of body fitted coordinates using hyperbolic partial differential equations[R]. Flow Simulation, Inc., Sunnyvale, California, USA, FSI Report 80-1, 1980.

[4] Steger J L, Chaussee D S. Generation of body-fitted coordinates using hyperbolic partial differential equations[J]. SIAM Journal on Scientific and Statistical Computing, 1980, 1(4): 431-437.

[5] Nakamura S. Marching grid generation using parabolic partial differential equations [J]. Applied Mathematics and Computation, 1982, 10/11: 775-786.

[6] Nakamura S. Noniterative grid generation using parabolic difference equations for fuselage-wing flow calculations[C]. Proceedings of Eighth International Conference on Numerical Methods in Fluid Dynamics, Aachen, Germany, 1982.

[7] Edwards T A. Noniterative three-dimensional grid generation using parabolic partial differential equations[C]. 23rd AIAA Aerospace Sciences Meeting, Reno, USA, 1985, AIAA Paper 1985-0485.

[8] Noack R W. Inviscid flow field analysis of maneuvering hypersonic vehicles using the SCM formulation and parabolic grid generation [C]. 18th AIAA Fluid Dynamics and Plasma dynamics and Lasers Conference, Cincinnati, USA, 1985, AIAA Paper 1985-1682.

[9] Zhang Z, Gao C, Qu K, et al. Determination of clustering and switching factors in parabolic grid generation [C]. 50th AIAA Aerospace Sciences Meeting including the New Horizons Forum and Aerospace Exposition, Nashville, USA, 2012, AIAA Paper 2012-0161.

[10] SOD G A. Numerical Methods in Fluid Dynamics: Initial and Initial Boundary-Value Problems [M]. Cambridge: Cambridge University Press, 1985.

[11] Morton K W, Mayers D F. Numerical Solution of Partial Differential Equations [M]. 2nd Ed. Cambridge: Cambridge University Press, 2005.

第 10 章　分块网格与重叠网格

10.1　复杂外形网格策略

对于复杂的多部件(multi-component)飞行器或多体(multi-body)拼合构型的绕流或复杂几何域流场的数值模拟,一般首先要确定是采用结构网格还是非结构网格(图 10.1)[1]。如果选择采用结构网格,进一步需要决定选择重叠网格(Chimera grid/overlapping grids/overset grid)、非重叠网格(non-overlapping grids),还是单域、单块(single block)网格。对于复杂外形或复杂域,生成一个高质量的整体单块网格是很困难的。因此,通常会根据具体外形的几何结构特点,将流场空间分成若干块,分别生成网格,相邻块相互对接,形成公共交界面(interface),这种情形就称为分块网格、多块网格或块结构网格;也可以根据外形特点,将各部件、各体、各域分开,各自独立生成自己的网格,各网格外边界不受约束,使相邻部件(体)或域的网格之间互有重叠,这种情形就称为重叠网格。进一步,在非重叠网格(即分块网格)中,还可以选择点对点对接的交界面方式(point-match interfaces),或非点对点对接的交界面方式(non-point-match interfaces)。当然,对于复杂外形或复杂域,还可以采用杂交混合网格,或笛卡儿直角坐标网格。

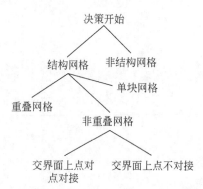

图 10.1　选择流场求解方式的树形决策图

复杂外形网格生成的分块网格(多块网格)策略最初是由 Lee 等[2]提出的。重叠网格方法是由 Atta 和 Vadyak[3], Berger 和 Oliger[4], Benek 等[5], Miki 和 Takagi[6], Benek 等[7]引入的。第一次对尝试克服区域分解问题进行讨论的有

Andrews[8]，Georgala 和 Shaw[9]，Allwright[10]，Vogel[11]。Weatherill 和 Forsey[12]，Thompson[13]论述了穿过相邻块边界的网格线保持连续对接（continuous alignment）的分块概念。Thomas[14]，Eriksson[15]应用了网格线斜率连续的概念，而 Rubbert 和 Lee[16]讨论了斜率不连续的情形。Albone 和 Joyce[17]，Albone[18]考虑了嵌套技术。Rizk 和 Ben-Shmuel[19]，Sorenson[20]，Atta 等[21]，Belk 和 Whitfield[22]首次将分块结构网格应用到一些真实外形三维流动问题的数值模拟中。

10.2 分块网格

10.2.1 相邻块坐标线的通讯

在分块网格中，如果相邻块在交界面有共同的节点，能对接，即交界面为点对点的，也就是穿过交界面的网格线是连续的，这种网格可称为"点对点对接的"或"网格线连续的"分块网格（图 10.2(a)，图 10.2(b)）；如果相邻块仅存在公共交界面，但在交界面上没有公共的节点，点与点不能对接，也就是穿过交界面的网格线是不连续的，这种网格可称为"非点对点对接的"或"网格线不连续的"分块网格（图 10.2(c)）；在"点对点对接的"分块网格中，如果对接穿过交界面的网格线的斜率是连续的，则称为"斜率连续的"或"光滑连接的"分块网格（图 10.2(b)）。

对相邻网格块之间相互定位和通讯的要求对局部结构网格的构造和数值计算的效率都有相当大的影响。如果所有相邻块都是光滑连接的，就不需要进行插值了。如果坐标线不相接，那么在计算过程中，一个块的节点上的解的值必须要传递到两个块交界面附近的邻块的节点上去。这个传递可以通过插值或（力学中的）守恒律来完成。

(a) 点对点对接(连续)但不光滑　　　(b) 点对点对接(连续)且光滑　　　(c) 非点对点对接(不连续)

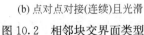

图 10.2　相邻块交界面类型

在相邻网格块之间选择信息交换类型是基于在块的交界面的物理变量的特征来决定的。如果两相邻块边界附近物理解的梯度不是很大，则插值可以有较高的精度,坐标线就不需要相接了,这样会极大地简化在块内构造网格的算法。如果在两个块的相交区附近解的梯度很大,那么两块的坐标线通常要进行一个光滑的对接。这种一致性要求给结构网格生成方法带来了严重的困难。目前,这个问题已由埃尔米特代数插值方法或适当选择控制函数的椭圆型方法加以解决。拉普拉斯方程和泊松方程的组合,产生出四阶甚至六阶的方程,也可用于解决这个问题。

10.2.2　网格拓扑

在一个块里选择什么样的网格拓扑取决于解的结构、域的几何形状,在块与块交界面网格线连续或光滑连接的情形下,还取决于相邻块的拓扑结构。对于复杂域,如那些飞行器表面附近或带有很多叶片的涡轮附近的区域,就很难选择这些块的网格拓扑,这是因为系统的每个部件(机翼,机身等)都有符合其自身特点的自然的网格拓扑,但这些拓扑之间往往是不相容的。分块网格允许相邻块根据自身方便选择合适的拓扑结构。

10.2.3　对块内网格的要求

一个块中的网格必须满足为获得一个可接受的解所需要的条件。在任何一个具体情况下,这些条件由几方面因素决定:计算机的功能配置、可用的网格生成方法、块与块相互连接的拓扑和条件、数值算法和要获得的数据的类型。

对块内网格主要的要求之一就是其对于解的适应性。不采用自适应网格技术,多维计算成本很可能非常大。自适应技术的基本目的就是用一个特殊的节点非均匀分布的网格来提高求解物理问题的数值算法的效率。网格节点根据物理解做适当的自适应移动,可以提高解的精度和收敛速度,并减少振荡和插值误差。

除了自适应性要求外,构建局部结构网格时往往还要求坐标线能够以正交或近似正交的方式穿过域的边界或表面。边界处的正交性可以极大地简化边界条件的处理。而且,在这种情况下,代数湍流模型、边界层方程、抛物型 N-S 方程的更精确表述才成为可能。如果网格的坐标线与每一块的边界正交,则整体上分块网格就是光滑的。在块的内部,也期望坐标线是正交或近似正交的,这将改善差分算法的收敛性,并且如果方程用正交变量来书写,则将具有更简单的形式。

对于非定常气动问题,要求一些坐标在整个区域或边界上要具有拉格朗日属性或者近似拉格朗日属性。使用拉格朗日坐标,计算域不随时间变化,并且方程表达式也更为简化。

还有一些重要方面包括,网格单元不能塌缩,步长变化不能太突然,单元边长不能差异太大,在任何大梯度、大误差或收敛慢的区域,网格要加密。这些要求都可以通过引入定性和定量的网格特性(包括借助于坐标变换和用网格的边、面、角和体积的大小等)加以考虑。所用的网格特性包括对正交方向的偏离、拉格朗日属性、变换雅可比行列式或单元体积的值,以及变换的光滑性和自适应性。对于单元的面,如对平行四边形、矩形或正方形的偏离,以及面的面积与周长的比等也会用到。

10.2.4　一种分块网格生成方法

对于多部件复杂飞行器外形,要生成其分块网格,首先要获得外形的几何数据,然后据此生成物面网格,再进一步生成用于分块的交界面上的曲面网格,最后在各块内生成空间网格。一种在实践中采用过的分块网格生成方法简述如下。

1. 物面网格生成

对于机身表面形状可以解析表达(如旋成体机身)的多部件飞行器,当求出机身与机翼、平尾、立尾、腹鳍等部件的交线后,机身及各部件表面网格的划分都较容易一些。但对于实际的型号飞行器,机身外形往往是以离散的数据给出,且只给出若干个横截面外形的数据,各个截面数据的分布点数还不完全相同,这样,机身外形的模拟及其表面网格的划分就要靠插值来完成。飞行器表面网格的划分方法还依赖于总体网格取什么样的拓扑结构。对于沿机身轴线方向取一系列机身横截面这样的划分拓扑,飞行器表面网格生成可采用如下步骤[23]。

(1)重新整理机身外形的原始数据:用以弧长为自变量的插值(可以是线性、非线性的或样条插值)对给定的机身每个横截面的原始数据重新进行分布,可以等弧长分布,也可以变弧长分布,使重新分布的节点数足够密,至少大于原始数据中节点数最多的那个横截面的节点数,以保证重新分布的数据所描述的横截面外形曲线与原始数据所描述的严格吻合(可以逐截面画图观察)。重新分布形成的新数据在所有原始截面具有相同的节点数,新数据是机身表面网格生成的基础数据。

(2)确定出机翼、平尾、立尾、腹鳍等部件的表面函数及与机身的交线函数。

(3)按网格数及疏密分布的要求沿机身轴向划分一系列机身横截面(机翼、平尾、立尾、腹鳍等部件与机身的前交点和后交点都应设一个截面),在每一横截面上($x=$const),以 x 为自变量,以机身表面的 y, z 坐标为函数,用基础数据沿 x 方向进行样条函数插值,获得该截面上与基础数据截面节点数相同的外形曲线 y, z 坐标的节点分布,以此分布为基础,按照截面上的网格数及网格点疏密要求,在横截面用以弧长为自变量的插值求得任意指定弧长分布对应的 y, z 坐标节点分布,即得到该截面机身表面的网格分布。在所划分的所有机身横截面上均如此生成网格,最后形成机身表面的网格点分布。机身横截面($x=$const)上以 y, z 坐标为函数、以弧长为自变量的线性插值的原理见第 4 章。对于其他不同的机身表面网格拓扑划分,双弧长插值可能是有用的。对于复杂几何形状的飞行器外形的表面模拟,如果设计的飞行器的几何数据是直接以 CAD 模拟数据给出的,则须先将 CAD 外形描述数据转化成表面网格划分所需数据格式或形式,再生成表面网格。

(4)对于机翼、平尾、立尾、腹鳍等部件,先生成其弦平面上的网格,然后根据其表面函数获得其表面上的网格点分布。

2. 交界面网格生成

流场空间分成若干块以后,相邻块之间的公共交界面一般来讲是一个空间曲面。这一曲面在空间的位置、走向及其上的网格点分布状况对以之为边界的两相邻块内的空间网格的生成都有影响。在一空间曲面上生成网格,或在空间生成一个网格曲面,原则上讲,将曲线旋转、堆积、融合生成曲面,在圆锥曲面(球面、椭球面、旋转双曲面、椭圆锥面、椭圆抛物面等)上划分网格,无限插值生成曲面等方法都是可以采用的,关键是生成的空间网格曲面要能作为高质量的交界面用于分块网格。

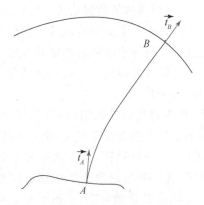

图 10.3　在两边界之间生成一个网格面

可以采用矢性三次多项式插值的方法[24],通过在两条边界线上的每一对对应点之间生成一条网格线,所有这些网格线便在这两条边界线之间构成一个网格曲面,这个网格曲面就可作为相邻块的公共交界面网格曲面(图 10.3)。该矢性三次多项式插值方法在第 4 章讨论过,也被收入 EAGLE 的程序库中。当交界面正好是一个平面时,其上的网格可以用二维方法(如代数方法、求解偏微分方程的方法)方便地生成。

3. 块内空间网格生成

当交界面上的网格生成后,每一块的边界得以确定。块内空间网格原则上可以用代数方法或求解偏微分方程的方法生成。如果用椭圆型方程,可以用 Thomas 方法或直接用拉普拉斯方程生成初场网格,再用三维 Hilgenstock 方法对源项进行修正,以调整网格线与边界的夹角,改善空间网格的质量。

4. 网格生成举例

第一个例子是在文献[25]所给翼身组合体后机身上加一个平尾和立尾构成的翼-身-尾组合体。平尾安装在机身背风区,其位置与机翼安装位置有明显的高度差。立尾弦平面在机身垂直对称面内。机翼、平尾、立尾均为前后缘后掠、具有 NACA 65A004 翼型剖面的后掠梯形翼,机翼前缘后掠角为 53.6°,1/4 弦线后掠角为 45°(图 10.4)。

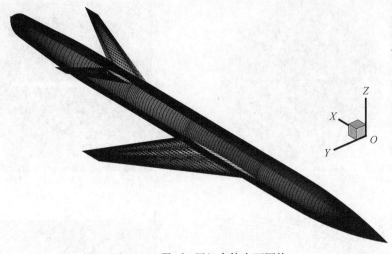

图 10.4　翼-身-尾组合体表面网格

　　根据外形特点,将流场的右半空间沿周向(滚转方向)分为三个块。这三个块的边界面(或交界面)分别是含立尾表面的上半垂直对称面、平尾表面(上下表面)及其前后侧缘伸出去的网格曲面、机翼表面(上下表面)及水平面、下半垂直对称面。上、下垂直对称面、水平面上的网格由二维求解椭圆型方程的 Thomas-Middlecoff 和 Hilgenstock 方法生成分区或整块贴体网格。过平尾前、后、侧缘的交界面曲面网格由矢性三次多项式插值方法在平尾外边缘与远场边界及其他边界之间生成。

　　网格的第一块就是由含立尾表面的上半垂直对称面与含平尾上表面的网格曲面为边界构成的扇形域,第二块是由含平尾下表面的网格曲面与含机翼上表面的水平面为边界面构成的扇形域,第三块是由含机翼下表面的水平面与下半垂直对称面为边界面构成的扇形域。网格在整体上具有 O-O 型的拓扑结构[26]。

　　网格节点总数为 $161 \times 83 \times 65$,其中,机身网格数为 $161 \times 83 = 161 \times (21 + 21 + 41)$,机翼上下表面均为 37×35,平尾上下表面均为 17×19,立尾表面为 25×21。图 10.4 为翼-身-尾组合体表面网格。图 10.5 为上下垂直对称面上的二维网格(含垂尾弦平面)。图中,先生成垂尾前缘前小区、垂尾弦平面、垂尾后缘后小区的网格,这三个网格构成"内区"网格,然后在内区网格外边界与远场边界之间构成的"外区"再生成网格,外区网格采用 Hilgenstock 方法可使穿过内/外区公共交界线的网格线斜率保持连续,图中,从翼梢出来的网格线比较集中,这是由于垂尾的弦长沿垂尾展向越来越短的缘故,随着网格线向远场行进,这些网格线会逐渐散开。

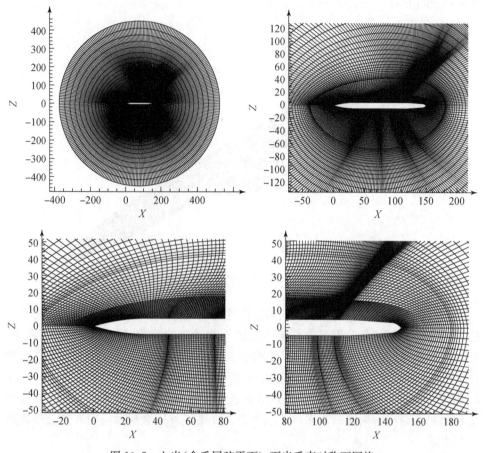

图 10.5　上半(含垂尾弦平面)、下半垂直对称面网格

图 10.6 为机翼弦平面所在水平面上的网格。与上半垂直对称面类似,先在机翼前缘前的小区、机翼弦平面、机翼后缘后的小区生成网格,构成"内区"网格,然后在内区网格外边界与远场边界之间构成的"外区"生成网格,从翼梢出来的网格线比较集中,但随着网格向远场行进,这些网格线便会逐渐散开。

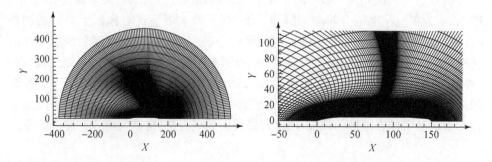

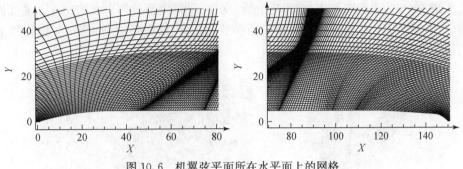

图 10.6　机翼弦平面所在水平面上的网格

图 10.7 为从平尾前后缘、翼梢延伸出去的曲面上的网格在水平面的投影(含平尾表面网格的投影)。类似地,这个网格也分四个区生成。第一个区为平尾前缘前小区,第二个小区为平尾后缘后小区,这两个区的网格用矢性三次多项式插值方法生成,平尾上下表面上的网格根据其弦平面上的网格划分结合翼面函数就可计算出翼面上的 x, y, z 坐标,得到表面网格。平尾前缘前小区、平尾后缘后小区、平尾上下表面网格构成"内区"网格,从内区网格的外边界到远场边界之间用矢性三次多项式插值生成一个曲面网格,构成"外区"网格。内区网格、外区网格合起来形成一个过平尾表面的曲面交界面网格(这里实际有两层网格面,它们只在平尾弦平面区分开,分别过平尾上下表面,在其他区则完全重合)。

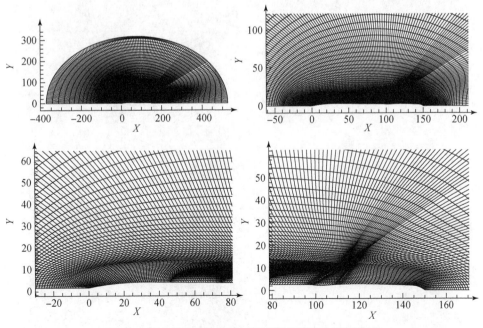

图 10.7　过水平尾翼弦平面的网格曲面在水平面投影

图 10.8 为垂直对称面（含垂尾表面）网格、平尾表面延伸出去的交界面曲面网格（含平尾表面）、机翼表面延伸出去的水平面（含机翼表面）上的网格的立体图，它们是三个块的边界面或交界面。

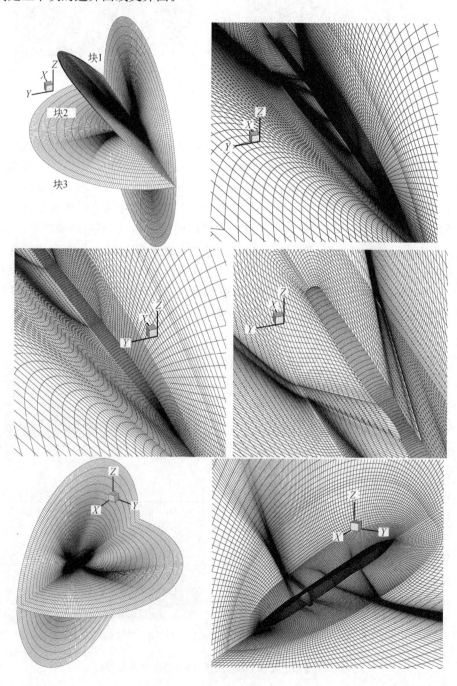

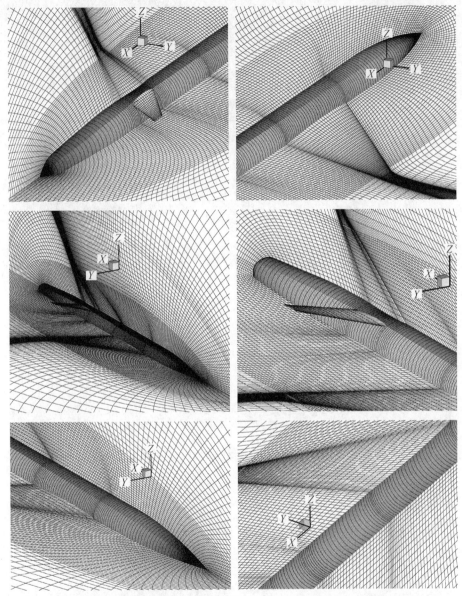

图 10.8　翼身尾组合体表面网格、边界面、交界面网格立体图

　　图 10.9 为从前往后看到机翼某横截面为止的空间区域的网格,图 10.10 为从后往前看到机翼某横截面为止的空间区域的网格。由两图可以看到,在机翼上方有一些区域的网格被很严重地拉向后方,这是在平尾表面伸出来的网格面(交界面)上平尾前缘前区的网格线必须被拉得很靠近平尾前缘而导致的。

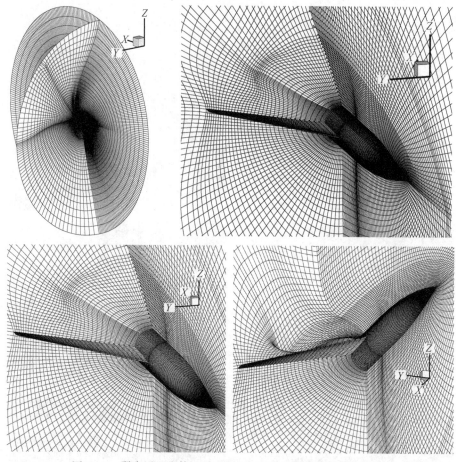

图 10.9　翼身尾组合体空间网格(从前往后看到机翼某横截面)

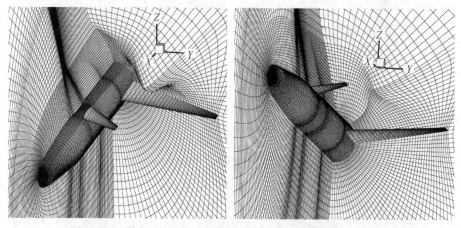

图 10.10　翼身尾组合体空间网格(从后往前看到机翼某横截面)

图 10.11 为从前往后看到平尾某横截面为止的空间区域的网格,图 10.12 为从后往前看到平尾某横截面为止的空间区域的网格。此区域网格线与边界面(交界面)的正交性是可以接受的。

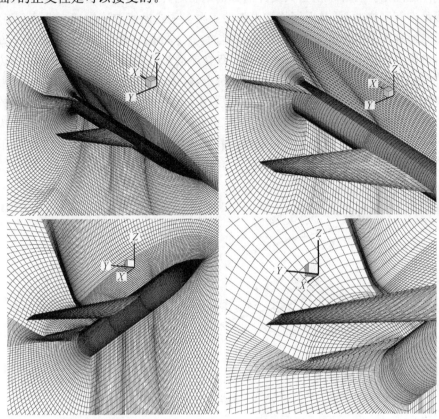

图 10.11　翼身尾组合体空间网格(从前往后看到平尾某横截面)

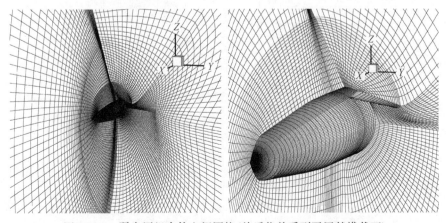

图 10.12　翼身尾组合体空间网格(从后往前看到平尾某横截面)

　　第二个例子是某型双立尾战斗机,其机翼有下反角,立尾、腹鳍有外倾角,机翼、平尾、立尾、腹鳍前缘均后掠。根据外形特点将流场右半空间沿周向分成四块,分别生成网格。相邻块的公共交界面分别是立尾、机翼和平尾、腹鳍的外边缘外伸形成的空间网格曲面,其上网格均由矢性三次多项式插值方法生成。机身上半、下半垂直对称面分别为第一、第四块的边界面,其上的网格由二维 Hilgenstock 方法求解椭圆型方程生成。图 10.13 为某型双立尾战斗机表面网格。图 10.14 为边界面和公共交界面上的网格。从图中可以看出,腹鳍表面沿展向的网格数略显不足,同时,在腹鳍前缘前区,机身表面附近几层网格离机身过远,如果用数值一代数混合方法拉近物面,就可以得到改善。图 10.15 为某型双立尾战斗机空间分块网格[27-29]。空间网格在整体上为C-O型拓扑结构。用三维 Hilgenstock 方法修正源项,对网格线与边界面(或交界面)的夹角进行了一定的调整,使之尽量趋于正交。

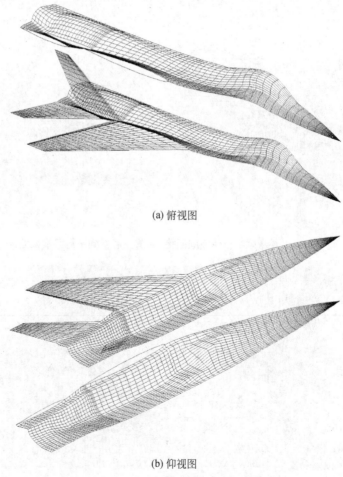

(a) 俯视图

(b) 仰视图

图 10.13　某型双立尾战斗机表面网格

空间网格的迭代过程表明,交界面上的正交性要求不能过高,这是交界面本身在空间的方位及其上的网格点分布所局限的结果。由此可见,空间网格如何分块,采用什么样的分块拓扑,交界面方位的选取,以及交界面上网格生成的方法等因素都会对块内空间网格的生成过程和质量产生影响。发展交界面曲面网格生成技术对复杂几何形状飞行器分块网格是重要的和有价值的。

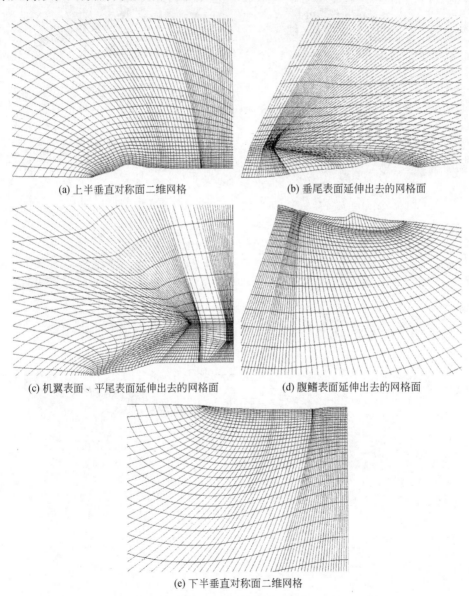

(a) 上半垂直对称面二维网格   (b) 垂尾表面延伸出去的网格面

(c) 机翼表面、平尾表面延伸出去的网格面   (d) 腹鳍表面延伸出去的网格面

(e) 下半垂直对称面二维网格

图 10.14 双立尾战斗机网格边界面、块交界面上的网格

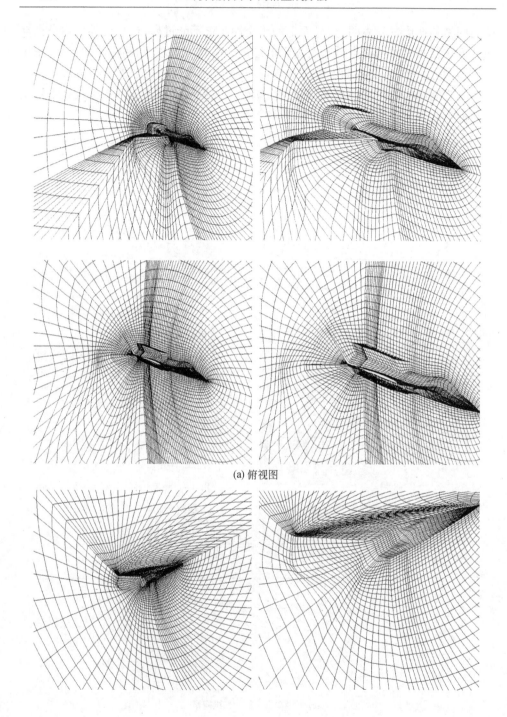

(a) 俯视图

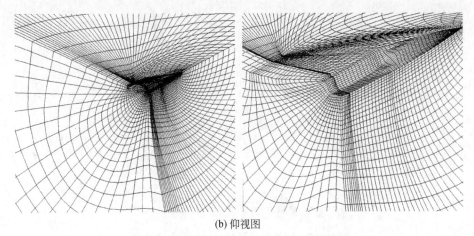

(b) 仰视图

图 10.15　某型双立尾战斗机空间分块网格[27-29]

在分块网格中,相邻块其实可以具有不同的拓扑结构。图 10.16 所示的四段翼型分块对接网格[30]就是这样一种分块网格,在这个网格中,相邻块的网格节点都能对接上,但有些相邻的块却有着不同的拓扑结构,反映在图 10.16(b)中,在块与块交界面(二维为"线")节点处,会出现一个节点走出 5 条网格线的情形,此时,这种节点周围的块可能具有不同的网格拓扑。图 10.17 为四发动机民航机表面分块网格[30],可以看出,机身上相邻块的网格可以有不同的拓扑结构。这样一种分块模式给网格生成带来很大的方便。

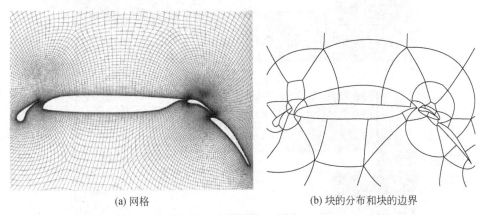

(a) 网格　　　　　　　　　　　　　　(b) 块的分布和块的边界

图 10.16　四段翼型分块对接网格[30]

图 10.18 是用 ICEM 生成的多体(轨道器、外燃料箱、两台固发助推器共四体)拼合构形的航天飞机发射运载系统的分块网格[31],该网格将流场空间分成 237块,共 500 万个网格点。由图可以看出,各块在交界面上网格线都是对接的,各分

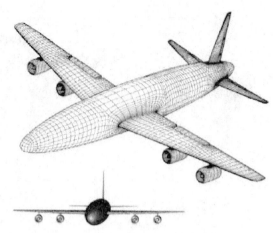

图 10.17　四发动机民航机表面分块网格[30]

体表面网格也具有这样的特点[图 10.18(e)和(f)]。

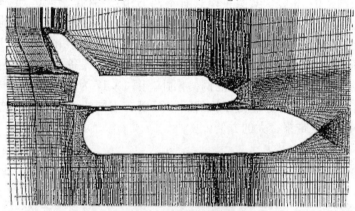

(a) 铅垂平面的网格

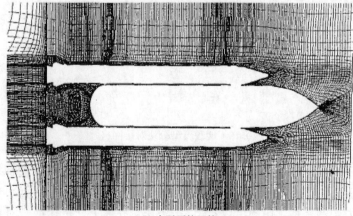

(b) 水平面的网格

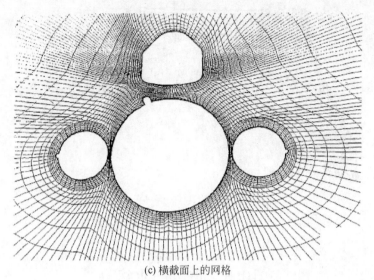

(c) 横截面上的网格

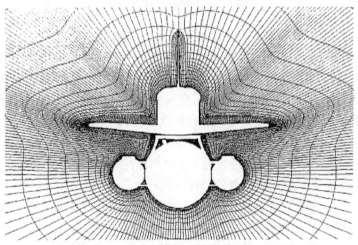

(d) 典型横截面上的网格

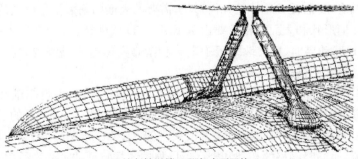

(e) 液氧输送管/双脚架表面网格

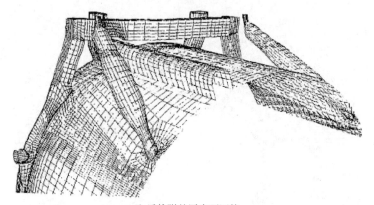

(f) 后体附件区表面网格

图 10.18　航天飞机发射运载系统的分块网格[31]

10.3　重 叠 网 格

对于复杂的多部件飞行器外形,可以根据外形特点,将各部件拆分,各自独立生成网格,并使各相邻部件的网格之间互有重叠,形成重叠网格(Chimera grid)。Chimera 本意是狮头、羊身、蛇尾之吐火女怪,此处借以表示各部件、各分体独立生成各自网格,最后拼合成彼此有相互重叠区的一个整体网格的网格技术。采用重叠网格技术求解流场时要在重叠区进行物理量的插值和信息交换。

图 10.19～图 10.22 是用 ICEM-CFD 软件生成的航天飞机发射运载系统(SSLV)的重叠网格[32]。该网格共用 111 个单体网格,1600 万个网格点,而且各分体网格分别由处于不同地理位置的单位和机构完成。

图 10.19 为 SSLV 轨道器头部表面重叠网格和 ET 表面网格。在轨道器头部,网格为 H 型,往机身推进,H 型过渡到机身上的 O 型网格。图 10.20 是 ET 底部区域的 SSLV 表面网格。从图 10.19 和图 10.20 对 ET 外形的几何模拟就可以很明显地看出,要捕捉 SSLV 的几何形状,需要的表面网格数量是巨大的。

表面几何形状和表面网格主要由 ICEM-CFD 软件构造。ICEM-CFD 具有与 CAD 的用户互动界面,极大地缩短了定义和精修实体这个过程的时间,该过程控制着几何形状和网格拓扑。

ICEM-CFD 的一个关键优点就是能够生成一个网格而不受基础几何拼片的方位和范围的限制。这种不依赖于拼片的网格生成把定义几何形状的过程从定义方位和表面网格分布的过程中剥离了出来。创立 CAD 定义的方式有利于对几何特征的模拟,而同时网格的拓扑和密度可以根据流场特征的需要进行覆盖。

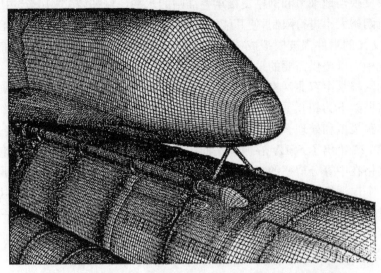

图 10.19 SSLV 轨道器头部表面重叠网格和 ET 表面网格

图 10.20 ET 底部区域的 SSLV 表面网格

　　一旦 CAD 表面几何形状完成,就可以定义计算网格了。ICEM-CFD 中的交互式网格处理器模块 MULCAD,采用基础级 CAD 工具和菜单提示相结合的方式,在 CAD 环境下的一个子过程里定义网格的范围、拓扑和加密特性,用户可以很方便地在几何处理与建立网格控制单元之间进行跳转。这一点特别方便把精细的几何模型简化到一个适合给定离散分辨率和网格点预算成本的一个级别。

　　实际操作中,把表面模型分解成相互重叠的表面网格后,还要把网格进一步调节到能够反映当地细节和网格交接重叠准则的水平。例如,在图 10.20 中,在后部附件区对网格大小进行限制,使其能简化每一个网格的拓扑。后部附件区的支架、输送管、交叉的附件都被模拟成一个包着几何单元的 O 型网格,它向外散开到相邻的单元中去以提供需要的重叠。

空间网格是由双曲网格生成程序 HYPGEN 生成的。三维流场区域被分解为重叠网格框架下的相互重叠的区域,重叠网格方法允许发射运载系统的每一个几何部件单独模拟和处理。用 PEGSUS 软件进行各个空间网格之间的交接。

图 10.21 给出了 SSLV 在俯仰平面内的重叠网格侧视图。在图中,包裹物面的贴体网格在中等分辨率的矩形框网格背景下只延伸了很短的距离,矩形框网格形成了一个向远场粗网格的过渡。图中轨道器后的空白区由航天飞机主发动机(space shuttle main engines,SSME)羽流来填充,羽流网格不处于俯仰平面内,所以没有画出。图 10.22 是在轨道器机身中段一个横截面画出的 SSLV 空间网格前视图。同样,包裹物面的贴体网格只向外延伸了很短的距离。

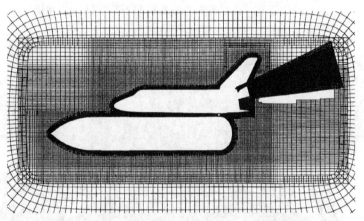

图 10.21　SSLV 俯仰平面内的重叠网格侧视图

图 10.21 和图 10.22 说明只以初始表面(物面)为主要考虑因素的双曲型方法生成的包裹物面网格,其拓扑和外边界形状可以不依赖于周围域,这使空间网格的生成成为最快速的工作之一。在某些情形,如果一个表面与 HYPGEN 不兼容,那么空间网格就不容易生成。通常,这一点可以通过简化基础表面或表面网格加以解决。

当几何形状的拓扑比较复杂时,要维持网格之间的简单重叠可能是很麻烦的。Chimera 重叠网格技术一个关键优点就是,每一个网格的拓扑都是独立的。拓扑简单的网格不需要考虑周围系统就可以使用,只要网格之间的重叠区(交接区)的分辨率是相当的就好,如图 10.21 的矩形框网格就在复杂物面贴体网格与简单的远场网格之间形成了交接区。

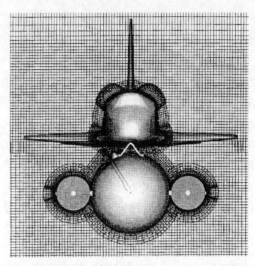

图 10.22　轨道器机身中段横截面的 SSLV 空间网格前视图

如果网格点落入物体内部或分辨率不匹配的区域(不能产生合适的插值模板),那么这些不想要的点就被"留白",标记为解的"无贡献"点。与网格的"留白"区相邻的附近点被作为边界点,并通过插值予以更新。辨识那些应被"留白"的点的过程,就是所谓"挖洞"(或称"切割")。偶尔,为了挖出那些不容易定义的洞,会产生出"幻影"网格。这些"幻影"网格是被排除在最终的网格系统之外的,它们对流场模拟不做贡献。

一般来说,生成每一个网格时,要使其外边界与"洞"边界相邻网格重叠至少两个网格单元,这样才能保证插值模板只依赖于在流场解算器中更新过的点。

在实践中,当三维网格具有变化的间距和拓扑时,就很难保证相邻网格之间有一个好的重叠,特别是在"洞"附近。如果不能建立可接受的插值模板,就有必要退回前一步去修正网格的分辨率、范围和方位。

10.4　多层多块嵌套重叠网格隐式切割技术

10.4.1　引言

重叠网格技术最早由 Steger 等提出,其基本思想是在生成复杂外形网格时,首先将计算区域划分成若干个具有相互重叠部分的子区域,然后在每个子区域上单独生成结构网格,在流场计算过程中,通过重叠区域内的网格间插值完成子区域间流场信息的传递[5,7,33]。这种网格方法不但易于进行复杂外形网格生成,而且容易保证局部网格质量。重叠网格技术提出之后,其研究工作主要集中在重叠网格切割方法和网格间流场信息的传递方法上。

重叠网格切割(hole cutting)和贡献单元(donor cell)寻址是传统重叠网格的两个关键技术[34]。在建立重叠区域耦合关系时,若某些网格点落入另一网格区的非可透区域(如物面边界或初始切割边界),则应被标记出来而不参与流场的计算,这一过程即为网格切割。为了重叠网格的不同子域之间流场的耦合,需要在子域网格交界处的边界进行流场数据交换,这一过程是通过插值来实现的,寻找插值贡献单元的过程即为贡献单元寻址。无论是网格切割还是贡献单元寻址,寻点的工作都必不可少,而寻点是一个极为耗时的过程。

在重叠网格技术前期发展中,由于子区域网格生成占据了重叠网格技术的大部分工作量,并且所采用的重叠网格的规模较小,因此对重叠网格切割的效率要求不高,主要采用 Benek 等[5]提出的矢量判别法进行切割,该方法在网格切割过程中需要人工干预,并为 PEGASUS 的早期版本所采用。随着结构化网格生成方法的成熟,重叠网格切割效率和自动化的重要性逐渐体现出来,并且随着重叠网格规模的增加,人工干预也急剧增加,甚至达到不能接受的程度。例如,Slotnick 等[35]生成的重叠网格系统中,子区域块数为 153,网格单元数为 3300 万,在采用 PEG-SUS 4.0进行网格切割时需要近两万行的人工输入,并且即使是子区域网格做较小的修改,输入文件也要做相应的修改。为提高网格切割效率和切割自动化程度,Chiu 和 Meakin[36]提出切割映射法进行网格切割,该方法使重叠网格切割效率和自动化程度都有较大的提高,但该方法的鲁棒性欠佳。Wang 等[37]提出在重叠网格切割过程中采用交替数字树(alternating digital tree,ADT)技术来加速寻点进程,从而大大提高了重叠网格切割效率,Rock 和 Habchi[38]以及 Hall 和 Parthasarathy[39]模拟验证了该方法的正确性和高效性。Meakin[40]结合射线追踪法和切割映射法提出了目标 X 射线法,该方法在处理复杂几何外形以及算法的鲁棒性方面表现优异。在我国,李亭鹤和阎超[41]提出了感染免疫法,该方法有效地解决了重叠网格凹形曲面附近网格切割的困难问题,并对割补法进行了改进和发展[42];庞宇飞等[43]提出了交点判别法进行重叠网格切割,并通过翼身组合体算例进行了验证;刘鑫和陆林生[44]根据运筹学和计算机图形学中的最小路径算法,设计出一种迷路切割算法。

重叠网格间流场信息交换是重叠网格技术中又一个关键问题,对流场计算具有重要影响,如果处理不当,不但会造成流场求解收敛速度降低,而且还会造成非物理解的出现。重叠网格间流场信息交换一般是通过流场参数插值计算来实现的,而插值计算会造成流场物理量不守恒。因此,有一种观点认为,插值守恒是重叠网格间流场信息交换的基本要求,而非守恒插值得到的结果是不可信的[45,46]。Wang 等对守恒形式的重叠网格间信息传递方法进行了一系列研究,但这些算法都难以实现[47,48]。Meakin[49]在对重叠网格间边界插值方法进行了详细研究后指出,当重叠网格间边界处流动变化梯度较小时,简单的三线性插值即可满足要求,而当变化剧烈时可以通过调整重叠区的网格分辨率来达到要求；若网格尺度不能满足，则可以通过守恒形式的插值来满足要求。在结构重叠网格技术中，三线性插值是最常用的非守恒插值方法，为 PEGASUS 等结构网格程序所采用[50]。但随着高阶数值格式的发展，基于重叠网格的高阶数值方法和高阶重叠网格间插值方法也得到了快速发展[51-54]。

目前，重叠网格技术已经成功应用于外挂物投放、机动飞行以及直升机旋翼流场等多体相对运动绕流问题[55-60]。在我国，重叠网格技术也得到了广泛的应用，江雄[61]应用结构重叠网格开展了武装直升机外挂物投放的非定常数值模拟研究；龙尧松等[62]应用结构重叠网格开展了子母弹抛壳的准定常数值模拟研究；李孝伟和范绪箕[63]应用重叠网格开展了机翼加副油箱的非定常数值模拟研究；杨爱明和乔志德[64,65]采用重叠网格开展了旋翼流场模拟研究；肖中云[66]采用重叠网格方法对直升机旋翼流场开展了深入研究等。

Lee 和 Baeder[67,68]提出了重叠网格隐式切割（implicit hole cutting，IHC）技术，与传统的切割方法相比，该方法仅仅是在某一统一准则基础上，对重叠网格进行严格对比的寻点过程，在寻点过程中即可完成网格切割工作。也就是说，该方法无需识别和标记不参与流场计算的固体内网格点，这是因为重叠区域内的所有网格点都将被插值计算。Lee 和 Baeder 用隐式切割方法对两个不同子区域的重叠网格进行了切割处理，验证了隐式切割技术的准确性和收敛性。Liao 等[69]进一步发展了重叠网格隐式切割技术，使之能应用于多块重叠网格和嵌套网格同时存在的混合网格。虽然重叠网格隐式切割技术将寻点过程和切割过程统一起来，在很大程度上简化了重叠网格"切割"的概念，但是寻点过程采用的还是传统重叠网格的寻点方法，而且对于复杂几何外形重叠网格的切割需要大量人工干预，因此寻点效率低和自动化程度低。Landmann 和 Montagnac[70]提出采用 ADT 技术和并行切割的方法加速重叠网格隐式切割进程，大大提高了重叠网格切割的效率和自动化程度。

综合来看，如何进一步提高切割效率，减少人工干预，甚至实现完全自动化切割，是重叠网格技术需要解决的难题。

在 CFD 领域，由于结构网格技术成熟、逻辑关系简单、流场计算精度和效率高、边界处理能力强等优点而大量应用，但结构网格在确定各种复杂外形的空间拓扑关系时显得非常困难，尽管有许多具有图形界面的网格生成软件（如 GRIDGEN，IGG 和 ICEMCFD 等）已经面世，但结构网格的生成仍然是一项需要经验积累而枯燥的工作。重叠网格技术允许网格之间的重叠、嵌套，无需进行繁杂的拓扑分区，能有效降低流场区域网格设计的难度和时间，弥补了结构网格对外形适应能力差的缺点，从而在航空航天、能源和气象等领域得到了广泛应用。

由于网格的重叠，在网格重叠区中的一个空间位置上有属于不同网格层的网格单元存在。目前，业内（包括 NASA、波音等各大飞机制造公司）采用的重叠网格算法都需要对网格重叠区进行切割，并且明确地找出切割后的交接边界。不仅网格切割处理计算量非常大,而且很容易造成网格孤点。重叠网格隐式切割技术简化了重叠网格的切割处理,该方法基于某一统一准则对重叠网格进行严格对比寻点,在寻点过程中即可完成网格切割工作。但是,无论是传统重叠网格切割技术,还是重叠网格隐式切割技术,其重叠网格切割算法复杂、效率较低,且对于凹型边界的鲁棒性差,对复杂结构的网格难以处理。同时,这些重叠网格切割技术多依赖于各种传统的人机交互方式,难以实现重叠网格的自动切割。因此,如何高效率地实现重叠网格的自动切割成为重叠网格技术发展的一大难题。

本节基于重叠网格隐式切割方法,采用新的重叠网格切割策略对多层多块重叠网格进行处理,实现重叠网格的自动切割;在网格切割过程中,采用了基于最速下降法的寻点策略,以提高重叠网格切割效率。在此基础上,发展出一套通用的重叠网格快速自动生成程序。

10.4.2　基本概念

本节发展的多层多块重叠网格隐式切割方法引入了一些新的技术名词。例如,对于多层多块重叠网格,提出分"簇"(cluster)和分"层"(layer)对网格进行切割处理,因此有必要对这些技术名词的基本概念做一个详细介绍。

1. 簇和层

将一个或者多个与邻近网格块具有对接边界的网格块定义为一个簇。一个簇通常包括了复杂几何体的一个单元结构,当然也可以是任意一个包括一定流动区域的边界相互对接的多块网格,如图 10.23(a)所示。一般来说,对于复杂外形几何

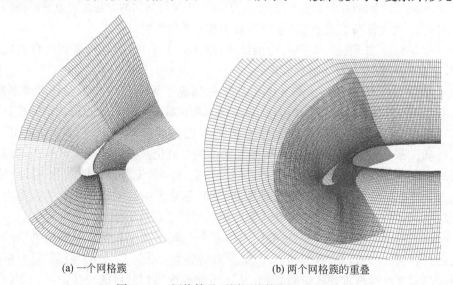

(a) 一个网格簇　　　　　　　　(b) 两个网格簇的重叠

图 10.23　网格簇及不同网格簇之间的重叠

体,其每一个单元结构都单独生成一个网格簇,那么不同簇之间可能出现重叠,如图 10.23(b)所示。

层由一个或几个交叠的网格簇组成,如图 10.24(a)所示。一般的网格系统分好几层网格,高层的所有网格点都落在低层网格点所决定的区域内,也就是说高层网格嵌套(embedded)在低层网格内,如图 10.24(b)所示。

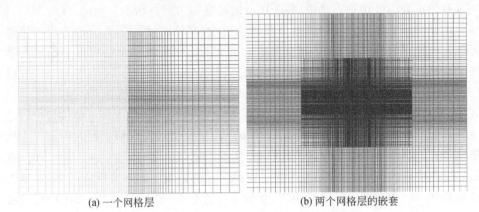

(a) 一个网格层   (b) 两个网格层的嵌套

图 10.24 网格层及不同网格层之间的嵌套

2. 嵌套边界

为了使不同网格簇或不同网格层之间流场信息相互交换传递,每一个网格簇的外边界网格单元定义为嵌套边界,如图 10.25 所示。

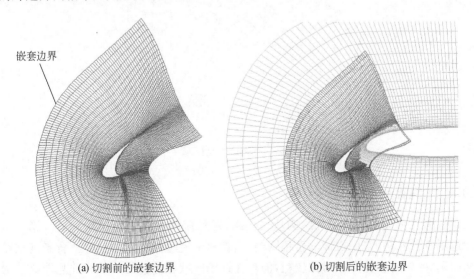

嵌套边界

(a) 切割前的嵌套边界   (b) 切割后的嵌套边界

图 10.25 网格切割前后嵌套边界示意图

3. 网格密度

前文提到,重叠网格隐式切割是基于某种准则的对重叠网格进行严格对比的寻点过程,将这个准则定义为网格密度。在流场计算中,由于网格尺度对流场求解的精度和收敛效果有很大影响,网格尺度越小,求解精度越高,收敛性越好。因而,在现有的重叠网格切割方法中,多采用网格尺度作为网格密度。

由于物面边界对流场的流动分布影响很大,网格密度的定义应该考虑网格单元和物面边界之间的距离。因此,理论上应采用物面距离和网格尺度的组合参数作为网格密度,定义为

$$s = d^p h^q \tag{10.4.1}$$

式中,d 为网格单元到物面的距离;h 为网格尺度;通过对指数 p 和 q 的调节可以改变到物面的距离和网格尺度的影响。当 $p=1$, $q=0$ 时,仅取到物面的距离作为网格密度;而当 $p=0$, $q=1$ 时,仅取网格尺度作为网格密度;若取 $p=1$, $q=1$ 时,则既考虑到物面的距离的影响,又考虑了网格尺度的影响。但在实际应用中,网格密度的定义一旦考虑网格尺度影响时,常常导致重叠区域网格切割结果出现孤点或孤岛,因此本节的网格密度仅定义为网格单元到物面的距离,如图 10.26 所示。

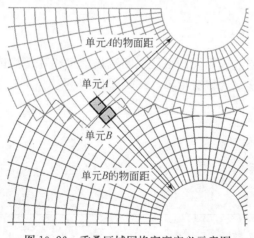

图 10.26　重叠区域网格密度定义示意图

10.4.3　重叠网格处理策略

根据飞行器几何外形的结构从属关系,对外流场区域进行层次划分。第一层为远场背景网格,采用拉伸的直角网格,覆盖整个流场包括远场边界。背景网格结构简单、网格密度分布相对比较粗,但是在远场区域有足够的分辨率并且能够较为精确地离散远场边界条件。第二层为飞行器附近流场背景网格,网格结构同样是

拉伸的直角网格,覆盖飞行器机体附近流场,这部分网格被嵌入到远场背景网格内,网格密度分布相对比较细,能够分辨飞行器机体附近的复杂流动。将飞行器按部件进行拆分,分别生成各部件的贴体与边界正交的结构化网格(每一个部件的网格即为一个网格簇),网格在物面边界附近有足够的密度用来精确计算湍流边界层。按照部件的从属关系进行分层嵌套或重叠交叉,由此生成的结构化贴体嵌套重叠网格,不仅节省了网格单元总数,还可以使整个网格密度分布合理,得到高质量的结构化贴体网格。在处理分层多块重叠网格时,对于某一层重叠网格,可以先进行与高层网格的嵌套切割,然后再进行同层不同簇网格之间的重叠切割,其处理策略如图 10.27 所示。

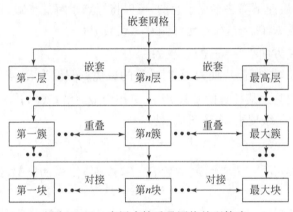

图 10.27　多层多簇重叠网格处理策略

10.4.4　重叠网格寻点策略

重叠网格寻点技术本来并没有值得特别关注的问题,只是在网格空间对已知点或区域进行搜寻,得到与之相关的网格单元,都是一些简单的空间几何判断运算,相关的程序编写也非常容易。但随着重叠网格在动网格等领域展开新的应用,出现了计算效率问题。在动网格领域中需要解决的大部分是变外形非定常问题,即在该问题中网格是随时变化的。重叠网格技术是通过对相关部件网格进行刚体运动来解决这一类问题的,虽然巧妙避开结构网格无法像非结构网格那样随时自动生成计算网格的问题,但是会带来额外的开销,即网格间重叠关系随时在变化,导致寻点过程会在每一个时间步中进行,采用传统重叠网格的寻点方法需要消耗大量的时间。因此,如何根本性地提高寻点计算效率,实现插值信息的高速查询,成为重叠网格技术在工程应用中需要解决的一个关键问题。

假设点 P 是粗网格单元 $ABCD$ 的中心点,在采用有限体积法计算流场时,该点的流场参数值由细网格单元 $abcd$ 的参数值进行插值获得。那么,要找到网格单

元 $abcd$,最简单的方法就是找到该单元的中心点 O。因此,可以将寻点的过程化为数学模型,就是从已知区域中找到距离一个已知点最近的点,这是一个求最优解的问题,可以采用优化算法中的最速下降法进行求解。

假设 P 点坐标为 (x_{1p},x_{2p},x_{3p}),那么要寻找一点 $O(x_1,x_2,x_3)$,使得两点距离

$$f(\vec{x})=\sqrt{(x_1-x_{1p})^2+(x_2-x_{2p})^2+(x_3-x_{3p})^2} \tag{10.4.2}$$

取得最小值。由于最速下降法主要用于连续目标函数的最优求解,而需要寻求的是离散数据点的最优解,因此在求解过程中还需要做一些特殊处理。由于网格是结构化的,可以将某网格点的坐标看成是节点编号 i,j,k 的函数,此时 $f(\vec{x})=f(i,j,k)$,从而将问题转化为寻找 O 点的节点编号。

图 10.28 为最速下降法寻点示意图,可以将寻点求解的步骤归纳为:

(1)给定初点 $R_0(i_0,j_0,k_0)$,允许误差 e,设置 $n=1$;

(2)计算搜索方向 $\vec{d}^{(n)}=-\nabla f(\vec{x}^{(n)})$;

(3)若 $|\vec{d}^{(n)}|<e$,则停止搜索,此时求得的最优点假设为 R_n 点,其 $i^{(n)},j^{(n)},k^{(n)}$ 为非整数,可以取与之最接近的整数 i',j',k' 作为最终解 $O(i',j',k')$;否则,从 $\vec{x}^{(n)}$ 出发,沿 $\vec{d}^{(n)}$ 进行一维搜索,求步长 l_n,使

$$f(\vec{x}^{(n)}+l_n\vec{d}^{(n)})=\min_{l\geqslant 0}f(\vec{x}^{(n)}+l\vec{d}^{(n)});$$

(4)令 $\vec{x}^{(n+1)}=\vec{x}^{(n)}+l_n\vec{d}^{(n)}$,取整数 $R_n(i',j',k')$ 作为迭代解,设置 $n:=n+1$,转第(2)步。

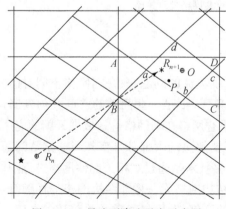

图 10.28　最速下降法寻点示意图

最速下降法进行的是基于梯度方向的搜索,能大量减少搜索所用的时间。同时,改进的最速下降法具有较好的通用性,它可以直接针对离散点距离的搜索。另外,最速下降法只是进行简单的标量计算,没有涉及向量运算,复杂度低,且不需要额外数组作为存储单元,不会增加内存需求。

遗憾的是,采用最速下降法寻点的结果是否正确与网格外形有关,并不适用于任意形状的重叠网格,因此在实际网格切割过程中可能会出现偏差。如图 10.29 所示,假设点 P 是粗网格块某单元的中心点,点 O_1 和 O_2 分别为网格 $abcd$ 和网格 $efgh$ 的中心点,点 O_2 是最速下降法搜索到的距离点 P 最近的点,而点 P 并不位于 O_2 网格单元内,而是位于 O_1 网格单元内。采用等参变换的方法对寻点结果进行修正,假设距离点 P 最近的点 O_2 所在的网格单元编号为 (i',j',k'),

等参变换后 P 点坐标为 $(\xi_{1p},\xi_{2p},\xi_{3p})$。如果 $0\leqslant\xi_{ip}\leqslant1(i=1,2,3)$，则点 P 落在 $O_2(i',j',k')$ 内；若 $\xi_{ip}<0$，则 $n_i:=n_i-1$；反之，若 $\xi_{ip}>1$，则 $n_i:=n_i+1$。重复上述等参变换，直至满足 $0\leqslant\xi_{ip}\leqslant1(i=1,2,3)$，即可找到正确的网格单元。

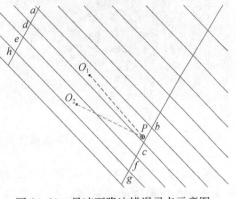

另外，采用最速下降法进行寻点时，可能会出现局部最优解。如图 10.30 所示，假设点 P 位于细网格的网格单元 b 内，当寻点到边界网格单元 a 时，由于边界的影响，寻点进程将会终止，从而出现错误的网格切割结果。此时，对该边界的所有网格单元进行比较搜索，寻找到距离点 P 最近的网格单元 c，并以网格单元 c 为迭代解进行下一步的搜索。

图 10.29　最速下降法错误寻点示意图

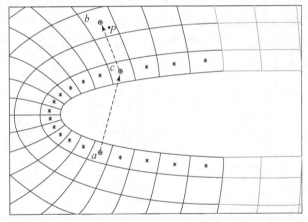

图 10.30　最速下降法局部最优解及其解决方法

10.4.5　固体内网格点识别

按照重叠网格隐式切割的思想，无须识别和标记固体内网格单元，这是因为重叠区域内的所有网格点不是直接参与流动计算（计算点）就是被插值计算（插值点）。但为了流场计算结果显示的需要，还是有必要对固体内网格单元进行识别。图 10.31 为双圆柱重叠网格与直角坐标背景网格嵌套形成的网格系统，图 10.31(a) 为网格切割前状态，图 10.31(b) 为网格切割后状态（仅显示计算点），位于圆柱固体边界内的直角坐标网格为流场计算点，但在显示流场计算结果时，需要将这些点去除。

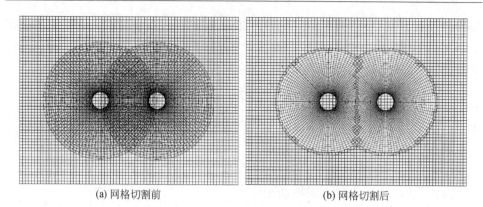

(a) 网格切割前　　　　　　　　　　　(b) 网格切割后

图 10.31　双圆柱重叠嵌套网格隐式切割

　　固体内网格点识别多采用图 10.32 所示的矢量判别法。对点 P,在固体边界上寻找距离 P 最近的壁面网格点 Q,假设 $\vec{R}_P$ 是由点 Q 指向点 P 的矢量,$\vec{N}$ 为点 Q 处的壁面的外法向矢量,令两矢量的点积 $\vec{R}_P \cdot \vec{N}=d$,则当 $d>0$ 时 P 为流场内点,$d\leqslant 0$ 时 P 为固体内点。该方法虽然非常简单,但仅在固体边界为凸面时才严格成立,在实际应用中需要人工干预将凹面边界分解为多个凸面边界,给整个方法的使用带来了很大的不便。

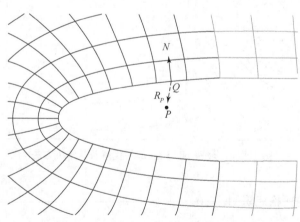

图 10.32　固体内网格点识别的矢量判别法

　　从图 10.31 可以看到,固体内网格点被插值点所包围,也就是说被插值点所包围的计算点全为固体内网格点。基于此,固体内网格点的识别可按以下步骤进行操作:①计算各固体表面网格单元的中心点坐标;②将含有固体表面网格单元中心点的计算点标记为固体内点,令其 blank=3;③选择一个第②步中标记好的固体内点为起始搜索点,沿 i,j,k 方向进行搜索,若存在计算点,则令该计算点为固体内点,其 blank=3,若某方向存在非计算点则停止该方向搜索;④以第③步中确定的固体内点为起始搜索点,重复过程③;⑤重复过程④,直至 i,j,k 方向均停止搜索,如图 10.33 所示。

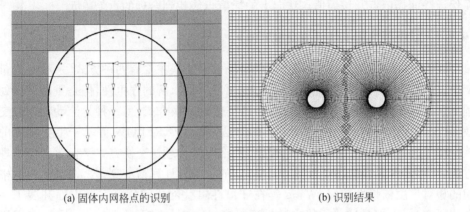

(a) 固体内网格点的识别　　　　　　　　　　　　(b) 识别结果

图 10.33　固体内网格点识别方法及识别结果

10.4.6　壁面重叠处理方法

　　若物面结构非常复杂,无法实现空间拓扑,则希望在物面网格重叠的基础上取消空间网格的拓扑限制,从而减轻空间网格生成的难度。在重叠网格的生成过程中,各子网格可以独立生成而不必考虑其他网格的存在,若对物面网格进行分块再独立生成,则有可能因为各部分的网格在几何误差、曲面曲率分辨率和光滑程度等因素上的不同,重叠区内彼此描述的物面不唯一,即所谓的“物面失配”问题,如图 10.34所示。

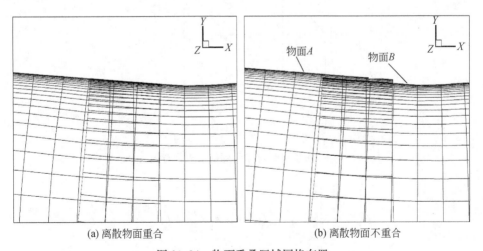

(a) 离散物面重合　　　　　　　　　　　　　(b) 离散物面不重合

图 10.34　物面重叠区域网格布置

　　为了将重叠区域物面匹配,需要将壁面插值点投影到贡献单元的壁面上,而插值点法向上的点均向壁面移动一定的距离,该距离等于壁面插值点投影的距离,从而保证壁面插值点及该插值点法向上的插值点能找到合理的贡献单元。

10.4.7　重叠网格间流场信息交换方法

　　在重叠网格方法中,重叠网格间的流场信息交换主要有两种方式,一种是通量交换,尽管这种网格间流场信息交换方式可以保证求解的守恒性,但是重叠网格处理复杂,如 DRAGON 网格方法就属于这类信息交换方式;另一种是流动物理量交换,这也是重叠网格方法中应用最广的方法,如 OVERFLOW 等基于重叠网格的软件都采用这种网格间信息交换方法。网格间的物理量交换方式又包含两种处理方法,一种是守恒型的,另一种是非守恒型的。前者计算精度高,收敛性好,对网格间的相对尺度依赖性较弱,Wang 等在守恒性重叠网格间插值方法方面开展了一系列研究[47,48],但是这些插值方法处理复杂,不容易实现;而 Meakin[49] 在对网格间边界插值方法进行了详细研究后指出,当网格间边界处流动变化梯度较小时,非守恒形式的插值即可满足要求,在流动变化剧烈时可以通过调整重叠区的网格分辨率来达到要求。因此,重叠网格间信息交换可以采用非守恒形式的物理量插值方法——三线性插值。三线性插值公式为

$$f(\xi)=c_1+c_2\xi_1+c_3\xi_2+c_4\xi_3+c_5\xi_1\xi_2+c_6\xi_1\xi_3+c_7\xi_2\xi_3+c_8\xi_1\xi_2\xi_3 \quad (10.4.3)$$

式(10.4.3)中,$0<\xi_i<1(i=1,2,3)$表示被插值点在网格中的相对位置;$c_i(i=1\sim 8)$是取决于网格 8 个顶点流动参数的系数(图 10.35),其表达式分别为

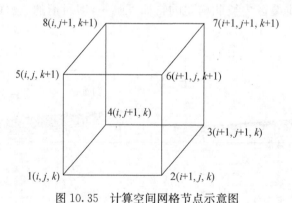

图 10.35　计算空间网格节点示意图

$$\begin{cases} c_1=f_{i,j,k}=f_1 \\ c_2=f_{i+1,j,k}-f_{i,j,k}=f_2-f_1 \\ c_3=f_{i,j+1,k}-f_{i,j,k}=f_4-f_1 \\ c_4=f_{i,j,k+1}-f_{i,j,k}=f_5-f_1 \end{cases}$$

$$\begin{cases} c_5 = f_{i,j,k} + f_{i+1,j+1,k} - f_{i+1,j,k} - f_{i,j+1,k} = f_1 + f_3 - f_2 - f_4 \\ c_6 = f_{i,j,k} + f_{i+1,j,k+1} - f_{i+1,j,k} - f_{i,j,k+1} = f_1 + f_6 - f_2 - f_5 \\ c_7 = f_{i,j,k} + f_{i,j+1,k+1} - f_{i,j+1,k} - f_{i,j,k+1} = f_1 + f_8 - f_4 - f_5 \\ c_8 = f_{i+1,j+1,k+1} + f_{i+1,j,k} + f_{i,j+1,k} + f_{i,j,k+1} \\ \qquad - f_{i+1,j+1,k} - f_{i,j+1,k+1} - f_{i+1,j,k+1} - f_{i,j,k} \\ \qquad = f_7 + f_2 + f_4 + f_5 - f_3 - f_8 - f_6 - f_1 \end{cases} \tag{10.4.4}$$

其中，$f_{i,j,k}$ 为网格点 (i,j,k) 上的流动参数值。由于三线性插值只能在立方体上使用，而曲线坐标中生成的网格单元是曲六面体，因此为了对单元内一点的流场数进行插值，必须先将曲六面体转换成一个立方体，需采用等参变换来完成。(x_1,x_2,x_3) 与 (ξ_1,ξ_2,ξ_3) 的对应关系为

$$x_i = a_{i1} + a_{i2}\xi_1 + a_{i3}\xi_2 + a_{i4}\xi_3 + a_{i5}\xi_1\xi_2 + a_{i6}\xi_1\xi_3 + a_{i7}\xi_2\xi_3 + a_{i8}\xi_1\xi_2\xi_3$$

$$\tag{10.4.5}$$

式中，a_{ij}（$i=1\sim3$，$j=1\sim8$）是取决于网格 8 个顶点坐标的系数，其计算方法如式（10.4.4）中系数 c_i 的计算。

假设点 P 是立方体内的插值点，其坐标 (x_{1p},x_{2p},x_{3p}) 是已知的，对式（10.4.5）采用牛顿迭代法求解 (x_{1p},x_{2p},x_{3p})，再利用式（10.4.4）即可插值计算 P 点的流场参数值。将式（10.4.5）改写为

$$F(\vec{x},\xi) = a_{i1} - x_{ip} + a_{i2}\xi_1 + a_{i3}\xi_2 + a_{i4}\xi_3 + a_{i5}\xi_1\xi_2 + a_{i6}\xi_1\xi_3 + a_{i7}\xi_2\xi_3 + a_{i8}\xi_1\xi_2\xi_3 = 0$$

$$\tag{10.4.6}$$

由牛顿迭代法知，方程的近似解为

$$\xi^{n+1} = \xi^n - [M_{ij}^n]^{-1} F(\vec{x},\xi)^n \tag{10.4.7}$$

对每一步迭代，此处的雅可比矩阵

$$M_{ij} = \frac{\partial F_i}{\partial \xi_j} \tag{10.4.8}$$

对物理空间中的六面体，经过等参变换转换成立方体，其雅可比矩阵为

$$\begin{cases} M_{i1} = a_{i2} + a_{i5}\xi_2 + a_{i6}\xi_3 + a_{i8}\xi_2\xi_3 \\ M_{i2} = a_{i3} + a_{i5}\xi_1 + a_{i7}\xi_3 + a_{i8}\xi_1\xi_3 \\ M_{i3} = a_{i4} + a_{i6}\xi_1 + a_{i7}\xi_2 + a_{i8}\xi_1\xi_2 \end{cases} \tag{10.4.9}$$

10.4.8　多级网格切割方法

为了便于开展重叠网格的多重网格计算，需要对粗网格进行切割。多级重叠网格切割面临的主要问题是粗网格间几何关系的建立，即粗网格上计算单元、插值单元和边界单元的确定。为提高切割效率，在细网格切割的基础上进行粗网格的切割，其具体思路是：

（1）确认每个粗网格单元所包含的细网格单元；

（2）若细网格单元全为计算单元,则粗网格单元为计算单元;若细网格单元全为插值单元,则粗网格单元为插值单元;若细网格单元全为固体内单元,则粗网格单元为固体内单元;

（3）若细网格单元仅含有计算单元和插值单元,则根据网格密度进行对比切割,密者为计算单元,粗者为插值单元;

（4）若细网格单元含有固体内单元,则粗网格单元为插值单元。若该插值单元找不到贡献单元,则选择距离该插值单元最近的计算单元为其贡献单元,采用零阶插值计算方法进行插值,粗网格上的这种处理并不影响细网格上最终的计算精度。

10.4.9　嵌套边界处理

首先将所有的嵌套边界网格单元初始化为插值单元。对某一嵌套边界网格单元,若其邻近的非嵌套边界网格单元为固体内网格单元,则将其定义为固体内网格单元;若其邻近的非嵌套边界网格单元为插值网格单元,则将该非嵌套边界网格单元作为其贡献单元,以零阶插值计算方式进行插值;否则,通过对比寻点方式寻找其贡献单元。

10.4.10　验证算例与分析

根据上述理论描述开发的通用重叠网格自动生成程序对网格拓扑外形、重叠方式都没有限制。在生成重叠网格时,只需要初始网格和边界条件,其生成过程无须人工干预,并且最后的结果,如网格数据、重叠区的耦合插值关系等信息,都和流场求解器无缝集成。下面给出二维和三维的验证算例。

1. 三段翼型嵌套重叠网格计算结果分析

这里选取 30P30N 三段翼型进行计算,该三段翼包括主翼段、前缘缝翼和后缘襟翼。要计算的算例的来流条件为:马赫数 M_∞ 为 0.2,雷诺数 Re 为 9×10^6,迎角 α 为 $4°$。

根据 30P30N 三段翼几何外形的结构从属关系,对流场区域网格进行层次划分。第一层为远场背景网格,采用拉伸的直角网格,覆盖整个流场包括远场边界。第三层为翼型附近流场背景网格,网格结构同样是拉伸的直角网格,覆盖三段翼附近流场。为了减少网格数目以及防止远场背景网格和近场背景网格嵌套的剧烈过渡,新增加了一层背景网格作为第二层网格。第四层为翼型网格,将三段翼按前缘缝翼、主翼和后缘襟翼进行拆分,分别生成各部件的贴体与边界正交的结构化网格,网格按照部件的从属关系进行重叠。整个 30P30N 三段翼重叠网格如图 10.36 所示。

重叠网格隐式切割是在网格重叠区域的空间点上对属于不同簇/层的网格单元密度进行比较,找出最密网格单元进行流场控制方程的数值求解,对其他网格

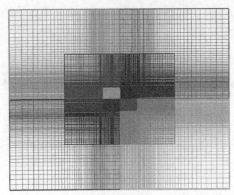

(a) 三层背景网格

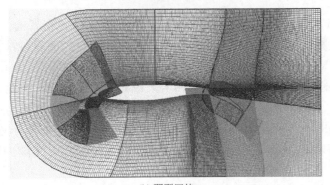

(b) 翼型网格

图 10.36　30P30N 三段翼四层嵌套重叠网格

簇/层上相应的较粗网格单元不再进行流场数值计算,只是将最密网格单元上的流场物理量计算结果插值到该网格单元上,因此不需要明确地对重叠区网格进行切割,也不需要明确地找出切割后的网格交接边界。30P30N 三段翼重叠网格切割结果如图 10.37 所示,只要网格密度定义合理,切割后的网格就不会存在孤点。

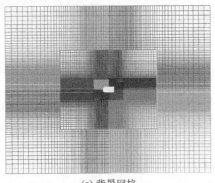

(a) 背景网格

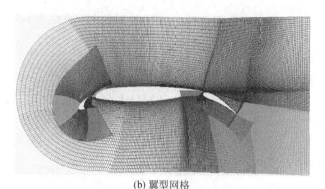

(b) 翼型网格

图 10.37　30P30N 三段翼四层嵌套重叠网格切割结果

　　对于 30P30N 三段翼,后缘襟翼的偏角增大可以导致主翼的分离临界迎角变小,前缘缝翼的存在使翼型前缘部分的分离推迟到更大的迎角,同时也推迟了后缘襟翼分离的出现。气流经过前缘缝翼和主翼之间的间隙时,形成一股吹向上表面的射流,有明显提高失速迎角和增大最大升力的效果。因此,正确模拟前缘缝翼、后缘襟翼和主翼之间的间隙内流动是 30P30N 三段翼流动模拟的关键。图 10.38 和图 10.39 分别为前缘缝翼和后缘襟翼与主翼之间重叠网格切割前后的对比图,清晰地显示了前缘缝翼、后缘襟翼与主翼之间间隙内网格的切割结果。

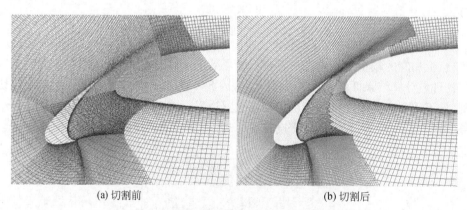

(a) 切割前　　　　　　　　　　　　　　　　　　　　(b) 切割后

图 10.38　前缘缝翼与主翼之间重叠网格切割结果

　　为了加速收敛,重叠网格采用三级网格进行流动计算,首先采用无黏假设进行第三级网格的流动计算,然后采用层流假设进行第二级网格的流动计算,最后才在第一级网格上进行湍流计算。图 10.40 和图 10.41 分别为 30P30N 三段翼第二级和第三级重叠网格的切割结果。

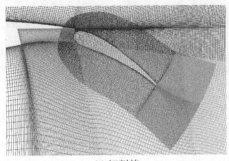
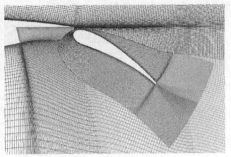

(a) 切割前　　　　　　　　　　　　　　(b) 切割后

图 10.39　后缘襟翼与主翼之间重叠网格切割结果

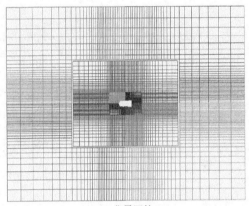

(a) 背景网格

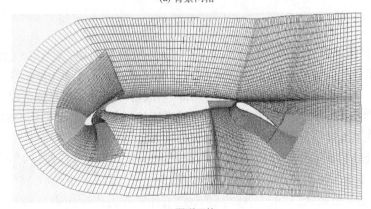

(b) 翼型网格

图 10.40　30P30N 三段翼第二级重叠网格切割结果

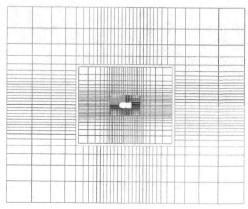

(a) 背景网格

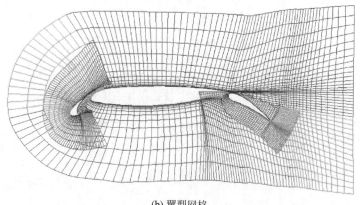

(b) 翼型网格

图 10.41　30P30N 三段翼第三级重叠网格切割结果

　　重叠网格流场计算采用 Menter 的 SST k-ω 湍流模型和 LU-SGS 隐式时间推进方法,无黏通量计算采用 Jameson 中心差分格式,黏性通量计算采用了薄层近似。图 10.42 为 30P30N 三段翼流场多级网格流动计算的残差收敛过程;图 10.43 为 30P30N 三段翼流场压力等值线图,在重叠网格的切割边界处,等压线能够光滑过渡,充分说明本章所采用的重叠网格具有足够的分辨率。

　　作为比较,还采用了多块对接网格对 30P30N 三段翼进行流动计算,计算过程采用了多重网格技术,其网格如图 10.44 所示。最细网格计算 3600 步,最大残差收敛 4 个数量级。图 10.45 为流动数值计算所得翼面压力分布与实验结果比较,从图中可以清楚看到,无论是对接网格还是重叠网格,数值计算结果都与实验非常吻合。

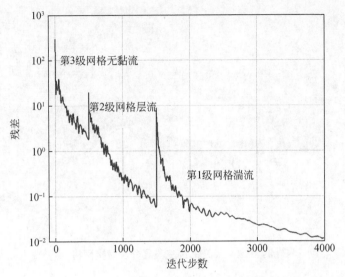

图 10.42　30P30N 三段翼多级网格流动计算的残差收敛过程

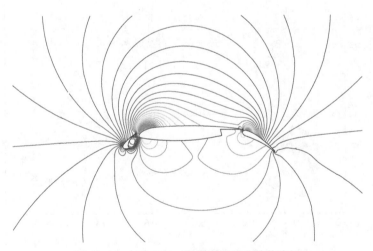

图 10.43　30P30N 三段翼流场压力等值线图

2. 翼身组合体嵌套重叠网格计算结果分析

选择 DLR-F6 带吊舱翼身组合体构型。根据飞机全机几何外形的结构从属关系,对飞机外流场区域进行层次划分。按照本节提出的嵌套重叠多层多块网格生成策略,对左半流场空间,生成如图 10.46 所示的 DLR-F6 翼身组合体多层多块嵌套重叠网格,网格节点数共计约 1000 万。

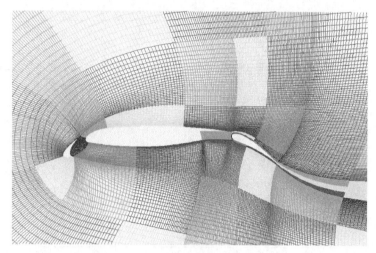

图 10.44　30P30N 三段翼分块对接网格

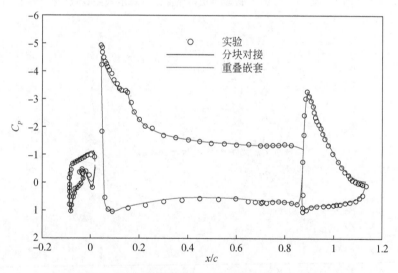

图 10.45　三段翼翼面压力分布与实验结果比较

　　图 10.46(a)为对称面及机体表面嵌套网格分布,可以看到背景网格的不同层次与机身机翼贴体网格簇的嵌套关系。图 10.46(b)为机翼机身连接处局部网格分布,连接机身与机翼的贴体网格,在机身与机翼表面形成嵌套边界。图 10.46(c)为机翼挂架吊舱连接处局部网格,图 10.46(d)为挂架机翼连接处网格。由图可以看出,嵌套网格简化了网格拓扑结构,大大提高了网格质量。

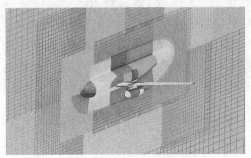

(a) 对称面及机体表面嵌套网格

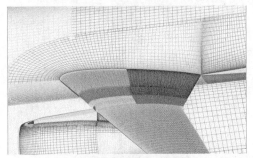

(b) 机翼机身连接处局部网格

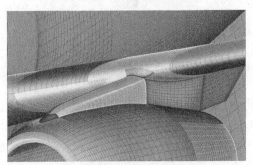

(c) 机翼挂架吊舱连接处局部网格

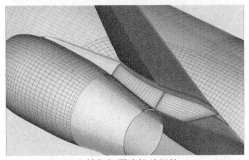

(d) 挂架机翼连接处网格

图 10.46　DLR-F6 带吊舱翼身组合体多层多块嵌套重叠网格

计算的来流马赫数 $M_\infty = 0.75$,雷诺数 $Re = 3 \times 10^6$。采用 SST k-ω 湍流模型和隐式 LU-SGS 时间格式,AUSMDV 空间二阶迎风格式。图 10.47 为计算得到的升力系数 C_L 为 0.5 时,翼身-发动机舱和挂架表面的压力云图。可以看到由于吊舱与机翼的相互干扰,机翼上表面的激波在吊舱处的强度有所减弱。在机翼上表面挂架靠近机身一侧可以发现低压区,表明流场在该区域有分离发生。

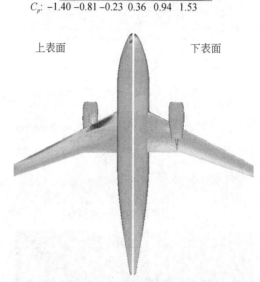

图 10.47 DLR-F6 带吊舱翼身组合体升力系数 C_L 为 0.5 时全机表面压力云图

图 10.48 为升力系数 $C_L = 0.5$ 时,DLR-F6 带吊舱翼身组合体机翼上下表面压力分布计算结果与实验结果的对比图。从图中可以看出,本节计算的压力分布与实验值基本吻合。靠近机身的第一个截面,机翼后缘计算的低压峰值明显高于实

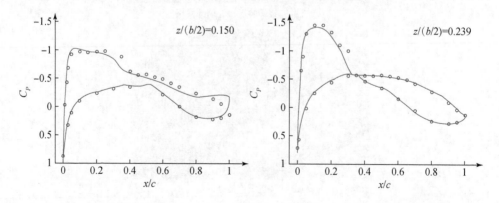

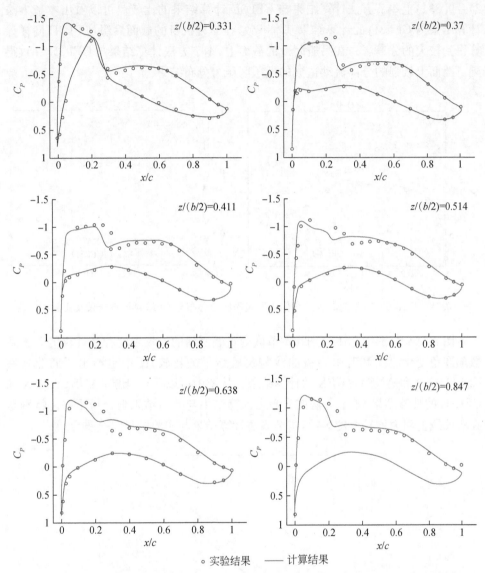

○ 实验结果　　—— 计算结果

图 10.48　DLR-F6 带吊舱翼身组合体 $C_L=0.5$ 时机翼表面压力分布计算结果与实验结果对比

验值,是由于计算结果中边界层分离区比实验结果中分离区大造成的。前四个截面的激波位置与强度计算结果和实验结果吻合得很好。同样,与对接网格计算结果相似,在后四个截面上,激波位置与强度计算结果与实验结果相差较大,这主要是因为计算网格在激波区域相对较粗造成的。

　　为了进一步验证本节计算结果的可靠性,在两个给定的截面上,图 10.49 给出了靠近机翼/机身交线的机翼截面($z/(b/2)=0.150$)和吊舱附近机翼截面($z/(b/$

2)＝0.331)上本节方法计算结果与 CFL3D 计算结果的比较。可以看出本节方法计算结果与 CFL3D 的计算结果基本一致,在靠近机身的截面后缘,CFL3D 同样计算得到较大的分离区。在吊舱附近的截面上,本节方法计算结果与 CFL3D 一致得到下翼面上较强的分离流动造成的低压区压力分布结果。

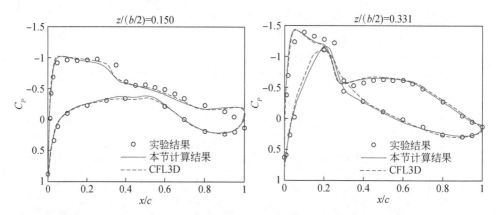

图 10.49　DLR-F6 带吊舱翼身组合体机翼表面压力分布与 CFL3D 计算结果及实验的比较

图 10.50 与图 10.51 分别为本节嵌套重叠网格的流场求解程序计算的升力系数随迎角变化曲线和升阻力极曲线与实验结果的比较,图中也给出了商业软件 CFL3D 6.0 和 ANSYS CFX 的计算结果。从图中可以看到,比起 ANSYS CFX 和 CFL3D 的计算结果,本节方法的升阻力计算结果与实验结果吻合得更好。特别是在极曲线上阻力值较大的区段,本节方法计算结果与实验结果完全重合。

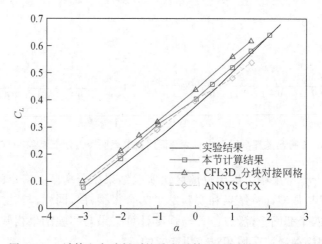

图 10.50　计算和实验得到的升力系数 C_L 随迎角 α 变化曲线

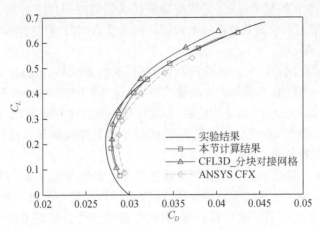

图 10.51　计算和实验得到的升阻力极曲线图

10.4.11　结论与展望

网格的合理设计和高质量生成是 CFD 计算的前提条件,是影响 CFD 计算结果的最主要的决定性因素之一,是 CFD 工作中人工工作量最大的部分,也是制约 CFD 工作效率的瓶颈问题之一。本节针对飞行器复杂流场的数值模拟,提出了一种多层网格嵌套策略和快速可靠的隐式切割技术以及多级重叠网格计算方法。利用网格"簇"和"层"等概念生成多层多块结构化贴体嵌套重叠网格,不仅节省了网格单元总数,还可以使整个网格密度分布合理,得到高质量的结构化贴体网格。采用隐式网格切割技术和基于最速下降法的寻点策略,不仅提高了重叠网格切割效率,还实现了重叠网格的自动切割。在处理分层多块重叠网格时,将网格中心与物面之间的距离作为重叠网格切割尺度,对于某一层重叠网格,先进行与高层网格的嵌套切割,然后再进行同层不同簇网格之间的重叠切割。为了加快流动计算的收敛速度,采用了多重重叠网格流动计算方法。系列算例表明,本节的多层多块重叠网格隐式切割技术和相应的程序具有很好的通用性和可靠性,能准确模拟复杂流场的流动特性。

尽管取得了良好的结果,但本节的多层多块重叠网格隐式切割技术在效率和自动化程度方面还有进一步提升的空间。进一步的工作应该主要注意以下几个方面:

(1)重叠网格并行切割。目前重叠网格切割是在单处理器上进行,对于具有大量网格单元的复杂问题,需要消耗较多的时间用于网格切割。如果重叠网格切割能多处理器并行,则能节省不少时间。

(2)贡献单元寻址优化。虽然采取了最速下降法对寻点进程进行优化,但对于具有大量网格单元的复杂问题,仍然需要消耗大量的时间用于寻点。可以考虑利用 ADT 数据结构来缩短重叠网格单元间几何关系查询的单位时间,解决重叠网格寻点的计算效率问题。

(3)运动重叠网格切割。重叠网格切割后,对固定网格,重叠区域的计算与插值关系是保持不变的,不需随流场的迭代而更新;对于运动网格,由于网格的运动,重叠区域的计算与插值关系是变化的,因此网格一旦发生相对运动,就需要重新进行重叠网格的切割。如何在已有切割信息的基础上提高运动重叠网格的切割效率,是亟待解决的问题。

(4)流场信息插值精度。重叠网格重叠区域流场数据通过插值进行耦合,若网格匹配不合理,即各子域间网格相差很大,容易导致插值点处出现非物理解,当非物理解的点很多时容易导致计算发散,因此合理的插值方法是重叠网格技术面临的另一个难题。三线性插值是一种一阶精度的插值方法,以后将考虑高阶插值算法或者守恒插值方法。

作业

1. 什么是分块网格? 什么是重叠网格?
2. 分块网格和重叠网格各有什么优缺点?

参 考 文 献

[1] Gatzke T. Block-Structured Applications[M]//Thompson J F, Soni B K, Weatherill N P. Handbook of Grid Generation. Boca Raton: CRC Press,1999.

[2] Lee K D, Huang M, Yu N J, et al. Grid generation for general three- dimensional configura-tions[C]. Workshop on Numerical Grid Generation Techniques, Hampton,USA, 1980.

[3] Atta E H, Vadyak J. A grid interfacing zonal algorithm for three- dimensional transonic flows about aircraft configurations[C]. 3rd AIAA/ASME Joint Thermophysics, Fluids, Plasma and Heat Transfer Conference, St. Louis, USA, 1982, AIAA Paper 1982-1017.

[4] Berger M J, Oliger J. Adaptive mesh refinement for hyperbolic partial differential equations[R]. Stanford University, Stanford, Santa Clara County, California, Technical Report Manuscript NA-83-02, 1983.

[5] Benek J A, Steger J L, Dougherty F C. A flexible grid embedding technique with application to the Euler equations[C]. 6th AIAA Computational Fluid Dynamics Conference, Danvers, USA, 1983, AIAA Paper 1983-1944.

[6] Miki K, Takagi T. A domain decomposition and overlapping method for the generation of three-dimensional boundary-fitted coordinate systems[J]. Journal of Computational Physics, 1984, 53(2): 319-330.

[7] Benek J A, Buning P G, Steger J L. A 3-D Chimera grid embedding technique[C]. 7th AIAA Computational Physics Conference, Cincinnati, USA, 1985, AIAA Paper 1985-1523.

[8] Andrews A E. Progress and challenges in the application of artificial intelligence to computational fluid

dynamics[J]. AIAA Journal, 1988, 26(1): 40-46.

[9] Georgala J M, Shaw J A. A discussion on issues relating to multiblock grid generation[C]. AGARD Fluid Dynamics Panel Specialists' Meeting on Applications of Mesh Generation to Complex 3-D Configurations, Leon, Stryn Municipality, Vestland County, Norway, 1989.

[10] Allwright S. Multiblock topology specification and grid generation for complete aircraft configurations[C]. AGARD Fluid Dynamics Panel Specialists' Meeting on Applications of Mesh Generation to Complex 3-D Configurations, Leon, Stryn Municipality, Vestland County, Norway, 1989.

[11] Vogel A A. Automated domain decomposition for computational fluid dynamics[J]. Computers and Fluids, 1990, 18(4): 329-346.

[12] Weatherill N P, Forsey C R. Grid generation and flow calculations for complex aircraft geometries using a multi-block scheme[C]. 17th AIAA Fluid Dynamics, Plasma Dynamics, and Lasers Conference, Snowmass, USA, 1984, AIAA Paper 1984-1665.

[13] Thompson J F. A general three-dimensional elliptic grid generation system on a composite block structure[J]. Computer Methods in Applied Mechanics and Engineering, 1987, 64(1/3): 377-411.

[14] Thomas P D. Composite three-dimensional grids generated by elliptic systems[J]. AIAA Journal, 1982, 20(9): 1195-1202.

[15] Eriksson L E. Practical three-dimensional mesh generation using transfinite interpolation[R]. von Karman Institute for Fluid Dynamics, Brussels, Belgium, Lecture Series Notes 1983-04, 1983.

[16] Rubbert P E, Lee K D. Patched coordinate systems[J]. Applied Mathematics and Computation, 1982, 10/11: 235-252.

[17] Albone C M, Joyce M G. Feature-associated mesh embedding for complex configurations[C]. AGARD Conference Proceedings: Applications of Mesh Generation to Complex 3-D Configurations, Paris, France,1990.

[18] Albone C M. Embedded meshes of controllable quality synthesized from elementary geometric features[C]. 30th AIAA Aerospace Sciences Meeting and Exhibit, Reno, USA, 1992, AIAA Paper 1992-0663.

[19] Rizk Y M, Ben-Shmuel S. Computation of the viscous flow around the shuttle orbiter at low supersonic speeds[C]. 23rd AIAA Aerospace Sciences Meeting, Reno, USA, 1985, AIAA Paper 1985-0168.

[20] Sorenson R L. Three-dimensional elliptic grid generation about fighter aircraft for zonal finite-difference computations[C]. 24th AIAA Aerospace Sciences Meeting, Reno, USA, 1986, AIAA Paper 1986-0429.

[21] Atta E H, Birckelbaw L, Hall K A. A zonal grid generation method for complex configurations[C]. 25th AIAA Aerospace Sciences Meeting, Reno, USA, 1987, AIAA Paper 1987-0276.

[22] Belk D M, Whitfield D L. Three-dimensional Euler solutions on blocked grids using an implicit two-pass algorithm[C]. 25th AIAA Aerospace Sciences Meeting, Reno, USA, 1987, AIAA Paper 1987-0450.

[23] 张正科. 多部件复杂飞行器分块网格生成及其大迎角绕流 Euler 方程分区解[R]. 北京航空航天大学, 北京,博士后研究报告, 1996.

[24] 蔡晋生,李凤蔚,罗时钧. 跨音速大迎角 Euler 方程数值分析[J]. 航空学报, 1993, 14(5): A235-240.

[25] Runckel J F, Lee Jr E E. Investigation at transonic speeds of the loading over a 45° sweptback wing having an aspect ratio of 3, a taper ratio of 0.2, and NACA 65A004 airfoil sections[R]. Langley Research Center, Hampton, Virginia, USA, NASA TN D-712, 1961.

[26] 张正科，朱自强，庄逢甘. 多部件组合体分块网格生成技术及应用[J]. 空气动力学学报，1998，16(3)：311-317.

[27] Zhang Z, Zhu Z, Zhuang F. Grid generation of complex practical aircraft and zonal solution of Euler equations for high-incidencevortical flows[J]. Chinese Journal of Aeronautics，1997，10(3)：161-167.

[28] Zhang Z, Zhu Z, Zhuang F. A multi-block grid generation system for multi-component aircraft[C]. Proceedings of the 7th International Symposium on Computational Fluid Dynamics，Beijing，China，1997.

[29] 张正科，朱自强，庄逢甘. 某型双立尾战斗机的网格生成及流场解[J]. 计算力学学报，1998，15(2)：137-143.

[30] Häuser J, Eiseman P R, Xia Y, et al. Parallel Multiblock Structured Grids[M]// Thompson J F, Soni B K, Weatherill N P. Handbook of Grid Generation . Boca Raton：CRC Press，1999.

[31] Dominik D, Wisneski J, Rajagopal K, et al. Grid generation of a high fidelity complex multibody space shuttle mated vehicle[C]. 31st AIAA Aerospace Sciences Meeting and Exhibit, Reno, USA, 1993, AIAA Paper 1993-0432.

[32] Pearce D G, Stanley S A, Martin Jr F W, et al. Development of a large scale Chimera grid system for the space shuttle launch vehicle[C]. 31st AIAA Aerospace Sciences Meeting and Exhibit, Reno, USA, 1993, AIAA Paper 1993-0533.

[33] Steger J L, Dougherty F C, Benek J A. A Chimera grid scheme [C]. Applied Mechanics, Bioengineering, and Fluids Engineering Conference, Houston, USA, 1983.

[34] 朱自强，吴子牛，李津，等. 应用计算流体力学[M]. 北京：北京航空航天大学出版社，2001.

[35] Slotnick J P, An M Y, Mysko S J, et al. Navier-Stokes analysis of a high wing transport high-lift configuration with externally blown flaps[C]. 18th AIAA Applied Aerodynamics Conference, Denver, USA, 2000, AIAA Paper 2000-4219.

[36] Chiu I T, Meakin R L. On automating domain connectivity for overset grids[C]. 33rd AIAA Aerospace Sciences Meeting and Exhibit, Reno, USA, 1995, AIAA Paper 1995-0854.

[37] Wang Z J, Parthasarathy V, Hariharan N. A fully automated Chimera methodology for multiple moving body problems[C]. 36th AIAA Aerospace Sciences Meeting and Exhibit, Reno, USA, 1998, AIAA Paper 1998-0217.

[38] Rock S G, Habchi S D. Validation of an automated Chimera methodology for aircraft escape systems analysis[C]. 36th AIAA Aerospace Sciences Meeting and Exhibit, Reno, USA, 1998, AIAA Paper 1998-0767.

[39] Hall L H, Parthasarathy V. Validation of an automated Chimera/6-DOF methodology for multiple moving body problems[C]. 36th AIAA Aerospace Sciences Meeting and Exhibit, Reno, USA, 1998, AIAA Paper 1998-0753.

[40] Meakin R L. Object X-rays for cutting holes in composite overset structured grids[C]. 15th AIAA Computational Fluid Dynamics Conference, Anaheim, USA, 2001, AIAA Paper 2001-2537.

[41] 李亭鹤，阎超. 一种新的分区重叠网格动点搜索方法－感染免疫法[J]. 空气动力学学报，2001，19(2)：156-160.

[42] 李亭鹤，阎超，李跃军. 重叠网格技术中割补法的研究与改进[J]. 北京航空航天大学学报，2005，31(4)：402-406.

[43] 庞宇飞，洪俊武，孙俊峰. 交点判别法——一种新型重叠网格洞点搜索方法[C]. 第四届海峡两岸计算流

体力学学术研讨会,昆明,中国,2004.

[44] 刘鑫,陆林生. 重叠网格预处理技术研究[J]. 计算机工程与应用, 2006, 42(1): 23-27.

[45] Hariharan N, Wang Z J, Buning P. Application of conservative Chimera methodology in finite difference settings[C]. 35th AIAA Aerospace Sciences Meeting and Exhibit, Reno, USA, 1997, AIAA Paper 1997-0627.

[46] Wang Z J, Hariharan N, Chen R F. Recent developments on the conservation property of Chimera[C]. 36th AIAA Aerospace Sciences Meeting and Exhibit, Reno, USA, 1998, AIAA Paper 1998-0216.

[47] Wang Z J. A fully conservative structured/unstructured Chimera grid scheme[C]. 33rd AIAA Aerospace Sciences Meeting and Exhibit, Reno, USA, 1995, AIAA Paper 1995-0671.

[48] Wang Z J, Hariharan N, Chen R F, et al. A fully conservative Chimera approach for structured /unstructured grids in computational fluid dynamics [R]. CFD Research Corporation, Huntsville, Alabama, USA, Phase II Final Report, 4361/1,1997.

[49] Meakin R L. On the spatial and temporal accuracy of overset grid methods for moving body problems[C]. 12th AIAA Applied Aerodynamics Conference, Colorado Springs, USA, 1994, AIAA Paper 1994-1925.

[50] Suhs N E, Rogers S E, Dietz W E. PEGASUS 5: An automated pre-processor for overset-grid CFD[C]. 32nd AIAA Fluid Dynamics Conference and Exhibit, St. Louis, USA, 2002, AIAA Paper 2002-3186.

[51] Sherer S E, Visbal M R. Computational study of acoustic scattering from multiple bodies using a high-order overset grid approach[C]. 9th AIAA/CEAS Aeroacoustics Conference and Exhibit, Hilton Head, USA, 2003, AIAA Paper 2003-3203.

[52] Alabi K, Ladeinde F. Parallel, high-order overset grid implementation for supersonic flows[C]. 42nd AIAA Aerospace Sciences Meeting and Exhibit, Reno, USA, 2004, AIAA Paper 2004-0437.

[53] Alabi K, Ladeinde F. Treatment of blank nodes in a high-order overset procedure[C]. 43rd AIAA Aerospace Sciences Meeting and Exhibit, Reno, USA, 2005, AIAA Paper 2005-1269.

[54] Sherer S E, Visbal M R, Galbraith M C. Automated preprocessing tools for use with a high-order overset-grid algorithm[C]. 44th AIAA Aerospace Sciences Meeting and Exhibit, Reno, USA, 2006, AIAA Paper 2006-1147.

[55] Meakin R L. Moving body overset grid methods for complete aircraft tiltrotor simulations[C]. 11th AIAA Computational Fluid Dynamics Conference, Orlando, USA, 1993, AIAA Paper 1993-3350.

[56] Duque E P N, Biswas R, Strawn R C. A solution adaptive structured/unstructured overset grid flow solver with applications to helicopter rotor flows[C]. 13th AIAA Applied Aerodynamics Conference, San Diego, USA, 1995, AIAA Paper 1995-1766.

[57] Hariharan N, Sankar N L. Numerical Simulation of Rotor-Airframe Interaction[C]. 33rd AIAA Aerospace Sciences Meeting and Exhibit, Reno, USA, 1995, AIAA Paper 1995-0194.

[58] Buning P G, Gomez R J, Scallion W I. CFD approaches for simulation of wing-body stage separation[C]. 22nd AIAA Applied Aerodynamics Conference and Exhibit, Providence, USA, 2004, AIAA Paper 2004-4838.

[59] Pomin H, Wagner S. Navier-Stokes analysis of helicopter rotor aerodynamics in hover and forward flight[C]. 39th AIAA Aerospace Sciences Meeting and Exhibit, Reno, USA, 2001, AIAA Paper 2001-0998.

［60］Rodriguez B, Benoit C, Gardarein P. Unsteady computations of the flowfield around a helicopter rotor with model support［C］. 43rd AIAA Aerospace Sciences Meeting and Exhibit, Reno, USA, 2005, AIAA Paper 2005-466.

［61］江雄. 直升机旋翼/机身干扰流场数值模拟方法研究［D］. 绵阳:中国空气动力研究与发展中心,2001.

［62］龙尧松,涂正光,李亭鹤,等. 高超音速导弹壳片分离的 CFD 计算研究［C］. 第十二届全国计算流体力学会议,西安,中国,2004.

［63］李孝伟,范绪箕. 基于动态嵌套网格的飞行器外挂物投放的数值模拟［J］. 空气动力学学报,2004, 22(1): 114-118.

［64］杨爱明,乔志德. 基于运动嵌套网格的前飞旋翼绕流 N-S 方程数值计算［J］. 航空学报,2001,22(5): 434-436.

［65］杨爱明,乔志德. 用运动嵌套网格方法数值模拟旋翼前飞非定常流场［J］. 空气动力学学报,2000, 18(4): 427-433.

［66］肖中云. 旋翼流场数值模拟方法研究［D］. 绵阳:中国空气动力研究与发展中心,2007.

［67］Lee Y, Baeder J D. Implicit hole cutting-a new approach to overset grid connectivity［C］. 16th AIAA Computational Fluid Dynamics Conference, Orlando, USA, 2003, AIAA Paper 2003-4128.

［68］Lee Y, Baeder J D. High-order overset method for blade vortex interaction［C］. 40th AIAA Aerospace Sciences Meeting, Reno, USA, 2002, AIAA Paper 2002-0559.

［69］Liao W, Cai J, Tsai H M. A multigrid overset grid flow solver with implicit hole cutting method［J］. Computer Methods in Applied Mechanics and Engineering, 2007, 196(9/12):1701-1715.

［70］Landmann B, Montagnac M. A highly automated parallel Chimera method for overset grids based on the implicit hole cutting technique［J］. International Journal of Numerical Methods in Fluids, 2011, 66(6): 778-804.